R과 함께하는

기초통계학

R과 함께하는

기초통계학

지은이 최원 · 김성연
펴낸이 조경희
펴낸곳 경문사
펴낸날 2018년 4월 1일 1판 1쇄
등 록 1979년 11월 9일 제 313–1979–23호
주 소 04057, 서울특별시 마포구 와우산로 174
전 화 (02)332–2004 팩스 (02)336–5193
이메일 kyungmoon@kyungmoon.com
facebook facebook.com/kyungmoonsa

값 27,000원

ISBN 979-11-6073-097-5

R과 함께하는

기초통계학

최원 · 김성연 지음

KM 경문사

머리말

우리가 원하든 원하지 않든 우리 생활의 상당 부분은 이미 통계와 관련된 환경에 둘러싸여 있다. 이 과정에서 주어진 자료의 형태에 의미를 부여하기 위해 다양한 방법으로 자료를 분석하고, 이를 통해 자료가 추출된 모집단을 규명할 수 있게 된다. 통계는 어떤 사실 또는 주장에 대하여 객관적 근거를 제시하는 방식으로 그것을 정당화하려고 할 때 사용되며 자연과학, 인문 · 사회과학, 공학 등 광범위한 분야에서 사용되고 있다. 특히 컴퓨터의 발달로 디지털 시대가 열리면서 빠른 속도로 엄청난 양의 데이터가 생산되고 있으나, 자료로부터 필요한 정보는 정작 구하지 못하는 경우가 허다하다. 그 이유는 통계학에 대한 기본 원리를 이해하지 못하고 자료 처리를 하기 때문이다. 많은 사람들이 통계학을 수학의 일부분으로 생각하고 있으며, 따라서 통계학은 복잡한 수학을 알아야만 가능한 것으로 알고 있다. 물론 통계학의 일부분은 수학으로부터 출발하였으며, 기본적인 수식을 이해하기 위하여 기초적인 수학 지식이 필요하다. 그러나 통계 패키지를 이용하면 손쉽게 자료를 해석할 수 있기 때문에 이제는 통계학의 기본 원리만 알면 통계처리 결과로부터 유용한 정보를 쉽게 도출할 수 있다.

이 책은 첫 번째로 통계학의 기본 개념을 바탕으로 기본 원리를 쉽게 설명하도록 노력하였다. 그리고 통계학에서 객관적인 해석을 원활하게 진행하기 위해서는 컴퓨팅적 사고가 수반되어야 한다는 사실에 입각하여 R프로그램을 활용하여 컴퓨팅적 사고를 함양하기 위한 기본서 역할을 할 수 있도록 구성되었다. R은 통계적인 자료 분석이나 그래픽에 이용되는 컴퓨터 언어이며 동시에 상호 호환적인 프로그래밍이다. 이러한 R의 장점은 객체 지향적(Object Oriented)인 언어로서 사용자가 원하는 일련의 과정을 쉽게 구현가능하며, C 언어나 SPSS와 같은 통계 분석 프로그램과도 연결이 가능하다는 것이다. 또한 R은 자유롭게 인터넷을 통해 다운로드 받을 수 있어 이용자가 어디에서든 사용할 수 있다는 장점을 가지고 있으며 다양한 통계 분석과 다양한 그래픽 방법을 제공하기 때문에 활용 면에서도 매우 우수하다.

이에 맞추어 이 책은 통계학의 방법론적인 면과 이론적인 면, 그리고 통계학의 기본적인 수리계산까지 모든 이론들 및 컴퓨팅적 사고 함양을 위한 교양과목으로서 운영하는 데 매우 적절한 도서가 될 수 있다고 할 수 있다. 이 책을 통하여 학생들이 스스로 통계적인 사고방식을 이해하고 실생활에서 제기되는 다양한 문제를 R프로그램을 활용하여 처리하며 빅데이터 분석을 위한 기초 작업으로서 R 활용능력을 함양할 수 있을 것이라고 생각한다. 이러한 많은 노력에도 불구하고 여러 가지로 미비한 점이 많으리라 생각되지만, 이 책이 학생 여러분의 통계적인 개념과 사고 및 실용능력을 향상시키는 데 조금이라도 도움이 된다면 저자로서는 그 이상의 보람이 없을 것이라고 생각하며 함께 어려운 여건 속에서도 이 책의 출판에 수고를 아끼지 않으신 경문사 여러분에게 심심한 감사의 말을 전한다.

2018년 2월
송도 연구실에서

미리보기

누구를 위한 책인가

이미 친숙해져 있는 개념과 실생활 속에서 원하든 원하지 않든 생활의 상당 부분은 이미 통계와 관련된 환경에 둘러싸여 있음을 인지하고 이를 해결하기를 원하는 독자들은 누구라도 이 책을 접할 수 있다. 이 과정에서 독자들은 주어진 자료의 형태에 의미를 부여하기 위해 다양한 방법으로 자료를 분석하고, 이를 통해 자료가 추출된 모집단을 규명할 수 있게 한다. 또한 주어진 자료 이외에도 관심 있는 주제에 대하여 자기 주도적으로 문제를 만들고, 질문에 답하기 위하여 이에 맞는 적절한 자료를 수집하고 통계 소프트웨어 등 다양한 통계적 기법을 활용하며 얻은 결과를 해석하면서 다양한 문제를 해결할 수 있게 한다.

이 책을 시작하면서

《R과 함께하는 기초통계학》은 대학 수학의 기본적인 이론을 학습한 후에 수강하기를 권한다. 특히 통계 이론을 전개하는 데 적분이론이 필요하므로 이에 대한 기본 지식을 습득한 후에 수강한다면 많은 도움이 될 것이다.

이 책의 구성요소

• **도입글** : 해당 장의 내용을 왜 배워야 하는지, 어떤 내용을 중점으로 살펴보는지에 대해 알려준다.

R은 통계적인 자료 분석이나 그래픽에 이용되는 언어이며 동시에 상호 호환적인 프로그래밍이다. 이러한 R의 장점은 객체 지향적(Object Oriented)인 언어로서 사용자가 원하는 일련의 과정을 쉽게 구현 가능하며, C나 Fortran과 같은 언어와도 연결이 가능하다는 것이다. 또한 R은 자유롭게 인터넷을 통해 다운로드 받을 수 있어 이용자가 어디에서든 사용할 수 있다는 장점을 가지고 있으며, 다양한 통계 분석과 다양한 그래픽 방법을 제공하기 때문에 활용 면에서도 매우 우수하다. 본 학습에서는 R을 다운받고, 설치하는 방법을 포함하여 R에서 자료를 생성하는 방법과 자료를 읽어오는 방법 및 R에서의 작업 결과를 옮기는 방법, 그리고 이러한 자료 객체 중에서 벡터(vector)와 행렬의 구조와 생성, 기본 그림 등 R을 다루기 위한 기초적인 내용을 학습한다.

- **장별 학습목표** : 해당 장에서 다루는 내용에 대해 구체적으로 알려줌으로써 동기 부여를 이루어 집중할 수 있게 한다.

학습목표

- R의 개요와 설치방법에 대해서 이해한다.
- R에서 자료의 입력과 출력 방법 및 자료 객체로서의 벡터의 구조와 생성, 변형에 대하여 학습한다.
- 행렬(Matrix)과 배열(Array)의 정의와 기본함수 및 속성에 대하여 학습한다.
- 리스트(List)와 데이터 프레임(Data Frame)의 정의와 생성 및 다양한 변화에 대하여 학습한다.
- PLOT 함수와 PLOT 함수 옵션에 대해서 학습한다.

- **개념과 공식** : 각 장마다 이론을 이해하는 데 반드시 필요한 개념과 공식을 서술하였다. 예제를 풀기 전에 개념을 반드시 이해한 후에 해결한다면 도움이 될 것이다.

정의 2

n개의 사건 $A_1, A_2, \cdots, A_n$ 이

$$P(A_1 \cap A_2 \cap \cdots \cap A_n) = P(A_1)P(A_2)\cdots P(A_n)$$

이 성립하면 n개의 사건은 서로 독립(mutually independent)이라고 한다.

- **실생활에 적용되는 다양한 예제 및 R활용** : 본문에서 다룬 개념들을 응용한 문제를 풀이와 함께 담았다. 그리고 같은 예제에 대하여 R프로그램을 활용하여 해결하는 방법도 같이 제시하였다.

예제 2 다음은 어느 학급의 학생의 인기도를 조사한 자료이다. 세 후보 K, L, J를 대상으로 20명이 인기도 조사에 참가하였다. 최빈수를 구하여라.

K,	K,	L,	L,	K,	J,	K,	K,	L,	J
J,	K,	L,	J,	L,	K,	K,	L,	K,	J

풀이 K가 9번, L이 6번, J가 5번 반복되었다. 그러므로 K는 최빈수이며, 즉 인기가 가장 많은 학생으로 대표된다. ■

R-풀이

```
# 예제 1에서 제시한 MODE 함수를 사용함
# c()를 이용하여 데이터를 벡터형태로 x1_2_2 객체에 할당함
ex1_2_2 <- c("K","K","L","L","K","J","K","K","L","J","J","K","L","J","L","K","K", "L","K","J")
# MODE()를 사용하여 최빈값을 구함
MODE(ex1_2_2)
"K"
```

• **R을 이용한 빅데이터 분석**: 각 장의 마지막 절에는 앞 절에서 다룬 기본적인 통계 개념을 빅데이터를 이용하여 R로 분석해보고, 이를 시각화해서 분석 결과를 해석할 수 있도록 다양한 예제를 제시하였다. R 기초부터 시작해서 문법을 중심으로 전개되는 전통적인 교재와 달리 차근차근 예제를 따라하다 보면 자연스럽게 R언어에 익숙해질 수 있을 것이다. 특히 이미 많은 사람에 의해 개발된 패키지를 사용해 그때그때 필요한 기능을 익힘으로써 현실에서 빅데이터를 직접 분석할 수 있는 내용을 비교적 짧은 시간에 익힐 수 있도록 예제를 구성하였다.

3.6
R을 이용한 빅데이터 분석

R이 갖고 있는 많은 장점 중 하나는 많은 연구자들에 의해 새롭게 만들어진 최신 기법들을 패키지(package) 형태로 제공하여 다른 어떤 통계 소프트웨어들보다도 다양한 분석방법을 제공한다는 점이다. 이러한 R의 다양한 패키지는 다른 어떤 통계 프로그램들보다 그래프 및 통계분석 결과를 산출하는데 유용하며, 빅데이터를 다루는데도 뛰어난 역량을 발휘한다. 이 절에서는 앞에서 다루었던 'prob' 패키지를 비롯해 빅데이터 수집에 유용한 다양한 패키지를 활용하는 경우를 살펴본다.

• **절별 연습문제**

해당 절이 끝날 때마다 앞 절의 예제와 유사한 연습문제를 제시함으로써 본문에서 익힌 내용과 R 활용법을 확실히 다질 수 있는 토대를 제공하였다.

1.3
연습문제

1 "텍스트마이닝은 자연어 (Natural Language)로 구성된 비정형 데이터 (unstructured data)에서 패턴 또는 관계를 추출하여 의미있는 정보를 찾아내는 기법으로, 컴퓨터가 사람들이 말하는 언어를 이해할 수 있는 자연어 처리 (Natural Language Processing)에 기반으로 둔 기술이다. 트위터, 페이스북과 같은 소셜 미디어에서 생산되는 데이터는 비정형 데이터이기 때문에 텍스트마이닝을 이용하여 분석할 수 있다. 텍스트마이닝은 말 그대로 텍스트 형태의 비정형 데이터에 마이닝 기법을 적용한 것이다. 즉, 텍스트에 나타나는 단어를 분해, 정제하고, 특정 단어의 출현빈도 등을 파악하여 단어들 간의 관계를 조사하는 기법이다. 데이터마이닝 (data mining)은 대규모 DB에 저장된 정형화된 데이터로부터 정보를 찾아내는 기법이라면 텍스트마이닝은 비정형화된 텍스트 문서에서 정보를 찾아내는 기법이라 할 수 있다."를 TM 객체에 할당하고 텍스트마이닝에 대한 내용을 워드 클라우드로 나타내어라.

학습 로드맵

이 책에서 다룬 주제를 제대로 이해하기 위해 필요한 선수 내용이 무엇이고 각 주제가 어떤 연계성을 갖고 있는지를 보여준다. 선분은 전후의 개념보다는 관계성을 보여준다. 모든 장의 내용은 기본적으로 0장과 1장 및 2장, 3장의 이해가 바탕이 되어야 한다. 일부 독립적인 장도 있지만 대부분 기본적인 개념을 바탕으로 조금 더 고차원적인 주제를 다루고 있으므로 순서대로 학습하는 것을 권한다.

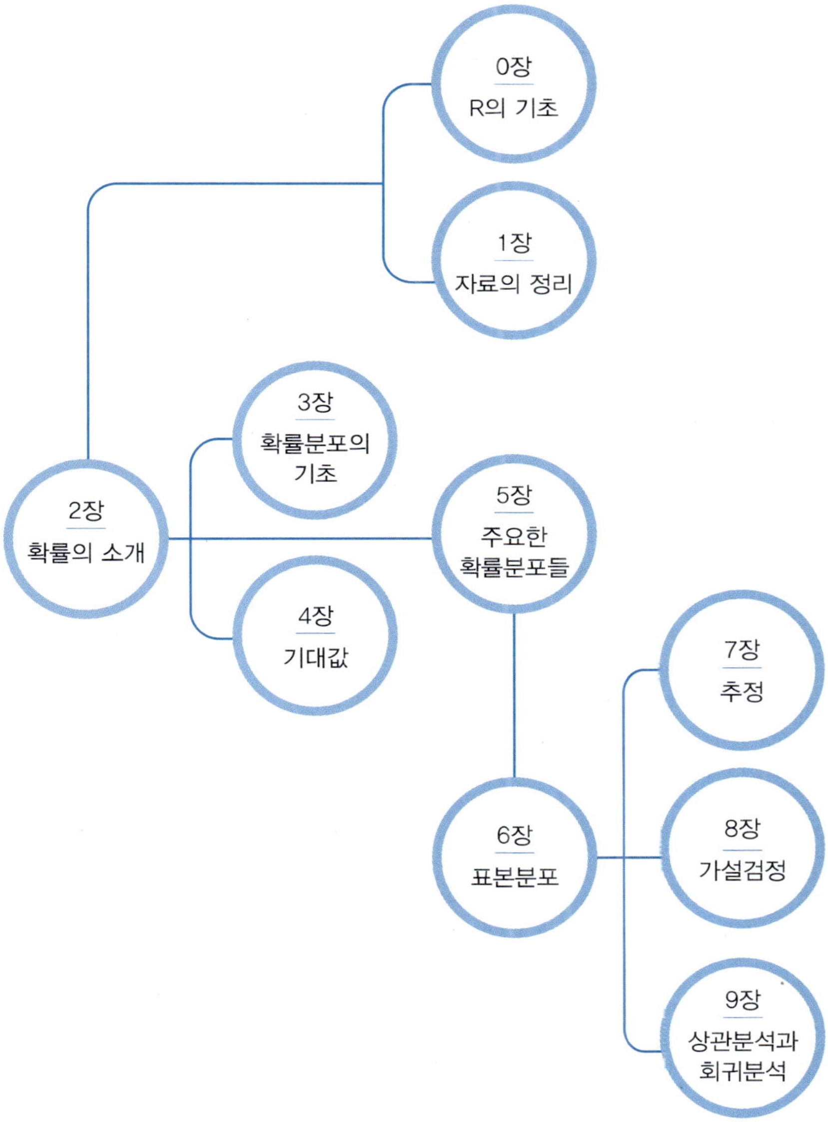

강의 계획

본 교재는 대학교 통계학 관련 교양과목으로 한 학기 동안 개설되는 것을 권장한다. 이에 한 학기 강의 계획서를 표준 스케줄표에 맞추어서 강의하는 것이 가능하지만 교재 전체를 강의하는 것이 여유롭지 못하다면 필요에 따라서 일정 부분을 생략하고 강의하는 것도 가능하다.

표준 스케줄표 (한 학기 강의)

주별	해당 장	주별 수업 내용
1	0장	R의 기초
2	0장, 1장	R의 기초, 도표를 통한 자료의 정리
3	1장, 2장	특성값을 이용한 자료의 정리, 집합이론, 확률의 의미와 성질
4	2장	조건부확률과 독립, 베이즈 정리와 확률나무
5	3장	확률변수와 분포, 분포함수
6	3장	이변량분포와 확률변수의 독립성
7	4장	확률변수의 기댓값과 기댓값의 성질, 분산
8	4장	중앙값과 최빈값, 공분산과 상관계수, 여러 가지 부등식
9	5장	베르누이 분포와 이항분포, 포아송 분포
10	5장	기하분포와 균등분포 지수분포
11	5장, 6장	정규분포, 표본분포와 카이제곱분포
12	6장, 7장	t 분포, 추정의 개념과 최대우도추정
13	7장	모평균, 모비율, 모분산의 구간추정
14	8장	가설검정의 기본 원리와 모평균의 검정
15	8장	모비율의 검정과 모분산의 검정, 실습
16	9장	상관분석과 회귀분석

강의 보조자료

• PPT자료 및 R프로그램 결과 자료

교수/강사들의 효율적인 강의준비를 위해 온라인과 오프라인으로 강의 보조자료를 제공합니다. 경문사 홈페이지 또는 kms2004@kyungmoon.com으로 연락을 주면 교수용 PPT자료를 제공합니다.

• 연습문제 풀이 자료

모든 연습문제에는 풀이과정이 제공됩니다. 인터넷 주소창에 경문사 웹하드 주소(http://kms.webhard.co.kr)를 입력 후 〈아이디: guest / 패스워드: 3004〉를 입력하시면 자료를 다운로드받을 수 있습니다.

차례

R은 통계적인 자료 분석이나 그래픽에 이용되는 언어이며 동시에 상호 호환적인 프로그래밍이다. 이러한 R의 장점은 객체 지향적(Object Oriented)인 언어로서 사용자가 원하는 일련의 과정을 쉽게 구현 가능하며, C나 Fortran과 같은 언어와도 연결이 가능하다는 것이다. 또한 R은 자유롭게 인터넷을 통해 다운로드 받을 수 있어 이용자가 어디에서든 사용할 수 있다는 장점을 가지며, 다양한 통계 분석과 다양한 그래픽 방법을 제공하기 때문에 활용 면에서도 매우 우수하다. 본 학습에서는 R을 다운로드받고, 설치하는 방법을 포함하여 R에서 자료를 생성하는 방법과 자료를 읽어오는 방법 및 R에서의 작업 결과를 옮기는 방법, 그리고 이러한 자료 객체 중에서 벡터(vector)와 행렬의 구조와 생성, 기본 그림 등 R을 다루기 위한 기초적인 내용을 학습한다.

제0장

R의 기초

학습목표

- R의 개요와 설치방법에 대해서 이해한다.
- R에서 자료의 입력과 출력 방법 및 자료 객체로서의 벡터의 구조와 생성, 변형에 대하여 학습한다.
- 행렬(Matrix)과 배열(Array)의 정의와 기본함수 및 속성에 대하여 학습한다.
- 리스트(List)와 데이터 프레임(Data Frame)의 정의와 생성 및 다양한 변화에 대하여 학습한다.
- PLOT 함수와 PLOT 함수 옵션에 대해서 학습한다.

0.1
R의 개요 및 설치방법

R은 뉴질랜드 오클랜드(Auckland) 대학의 로스 이하카(Ross Ihaka)와 로버트 젠틀맨(Robert Gentleman) 교수의 주도하에 만들어졌다. 그래서 이들 이름의 맨 앞글자인 이니셜을 따서 R로 명명되었다. S-PLUS의 기초적 프로그램을 작성했던 Chambers 등 많은 통계학 및 컴퓨터 관련 학자들이 R 개발 핵심 팀으로 R을 만드는데 참가하고 있다.

1997년 8월 R언어를 구체화하기 위한 국제적인 논의가 진행되었다. 그리고 2000년 2월에 버전 1.0.0이 등장해서 현재에도 계속 새로운 버전이 업데이트되고 있다. 많은 통계학 및 계량분석자들이 R을 보다 잘 이용할 수 있도록 응용 소프트웨어를 개발하고 있으며 금융, 생명공학, 조사, 지리정보 등 여러 분야의 학자들은 R로 만들어진 응용 프로그램을 이용하고 있다.

R은 컴퓨터 언어로서 매우 다양한 통계적 분석과 우수하고 다양한 그래픽 방법을 제공할 뿐만 아니라 매우 뛰어난 프로그래밍 기능이 있으므로 사용자가 새로운 함수를 작성하여 추가 및 확장할 수 있다. 또한 많은 통계적 function을 가지고 배울 수 있으며 우수한 help system을 가지고 있으므로 이용자가 쉽게 R을 이용할 수 있다. R은 인터넷을 통해 자유롭게 내려받아서 사용 가능하다. 공식적인 R에 대한 홈페이지는 다음과 같다.

http://www.r-project.org

이곳에서 R에 관한 사용설명 등 각종 정보나 사용자 그룹에 대한 정보를 얻을 수 있다. 이 홈페이지는 CRAN(Comprehensive R Archive Network)에 연결되어 있어 CRAN 사이트에서 R을 내려받아 쉽게 개인 컴퓨터에 설치할 수 있다.

R은 윈도 95 이상, 유닉스와 리눅스, 또는 매킨토시 버전 8.6 이상 등의 환경에서 모두 설치 가능하다. 일반적으로 이용되는 윈도 상에서 R을 설치하는 과정은 R 홈페이지(http://www.r-project.org)에 접속하여 [그림 1]과 같이 왼쪽 부분의 메뉴에서 R을 다운로드 받을 수 있는 네트워크를 의미하는 CRAN을 클릭한다.

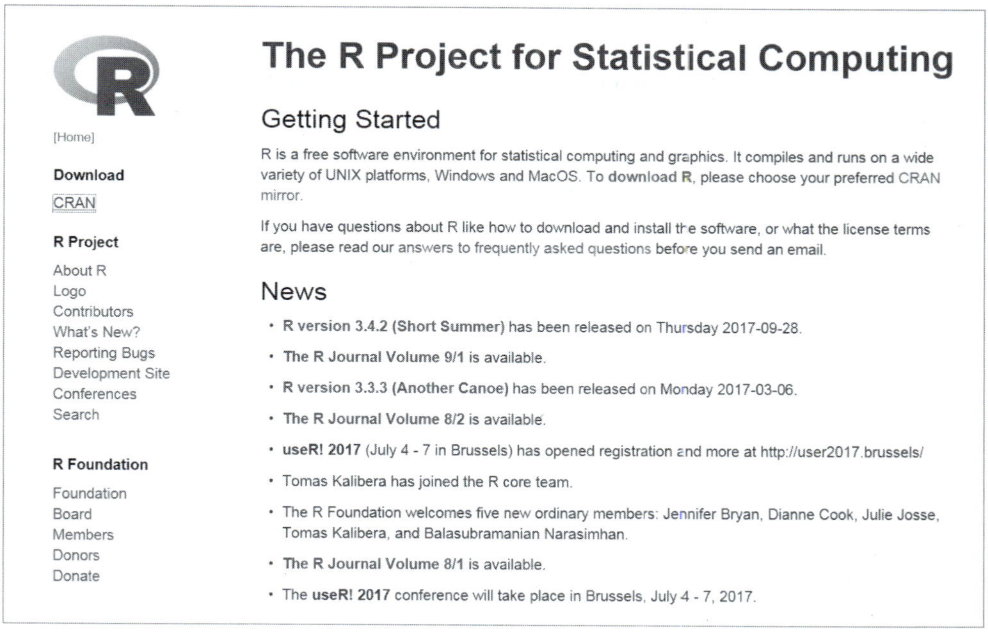
The R Project for Statistical Computing

[Home]

Download

CRAN

R Project

About R
Logo
Contributors
What's New?
Reporting Bugs
Development Site
Conferences
Search

R Foundation

Foundation
Board
Members
Donors
Donate

Getting Started

R is a free software environment for statistical computing and graphics. It compiles and runs on a wide variety of UNIX platforms, Windows and MacOS. To **download R**, please choose your preferred CRAN mirror.

If you have questions about R like how to download and install the software, or what the license terms are, please read our answers to frequently asked questions before you send an email.

News

- **R version 3.4.2 (Short Summer)** has been released on Thursday 2017-09-28.
- **The R Journal Volume 9/1** is available.
- **R version 3.3.3 (Another Canoe)** has been released on Monday 2017-03-06.
- **The R Journal Volume 8/2** is available.
- **useR! 2017** (July 4 - 7 in Brussels) has opened registration and more at http://user2017.brussels/
- Tomas Kalibera has joined the R core team.
- The R Foundation welcomes five new ordinary members: Jennifer Bryan, Dianne Cook, Julie Josse, Tomas Kalibera, and Balasubramanian Narasimhan.
- **The R Journal Volume 8/1** is available.
- The **useR! 2017** conference will take place in Brussels, July 4 - 7, 2017.

| 그림 1 |

[그림 2]와 같이 R은 다른 나라의 많은 홈페이지를 통해 내려받을 수 있다. 여기서 접속이 빠른 홈페이지 주소를 선택하여 내려받으면 된다.

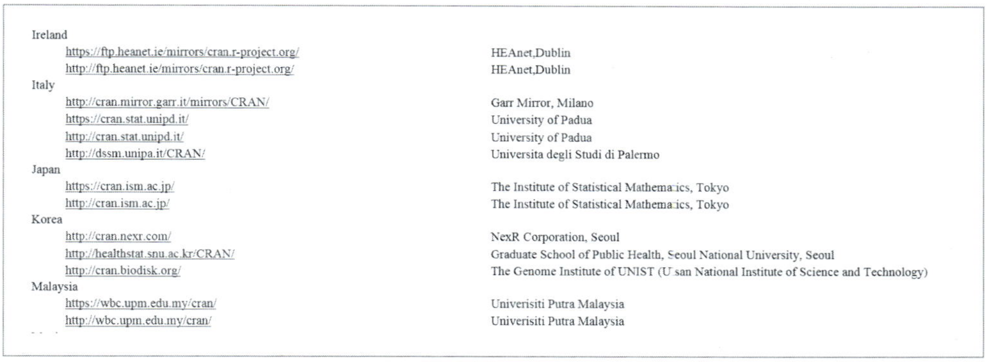
Ireland
https://ftp.heanet.ie/mirrors/cran.r-project.org/ HEAnet,Dublin
http://ftp.heanet.ie/mirrors/cran.r-project.org/ HEAnet,Dublin
Italy
http://cran.mirror.garr.it/mirrors/CRAN/ Garr Mirror, Milano
https://cran.stat.unipd.it/ University of Padua
http://cran.stat.unipd.it/ University of Padua
http://dssm.unipa.it/CRAN/ Universita degli Studi di Palermo
Japan
https://cran.ism.ac.jp/ The Institute of Statistical Mathematics, Tokyo
http://cran.ism.ac.jp/ The Institute of Statistical Mathematics, Tokyo
Korea
http://cran.nexr.com/ NexR Corporation, Seoul
http://healthstat.snu.ac.kr/CRAN/ Graduate School of Public Health, Seoul National University, Seoul
http://cran.biodisk.org/ The Genome Institute of UNIST (Ulsan National Institute of Science and Technology)
Malaysia
https://wbc.upm.edu.my/cran/ Univerisiti Putra Malaysia
http://wbc.upm.edu.my/cran/ Univerisiti Putra Malaysia

| 그림 2 |

컴퓨터 운영체계별로 R 프로그램을 다운로드 받을 수 있는 화면이 [그림 3]과 같이 나타난다. 윈도용 R 프로그램을 다운로드 받기 위해 "Download R for Windows"를 클릭한다.

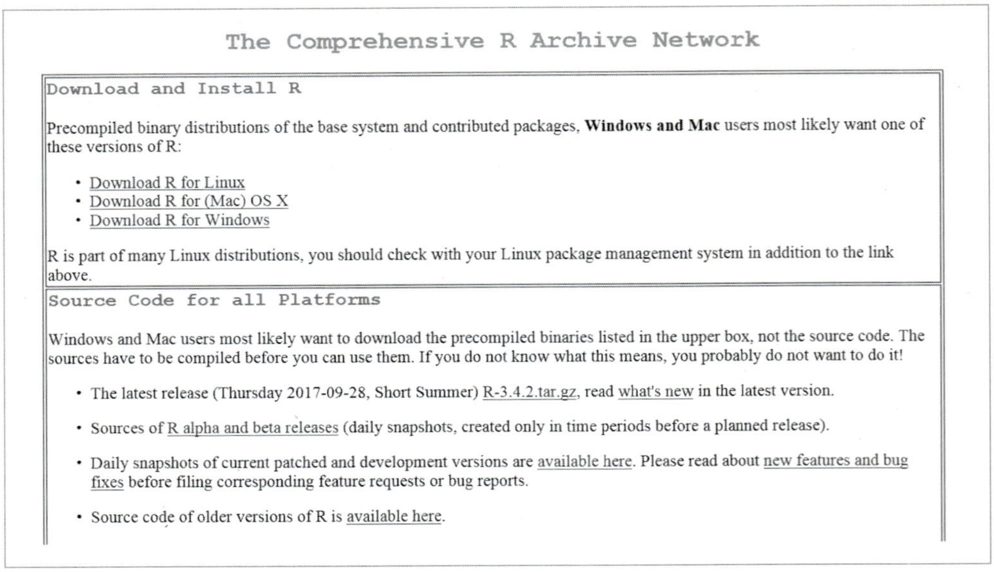

The Comprehensive R Archive Network

Download and Install R

Precompiled binary distributions of the base system and contributed packages, **Windows and Mac** users most likely want one of these versions of R:

- Download R for Linux
- Download R for (Mac) OS X
- Download R for Windows

R is part of many Linux distributions, you should check with your Linux package management system in addition to the link above.

Source Code for all Platforms

Windows and Mac users most likely want to download the precompiled binaries listed in the upper box, not the source code. The sources have to be compiled before you can use them. If you do not know what this means, you probably do not want to do it!

- The latest release (Thursday 2017-09-28, Short Summer) R-3.4.2.tar.gz, read what's new in the latest version.
- Sources of R alpha and beta releases (daily snapshots, created only in time periods before a planned release).
- Daily snapshots of current patched and development versions are available here. Please read about new features and bug fixes before filing corresponding feature requests or bug reports.
- Source code of older versions of R is available here.

| 그림 3 |

[그림 4]에서 기본적인 R을 수행할 수 있는 base를 다운로드 받는다. 또한 contrib는 응용분야별 소프트웨어가 저장되어 있다.

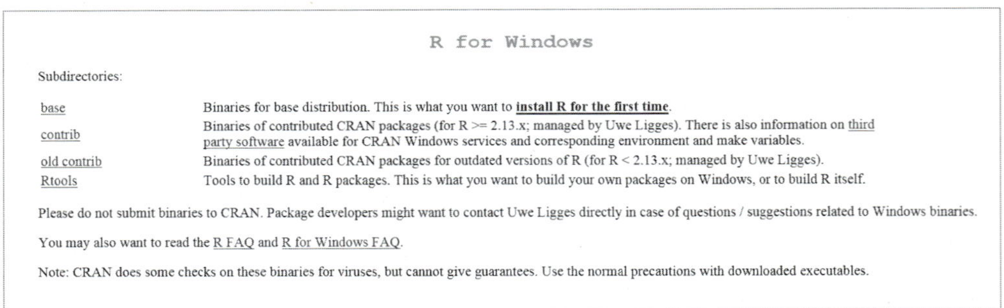

R for Windows

Subdirectories:

base	Binaries for base distribution. This is what you want to **install R for the first time**.
contrib	Binaries of contributed CRAN packages (for R >= 2.13.x; managed by Uwe Ligges). There is also information on third party software available for CRAN Windows services and corresponding environment and make variables.
old contrib	Binaries of contributed CRAN packages for outdated versions of R (for R < 2.13.x; managed by Uwe Ligges).
Rtools	Tools to build R and R packages. This is what you want to build your own packages on Windows, or to build R itself.

Please do not submit binaries to CRAN. Package developers might want to contact Uwe Ligges directly in case of questions / suggestions related to Windows binaries.

You may also want to read the R FAQ and R for Windows FAQ.

Note: CRAN does some checks on these binaries for viruses, but cannot give guarantees. Use the normal precautions with downloaded executables.

| 그림 4 |

[그림 5]에서 "Download R 3.4.2 for Windows"를 선택하여 열기를 하면 파일을 다운로드 받을 수 있다. 이 파일 명칭은 R이 개선되면서 조금씩 변하므로 파일명에 주의해야 한다.

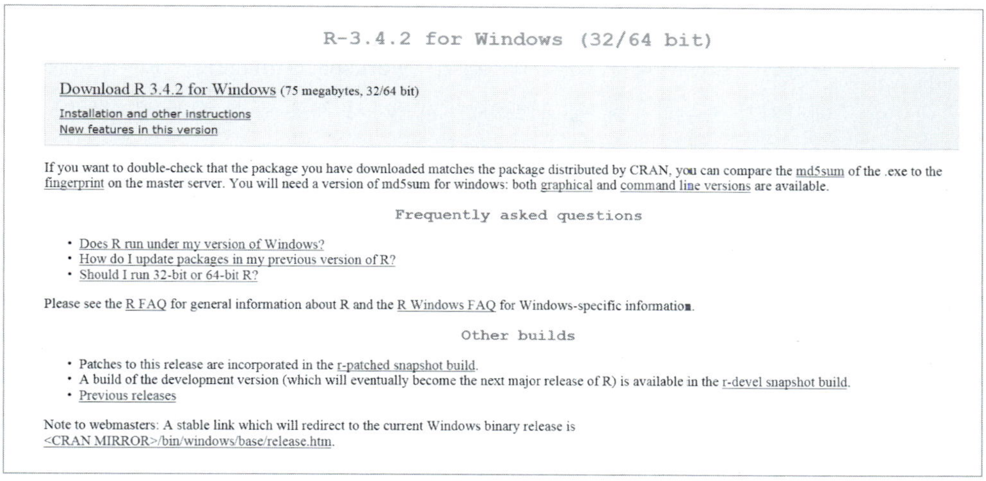

| 그림 5 |

R을 이용한 여러 가지 자료처리를 학습하기 이전 R의 시작과 종료방법에 대하여 간단히 살펴보고자 한다. 그리고 R은 help 기능이 매우 뛰어나므로 이용자가 잘 알지 못하는 사용법에 대하여 쉽게 다룰 수 있다. 이 장에서는 R에 대한 소개와 R의 설치 그리고 help 기능에 대하여 살펴보고자 한다.

R은 다른 프로그램과 마찬가지로 바탕 화면에서 R아이콘을 두 번 클릭하면 [그림 6]과 같은 R 프로그램 초기화면이 나타난다.

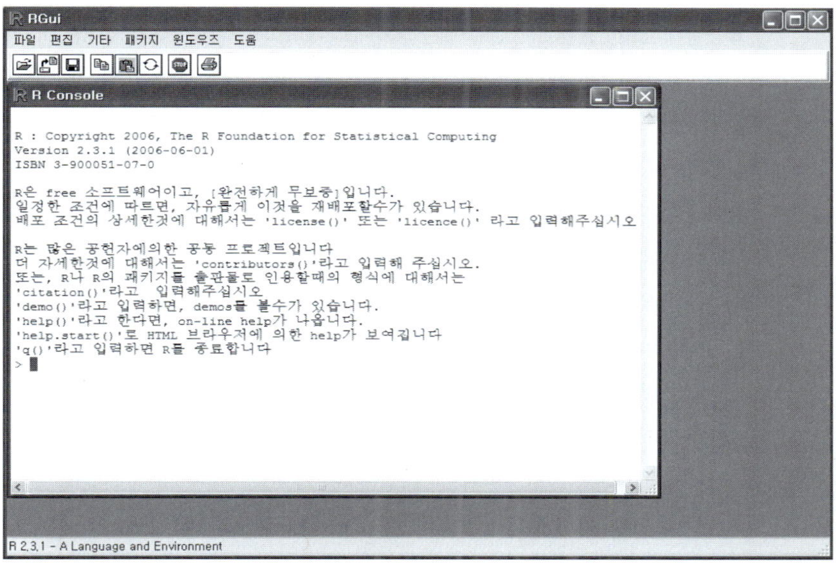

| 그림 6 |

R을 종료하려면 화면에서 [파일]-[종료]를 선택하거나 R Console창에서 q()을 입력하면 된다. 이때 [그림 7]과 같이 "workspace(imaga)를 보존하시겠습니까?"라는 메시지가 뜨는데 "예"를 선택하면 지금까지 사용 중인 모든 변수들이 저장이 되며, 다음에 다시 R을 실행할 경우에 저장된 변수들을 다시 사용할 수 있다.

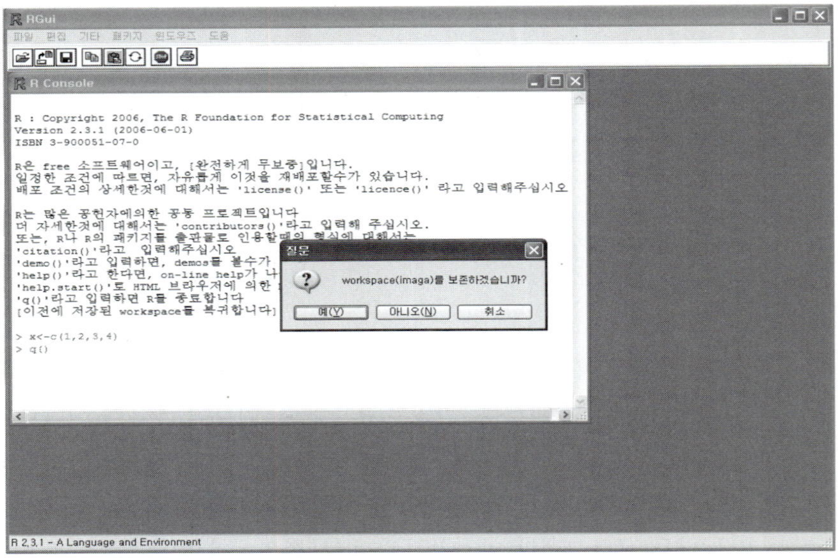

| 그림 7 |

R은 다양한 형태의 명령어를 가지고 있으며 하나의 명령어 내에서도 다양한 옵션이 존재하기 때문에 효과적인 프로그래밍을 위해서는 이러한 기능들을 최대한 활용하는 것이 중요하다. 이를 위해서 R에서 제공하는 Help의 기능을 적절히 활용하는 것이 필요하다고 할 수 있다.

R에서는 하나의 명령어 함수에 대한 자세한 옵션 기능의 사용법과 함께 관련함수를 동시에 제공해 주기 때문에 프로그램의 모든 과정에서 이 기능을 최대한 활용한다면 더욱 간단하면서도 세련된 프로그램을 작성할 수 있을 것이다.

Help를 이용하는 방법은 메뉴를 이용하는 방법과 명령어창에서 명령어를 직접 입력하는 방법이 있다. 예를 들어 사용자가 plot() 함수에 대해 알고자 한다면 메뉴를 직접 이용하거나 명령어창에 다음과 같이 입력한다.

```
> help()
```

이 명령어를 실행하면 전체 Help 메뉴가 나타나는데 여기에서 사용자가 원하는 도움말 항목인 plot을 입력하여 찾으면 된다.

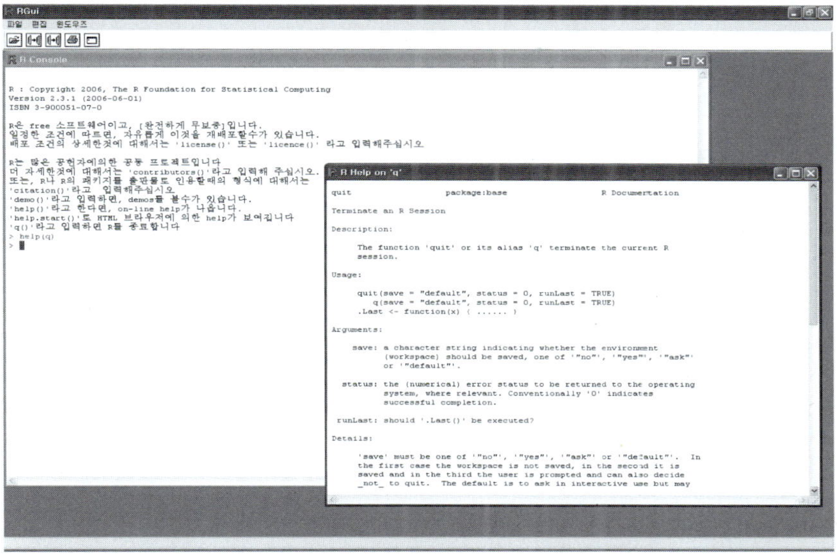

| 그림 8 |

또한 명령어창에서 다음과 같이 직접 입력을 하면 plot에 대한 도움말이 바로 나타나게 된다.

```
help(plot)
?plot
```

그리고 특수문자 등의 사용법에 대해서서도 help 기능을 이용할 수 있다. 예를 들어 리스트 객체(List Object)의 원소(component)를 추출하는 기호 "[[]]"에 대해 알고자 한다면 다음과 같이 사용할 수 있다.

```
help("[[")
?"[["
```

R의 Help에는 여러 가지 옵션에 대한 사용법과 예제가 제공되며, 관련된 함수 또는 문자의 기능에 대해서도 설명 및 연결이 되어 있어서 쉽게 찾아갈 수가 있다. 이처럼 R 프로그램은 사용자가 Help 기능을 활용하는데 있어서 많은 편리함을 제공하고 있다.

0.2
자료의 입력 및 출력, 벡터

R을 이용하여 원하는 통계분석을 하기 위해서는 자료를 R이 읽을 수 있도록 해야만 하며, 이러한 R에는 특수한 종류의 자료구조를 수용할 수 있는 여러 가지 자료 객체(data object)를 가지고 있다. 본 장에서는 R에서 자료를 생성하는 방법과 자료를 읽어오는 방법 및 R에서의 작업 결과를 옮기는 방법과 결과의 출력 그리고 이러한 자료 객체 중에서 벡터(vector)의 구조와 생성, 변형 등의 방법에 대해서 살펴본다.

(1) 벡터의 입력

사용자가 직접 할당자와 c() 함수를 이용하여 벡터를 입력할 수 있다.

```
x <- c(1,1,1,2,2,2,3,3,3,4,4,4,5,5,5)
x
[1] 1 1 1 2 2 2 3 3 3 4 4 4 5 5 5
```

scan() 함수를 이용하면 직접 데이터를 입력하여 생성할 수 있다.

```
scan()
1: 1 1 1
4: 2 2 2
7: 3 3 3
10: 4 4 4
13: 5 5 5
16:
Read 15 items
```

scan() 함수를 이용하는 경우 한 줄의 입력이 끝난 후 다음 줄의 처음에서 Enter 키를 누르면 자동적으로 scan() 함수가 불러지고 계속적으로 데이터를 입력할 수 있다. 새로운 줄에서 데이터를 입력하지 않고 Enter 키를 누르면 scan() 함수가 종료되고 값이 저장된다.

scan() 함수는 default 값으로 숫자를 받아들인다. 만약 문자를 입력하면 scan() 함수는 다음과 같은 에러 메시지를 출력한다.

```
scan()
1: bob
1:
이하에 에러scan(file, what, nmax, sep, dec, quote, skip, nlines, na.strings, :
        scan 함수는 'a real'를 예측하고 있는데, 얻을 수 있는 것은 'bob'입니다.
```

이 경우 what 변수를 이용하여 다른 모드의 데이터를 읽을 수 있다. 예를 들어 문자 데이터를 읽어 들이고자 한다면 아래와 같이 지정하여 수행할 수 있다.

```
city <- scan(what=character(0))
1: seoul busan
3: gwangju daegu
5: daejeon ulsan
7:
Read 6 items
city
[1] "seoul"   "busan"   "gwangju" "daegu"   "daejeon" "ulsan"
```

어떠한 문자 값에 대해서도 what 변수를 이용할 수 있으며, scan() 함수는 데이터의 형태가 어떤 형태로 what 변수에 의해 지정되어 있는지 확인한 후 실제 값을 버리게 된다.

(2) 행렬의 입력

행렬을 입력하기 위하여 matrix() 함수에서 scan() 함수를 사용한 후 byrow 변수를 사용하여 행단위로 데이터를 입력할 수 있다.

```
height <- matrix(scan(), byrow=T, ncol=2)
1: 170 68.5
3: 182 77.8
5: 176 71.2
7: 168 65.5
9:
Read 8 items
height
```

```
      [,1] [,2]
[1,]  170 68.5
[2,]  182 77.8
[3,]  176 71.2
[4,]  168 65.5
```

byrow=T와 ncol=2는 행의 개수는 지정하지 않고 열의 개수만 2로 지정하는 변수이며, matrix() 함수와 scan() 함수를 이용하여 행렬을 입력할 수 있다. 또한 벡터의 경우와 동일하게 what 변수를 이용하여 숫자가 아닌 다른 형태의 데이터를 입력할 수 있다. 0.3절에서 행렬의 입력에 대하여 자세한 내용을 다룰 것이다.

(3) 리스트의 입력

리스트를 입력할 때도 scan() 함수가 사용되는데 주의할 점은 각 성분들의 개수가 같아야 한다는 것이다. 즉, 직사각형꼴의 데이터 형태와 같은 의미이다. 만약 결측치가 존재한다면 NA들로 채워야만 한다.

```
heart <- scan(what=list("",0,0))
1: Lee 170 68.5
2: Kim 182 77.8
3: Park 176 71.2
4: Kang 168 65.5
5:
Read 4 records
heart
[[1]]
[1] "Lee"  "Kim"  "Park" "Kang"
[[2]]
[1] 170 182 176 168
[[3]]
[1] 68.5 77.8 71.2 65.5
```

heart의 첫 번째 성분은 입력되고 있는 문자 값들의 열, 즉 첫 번째 필드에 대응된다. 두 번째 성분은 두 번째 필드, 세 번째 성분은 세 번째 필드에 각각 대응된다.

scan() 함수를 이용할 때 각 줄은 같은 개수의 값, 혹은 필드들을 가져야 한다. 그렇지 않으면 다음과 같은 에러 메시지가 나타난다.

```
heart <- scan(what=list("",0,0))
1: Lee 170 68.5
2: Kim 182
2: Park 176 71.2
이하에 에러scan(file, what, nmax, sep, dec, quote, skip, nlines, na.strings,  :
        scan 함수는 'a real'를 예측하고 있는데, 얻을수 있는것은 'Park'였습니다.
```

(4) scan() 함수 사용 시 선택 사항

scan() 함수 사용 시 선택적으로 사용되는 변수의 종류 및 기능은 다음과 같다.

- 각 필드에 대한 데이터 모드를 지정(what) :
  scan() 함수는 default 값으로 숫자를 입력받게 되어 있으나, what 변수를 이용하여 수치 데이터가 아닌 다른 데이터의 형태를 입력할 수 있게 해준다.
- 파일로부터 읽혀지는 정확한 item 들의 개수를 지정(n) :
  n 변수는 입력되는 값들의 수를 나타낸다.
- 각 레코드에 대한 필드가 한 줄인지 또는 여러 줄인지를 지정(multi.line=T) :
  multi.line 변수를 이용하여 각 레코드의 데이터들이 한 줄 이상인 경우의 데이터를 읽을 수 있다.
- 필요한 필드 이후의 각 줄의 모든 내용을 무시하도록 지정(flush) :
  flush 변수는 여러 줄로 구성되어 있는 레코드의 일정 부분, 즉 원하는 필드만을 읽고 나머지는 무시하는 명령문이다.
- 필드의 분리기호(sep) :
  sep 변수는 읽어야 할 데이터가 분리 기호를 포함하고 있을 때 사용한다. 공백을 포함한 문자 또는 공백으로 표시된 결측치를 읽어들일 때 공백과 다른 분리기호가 유용하게 사용된다.

(5) 출력을 파일로 보내는 재 명령

sink() 함수는 R 명령어로부터 나오는 출력을 터미널로 보내지 않고 파일로 만드는 함수이다. sink() 함수에 사용되는 변수는 다음과 같다.

- file : 파일의 이름을 지정하는 문자열이다.
- command : 명령의 이름을 나타내는 문자열로 file문이 사용되면 이 변수는 사용되지 않는다.
- append : 파일을 저장할 때 사용하는 논리적 신호로 만약 true이면 출력 결과를

파일의 끝에 붙이고 아니면 덮어쓴다.

예를 들어 모든 관찰값 목록과 함께 x라는 이름의 데이터 프레임의 요점을 저장하고자 할 때 다음과 같은 방법을 사용한다.

```
sink("info.txt")
summary(x)
x                                          # x는 작업문 이름
sink()
```

sink("info.txt")는 이 명령문 다음에 나오는 모든 출력 결과를 info.txt 파일로 보내라는 명령어이며, 다음 두 줄의 명령에 의해 x라는 이름을 가진 파일의 summary(x)의 출력과 x 데이터 프레임의 리스트가 저장된다. 마지막으로 sink() 함수는 R의 출력 결과를 info.txt로 보내는 작업을 종료하고 출력 결과를 다시 터미널로 보내는 명령어이다.

또한 위와 같은 동일한 결과를 특정 경로에 저장하고자 한다면 다음과 같이 경로명을 지정함으로써 모든 결과를 저장하고자 하는 경로에 저장할 수 있다.

```
sink("c:₩₩info.txt")
summary(x)
x
sink()
```

sink() 함수는 단지 R의 명령문에 의하여 출력된 결과를 파일로 보내는 역할을 하지만, 옵션으로 echo=T를 설정하면 R의 결과를 출력하기 위하여 사용된 명령어도 파일로 보내지는 차이점이 있다.

(6) 벡터의 생성

벡터를 생성하는 방법에는 scan() 함수를 이용하여 직접 자료를 입력하는 방법, seq() 함수를 이용하여 조건에 따른 벡터를 생성하는 방법, rep() 함수를 이용하여 자료 값들을 반복하여 생성하는 방법 등을 이용할 수 있다.

함수	설명	예제
scan	자료를 화면에서 직접 입력	scan(), scan("data")
c	자료를 조합하여 벡터 생성	c(1, 2, 3, 4), c("yes", "no)
rep	자료를 반복하여 벡터 생성	rep(NA, 5), rep(c(1, 2), 3)
:	수치적 수열을 나타냄	1:5, 1:-1
seq	수치적 수열을 나타냄	seq(-pi, pi, 5)
vector	벡터로 초기화	vector("complex", 5)
logical	logical 벡터로 초기화	logical(3)
numeric	numeric 벡터로 초기화	numeric(4)
complex	complex 벡터로 초기화	complex(5)
character	character 벡터로 초기화	character(6)

```
scan()                          # scan() 함수를 이용하여 벡터 생성
1: 1 2 3
4: 4 5 6
7:
Read 6 items
[1] 1 2 3 4 5 6
seq(1, by=0.05, along=1:5)      # seq(시작값, by=증가분, 조건지정)
[1] 1.00 1.05 1.10 1.15 1.20
seq(1, 7, by=2)
[1] 1 3 5 7
seq(1, -1, by=-0.5)
[1]  1.0  0.5  0.0 -0.5 -1.0
seq(1,7,length=3)
[1] 1 4 7
rev(seq(1:5))                   # rev : 자료의 순서를 역순으로 만드는 함수
[1] 5 4 3 2 1
rep(c(1,2,3),3)                 # rep(a,b)는 a를 b만큼 반복
[1] 1 2 3 1 2 3 1 2 3
rep(1:3,3)                      # a:b는 a부터 b까지의 수
[1] 1 2 3 1 2 3 1 2 3
```

```
rep(c(4,2), times=2)
[1] 4 2 4 2
rep(c(4,2), times=c(2,1))
[1] 4 4 2
rep(c(4,2), length=3)
[1] 4 2 4
paste("no", 1:5)                # 반복되는 문자에 첨자를 붙여줌
[1] "no 1" "no 2" "no 3" "no 4" "no 5"
```

(7) 기본함수

벡터는 R에서 가장 단순한 객체로서 여러 값들이 일차원적으로 순서화된 것으로 벡터의 일부분만을 추출하여 이용하는 것을 용이하게 해준다. 벡터를 생성하기 위해서는 일반적으로 c() 함수를 사용하여 각 값들을 묶어서 하나의 행을 만든다.

```
v1 <- c(1,2,3)                  # 숫자형 벡터 생성
v1
[1] 1 2 3
v2 <- c("a", "b", "c")          # 문자형 벡터 생성
v2
[1] "a" "b" "c"
v3 <- c(T, F, T)                # 논리형 벡터 생성
v3
[1]  TRUE FALSE  TRUE

height <- c(160, 140, 155)      # height 벡터 생성
people <- c("Ned", "Jill", "Pat")
names(height) <- people         # height 벡터의 원소에 이름을 할당
height
 Ned Jill  Pat
 160  140  155
height["Ned"]
Ned
160
```

```
names(height) <- NULL          # height 벡터의 원소의 이름을 삭제
height
[1] 160 140 155
```

(8) 관련함수

벡터에서 자료를 삽입하고 삭제와 관련된 다양한 함수들을 살펴보자. 이러한 함수들에는 replace(), append(), order(), sort() 함수 등이 있다.

```
vec1 <- c(1,2,3,4,5)           # 1~5까지 자료를 갖는 vec1 변수 생성
vec1[2]                        # 2번째 자료
[1] 2
vec1[c(2,3,5)]                 # vec1의 2, 3, 5의 값만 표현
[1] 2 3 5
vec1[c(-2,-3)]                 # vec1의 2, 3번째 자료 값 삭제
[1] 1 4 5
vec1[vec1>2]                   # vec1에서 2보다 큰 값만 표현
[1] 3 4 5
vec1[2]=6                      # 2번째 위치의 2값이 6으로 대체됨
vec1
[1] 1 6 3 4 5
replace(vec1, 3, 2)            # vec1의 3번째 자료를 2르 변경
[1] 1 6 2 4 5
append(vec1, 8, 5)             # vec1의 5번째 자료 다음에 8을 삽입
[1] 1 6 3 4 5 8

v1 <- 1:3
v2 <- 2:4
v1 * v2                        # 벡터의 각 원소 간 곱셈
[1]  2  6 12
```

```
height <- 175                                       # height 스칼라 생성
heights <- c(160,140,155)                           # heights 벡터 생성
heights[c(2,1,2)]                                   # heights의 2, 1, 2번째 원소 추출
[1] 140 160 140
heights <- append(heights, height)                  # heights와 height를 결합
heights
[1] 160 140 155 175
heights.1 <- append(heights,180,after=2)            # heights의 2번째 다음에 180 추가
heights.1
[1] 160 140 180 155 175
heights <- replace(heights, 2,142)                  # heights의 2번째 원소를 142로 변경
heights
[1] 160 142 155 175
heights.2 <- replace(heights,c(2,4),c(140,142)) # 2번째 140, 4번째 142로 변경
heights.2
[1] 160 140 155 142
numbers <- 1:5                                      # 1~5의 값을 갖는 벡터 생성
numbers
```

```
[1] 1 2 3 4 5
heights <- heights.2[2:4]                           # heights.2에서 2~4번째 값까지만
                                                      생성
heights
[1] 140 155 142
length(heights)                                     # 벡터의 길이 지정
[1] 3
x <- c(rep(1,3),seq(1,5,by=2),rev(seq(1,5,length=3)),rep(2,3))
x
[1] 1 1 1 1 3 5 5 3 1 2 2 2
unique(x)                                           # 반복없이 벡터의 원소 표시
[1] 1 3 5 2
sort(x)                                             # 오름차순 정렬
[1] 1 1 1 1 1 2 2 2 3 3 5 5
rev(sort(x))                                        # 내림차순 정렬
```

```
 [1] 5 5 3 3 2 2 2 1 1 1 1 1
rank(x)                                          # 자료의 순위를 지정
 [1]  3.0  3.0  3.0  3.0  9.5 11.5 11.5  9.5  3.0  7.0  7.0  7.0
order(x)                                         # 오름차순에 의한 자료의 위치값
 [1]  1  2  3  4  9 10 11 12  5  8  6  7
rle(x)
Run Length Encoding
  lengths: int [1:6] 4 1 2 1 1 3                 # 자료가 반복되는 길이
  values : num [1:6] 1 3 5 3 1 2                 # 반복되는 자료의 값
```

0.2 연습문제

1 180, 175, 168, 173, 165를 원소로 갖는 height 벡터를 생성하고, 각각의 원소에 LEE, KIM, PARK, KANG, SONG의 이름을 할당하여라. 또한 할당된 이름을 확인 후 할당된 이름을 삭제하여라.

2 10, 15, 2, 8, 20의 자료를 원소로 갖는 vec 벡터를 생성하고 다음 물음에 각각 답하여라.

(1) 2, 3, 5번째 자료를 표현하여라.

(2) 2, 3번째 자료를 삭제하여라.

(3) 3번째 자료값을 5로 변경하여라.

(4) 5번째 자료값 다음에 30을 삽입하여라.

3 다음 물음에 각각 답하여라.

(1) 1~100까지의 범위 내에서 5의 간격을 갖는 값들을 생성하여라.

(2) (1)에서 생성한 자료를 역순으로 나타내어라.

(3) 1, 5, 10, a, b의 3번 반복값을 자료값으로 갖는 벡터를 생성하여라.

0.3 행렬과 배열

분석을 효율적으로 하기 위해서는 모형을 적합시키기 이전에 자료를 효율적으로 운용하는 기술을 필요로 하며 자료 객체를 다루는 것은 R을 이용한 자료 분석의 근간이라 할 수 있다. 자료 객체의 형태로는 벡터(vector), 행렬(matrix), 데이터 프레임(data frame), 배열(array), 리스트(list) 등이 있으며, 이 장에서는 행렬과 배열의 자료 객체의 구조와 생성, 변형 등의 방법에 대해서 살펴본다.

(1) 행렬의 속성

행렬은 동일한 형으로 구성된 2차원의 데이터 구조다. 행의 차원과 열의 차원을 갖는 행렬은 수학에서의 행렬과는 달리 문자형이나 논리형 등을 원소로 사용할 수 있다. 그러나 행렬의 원소는 한가지 형의 자료만 허락된다.

행렬의 속성에는 벡터의 속성에 행과 열의 개수, 이름을 나타내는 dim과 dimnames가 포함된다.

속성	설명
length	자료의 개수
mode	자료의 형태
dim	행과 열의 개수
dimnames	행과 열의 이름

```
matr <- matrix(1:9, nrow=3)                    # 3행 3열 행렬 생성
dimnames(matr) <- list(paste("row", c(1:3)), paste("col", c(1:3)))
                                               # 행과 열 이름 지정
matr
       col 1  col 2 col 3
row 1      1      4     7
row 2      2      5     8
row 3      3      6     9
```

```
length(matr)                                  # 자료의 개수
[1] 9
mode(matr)                                    # 자료의 형태
[1] "numeric"
dim(matr)                                     # 행과 열의 개수
[1] 3 3
dimnames(matr)                                # 행과 열의 이름 확인
[[1]]
[1] "row 1" "row 2" "row 3"
[[2]]
[1] "col 1" "col 2" "col 3"
```

(2) 기본함수

행렬(matrix)은 여러 변수들이 이차원적으로 모여 있는 개체로, 행렬을 생성하기 위해서는 matrix() 함수를 사용한다. matrix() 함수 이외에 cbind(), rbind(), dim() 등을 이용하여 행렬을 생성시킬 수 있다.

행렬 $\begin{pmatrix} 1 & 4 & 7 \\ 2 & 5 & 8 \\ 3 & 6 & 9 \end{pmatrix}$을 이용하여 행렬을 만드는 다양한 방법에 대해서 알아보도록 하자.

```
matrix(1:9, nrow=3)                                      # nrow : 행의 개수 지정
     [,1] [,2] [,3]
[1,]    1    4    7
[2,]    2    5    8
[3,]    3    6    9

matrix(c(1,4,7,2,5,8,3,6,9), byrow=T, ncol=3)    # ncol : 열의 개수 지정
                                                 # byrow=T : 행 기준 행렬을 생성
     [,1] [,2] [,3]
[1,]    1    4    7
[2,]    2    5    8
[3,]    3    6    9

r1 <- c(1,4,7)                                           # r1, r2, r3 행 벡터 생성
```

```
r2 <- c(2,5,8)
r3 <- c(3,6,9)
rbind(r1, r2, r3)                         # rbind : 행을 기준으로 결합
     [,1] [,2] [,3]
r1     1    4    7
r2     2    5    8
r3     3    6    9

c1 <- 1:3                                 # c1, c2, c3 열 벡터 생성
c2 <- 4:6
c3 <- 7:9
cbind(c1, c2, c3)                         # cbind : 열을 기준으로 결합
      c1 c2 c3
[1,]  1  4  7
[2,]  2  5  8
[3,]  3  6  9

m1 <- 1:9
dim(m1) <- c(3,3)                         # dim : 차원을 지정
m1
       [,1] [,2] [,3]
[1,]     1    4    7
[2,]     2    5    8
[3,]     3    6    9
```

(3) 관련함수

행렬과 관련된 여러 함수와 성분의 추출과 삭제 등에 관해 알아보자.

```
mat <- matrix(c(1,2,3,4,5,6,7,8,9), ncol=3, byrow=T)     # 행 기준 3열의 행렬 생성
mat
       [,1] [,2] [,3]
[1,]     1    2    3
[2,]     4    5    6
[3,]     7    8    9
```

```
mat[1,]                                # 행렬 mat의 1행의 값
[1] 1 2 3
mat[,3]                                # 행렬 mat의 3열의 값
[1] 3 6 9
mat[,-2]                               # 2열 원소 삭제
mat[-1:-2,]                            # 1행에서 2행까지 삭제
mat[mat[,3] > 4, 1]                    # 3열에서 4보다 큰 행의 값 중
[1] 4 7                                1열의 모든 값
mat[mat[,3] > 4, 2]                    # 3열에서 4보다 큰 행의 값 중
[1] 5 8                                2열의 모든 값
mat[2,3]                               # 2행 3열의 값 추출
[1] 6
mat[2,, drop=F]                        # 2행 값만을 추출
     [,1] [,2] [,3]
[1,]    4    5    6
is.matrix(mat[2,,drop=F])              # mat[2,,drop=F]가 행렬인지 확인
[1] TRUE
mat[-2,-3]                             # 2행과 3열의 값을 삭제
     [,1] [,2]
[1,]    1    2
[2,]    7    8
dim(mat)                               # 차수 표시 : 3행 3열
[1] 3 3
nrow(mat)                              # 행의 개수 표시 : 3행
[1] 3
ncol(mat)                              # 열의 개수 표시 : 3열
[1] 3
y <- diag(1:3)                         # diag : 대각행렬을 생성
y
     [,1] [,2] [,3]
[1,]    1    0    0
[2,]    0    2    0
[3,]    0    0    3
diag(y)                                # diag(y) : 대각원소 표현
```

```
[1] 1 2 3
col(y)                                                    # col(y) : 원소들의 열 번
                                                          호 표현
     [,1] [,2] [,3]
[1,]    1    2    3
[2,]    1    2    3
[3,]    1    2    3
height <- c(140,155,142,175)                              # height 벡터 생성
size.1 <- matrix(c(130,26,110,24,118,25,112,25), ncol=2, byrow=T, dmnames=
list(c("Abe", "Bob", "Carol", "Deb"), c("Weight", "Waist"))) # size.1 행렬 생성
size <- cbind(size.1, height)                             # size.1 행렬과 height 벡
                                                          터의 열 기준 결합
size
      Weight Waist height
Abe      130    26    140
Bob      110    24    155
Carol    118    25    142
Deb      112    25    175

colmean <- apply(size, 2, mean)                           # 2열의 평균값을 계산
colmean
Weight  Waist  height
 117.5   25.0  153.0
rowmean <- apply(size, 1, mean)                           # 1행의 평균값을 계산
rowmean
      Abe        Bob       Carol        Deb
 98.66667   96.33333   95.00000  104.00000
colvar <- apply(size, 2, var)                             # 2열의 분산값을 계산
colvar
     Weight          Waist         height
 81.0000000    0.6666667    259.3333333
rowvar <- apply(size, 1, var)                             # 1행의 분산값을 계산
rowvar
      Abe        Bob       Carol       Deb
3985.333  4430.333  3819.000  5673.000
```

```
sweep(size, 2, colmean)                # size 각 열의 값과 colmean의 차
        Weight   Waist   height
Abe       12.5       1      -13
Bob       -7.5      -1        2
Carol      0.5       0      -11
Deb       -5.5       0       22
sweep(size, 1, rowmean)                # size 각 행의 값과 rowmean의 차
           Weight       Waist     height
Abe      31.33333   -72.66667   41.33333
Bob      13.66667   -72.33333   58.66667
Carol    23.00000   -70.00000   47.00000
Deb       8.00000   -79.00000   71.00000

sweep(size, 1, c(1,2,3,4), " + ")      # size 각 행의 값에 c(1,2,3,4)값을 더해줌
        Weight  Waist  height
Abe        131     27     141
Bob        112     26     157
Carol      121     28     145
Deb        116     29     179

sweep(size, 1, c(1,2,3,4), "-")        # size 각 행의 값에 c(1,2,3,4)값을 빼줌
        Weight Waist  height
Abe        129    25     139
Bob        108    22     153
Carol      115    22     139
Deb        108    21     171
```

(4) 행렬의 연산

여러 가지 함수를 이용하여 행렬의 곱셈, 역행렬, 대각행렬, 전치행렬 등의 다양한 연산에 대하여 알아보자.

연산자 및 함수	기능	사용법
t	전치행렬 구하는 함수	t(A)
%*%	행렬의 곱셈	A%*%B
crossprod	t(A)%*%B	crossprod(A,B)
	crossprod(A,A)	crossprod(A)
outer	외적 구하는 함수	outer(A,B)
svd	singular value 분해	svd(A)
qr	QR 분해 함수	qr(A)
solve	방정식의 근 구하는 함수	solve(A,B)
	역행렬 구하는 함수	solve(A)
eigen	고유치와 고유벡터 함수	eigen(A)
chol	Choleski 분해 함수	chol(A)

```
m1 <- matrix(1:4, nrow=2)    # 1~4까지 2행 2열의 행렬 생성
m1
     [,1] [,2]
[1,]    1    3
[2,]    2    4
m2 <- matrix(5:8, nrow=2)    # 5~8까지 2행 2열의 행렬 생성
m2
     [,1] [,2]
[1,]    5    7
[2,]    6    8

m1*1:2                       # m1의 1행×1, 2행×2
     [,1] [,2]
[1,]    1    3
[2,]    4    8
m1%*%m2                      # m1과 m2 행렬의 곱셈
     [,1] [,2]
[1,]   23   31
[2,]   34   46
```

```
solve(m1)                          # m1행렬의 역 행렬 생성
       [,1] [,2]
[1,]    -2  1.5
[2,]     1 -0.5
t(m1)                              # m1행렬의 전치행렬 생성
       [,1] [,2]
[1,]     1    2
[2,]     3    4
eigen(m1)                          # m1행렬의 고유치와 고유벡터
$values                            # 고유치
[1]  5.3722813 -0.3722813
$vectors                           # 고유벡터
            [,1]        [,2]
[1,] -0.5657675 -0.9093767
[2,] -0.8245648  0.4159736
vec1 <- as.vector(m1)              # 행렬을 벡터로 변환
vec1
[1] 1 2 3 4
```

(5) 배열(Array)의 속성

배열(Array)은 행렬을 2차원 이상으로 확장시킨 객체이다. 따라서 2차원의 구조를 갖는 행렬도 배열의 한 종류이다. 그러나 일반적으로 3차원 이상의 차원을 갖는 데이터 객체를 배열이라고 부른다.

배열의 속성은 행렬의 속성과 같이 자료의 개수를 나타내는 length, 형태를 보여주는 mode, 각 차원의 벡터의 크기를 나타내는 dim 그리고 각 차원의 리스트 이름을 나타내는 dimnames로 구성되어 있다.

속성	설명
length	자료의 개수
mode	자료의 형태
dim	각 차원 벡터의 크기
dimnames	각 차원 리스트의 이름

```
array(1:6)                    # 1~6의 자료로 1차원 배열 생성
[1] 1 2 3 4 5 6
array(1:6, c(2,3))            # 1~6의 자료로 2차원 배열 생성
     [,1] [,2] [,3]
[1,]    1    3    5
[2,]    2    4    6
array(1:8, c(2,2,2))          # 1~8의 자료로 3차원 배열 생성
, , 1
     [,1] [,2]
[1,]    1    3
[2,]    2    4

, , 2
     [,1] [,2]
[1,]    5    7
[2,]    6    8
arr <- c(1:24)                # 1~24의 자료 생성
dim(arr) <- c(3,4,2)          # dim() 함수를 이용하여 3행 4열의 행렬 2개 생성
arr
, , 1
     [,1] [,2] [,3] [,4]
[1,]    1    4    7   10
[2,]    2    5    8   11
[3,]    3    6    9   12

, , 2
     [,1] [,2] [,3] [,4]
[1,]   13   16   19   22
[2,]   14   17   20   23
[3,]   15   18   21   24
```

```
arr <- array(1:24, c(3,3,2))          # 1~18까지의 자료 생성
dimnames(arr) <- list(paste("row", c(1:3)),paste("col", c(1:3)),paste("ar", c(1:2)))
                                      # 각 차원의 이름을 지정
arr
```

```
, , ar 1
        col 1 col 2  col 3
row 1      1     4     7
row 2      2     5     8
row 3      3     6     9

, , ar 2
        col 1 col 2  col 3
row 1     10    13    16
row 2     11    14    17
row 3     12    15    18

length(arr)                          # 자료의 개수 확인
[1] 18
mode(arr)                            # 자료의 형태 확인
[1] "numeric"
dim(arr)                             # 각 차원 벡터의 크기
[1] 3 3 2
dimnames(arr)                        # 각 차원 리스트의 이름
[[1]]
[1] "row 1" "row 2" "row 3"
[[2]]
[1] "col 1" "col 2" "col 3"
[[3]]
[1] "ar 1" "ar 2"
```

(6) 배열의 연산

같은 크기의 배열간의 사칙연산 및 같은 위치의 원소간의 연산을 수행할 수 있다. 또한 숫자와 배열 또는 배열과 숫자간의 산술 연산도 가능하다.

```
ary1 <- array(1:8, dim = c(2,2,2))
ary2 <- array(8:1, dim = c(2,2,2))
ary1
, , 1
     [,1] [,2]
```

```
[1,]    1    3
[2,]    2    4
, , 2
      [,1] [,2]
[1,]    5    7
[2,]    6    8
ary2
, , 1
      [,1] [,2]
[1,]    8    6
[2,]    7    5
, , 2
      [,1] [,2]
[1,]    4    2
[2,]    3    1

ary1 + ary2          # 자료의 덧셈
, , 1
      [,1] [,2]
[1,]    9    9
[2,]    9    9
, , 2
      [,1] [,2]
[1,]    9    9
[2,]    9    9

ary1 * ary2          # 자료의 곱셈
, , 1
      [,1] [,2]
[1,]    8   18
[2,]   14   20

, , 2
      [,1] [,2]
[1,]   20   14
```

```
[2,]   18    8

ary1 %*% ary2    # 두 배열 원소들의 곱의 합
      [,1]
[1,]  120
sum(ary1 * ary2)
[1] 120
```

(7) 배열원소의 추출 및 삭제

배열의 원소를 추출하는 방법은 행렬의 경우와 유사한데, ","로 구분하여 차원의 인덱스를 기술하면 된다.

```
ary1[,,1]            # 배열의 첫번째 성분 생성
      [,1] [,2]
[1,]    1    3
[2,]    2    4
ary1[1,1,]           # 1행 1열의 원소 추출
[1] 1 5
ary1[1,,-2]          # 1행의 1차원 배열생성
[1] 1 3
```

0.3 연습문제

1 $\begin{pmatrix} 1 & 2 & 3 & 4 \\ 1 & 2 & 3 & 4 \\ 1 & 2 & 3 & 4 \end{pmatrix}$의 행렬을 만들어라.

2 R에 저장되어 있는 state.x77의 데이터를 이용하여 다음 각각의 물음에 답하여라.

(1) 3번째 행과 8번째 열이 교차하는 원소를 추출하여라.

(2) 5, 22, 44행과 1, 4, 7열에 해당하는 값을 추출하여라.

(3) 5행부터 50행까지를 제외한 나머지 행과 3열부터 5열까지의 원소를 추출하여라.

(4) stats.x77의 두 번째 열인 Income이 4000보다 큰 것만을 추출하여라.

3 1~8, 11~18, 111~118로 이루어진 2, 4, 3차원의 배열을 만들어라.

4 R에 저장된 iris의 (38, 1, 3)번째 원소를 추출하여라.

0.4
리스트와 데이터 프레임

앞에서 살펴본 행렬, 배열에 이어 R에서 이용할 수 있는 특수한 자료구조 중 리스트(List)와 데이터 프레임(Data Frame)에 대하여 자료를 입력하고 자료객체를 생성하는 방법과 자료를 삭제하고 변환하는 등의 여러 가지 기본함수와 관련함수들을 자세히 살펴보고자 한다.

서로 다른 데이터 형의 집합을 정의할 필요가 있을 때 사용할 수 있는 데이터 객체가 리스트이며, 리스트는 서로 다른 형태(mode)의 데이터들로 구성된 객체이다. 리스트는 성분(component)이라는 것으로 이루어지는데 이 성분들은 서로 다른 형의 원소를 가질 수 있으며 길이도 다를 수 있다. 성분은 행렬과 배열의 차원과 유사하다.

(1) 기본함수

리스트(List)는 서로 다른 형태(mode)의 자료를 포함하는 하나의 객체이다. 리스트를 생성하는 함수는 list()이다.

```
li <- list("top", c(2,4,6),c(T,F,T))          # list(문자, 숫자, 논리형 객체)
[[1]]
[1] "top"
[[2]]
[1] 2 4 6
[[3]]
[1]  TRUE FALSE  TRUE

li[[1]]                                       # [[1]]:첫 번째 성분
[1] "top"

mat1 <- matrix(1:4, nrow=2)
list1 <- list("A", 1:8, mat1)
list1
[[1]]
[1] "A"
```

```
[[2]]
[1] 1 2 3 4 5 6 7 8
[[3]]
     [,1] [,2]
[1,]    1    3
[2,]    2    4

son <- list(son.name = c("Minsu", "Minchul"), son.cnt = 2, son.age = c(2,6))
son
$son.name
[1] "Minsu"    "Minchul"
$son.cnt
[1] 2
$son.age
[1] 2,6
```

(2) 리스트의 속성

리스트의 속성은 벡터의 속성과 같이 자료의 개수, 형태, 구성요소의 이름 등을 보여주는 length, mode, names로 구성되어 있다.

속성	설명
length	자료의 개수
mode	자료의 형태
names	각 구성요소의 이름

```
a <- 1:10
b <- 11:15
klist <- list(vec1=a, vec2=b, descrip="example")
length(klist)          # klist 리스트 자료의 개수
[1] 3
mode(klist)            # klist 리스트 자료의 형태
[1] "list"
names(klist)           # klist 리스트 각 구성요소의 이름
[1] "vec1"    "vec2"    "descrip"
```

(3) 리스트 생성 및 다양한 변화

리스트에서의 성분을 추출하는 방법은 [[]]를 사용하며, 성분의 이름을 지정하였다면 $ 연산자를 사용한다. 또한, 성분의 원소를 추출하고자 하는 경우에는 [] 연산자를 사용한다. 그리고 리스트에서 성분과 성분의 원소를 추가 또는 삭제할 수도 있다.

```
exm <- list(c("Abe", "Bob", "Carol", "Deb"),c("Weight","Waist"))
exm                                    # exm 리스트 생성
[[1]]
[1] "Abe"    "Bob"    "Carol" "Deb"
[[2]]
[1] "Weight" "Waist"
exm[[2]]                               # 리스트의 2번째 성분
[1] "Weight" "Waist"
exm[[2]][2]                            # 2번째 성분 2번째 원소
[1] "Waist"
names(exm) <- c("Rows","Columns")      # exm 리스트에 성분 이름 부여
exm
$Rows
[1] "Abe"    "Bob"    "Carol" "Deb"
$Columns
[1] "Weight" "Waist"
exm$Rows                               # exm의 Rows 성분만 표현
[1] "Abe"    "Bob"    "Carol" "Deb"
exm$Rows[2]                            # Rows 성분 2번째 원소 표현
[1] "Bob"
exm$Columns                            # exm의 Columns 성분만 표현
[1] "Weight" "Waist"
```

```
list1 <- list("A", 1:8)                # list1 리스트 생성
list1
[[1]]
[1] "A"
[[2]]
[1] 1 2 3 4 5 6 7 8
```

```
list1[[3]] <- list(c(T, F))                # 3번째 성분을 추가
list1[[2]][9] <- 9                         # 2번째 성분에 원소 추가
list1
[[1]]
[1] "A"
[[2]]
[1] 1 2 3 4 5 6 7 8 9
[[3]]
[[3]][[1]]
[1] TRUE FALSE

list1[3] <- NULL                           # 3번째 성분 삭제
list1[[2]] <- list1[[2]][-9]               # 2번째 성분의 9번째 원소 삭제
list1
[[1]]
[1] "A"
[[2]]
[1] 1 2 3 4 5 6 7 8
```

(4) 관련함수

리스트는 성분에 리스트와 벡터 등을 사용할 수 있다.

```
a <- 1:10
b <- 11:15                                 # 벡터 a, b 생성
klist <- list(vec1=a, vec2=b, descrip="example")
klist                                      # a, b벡터 및 descrip.example 문자이름 부여
$vec1
[1]  1  2  3  4  5  6  7  8  9 10
$vec2
[1] 11 12 13 14 15
$descrip
[1] "example"

klist[[2]][5]                              # 2번째 성분 vec2의 5번째 원소
[1] 15
```

```
klist$vec2[c(2,3)]                    # vec2의 2, 3번째 원소
[1] 12 13
```

(5) 데이터 프레임

데이터 프레임은 행렬과 비슷한 형태로 되어 있으나, 행렬은 차원으로 표시되며 같은 형태(mode)의 객체를 가지는 반면, 데이터 프레임은 각 열(column)들이 서로 다른 형태(mode)의 객체를 가질 수 있으므로 범주형 변수를 가질 수도 있기 때문에 범주형 자료분석에 유용하게 사용된다.

- 데이터 프레임은 형태(mode)가 일반화된 행렬(matrix)이다.
- 데이터 프레임이라는 하나의 객체에 여러 종류의 자료가 들어갈 수 있다.
- 데이터 프레임의 각 열은 각각 변수와 대응한다.
- 분석이나 모형 설정에 적합한 자료 객체이다.

데이터 프레임을 생성하는 방법으로는 read.table() 함수를 이용하여 외부 텍스트 파일을 불러들이는 방법, data.frame() 함수를 이용하여 여러 종류의 자료객체들을 서로 결합시키는 방법과 as.data.frame() 함수를 사용하여 다른 형태의 자료객체를 데이터 프레임의 형태로 변환하는 방법이 있다.

● read.table()

외부의 파일에 대해서는 read.table() 함수를 이용해서 생성한다. read.table() 함수의 괄호 안에 자료가 입력되어 있는 곳의 경로명을 지정한다.

만일 자료가 다음과 같이 작성되어 "c:\exam\story.txt"에 저장되어 있다고 하자.

```
no    name    age    sex
1     Lee     55     M
2     Park    47     F
3     So      35     M
4     Kim     26     F
5     Yoon    29     M
```

```
test1 <- read.table("c:₩₩exam₩₩test.txt")
test1
  V1   V2   V3   V4
1 no name age sex
```

```
2  1   Lee   55    M
3  2 Park   47    F
4  3    So   35    M
5  4  Kim   26    F
6  5 Yoon   29    M
```

행의 번호가 있음에도 또다시 행의 번호가 지정되어 있으므로, 이를 해결해보자.

```
test2 <- read.table("c:\\exam\\test.txt",row.names = 'no', header = T)
test2
   name age sex
1   Lee  55   M
2  Park  47   F
3    So  35   M
4   Kim  26   F
5  Yoon  29   M
```

read.table() 함수의 인수 중에서 row.names = 'no'는 행 이름임을 알려주며, header = T는 첫 번째 줄이 헤드라인임을 알려준다. test2를 보면 첫 번째 열과 세 번째 열은 범주형, 두 번째 열은 숫자형 중에서도 정수형으로 서로 다르다. 자료의 구조는 행렬과 같은데 각각 열의 데이터 유형이 다른 점이 행렬과 큰 차이점이다.

- read.csv()

CSV(Common Separated Value) 형식의 자료를 읽을 때에는 명령어 "read.csv"를 이용한다. CSV는 엑셀을 비롯한 여러 계산 프로그램들이 지원하는 파일형식이다. 변수 사이를 빈 칸 대신 쉼표로 띄워 쓴 텍스트 파일이기 때문에 read.table 함수에서 header=T, delim=","으로 설정하면 되지만 간단히 read.csv 함수를 사용해도 된다. 엑셀파일의 경우 csv파일로 저장한 후 명령어 read.csv를 이용하여 파일을 추출한다.

read.csv 함수는 read.table 함수를 바탕으로 만들어졌기 때문에 다른 모든 옵션의 사용법이 동일하다.

```
ex1_1_3 <- read.csv("ex1_1_3.csv",header=T)
                    # read.csv()를 이용하여 ex1_1_3.csv 데이터를 불러와 ex1_1_3에
                    할당함
```

● data.frame()

이 함수는 이미 생성되어 있는 벡터들을 결합하여 데이터 프레임을 생성하는 것이다. 벡터 char1과 num1을 결합하여 test1이라는 데이터 프레임을 생성해보자.

```
char1 <- rep(LETTERS[1:3],c(2,2,1))          # 벡터 char1
char1
[1] "A" "A" "B" "B" "C"
num1 <- rep(1:3,c(2,2,1))                    # 벡터 num1
num1
[1] 1 1 2 2 3
test1 <- data.frame(char1, num1)             # test1 데이터 프레임 생성
test1
  char1 num1
1     A    1
2     A    1
3     B    2
4     B    2
5     C    3
```

● as.data.frame()

이 함수를 이용하면 모든 다른 종류의 자료객체들을 데이터 프레임으로 변환할 수가 있다. 행렬 a1을 test3라는 데이터 프레임의 형태로 변환하면 다음과 같다.

```
a1 <- c("a","b","c","d","e","f","g","h","i","j","k","l","m","n","o")
dim(a1) <- c(5,3)
a1                                           # a1 행렬
     [,1] [,2] [,3]
[1,] "a"  "f"  "k"
[2,] "b"  "g"  "l"
[3,] "c"  "h"  "m"
[4,] "d"  "i"  "n"
[5,] "e"  "j"  "o"
test3 <- as.data.frame(a1)                   # a1을 데이터 프레임으로 변환
test3
  V1 V2 V3
```

```
1  a  f  k
2  b  g  l
3  c  h  m
4  d  i  n
5  e  j  o
```

(6) 데이터 프레임 합치기

여러 데이터 프레임을 합쳐서 하나의 데이터 프레임으로 생성할 수가 있는데 이렇게 합치는 방법에는 각각의 데이터 프레임을 옆으로 합치는 방법과 아래로 합치는 방법이 있다.

- 옆으로 합치기

데이터 프레임을 옆으로 합치는 경우에는 cbind() 함수를 사용하는데, cbind() 함수를 사용할 때 두 데이터 프레임 간에 같은 변수가 있으면 그 변수가 두 번 나타나게 되는데 이러한 경우에 merge() 함수를 사용하면 같은 변수에 대해서 한 번만 보여주게 된다.

```
cbind(test1,test3)
  char1 num1 V1 V2 V3          # test1과 test2를 옆으로 합친 형태
1     A    1  a  f  k
2     A    1  b  g  l
3     B    2  c  h  m
4     B    2  d  i  n
5     C    3  e  j  o
```

- 아래로 합치기

데이터 프레임을 아래로 합치는 경우에는 rbind() 함수를 사용하는데, 아래로 합칠 때에는 자료의 열의 개수가 동일해야 하고, 변수 이름도 동일해야 한다.

```
char1 <- rep(LETTERS[1:3],c(1,2,2))
char1
[1] "A" "B" "B" "C" "C"
num1 <- rep(1:3,c(1,1,3))
num1
```

```
[1] 1 2 3 3 3
test4 <- data.frame(char1, num1)
test4                                    # test4 데이터 프레임 생성
  char1 num1
1     A    1
2     B'   2
3     B    3
4     C    3
5     C    3

rbind(test1, test4)
   char1 num1                            # 아래로 합친 형태
1      A    1
2      A    1
3      B    2
4      B    2
5      C    3
6      A    1
7      B    2
8      B    3
9      C    3
10     C    3
```

● 병합하기

같은 변수가 있을 경우에는 merge() 함수를 사용하여 병합할 수가 있다. merge() 함수를 사용하면 처음의 변수에 대해 알파벳 순서로 정렬되고, 나머지 다른 변수들이 옆으로 붙게 된다.

```
merge(test1, test4)
  char1 num1                             # test1, test4를 병합한 형태
1     A    1
2     A    1
3     B    2
4     B    2
5     C    3
6     C    3
```

merge() 함수는 두 데이터 프레임의 동일한 변수에 대해서 같은 값을 갖는 행을 기준으로 병합시킨다. 위 예제에서는 char1 변수가 두 데이터 프레임에 존재하므로 char1 변수를 키로 병합되었다.

● 행 자료 및 변수의 추가/삭제

데이터 프레임에 행 자료 및 변수를 추가/삭제할 수 있다.

```
test5 <- cbind(test1, married = c(T, T, T, F, F, T))
test5                                  # test1 데이터 프레임에 변수 married 추가
  V1   V2  V3  V4  married
1 no name age sex     TRUE
2  1  Lee  55   M     TRUE
3  2 Park  47   F     TRUE
4  3   So  35   M    FALSE
5  4  Kim  26   F    FALSE
6  5 Yoon  29   M     TRUE

test6 <- test5[-2,]                    # 2번째 행 삭제
test6
  V1   V2  V3  V4  married
1 no name age sex     TRUE
3  2 Park  47   F     TRUE
4  3   So  35   M    FALSE
5  4  Kim  26   F    FALSE
6  5 Yoon  29   M     TRUE

test7 <- test5[,-4]                    # 4번째 변수 삭제
  V1   V2  V3      married
1 no name age         TRUE
3  2 Park  47         TRUE
4  3   So  35        FALSE
5  4  Kim  26        FALSE
6  5 Yoon  29         TRUE
```

0.4 연습문제

1 3절 연습문제 1번에서 다음과 같은 행렬 a가 생성되었다. 이 행렬의 행 이름으로 row를 부여하고, 열의 이름으로 column을 지정하여라.

```
a
      [,1]  [,2]  [,3]  [,4]
[1,]    1     2     3     4
[2,]    1     2     3     4
[3,]    1     2     3     4
```

2 R에 저장되어 있는 state.x77로부터 state.name, state.abb, state.center, state.region, state.devision 등 다섯 가지의 정보를 가지고 있는 데이터를 리스트로 만든 후, 여섯 번째 성분의 1~4행, 3~5열의 원소를 추출하여라.

3 state.x77의 데이터를 데이터 프레임으로 만든 후, 5~7행과 6~8열의 원소를 추출하시오

0.5 그래프 함수 활용하기

그래프라는 개념이 없었다면 간단한 자료는 쉽게 파악할 수 있지만 복잡한 자료는 쉽게 파악하기 어려울 것이다. 상상 속으로 복잡한 자료의 구조나 형태를 파악하기 위해서 그래프는 데이터를 시각적으로 보여주는데 중요한 역할을 한다. R프로그램은 그래픽이 매우 뛰어난 프로그램 언어이다. 그러므로 우리는 R프로그램을 활용해 복잡한 통계데이터를 그래프화할 수 있고 R프로그램에서 그래프 함수를 잘 활용하면 데이터를 보다 명료하고 해석이 용이하게 할 수 있다. 이번 장은 R프로그램에서 활용할 수 있는 그래프 함수에 대해서 알아본다.

(1) 기본적인 그래프 함수

● Plot() 함수

기본적인 그래프 함수의 명령어는 plot이며 다음과 같이 구성되어 있다.

```
plot(x,y,main=,sub=,xlab =, ylab=, type=,axes="",col="",pch="")
```

- x : X축의 자료, y: Y축의 자료
- main: plot의 전체 제목
- sub : plot의 부 제목
- xlab : x축 제목, ylab: y축의 제목
- type : plot의 형태를 결정
- axes : plot의 테두리 관련
- col : plot의 색

```
x <- c(2,5,8,5,7,10,11,3,4,7,12,15)
y <- c(1,2,3,4,5,6,7,8,9,10,11,12)
plot(x, y, main="PLOT", sub="Test", xlab="number", ylab="value")
```

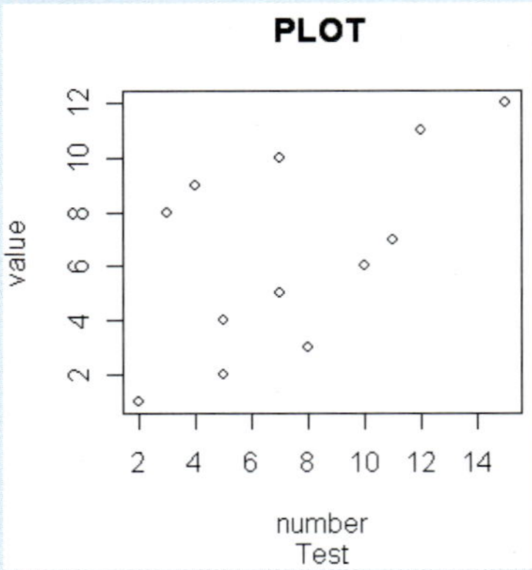

● type의 종류

- "p" : 점
- "l" : 선
- "b" : 점과 선 ⇒ "c" : "b"에서 점 제외.
- "o" : 점을 선이 통과
- "h" : 수직선으로 된 "histogram"
- "s" : 계단형 그래프
- "S" : 다른 계단형 그래프
- "n" : 그래프 없음

```
x <- c(2,5,8,5,7,10,11,3,4,7,12,15)
y <- c(1,2,3,4,5,6,7,8,9,10,11,12)
plot(x, y, main="PLOT", sub="Test", xlab="x-label", ylab="y-label", type="p")
plot(x, y, main="PLOT", sub="Test", xlab="x-label", ylab="y-label", type="l")
plot(x, y, main="PLOT", sub="Test", xlab="x-label", ylab="y-label", type="b")
plot(x, y, main="PLOT", sub="Test", xlab="x-label", ylab="y-label", type="c")
plot(x, y, main="PLOT", sub="Test", xlab="x-label", ylab="y-label", type="o")
plot(x, y, main="PLOT", sub="Test", xlab="x-label", ylab="y-label", type="h")
plot(x, y, main="PLOT", sub="Test", xlab="x-label", ylab="y-label", type="s")
plot(x, y, main="PLOT", sub="Test", xlab="x-label", ylab="y-label", type="S")
```

```
plot(x, y, main="PLOT", sub="Test", xlab="x-label", ylab="y-label", type="n")
```

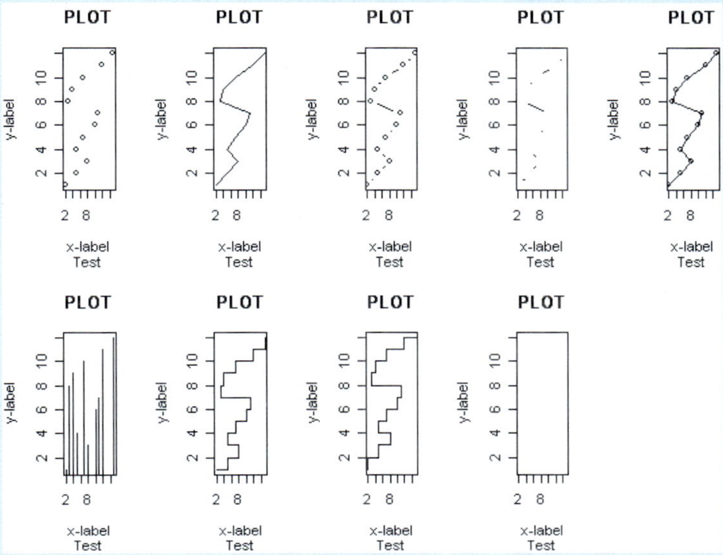

points() 함수

point함수는 점을 그리는 함수이다.

```
points(x, y, pch= , cex= )
```

- pch=" " : " " 안에 내용이 바로 출력
- pch=숫자 : 숫자에 해당되는 형태 출력
- cex=숫자 : 숫자가 클수록 큰 점이 출력

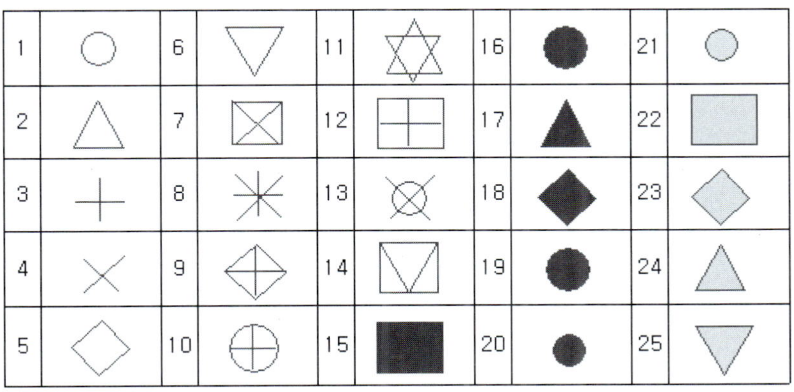

```
x <- c(2,5,8,5,7,10,11,3,4,7,12,15)
y <- c(1,2,3,4,5,6,7,8,9,10,11,12)
z <- c(3.5, 2.2, 1.5, 4.6, 6.9)
plot(x, y, main="PLOT", sub="Test", xlab="x-label", ylab="y-label", type="n")
points(z, pch=1, cex=1)
points(z, pch=3, cex=1)
points(z, pch=5, cex=1)
points(z, pch=7, cex=1)
points(z, pch=9, cex=1)
points(z, pch=11, cex=1)
points(z, pch=13, cex=1)
points(z, pch=15, cex=1)
points(z, pch=17, cex=1)
points(z, pch=19, cex=1)
```

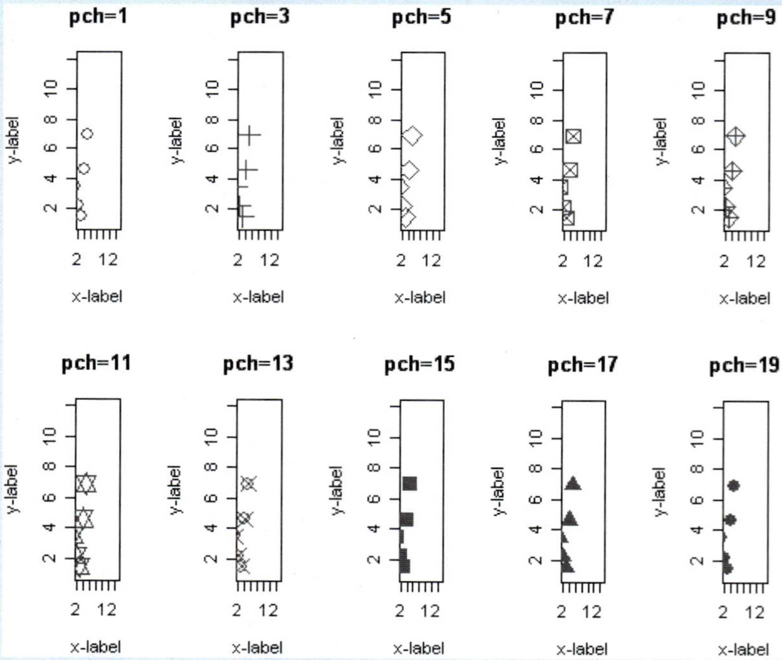

(2) Plot 그릴 때 유용한 함수

- par() 함수

par 함수는 그림을 조절하거나 그림창의 특성을 지정하기 위해서 사용하며 선의 굵기와 종류, 문자의 크기와 글꼴, 색깔도 지정 가능하다. 또한 그림의 위치도 지정 가능하며 한 plot을 여러 창으로 나눌 때 사용하다.

```
x <- c(2,5,8,5,7,10,11,3,4,7,12,15)
y <- c(1,2,3,4,5,6,7,8,9,10,11,12)
par(mfrow=c(2,5))                          # 2행 5열의 그래프를 그릴 수 있다.
plot(x, y, main="PLOT", sub="Test", xlab="x-label", ylab="y-label", type="p")
plot(x, y, main="PLOT", sub="Test", xlab="x-label", ylab="y-label", type="l")
plot(x, y, main="PLOT", sub="Test", xlab="x-label", ylab="y-label", type="b")
plot(x, y, main="PLOT", sub="Test", xlab="x-label", ylab="y-label", type="c")
plot(x, y, main="PLOT", sub="Test", xlab="x-label", ylab="y-label", type="o")
plot(x, y, main="PLOT", sub="Test", xlab="x-label", ylab="y-label", type="h")
plot(x, y, main="PLOT", sub="Test", xlab="x-label", ylab="y-label", type="s")
plot(x, y, main="PLOT", sub="Test", xlab="x-label", ylab="y-label", type="S")
plot(x, y, main="PLOT", sub="Test", xlab="x-label", ylab="y-label", type="n")
```

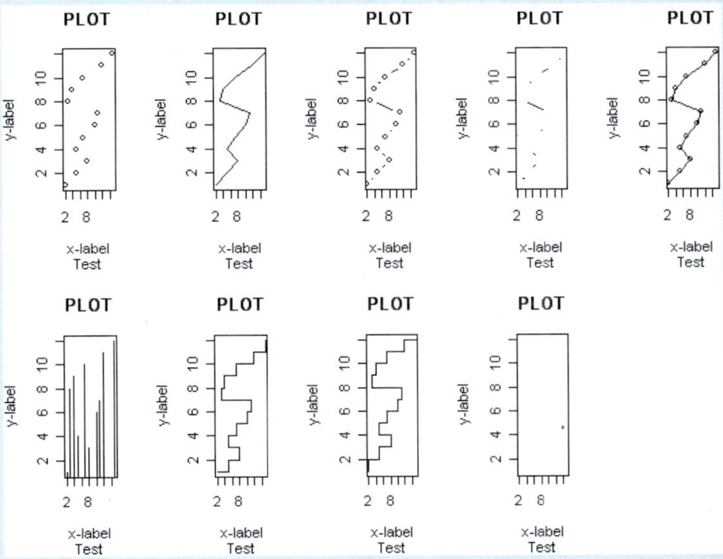


```
x <- c(2,5,8,5,7,10,11,3,4,7,12,15)
y <- c(1,2,3,4,5,6,7,8,9,10,11,12)
par(bg="orange")
```

```
plot(x, y, main="PLOT", sub="Test", xlab="x-label", ylab="y-label", type="p")
                                        # 그래프 뒤 배경의 색이 오렌지 색으로 바뀐다.
```

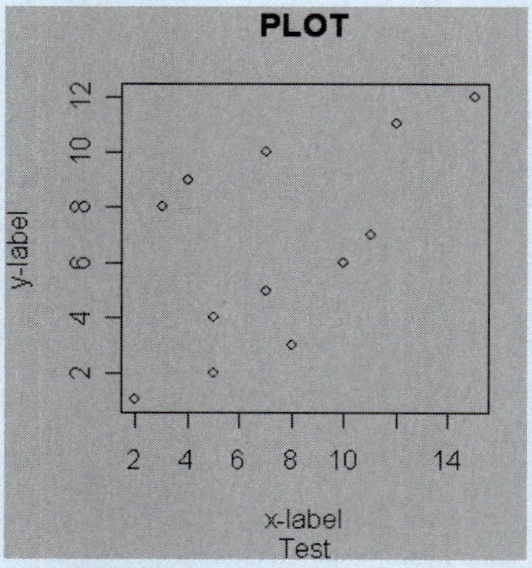

● text() 함수

text 함수는 그래프 안에 글자를 넣을 때 사용한다.

```
x <- c(2,5,8,5,7,10,11,3,4,7,12,15)
y <- c(1,2,3,4,5,6,7,8,9,10,11,12)
plot(x, y, main="PLOT", sub="Test", xlab="x-label", ylab="y-label", type="p")
text(3,5,"Plotting",col="red")        # (3, 5)지점에 "Plotting"이라는 글자를 넣는다.
```

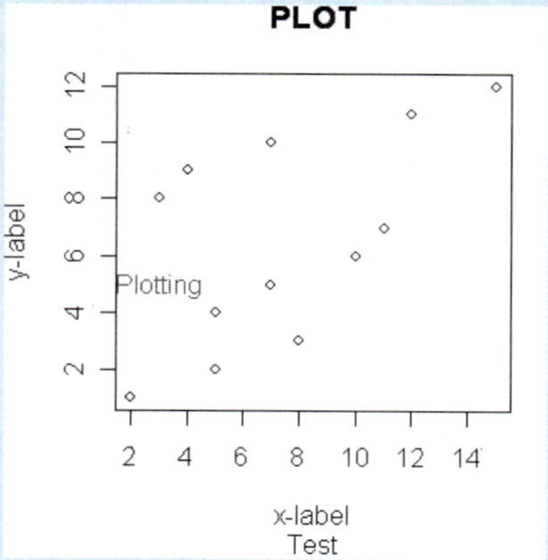

● abline() 함수

abline 함수는 그래프 안에 새로운 수직선을 넣을 때 사용한다.

```
x <- c(2,5,8,5,7,10,11,3,4,7,12,15)
```

```
y <- c(1,2,3,4,5,6,7,8,9,10,11,12)
plot(x, y, main="PLOT", sub="Test", xlab="x-label", ylab="y-label", type="p")
abline(h=3, v=4, lty=3)          # x축 4, y축 3을 통과하는 수직선이 그려진다.
```

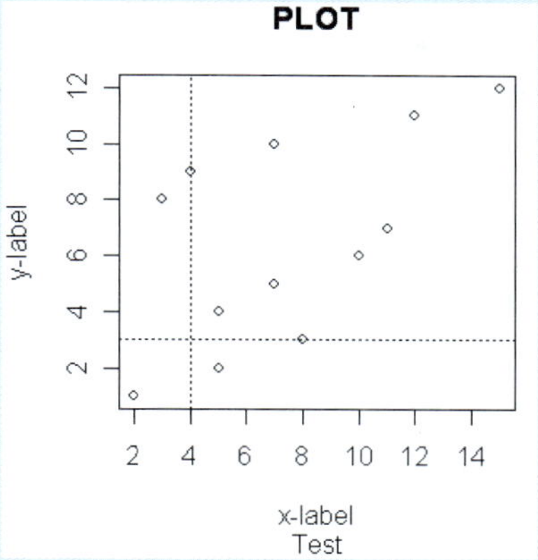

● axis() 함수

axis 함수는 그래프 상, 하, 좌, 우축을 넣을 때 사용한다.

```
x <- c(2,5,8,5,7,10,11,3,4,7,12,15)
y <- c(1,2,3,4,5,6,7,8,9,10,11,12)
plot(x, y, main="PLOT", sub="Test", xlab="x-label", ylab="y-label", type="n")
points(x,y,col="red")
abline(h=3, v=4, lty=3)
axis(2, at = 3, label="3")                # 왼쪽 축에 3을 출력한다.
text(4.5, 3.5, "(4, 3)", col="blue")      # (4, 3)을 화면에 출력한다.
```

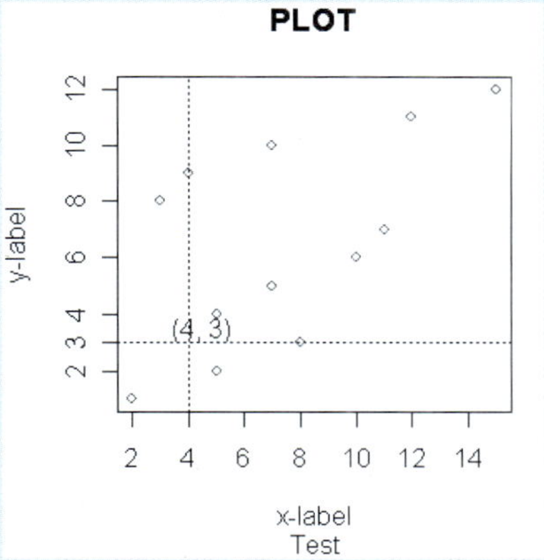

● legend() 함수

legend 함수는 그래프 안에 범례를 넣어주는 함수이다.

```
x <- c(2,5,8,5,7,10,11,3,4,7,12,15)
y <- c(1,2,3,4,5,6,7,8,9,10,11,12)
plot(x, y, type='n')
legend("bottomright", "(x,y)", pch=1, title="bottomright")
legend("bottom", "(x,y)", pch=1, title="bottom")
legend("bottomleft", "(x,y)", pch=1, title="bottomleft")
legend("left", "(x,y)", pch=1, title="left")
legend("topleft", "(x,y)", pch=1, title="topleft, inset = .05", inset = .05)
legend("top", "(x,y)", pch=1, title="top")
legend("topright", "(x,y)", pch=1, title="topright, inset = .02", inset = .02)
legend("right", "(x,y)", pch=1, title="right")
legend("center", "(x,y)", pch=1, title="center")
legend(8,4,"Legend(범례)")                # (8, 3) 지점에 범례를 위치시킨다.
```

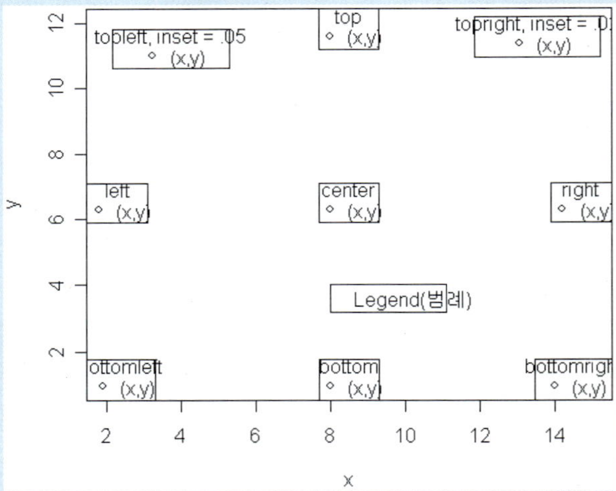


```
x <- c(2,5,8,5,7,10,11,3,4,7,12,15)
y <- c(1,2,3,4,5,6,7,8,9,10,11,12)
plot(x, y, type='n')
legend(locator(1),"Legend(범례)")
    # locator(1) : 마우스로 그래프 위에 원하는 곳에 찍으면 그곳에 범례가 출력됨.
```

● box() 함수

box 함수는 그래프 안과 밖에 박스를 그리는 함수이다.

```
par(mar=c(4,4,4,4))
par(oma=c(4,4,4,4))
x <- c(2,5,8,5,7,10,11,3,4,7,12,15)
y <- c(1,2,3,4,5,6,7,8,9,10,11,12)
plot(x, y, type="p",axes=F)
s=c("outer", "inner", "plot", "figure")
                    # outer: 그래픽상자의 바깥쪽, inner: outer 주변의 안쪽, plot:
                     plot 영역의 테두리, figure: figure 영역의 테두리
box(which=s[1], lty=1)
box(which=s[2], lty=2)
box(which=s[3], lty=3)
box(which=s[4], lty=4)
```

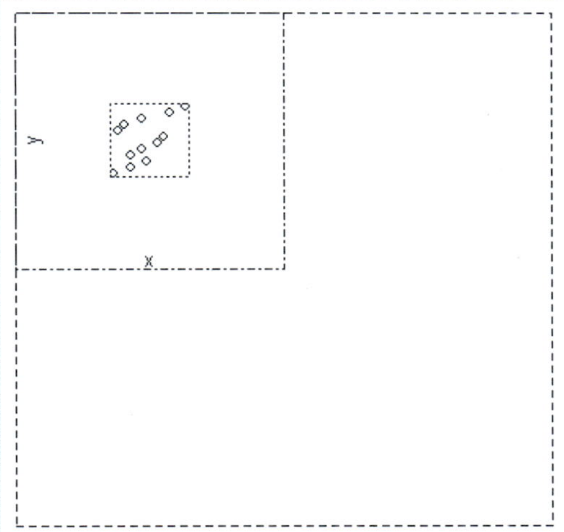

● 히스토그램

도수분포표로 나타낸 자료의 분포 상태를 보기 쉽게 직사각형으로 나타낸 그래프이다. hist(x, freq=)로 표현하는데 여기서 freq=T는 기본값으로 빈도를 출력하며 freq=F는 밀도를 출력한다.

```
x <- c(2,5,8,5,7,10,11,3,4,7,12,15)
hist(x,freq=T))
```

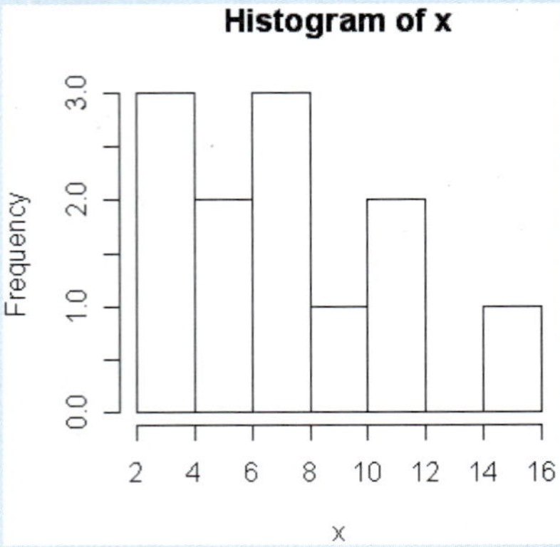

- curve() 함수

곡선을 그릴 때 사용하는 함수이다

```
x <- rnorm(100, mean=5, sd=1)
                # 평균이 5이고 표준편차가 1인 정규분포에서 100의 샘플을 생성한다.
hist(x)
hist(x, freq=F) # freq=F : 빈도가 아닌 밀도로 표시
curve(dnorm(x, mean=5, sd=1), add=T)
                # 평균이 5이고 표준편차가 1인 정규분포의 밀도 함수 곡선을 그린다.
                add=T : 겹쳐 그림.
```

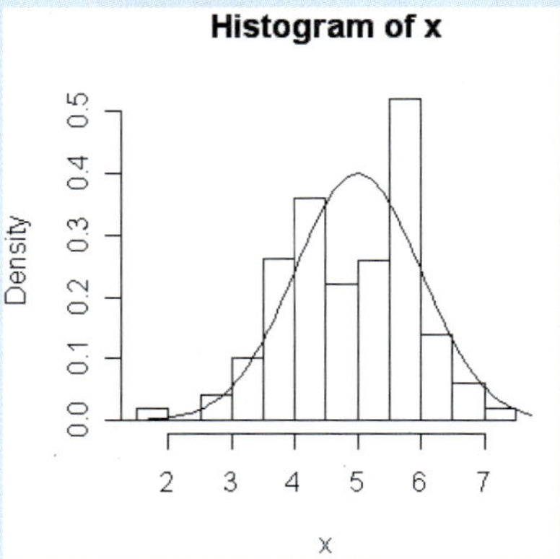

● Bar plot

높이를 지시해주는 막대그래프이다.

```
x <- c(2,5,8,5,7,10,11,3,4,7,12,15)
barplot(x)
```

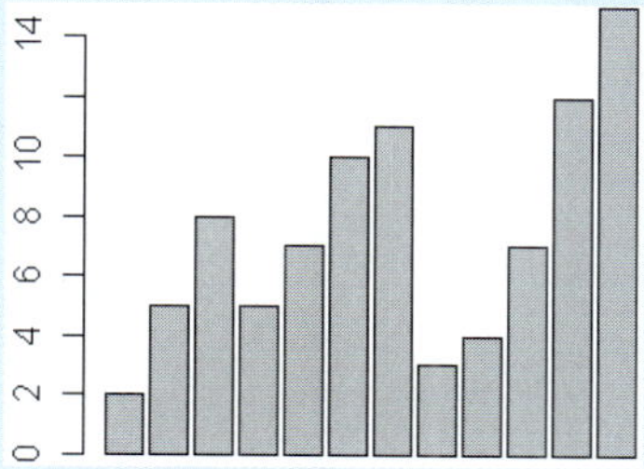

● pairs()함수

많은 변수들의 그래프를 한 화면에 출력할 때 사용하는 함수이다.

```
x <- c(2,5,8,5,7,10,11,3,4,7,12,15)
y <- c(1,2,3,4,5,6,7,8,9,10,11,12)
a <- data.frame(x,y)
pairs(a)
```

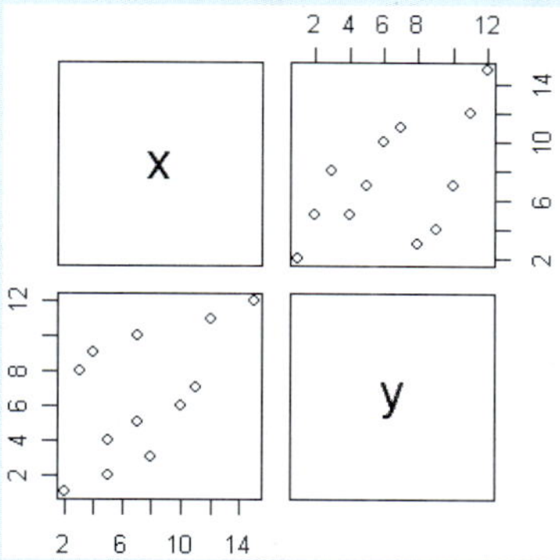

● parcoord()함수

각 변수들의 값을 연결한 선들의 그래프를 출력할 때 사용한다.

```
# R-package : R 함수, 데이터 및 컴파일된 코드 등을 모아놓은 것으로 다양한 분석도
구를 제공.
library(MASS)                    # package에 지정된 MASS-package를 불러옴
x <- c(2,5,8,5,7,10,11,3,4,7,12,15)
y <- c(1,2,3,4,5,6,7,8,9,10,11,12)
z <- c(4,7,5,2,4,8,9,10,12,4,6,8)
a <- data.frame(x,y,z)
parcoord(a)
```

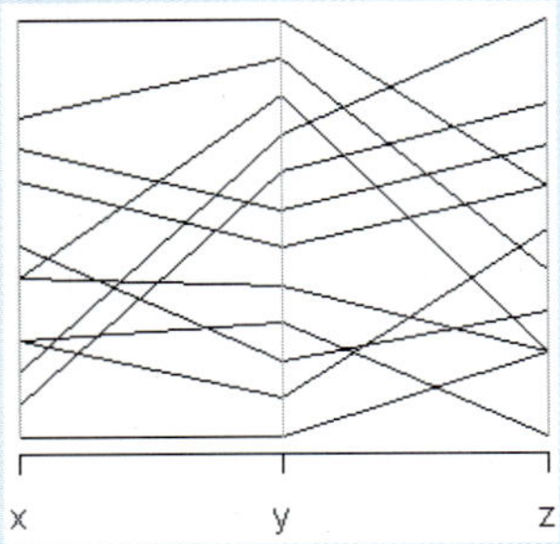

그래프에 대한 추가적인 설명은 1장에서 다시 제시할 것이다.

0.5 연습문제

1 다음은 어떤 사람의 운전습관에 따른 자동자의 거리에 대한 기어의 회전 속도를 나타내는 자료이다. Plot 함수를 이용하여 다음 자료의 그래프를 다양한 방법으로 그려라.

거리(km)	10	28	37	40	55	60	72	81	89
회전수	211	256	301	376	404	431	489	523	556

2 R패키지에 있는 'mtcars' 데이터를 이용하여 자동차 중량(wt) 대 연비(mpg)의 plot 그래프를 그려라.

3 R패키지에 있는 'mtcars' 데이터를 이용하여 자동차 연비(mpeg), 기통(cyl), 출력(hp), 중량(wt) 등 네 속성 간의 plot 그래프를 그려라.

4 다음은 한 주 동안 상위 25위까지 기록된 영화의 총 수입에 대한 자료이다(단위:백만원).

29.6	28.2	19.6	13.7	13.0	7.8	3.4	2.0	1.9	1.0	0.7	0.4	0.4	0.3	0.2

이 자료에 대하여 도수, 확률로 표시되는 히스토그램을 그려라.

다양한 사회현상에서 얻은 통계자료를 분석하며 판단한다든가 다른 통계자료와 비교하기 위해서는 얻은 통계자료를 정리하여야 하며, 그러기 위해서는 우선 자료를 분류하여야 한다. 이 장에서는 도표와 그래프를 이용하여 다양한 자료를 정리하고 하나의 숫자로 자료의 특성을 파악하는 방법에 대하여 학습한다.

제1장
자료의 정리

학습목표

- 이산형 자료와 연속형 자료의 특징에 대하여 이해한다.
- 도표와 그래프를 이용하여 다양한 자료를 정리하는 방법에 대하여 학습한다.
- 하나의 숫자로 자료의 특성을 파악하는 방법에 대하여 학습한다.

1.1 도표를 통한 자료의 정리

통계자료는 수치적 자료와 범주형 자료로 구분된다. 수치적 자료는 관측된 값이 수치로 측정되는 자료를 말한다. 수치적 자료에서 우리가 관심이 있는 것은 관측된 값의 크기이므로 수치적 자료를 양적자료라고도 한다. 수치적 자료는 셀 수 있는지 없는지에 따라서 **이산형 자료**(discrete data)와 **연속형 자료**(continuous data)로 구분된다. 연속형 자료는 다시 구간 척도형 자료(속성이 전혀 없는 절대적 원점이 존재하지 않는 자료)와 비율 척도형 자료(절대적 원점이 존재하여 비율의 의미가 존재하는 자료)로 구분할 수 있다. 범주형 자료는 관측 결과가 몇 개의 범주 또는 항목의 형태로 나타나는 자료를 말한다. 범주형 자료에서 우리의 관심은 수치가 아니라 내용이므로 이를 양적자료에 대응하여 질적자료라고 한다. 따라서 각 범주에 속한 관측값의 개수가 우리의 관심 대상이 되는 것이다. 범주형 자료는 각 범주간의 순서에 의미가 있는지 없는지에 따라서 다시 순위형 자료와 명목형 자료로 나눌 수 있다.

구 분			예
수치적 자료	연속형 자료	비율척도	키, 무게, 나이, 상품가격
		구간척도	온도, 지수
	이산형 자료		주사위 결과, 교통사고 건수
범주형 자료	순위형 자료		평점, 선호도
	명목형 자료		혈액형, 성별

사회현상에서 얻은 통계자료를 분석하며 판단한다든가 다른 통계자료와 비교하기 위해서는 얻은 통계자료를 정리하여야 하며, 그러기 위하여 우선 자료를 분류하여야 한다.

우리가 수집한 자료는 그 양이 많을수록 원래 자료를 그대로 나열해놓아서는 일목요연하게 그 자료의 성격을 파악하기 힘들다. 따라서 자료를 어떤 방법으로든 일단 정리해야 할 필요가 있다. 단순하게 자료를 크기 순서로만 배열하기로 한다면 줄기-잎 그래프를 이용할 수 있다. 예를 들어 다음 자료가 어느 학교 학생 50명의 수학성적이라고 하자.

35,	51,	40,	60,	70,	86,	96,	38,	40,	53
61,	43,	63,	70,	73,	88,	83,	76,	67,	54
66,	45,	54,	68,	77,	65,	80,	85,	55,	65
79,	41,	55,	61,	65,	52,	58,	62,	90,	48
77,	85,	72,	65,	58,	57,	72,	76,	78,	62

이들 성적은 두 자리 정수이기 때문에 10단위의 수 3, 4, 5, 6, 7, 8, 9를 세로로 나열하고, 그 각각에 해당하는 한 자리 수를 가로로 나열하면 다음을 얻는다.

3	5 8
4	0 0 3 5 8 1
5	1 3 4 4 5 7 5 2 8
6	0 1 3 7 8 5 5 6 5 2 2 1 5
7	0 0 3 6 7 2 7 2 6 8 9
8	6 8 3 0 5 5
9	6 0

여기서 10단위의 수를 나열한 세로 부분을 줄기라 하고, 각 자료의 1의 자릿수를 가로로 **차례로** 나열하여 이것을 잎이라고 한다. 이런 그림을 **줄기-잎 그림**이라고 한다.

줄기	잎
3	5 8
4	0 0 1 3 5 8
5	1 2 3 4 4 5 5 7 8 8
6	0 1 1 2 2 3 5 5 5 5 6 7 8
7	0 0 2 2 3 6 6 7 7 8 9
8	0 3 5 5 6 8
9	0 6

| 그림 1 |

위 줄기-잎 그림에서 우리는 집중도가 높은 구간은 60점대이며, 50~70점대 사이에 대부분 위치한다는 사실을 알 수 있다. 범위는 96−35=61이고 60점대를 중심으로 근사적으로 좌우대칭적이며 90점은 상위에서 2등, 상위에서 7등은 83점, 상위 20%는 78점 이상, 하위 20%는 52점 이하임을 알 수 있다.

예제 1 다음은 통계학 과목을 수강한 학생들의 학점 자료이다.

2.1	3.8	3.3	4.1	2.8
4.1	3.5	3.6	3.4	2.6
1.0	3.2	1.8	3.5	4.3
2.0	2.4	2.6	3.4	3.0

이 자료에 대한 줄기-잎 그림을 구하여라.

풀이 여기서 1의 자릿수를 줄기로 놓고 소수점 첫째자리를 잎으로 하여 차례로 쓰면 다음과 같이 나온다.

줄기	잎
1	0 8
2	0 1 4 6 6 8
3	0 2 3 4 4 5 5 6 8
4	1 1 3

R-풀이

```
# c()를 이용하여 데이터를 벡터 형태로 ex1_1_1 객체에 할당함
ex1_1_1 <- c(2.1, 3.8, 3.3, 4.1, 2.8, 4.1, 3.5, 3.6, 3.4, 2.6,
             1.0, 3.2, 1.8, 3.5, 4.3, 2.0, 2.4, 2.6, 3.4, 3.0)
# stem()을 입력하여 줄기-잎 그림으로 나타냄
stem(ex1_1_1)
 1 | 08
 2 | 04668
 3 | 023445568
 4 | 113
```

한편 상자그림은 자료의 특징을 잘 요약해주는 사분위수(제1사분위수, 중앙값, 제3사분위수), 최댓값 및 최솟값인 다섯 수치요약을 그래프로 표현한 것이다. 다섯 수치요약에서 중앙값은 중심위치에 대한 측도이고, 사분위수 범위와 전체 자료의 범위는 자료의 퍼짐 정도를 나타내준다. 이때 중앙값과 사분위수(제1사분위수에서 제3사분위수까지) 사이의 거리로 자료의 치우침을 알 수 있다. 상자그림에서 자료의 이상점을 파악할 수 있도록 그림에 표시해주면 자료를 이해하는데 매우 유용하다. 이상점은 안울타리 바깥쪽에 있는 자료를 나타내며, 안울타리는 제1사분위수와 제3사분위수에서 각각 사분위수 범위의 1.5배 한 값만큼 떨어진 값을 뜻한다.

상자그림을 그리는 순서는 다음과 같다.

1) 수집한 자료의 제1사분위수와 제3사분위수를 이용해서 상자를 그린다.
2) 중앙값을 상자의 중앙에 표시한다.
3) 수염이라고 불리는 선을 상자 끝으로부터 안울타리 경계값까지 긋는다.

$$제1사분위수 - 1.5 \times (제3사분위수 - 제1사분위수),$$
$$제3사분위수 + 1.5 \times (제3사분위수 - 제1사분위수)$$

4) 안울타리 바깥쪽에 있는 자료에 * 기호로 나타낸다.
5) 상자그림에 알맞은 제목을 붙인다.

예제 2 다음은 어느 병원의 고혈압환자 20명의 나이를 조사한 자료이다. 위의 순서에 따라 이 자료에 대한 상자그림을 그려보아라.

32	37	39	40	41	41	41	42	42	43
44	45	45	45	46	47	47	49	50	51

풀이 1) 수집한 자료의 제1사분위수와 제3사분위수를 이용해서 상자를 그린다.

$$제1사분위수 = \frac{x_{(5)} + x_{(6)}}{2} = 41\ ,\ 제3사분위수 = \frac{x_{(15)} + x_{(16)}}{2} = 46.5$$

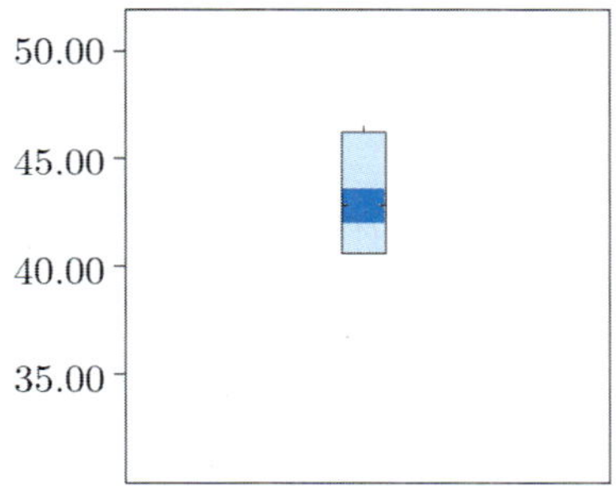

2) 중앙값을 상자의 중앙에 표시한다.

$$중앙값 = \frac{x_{(10)} + x_{(11)}}{2} = 43.5$$

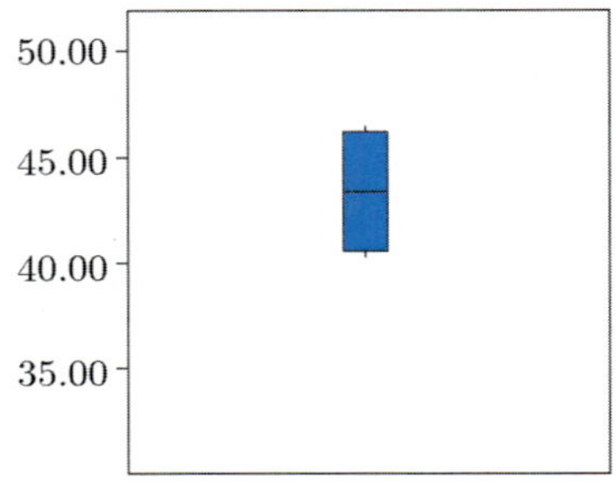

3) 수염이라고 불리는 선을 상자 끝으로부터 안울타리 경계값까지 긋는다.

$$\begin{aligned}&\text{제1사분위수}-1.5\times(\text{제3사분위수}-\text{제1사분위수})\\&\quad=41-1.5\times(46.5-41)=32.75\\&\text{제3사분위수}+1.5\times(\text{제3사분위수}-\text{제1사분위수})\\&\quad=46.5+1.5\times(46.5-41)=54.75\end{aligned}$$

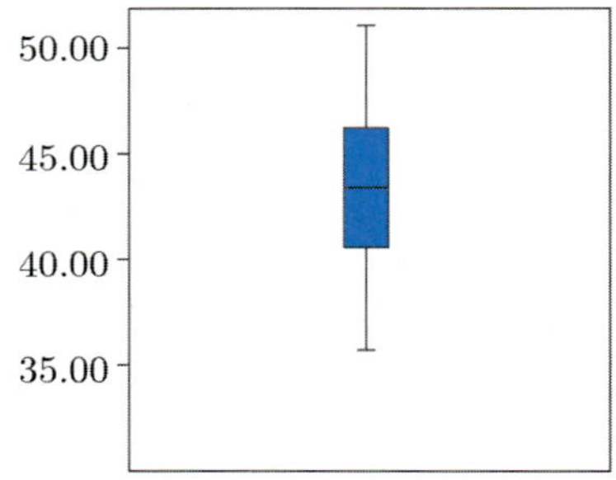

4) 안울타리 바깥쪽에 있는 자료에 ◦ 기호로 나타낸다.

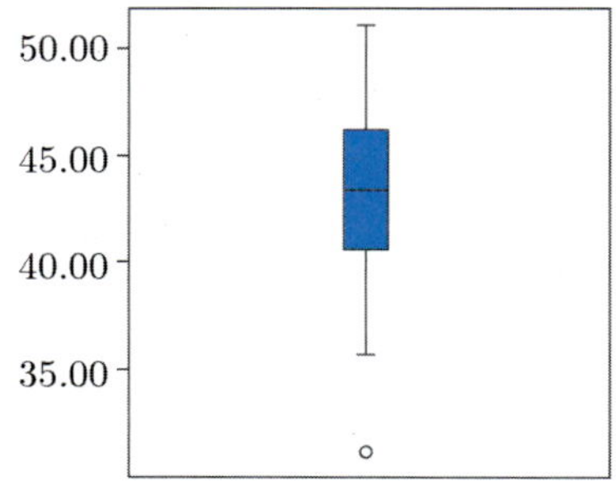

5) 상자그림에 알맞은 제목을 붙인다.

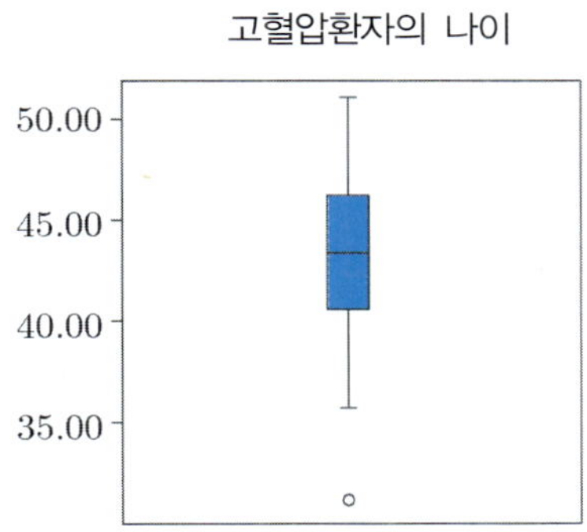

R-풀이

```
# read.csv()를 이용하여 ex1_1_2.csv 데이터를 불러와 ex1_1_2 객체에 할당함
# 데이터에 변수이름이 없으므로 header=FALSE로 설정함
ex1_1_2 <- read.csv("ex1_1_2.csv", header=FALSE)
# boxplot()을 입력하여 상자그림으로 나타냄
boxplot(ex1_1_2, main="고혈압환자의 나이", col="skyblue")
```

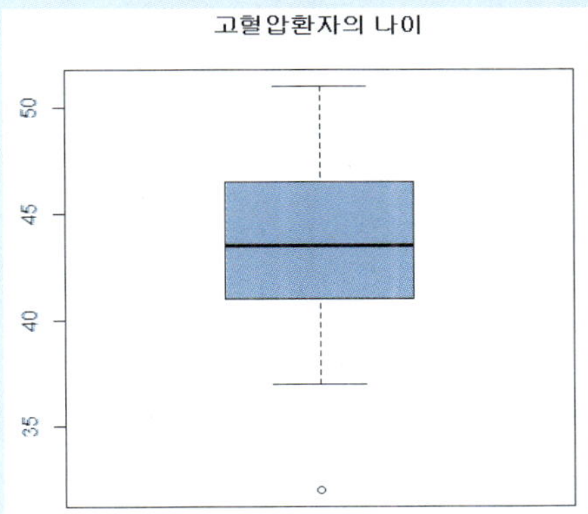

줄기-잎 그림, 상자그림과 유사하게 자료 정리를 위해 가장 손쉽게 사용하는 초기단계방법이 **도수분포표**이다. 이 방법은 원래 자료에 대한 본질적인 특성을 왜곡하거나 손상시키지 않으면서 원래 자료를 요약할 수 있을 뿐 아니라 자료를 더 간편하게 제시할 수 있는 것이다. 일반적으로 도수분포표를 작성할 때 제일 먼저 자료를 제한된 수효의 범주나 구간으로 나눈 다음 각 범주나 구간에 속하는 관측값들의 개수 또는 빈도수를 기록한다.

예를 들어 모 대학교 통계학과 졸업생 가운데 취업된 50명의 일주일 간의 초임을 조사한 결과가 다음과 같다.

(단위 : 천원)

219	228	236	254	247	259	276	248	286	243	265	254	248
298	257	271	282	234	253	276	263	224	262	261	258	251
266	253	234	257	249	271	277	254	265	262	281	283	269
275	268	273	264	273	248	243	258	245	236	256		

얼핏 보기에 위와 같은 자료는 대상집단의 크기가 불과 50인데도 그 특성을 파악하기가 쉽지 않다. 이러한 자료를 좀 더 쉽게 이해하기 위해 각 측정값을 크기의 순서대로 나열하는 방안을 생각할 수 있다. 그러나 그보다는 적당한 수의 일정한 구간을 설정하여 각 구간에 속하는 값의 개수를 파악하여 제시하는 것이 더 효과적인 정리방안이 된다. 정리과정에서 작성자는 구간수를 몇 개로 할 것인지 또 구간의 간격, 즉 구간폭을 어느 정도로 할 것인지 결정해야 한다.

일반적으로 각 구간폭은 모든 구간에 대하여 동일하도록 선택된다. 그리고 구간수가 지나치게 많으면 자료를 요약하는 기능이 떨어질 것이고 또 지나치게 적으면 정보의 특성을 잃게 되므로 보통 6개 이상 20개 이하로 잡는 것이 일반적이다. 일단 구간수가 결정되면 관측값 가운데 최댓값에서 최솟값을 뺀 숫자를 결정된 구간수로 나누어 구간폭을 산정할 수 있다. 즉

$$\text{구간폭} = \frac{\text{최대측정값} - \text{최소측정값}}{\text{구간수}}$$

이다.

앞에서 제시한 대졸 초임에 대한 자료는 전부 정수로 표현되어 있어 이산적인 자료처럼 보인다. 그러나 자료를 더 간편하게 제시하기 위해 편의상 천원 단위로 측정된 것이므로 실제 임금은 천원 이하의 단위에서 반올림한 것이다. 따라서 자료를 천원 단위로 정확히 표현하면 소수점 이하 자리 숫자가 생기게 되어 연속형 자료로 이해되어야 할 것이다. 이러한 점을 감안하면, 각 구간을 표시하는 경계값은 원래 자료보다 하나 더 많은 소수점을 가지는 숫자로 표기할 필요가 있으며 또한 모든 관측값을 반드시 한 구간에만 속하도록 책정하여야 할 것이다. 앞 자료의 경우는 최댓값이 298, 최솟값이 219이므로 계산의 편의상 구간폭을 10으로 잡아 9개 구간으로 정리하는 것이 적당할 것이다. 이상을 바탕으로 하여 도수분포표를 작성하면 [표 1]과 같다.

| 표 1 |

구간(X)	도수(f)	누적도수	상대도수(f/N)	누적상대도수
$209.5 \le X < 219.5$	1	1	0.02	0.02
$219.5 \le X < 229.5$	2	3	0.04	0.06
$229.5 \le X < 239.5$	4	7	0.08	0.14
$239.5 \le X < 249.5$	8	15	0.16	0.30
$249.5 \le X < 259.5$	12	27	0.24	0.54
$259.5 \le X < 269.5$	10	37	0.20	0.74
$269.5 \le X < 279.5$	8	45	0.16	0.90
$279.5 \le X < 289.5$	4	49	0.08	0.98
$289.5 \le X < 299.5$	1	50	0.02	1.00
합계	50		1.00	

예제 3 다음은 학생 100명의 영어 성적을 나열한 자료이다. 이 자료를 도수분포표로 나타내어라.

63	73	52	76	67	68	70	64	54	40	80	65	49	83	65	51	54	79	78	88
55	58	57	43	96	85	55	66	65	78	62	82	60	52	45	61	71	72	81	83
62	58	72	86	50	65	78	59	61	56	65	69	55	76	68	45	64	66	67	70
83	71	70	74	59	60	77	69	80	50	60	54	85	42	90	63	42	67	66	78
72	30	79	75	75	35	51	65	47	56	85	63	78	53	75	75	68	70	38	64

풀이 최저점이 30점, 최고점이 96점이므로 30점대, 40점대, …, 80점대, 90점대로 도수분포표를 만들기 위하여 계급을 29.5 ~ 39.5, 39.5 ~ 49.5, …, 89.5 ~ 99.5로 하면 다음과 같은 도수분포표를 얻는다.

| 표 2 |

계급	계급값	도수	누적도수
29.5~39.5	34.5	3	3
39.5~49.5	44.5	8	11
49.5~59.5	54.5	20	31
59.5~69.5	64.5	30	61
69.5~79.5	74.5	25	86
79.5~89.5	84.5	12	98
89.5~99.5	94.5	2	100
합계		100	

만일 계급을 30 ~ 40, 40 ~ 50, …, 90 ~ 100으로 하여 이것을 30 이상 ~ 40 미만으로 보고 계급값을 35, 45, …로 하면 실제 실측값과 차이가 생긴다. 30 이상 ~ 40 미만이라 해도 사실은 30, 31, …, 39가 되는 값이 이 구간에 들어가므로 이 계급의 계급값은 $\frac{(30+39)}{2}=34.5$가 되고 35가 되지 않는다. 범위 $=96-35=61$이므로, 계급의 크기를 10으로 하면 계급수 $k=7$이 된다.

■

R-풀이

```
# read.csv()를 이용하여 ex1_1_3.csv 데이터를 불러와 ex1_1_3 객체에 할당함
# 데이터에 변수이름인 Eng가 있으므로 header를 지정하지 않아도 됨
ex1_1_3 <- read.csv("ex1_1_3.csv")
# min()과 max()를 사용하여 최소값과 최대값을 구함
# 값을 객체에 할당하는 명령문을 소괄호로 감싸서 '(명령문)'과 같이 표현하면 그 값을
출력함
(min1_3 <- min(ex1_1_3))
[1] 30
(max1_3 <- max(ex1_1_3))
[1] 96
# seq()를 사용하여 29.5부터 10의 간격으로 7개의 구간을 설정함
(mint <- seq (from=29.5, by=10, length.out=7))
[1] 29.5 39.5 49.5 59.5 69.5 79.5 89.5
# cut()과 factor()를 사용하여 ex1_1_3의 데이터에 Eng 변수에 대한 계급을 생성함
mgroup <- factor(cut(ex1_1_3$Eng, breaks=mint))
levels(mgroup)
[1] "(29.5,39.5]" "(39.5,49.5]" "(49.5,59.5]" "(59.5,69.5]" "(69.5,79.5]"
[6] "(79.5,89.5]"
# table()을 사용하여 도수를 구함
(mfreq <- table(mgroup))
mgroup
(29.5,39.5] (39.5,49.5] (49.5,59.5] (59.5,69.5] (69.5,79.5] (79.5,89.5]
          3           8          20          30          25          12
# 계급의 대푯값으로 계급값을 구함
(middle <- (mint[-7] + mint[-1])/2)
[1] 34.5 44.5 54.5 64.5 74.5 84.5
# cumsum()을 사용하여 계급 구간별 누적도수를 구함
```

```
(mcfreq <- cumsum(mfreq))
(29.5,39.5] (39.5,49.5] (49.5,59.5] (59.5,69.5] (69.5,79.5] (79.5,89.5]
     3          11          31          61          86          98
# cbind()를 사용하여 열별로 묶음
mtable <- cbind(middle, mfreq, mcfreq)
# colnames()를 사용하여 열 이름을 지정함
colnames(mtable) <- c("계급값", "도수", "누적도수")
# print()를 사용하여 화면에 도수분포표를 출력함
print(mtable)
            계급값  도수  누적도수
(29.5,39.5]  34.5    3        3
(39.5,49.5]  44.5    8       11
(49.5,59.5]  54.5   20       31
(59.5,69.5]  64.5   30       61
(69.5,79.5]  74.5   25       86
(79.5,89.5]  84.5   12       98
```

도수분포표는 어떤 의사결정문제의 해결을 돕도록 설계된 통계분석의 첫 단계에 불과하다. 도수분포표를 이용하여 도표 형태로 자료를 표현함으로써 더 효율적이고 시각적인 효과를 도모하는 경우를 흔히 볼 수 있다. 이를 위해 자주 사용되는 것이 **히스토그램**(histogram)인데 히스토그램은 도수분포를 이용하여 작성된 **막대그래프**(bar graph)이다. 이것은 각 범주나 구간의 값을 가로축에 나열하고 각 범주나 구간에 속하는 도수를 서로 다른 높이의 기둥에 의해 표시하는 방법이다.

이산적 자료의 경우는 각 구간의 값이 하나이므로 이러한 값들을 크기대로 나열한 뒤 해당 도수를 기둥의 높이로 표시하면 된다. 그러나 연속적 자료의 경우는 각 구간의 값이 일정한 범위로 표현되므로 임계값으로 각 구간의 경계를 표현하거나 또는 각 구간의 값들을 대표하는 수치를 선정하여 표시한다. 이 경우에는 일반적으로 각 구간의 중앙에 위치한 값을 선정한다. 앞의 대졸 초임에 대한 자료를 막대그래프로 표시하면 다음과 같다.

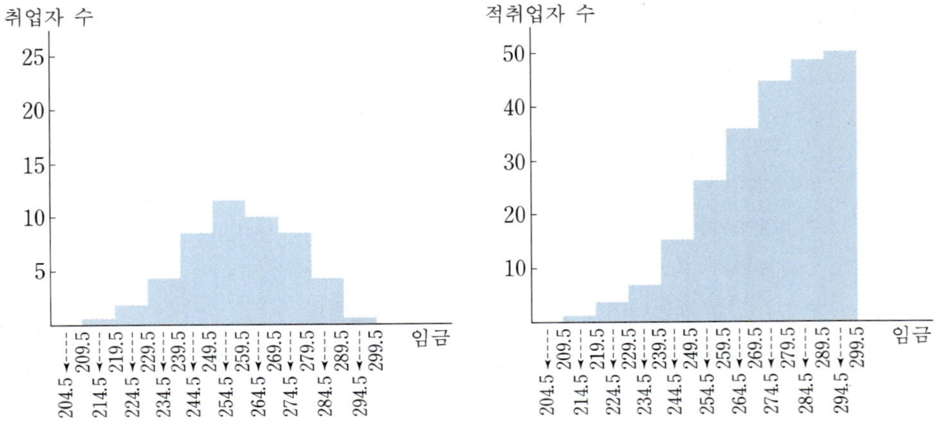

| 그림 2 |

[그림 2]에 나타난 바와 같이 각 구간은 임계값으로 구분하거나 각 구간의 대푯값, 즉 중앙값인 204.5, 214.5, …, 294.5에 의해 대변되도록 표기한다. 그리고 각 구간폭을 동일하게 책정하여야만 막대그래프 작성시 동일 간격을 책정할 수 있다. 기둥의 높이는 도수, 상대도수 또는 필요에 따라서는 누적상대도수 가운데 어느 것을 사용하여 나타내어도 상관없다. 이와 같이 막대그래프가 작성되면 각 구간의 비중을 시각적으로 쉽게 파악할 수 있고, 특히 구간수가 많아질수록 효율적으로 시각적인 설명을 제공할 수 있게 된다.

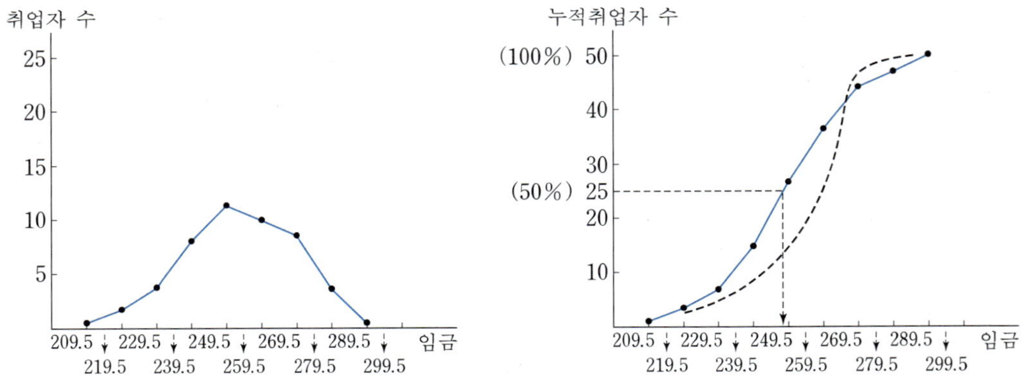

| 그림 3 |

그러나 구간수가 많을 경우 막대그래프는 기둥을 일일이 그려야 하는 번거로운 점이 있다. 이러한 점에 착안하여 제시된 것이 도수분포다각형 또는 누적도수분포다각형이다. [그림 3]은 대졸 초임자의 자료에 대한 **도수분포다각형**과 **누적도수분포다각형**의 그림이다. 이것은 막대그래프에서 각 기둥의 중간점을 잡아서 이를 단순

히 연결시킨 것에 불과하다. 이렇게 함으로써 그림표 작성상의 번잡스러움을 덜 수 있으며, 더 중요한 장점은 두 개 이상의 서로 다른 집단의 도수분포다각형을 동시에 한 그림에 나타낼 수 있어 상호 비교가 용이해진다는 것이다. 특히 누적도수분포다각형을 이용할 경우에는 대상 집단 관측값의 중간값, 즉 작은 값부터 시작하여 중간에 위치한 값을 찾는다든지 또는 서로 다른 두 집단을 비교할 때 관측값들의 변화율 등을 쉽게 비교할 수 있다. 위 누적도수분포다각형의 그림에서 보듯이 50%에 위치한 사람의 임금 수준은 누적백분율에 해당하는 거리만큼 세로축의 위치를 선정한 뒤 누적도수분포다각형을 이용하여 가로축에서 확인할 수 있다.

예제 4 다음 도수분포표를 지시된 도표로 나타내어라.

| 표 4 |

계급	0~10	10~20	20~30	30~40	40~50	50~60	60~70	70~80	80~90	90~100	계
도수	2	6	9	14	15	22	15	12	4	1	100

(1) 히스토그램

(2) 도수분포다각형

(3) 누적도수분포다각형

풀이 (1) 계급의 폭을 가로로, 그 계급의 도수를 세로로 하는 직사각형군의 히스토그램이다.

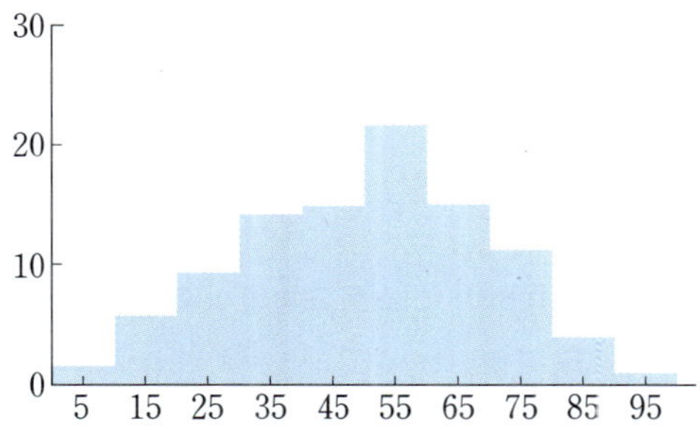

| 그림 4 | 히스토그램

(2) 도수분포다각형은 히스토그램의 각 직사각형 윗변의 중점을 차례로 선분으로 맺은 도수분포다각형이다.

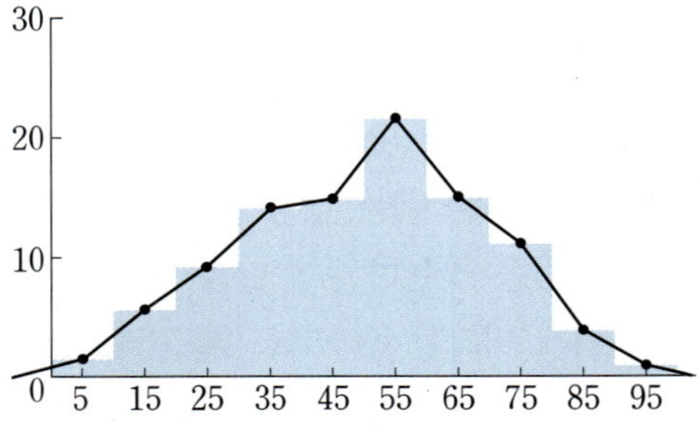

| 그림 5 | 도수분포다각형

(3) 도수분포표에서 도수를 누적도수로 나타낸 표, 즉 계급값 x_i에 누적도수

$$F_i = f_1 + f_2 + \cdots + f_i$$

를 대응시킨 표를 누적도수분포표라 하고 이것을 그림으로 나타낸 것을 누적도수분포표도, 직사각형 윗변의 오른쪽 끝, 즉 상한점을 차례로 선분으로 맺은 도형을 누적도수분포다각형이라 한다.

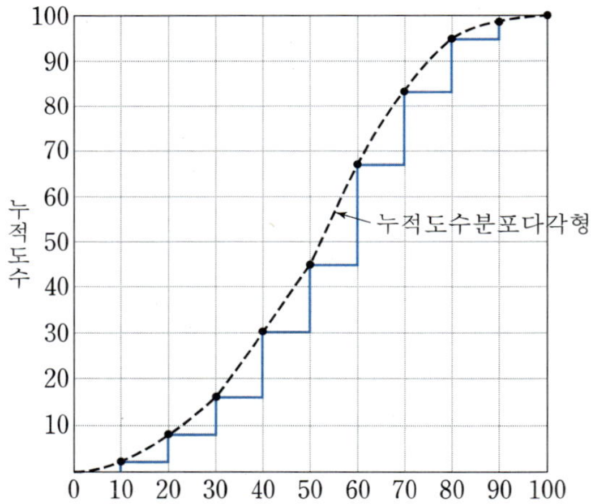

| 그림 6 | 누적도수분포다각형 ■

R-풀이

```
(1) # seq()를 이용하여 히스토그램의 x축에 표시될 신장 벡터를 생성함
interv <- seq(0, 100, by=10)
# c()를 이용하여 도수를 히스토그램의 y축에 표시될 도수 벡터를 생성함
freq <- c(2, 6, 9, 14, 15, 22, 15, 12, 4, 1)
# list()를 이용하여 신장 벡터와 도수 벡터를 결합함
```

```
hist <- list(breaks=interv, counts=freq)
# class()를 이용하여 히스토그램을 hist로 반환함
class(hist) <- "histogram"
# plot()를 이용하여 히스토그램을 그림
plot(hist, xlab="계급구간", ylab="도수", main="히스토그램", col="skyblue")
(2) # c()를 이용하여 도수분포다각형의 x축에 표시될 계급의 중앙값을 벡터로 생성함
minterv <- c(-5, 5, 15, 25, 35, 45, 55, 65, 75, 85, 95, 105)
# c()를 이용하여 도수분포다각형의 y축에 표시될 도수를 벡터로 생성함
freq <- c(0, 2, 6, 9, 14, 15, 22, 15, 12, 4, 1, 0)
# plot()의 type을 "o"로 지정하여 선과 점이 함께 표시된 도수분포다각형을 그림
plot(minterv, freq, type="o", xlab="계급구간", ylab="도수", main="도수다각형")
(3) # (2)와 동일하게 작성하되, x축에 표시될 최솟값과 최댓값을 0과 100으로 정함
minterv <- c(0, 5, 15, 25, 35, 45, 55, 65, 75, 85, 95, 100)
freq <- c(0, 2, 6, 9, 14, 15, 22, 15, 12, 4, 1, 0)
# cumsum()을 이용하여 누적도수를 구하고, 누적도수분포다각형을 그림
plot(minterv, cumsum(freq), type="o", xlab="계급구간", ylab="누적도수", main="누적
도수다각형")
```

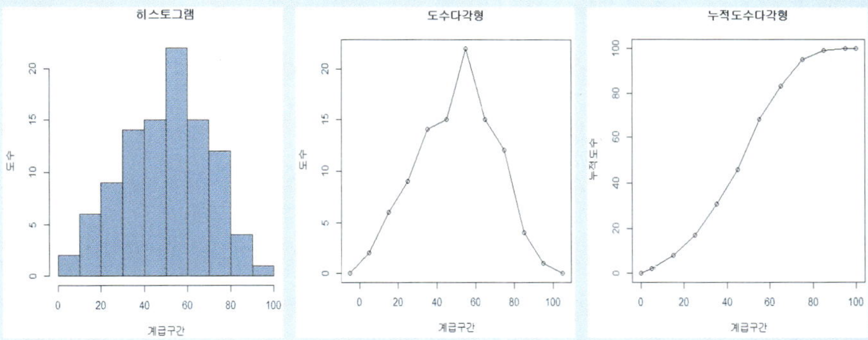

도수분포형에는 다음 몇 가지가 있다.

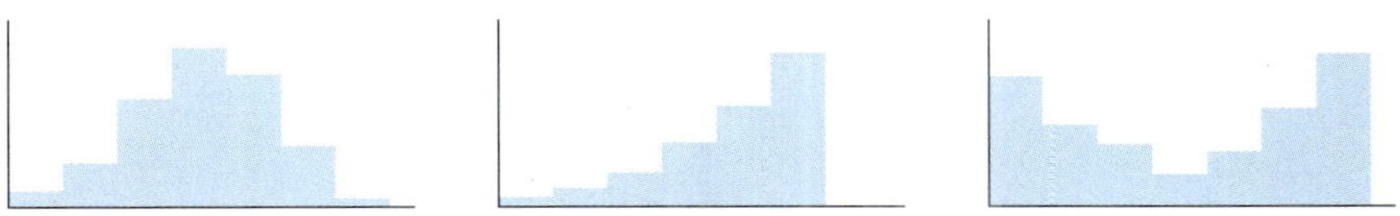

대칭형 J자형 U자형

| 그림 7 | 여러 가지 히스토그램

이외에 L자형, 쌍봉형, 다봉형 등이 있다.

예제 5 다음 도수분포표는 어느 학교 40명의 신장 분포이다. 이 자료를 히스토그램으로 나타내고, 이어서 도수분포다각형으로 나타내어보자.

| 표 4 |

신장	인원
150~156	1
156~162	2
162~168	10
168~174	16
174~180	8
180~186	2
186~192	1
합계	40

풀이 (1)

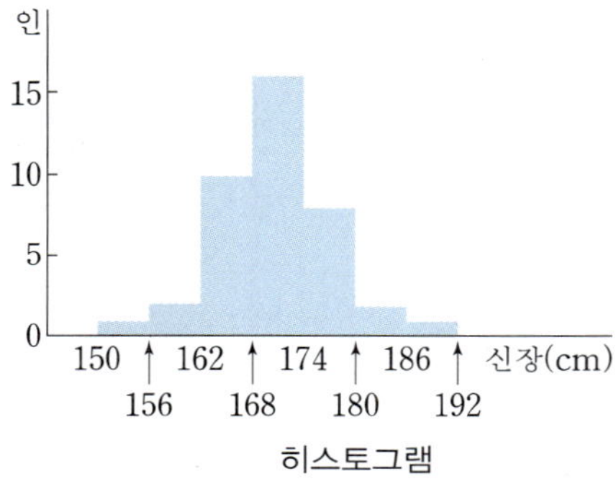

| 그림 8 | 히스토그램

(2) 도수분포다각형은 점 (147, 0), (153, 1), (159, 2), (165, 10), (171, 16), (177, 8), (183, 2), (189, 1), (195, 0)을 차례로 선분으로 연결하여 얻는다.

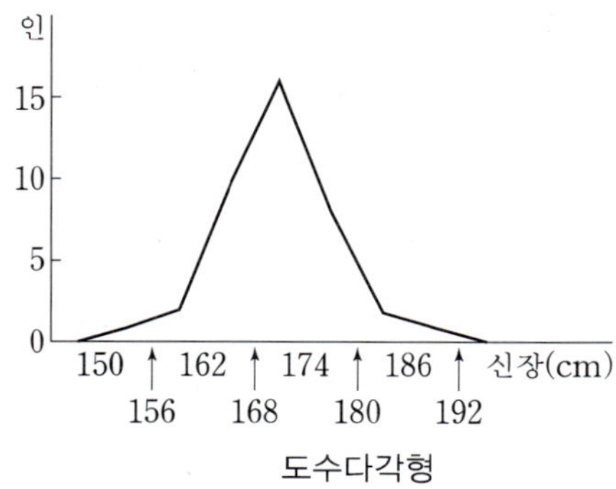

| 그림 9 | 도수분포다각형

R-풀이

```
(1) # seq()를 이용하여 히스토그램의 x축에 표시될 신장 벡터를 생성함
height <- seq(150, 192, by=6)
# c()를 이용하여 도수를 히스토그램의 y축에 표시될 도수 벡터를 생성함
freq <- c(1, 2, 10, 16, 8, 2, 1)
# list()를 이용하여 신장 벡터와 도수 벡터를 결합함
hist <- list(breaks=height, counts=freq)
# class()를 이용하여 히스토그램을 hist로 반환함
class(hist) <- "histogram"
# plot()를 이용하여 히스토그램을 그림
plot(hist, xlab="신장(cm)", ylab="인", main="신장분포의 히스토그램", col="skyblue")
(2) # c()를 이용하여 도수분포다각형의 x축에 표시될 계급의 중앙값을 벡터로 생성함
mheight <- c(147, 153, 159, 165, 171, 177, 183, 189, 195)
# c()를 이용하여 도수분포다각형의 y축에 표시될 도수를 벡터로 생성함
freq <- c(0, 1, 2, 10, 16, 8, 2, 1, 0)
# plot()의 type을 line인 "l"로 지정하여 선으로 도수분포다각형을 그림
plot(mheight, freq, type="l", xlab="신장(cm)", ylab="인", main="신장분포의 도수다각
형")
```

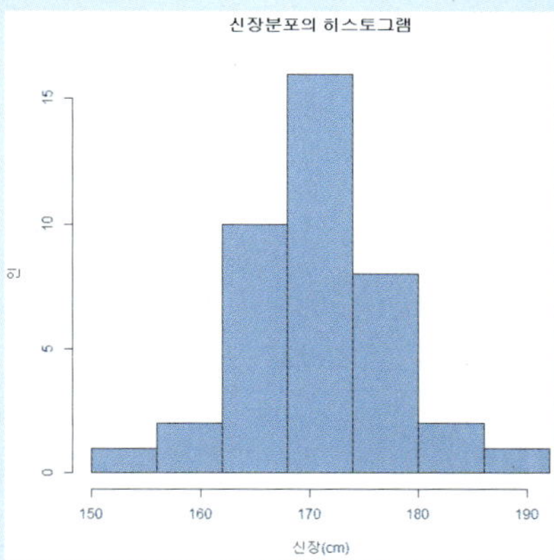

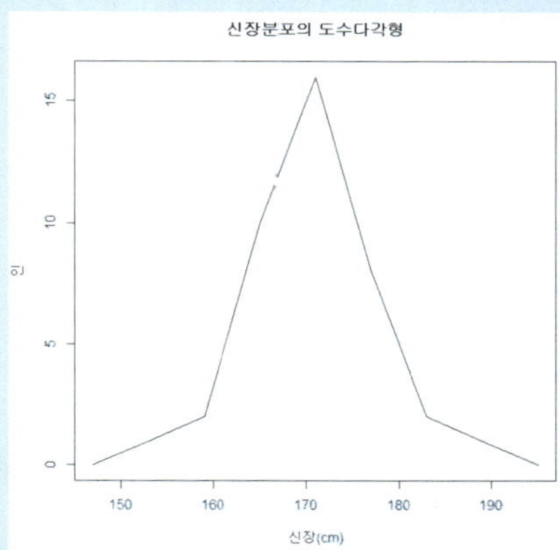

막대그림표(bar chart)와 히스토그램과의 차이는 히스토그램은 도수분포 자료와 항상 연관되는 반면 막대그림표는 어떤 범주의 자료든 전체적인 것을 표현하는 것이다.

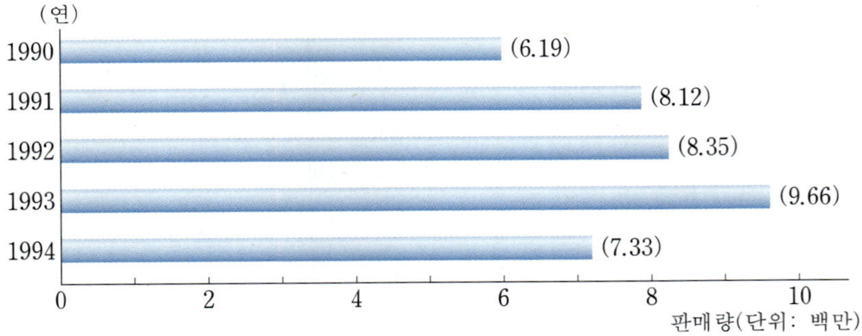

| 그림 10 | 자동차 판매의 막대그림표

예를 들면 앞의 그림은 국내 자동차 제조공장의 연간 승용차 판매량을 나타낸 막대그림표이다.

[그림 10]의 자료를 근거로 하여 시간의 구분으로 자료를 표현하고자 하면 이 자료를 **선 그래프**(line graph)로 나타낼 수 있다. 선 그래프는 부분적인 선의 연속으로서 시간에 따른 자료의 총 변화를 나타내는 것으로 그림의 자료를 사용하여 선 그래프를 그리면 다음과 같다.

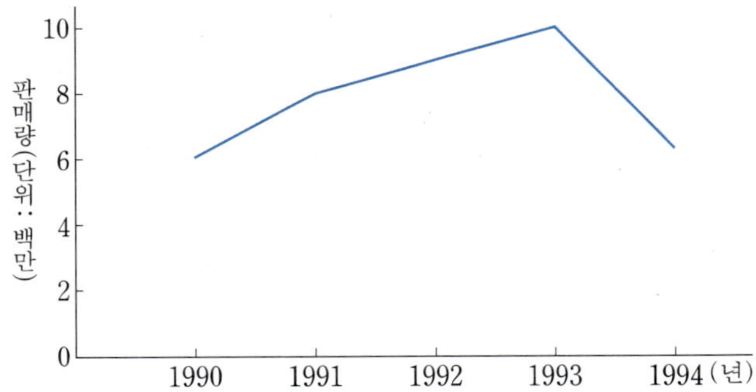

| 그림 11 | 자동차 판매의 선 그래프

원형 그림표(pie chart)는 전체적인 분포의 파악과 전체 합계의 분할로서 표현하기에 가장 적합한 그림표이다. 그리고 퍼센트 원형 그림표는 각 자료들의 비교를 쉽게 하기 위하여 각 자료들을 퍼센트로 바꾸어 표현한 것이다. 예를 들어 [그림 12]는 A 자동차 회사의 2010년도 차종별 판매에 대한 분포를 퍼센트 원형 그림표로 나타낸 것이다.

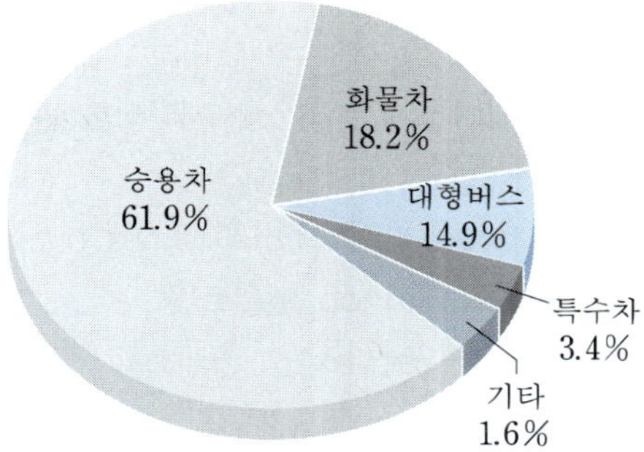

| 그림 12 | 차종별 판매에 대한 퍼센트 원형 그림표

예제 6 다음은 어느 대학교 졸업생의 2010년도 취업자 수를 나타낸 표이다. 이를 퍼센트 원형 그림표로 나타내어라.

| 표 5 | 졸업생의 취업자 수

대학원 진학	대기업	중소기업	공무원	군대	미취업	계
300	1,500	2,000	500	500	200	5,000

풀이 대학원에 진학한 학생 300명을 원형 그림표상에 표현할 때

$$5000 : 300 = 360 : x$$

를 계산하면 $x = 21.6$, 즉 원형 그림표의 21.6°를 차지해야 한다. 마찬가지 방법에 의하여,

대기업=108° 중소기업=144° 공무원=36°
군대=36° 미취업=14.4°

이다. 그러므로 다음 퍼센트 원형 그림표를 얻는다.

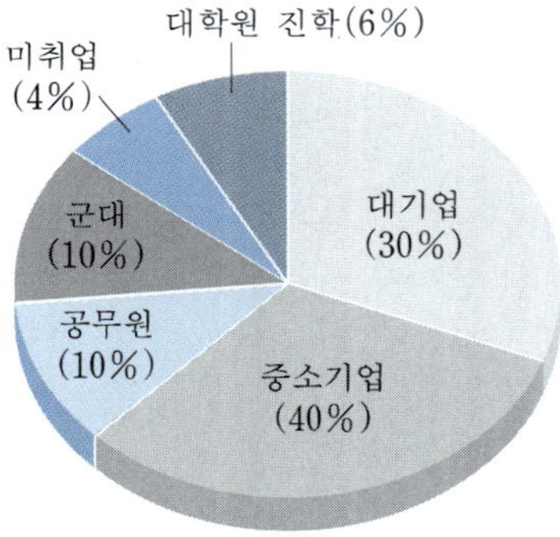

| 그림 13 | 취업에 대한 퍼센트 원형 그림표

R-풀이

```
# read.csv()를 이용하여 ex1_1_6.csv 데이터를 불러와 ex1_1_6 객체에 할당함
ex1_1_6 <- read.csv("ex1_1_6.csv")
# pie()를 사용하여 ex1_1_6의 데이터에 grad_num 변수에 대한 원그래프를 그리고,
label을 ex1_1_6의 데이터에 job 변수로 줌
pie(ex1_1_6$grad_num, lab=ex1_1_6$job)
```

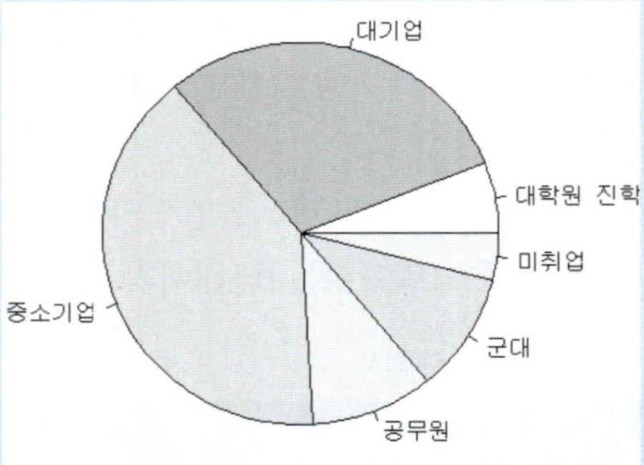

1.1 연습문제

1 다음은 어느 반 학생들이 1분 동안 실시한 윗몸일으키기 기록을 조사하여 표로 나타낸 것이다.

남학생 윗몸일으키기 횟수				여학생 윗몸일으키기 횟수			
번호	횟수	번호	횟수	번호	횟수	번호	횟수
1	33	6	46	1	29	6	15
2	30	7	21	2	12	7	11
3	43	8	24	3	20	8	22
4	44	9	20	4	13	9	17
5	43	10	17	5	36	10	12

(1) 남자와 여자로 구분된 자료를 하나의 줄기-잎 그림으로 나타내고, 남학생과 여학생 중 어느 쪽이 더 기록이 높은지, 그리고 그렇게 생각한 이유를 설명하여라.

(2) (1)에서 만들어진 줄기-잎 그림에서 줄기의 수를 늘려서 좀 더 세분화하여 작성하고, 앞에서 만든 줄기-잎 그림과의 차이점을 설명하여라.

(3) 줄기-잎 그림의 장점과 단점을 설명하여라.

2 다음은 어느 나라의 중학생과 고등학생의 흡연 실태를 연도별로 조사하고, 이를 비교하기 위하여 그래프로 나타낸 것이다.

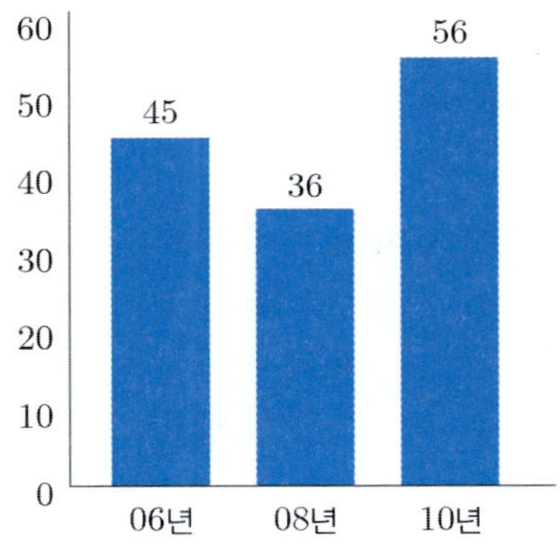

중학생 1000명당 흡연 학생 수

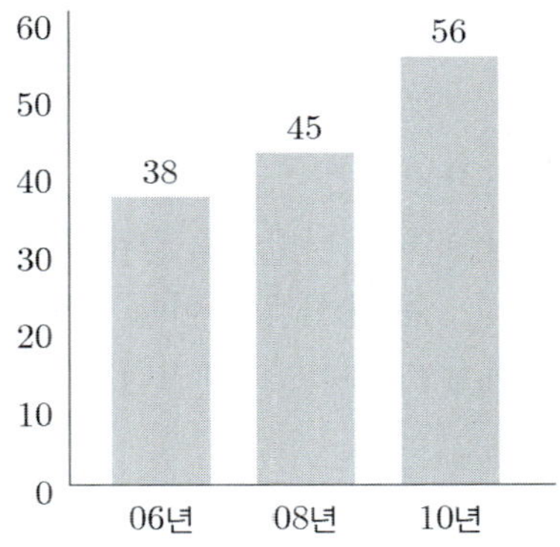

고등학생 500명당 흡연 학생 수

(1) 그래프에서 무엇이 잘못되었는지를 설명하고, 의미가 바르게 전달될 수 있도록 그래프를 수정하여라.

(2) 막대그래프의 장점과 단점을 설명하여라.

3 아래의 표는 몇몇 동물의 최대 속력을 발굽이 있는 동물과 없는 동물로 분류하여 정리한 것이다.

발굽이 있는 동물		발굽이 없는 동물	
종류	속력(k/h)	종류	속력(k/h)
들소	50	고양이	48
엘크	73	치타	113
기린	52	닭	15
사람	45	코요테	69
사슴	56	코끼리	40
돼지	18	여우	68
영양	98	그레이하운드	63
경주마	77	곰	48
멧돼지	48	자칼	56
누	81	사자	81
얼룩말	65	토끼	56
		다람쥐	19
		칠면조	24

(1) 표를 보지 않은 상태에서 일반적으로 발굽이 있는 동물과 발굽이 없는 동물들 사이에는 속력에서 차이가 있다고 생각하는가 아니면 없다고 생각하는가? 그렇게 생각하는 이유와, 차이가 있다면 어떤 차이가 있는지 함께 설명하여라.

(2) 어떻게 이 표에 있는 값들을 얻었을까?

(3) 표를 바탕으로 그래프를 그리고, 이를 이용하여 발굽이 있는 동물과 발굽이 없는 동물들 사이에 속력에 차이가 있는지를 설명하여라.

(4) (3)에서 그린 그래프의 장점과 단점을 설명하여라.

4 다음 표는 중학교에서 한 학급을 임의로 선택하여 그 학급 60명에 대한 혈액형 검사를 실시한 결과를 나타낸 것이다. 위의 순서에 따라 이 자료에 대한 원그래프를 그려라.

A	B	B	A	A	O	A	AB	O	O	A	B	O	AB	B
B	A	O	B	A	B	B	O	AB	B	A	AB	A	B	A
O	A	A	B	AB	A	O	B	A	B	B	A	B	A	B
AB	B	A	O	AB	O	B	A	B	A	O	B	A	A	A

5 다음은 무작위 추출한 도시 근로자 20명의 주당 평균 근로시간이다.

42.4	49.4	49.9	45.9	51.4	54.3	49.1	53.4	46.8	50.4
52.4	48.3	56.5	47.0	46.3	54.2	53.8	44.1	54.9	43.7

(1) 적당한 구간을 설정하여 도수분포표를 작성하여라.

(2) 작성된 도수분포표를 이용하여 각 구간별 상대도수 및 백분율을 산출하여라.

6 다음 그림은 중학교 학생들의 주말 TV시청 시간을 조사하여 만든 누적도수의 그래프이다. 계급값이 3.5시간인 계급의 상대도수를 구하여라.

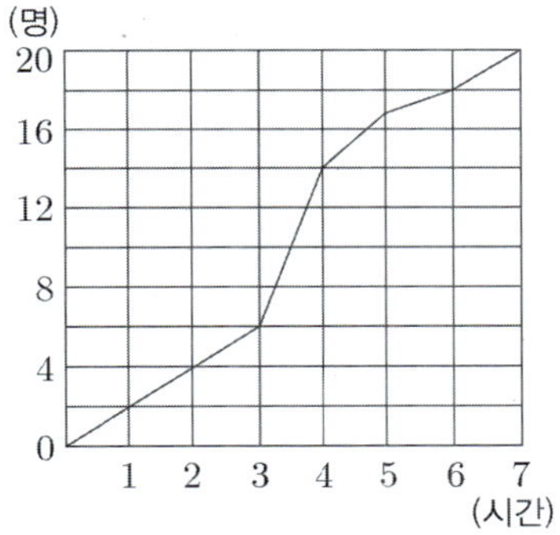

7 다음은 통계중학교의 수학성적에 대한 도수분포표이다.

점수(점)	1학년		2학년	
	도수	상대도수	도수	상대도수
50 이상~60 미만	21	0.105	21	C
60~70	A	0.2	63	0.21
70~80	54	0.27	96	0.32
80~90	B	0.3	72	D
90~100	25	0.125	48	0.16
합계	200	1.000	300	1.00

(1) ABCD에 알맞은 수를 구하여라.

(2) 50점 이상 60점 미만인 학생이 차지하는 비율은 1학년과 2학년 중 어느 학년이 더 높은가?

(3) 1학년과 2학년에서 80점 이상인 학생은 각각 몇 %인가?

1.2
특성값을 이용한 자료의 정리

영재가 다니는 중학교에서 100m 달리기 대회에 출전하기 위해서는 달리기 보유기록이 17초 이하여야 한다고 한다. 영재는 5번을 뛰어서 1회는 18초, 2회는 15초, 3회는 16초, 4회는 16초, 5회는 21초의 기록이 나왔다. 과연 영재는 대회에 출전할 수 있을까? 어떤 값이 영재의 기록을 대표하는지에 따라 그 결과는 달라질 것이다.

전국체육대회를 비롯한 각종 국제경기대회에서도 운동 경기의 결과를 대표하는 채점방법이 다양하며 평가된 결과에 따라 순위가 정해지게 된다. 예를 들어 2008년 대회기준으로 하계 올림픽의 경기 종목은 야구와 소프트볼의 정식종목 제외가 결정됨에 따라 총 36종이다.

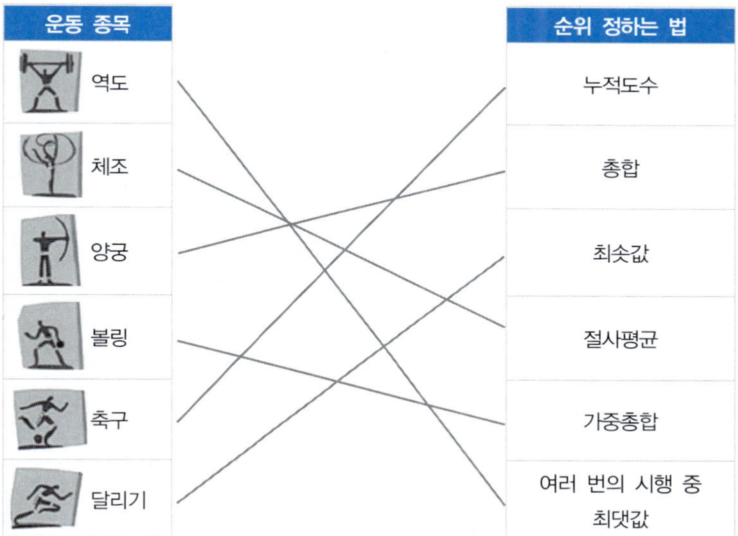

| 그림 1 | 운동 종목 순위 정하는 법

각각은 육상, 조정(노로 보트를 저어서 그 속도로 승부를 겨루는 경기), 배드민턴, 농구, 복싱, 카누, 사이클, 승마, 펜싱, 축구, 체조, 역도, 핸드볼, 하키, 유도, 레슬링, 수영, 수구, 비치발리볼, 다이빙, 싱크로나이즈, 근대5종(승마, 펜싱, 사격, 수영, 크로스컨트리 등 전혀 다른 5개 종목을 1명이 1일 1종목씩 5일간에 각기 다른 장소에서 실시하여 각 종목의 득점을 합하여 순위를 겨루는 경기), 태권도, 테니스, 탁

구, 사격, 양궁, 트라이애슬론(한 사람이 연속 3종목 경기를 하는 것), 요트, 배구가 해당된다. 이 중 역도, 체조, 양궁, 볼링, 축구 그리고 달리기에 대해 채점하는 방법을 살펴보면 [그림 1]과 같다.

경기결과를 대표하는 채점처럼 자료 전체를 하나의 수로 요약하여 대표하는 값으로는 평균, 중앙값, 최빈값 등이 있다. 이와 같은 대푯값들은 자료의 중심 경향성을 값 하나로 측정하며 각각 다음과 같이 설명한다.

1.2.1 평균

가장 일반적으로 사용되는 대푯값으로 **산술평균**이 있다. 자료 전체의 개별수치를 전부 더한 다음 자료집단에 속한 숫자들의 개수로 나누어 준 값으로, 평균이라고 부른다.

연구대상이 되는 집단의 규모를 N, 그리고 집단 내에 속한 N개의 수치를 변수 X_i에 의해 표시하자. 이때 평균은 다음 방법으로 구한다.

$$\mu = \frac{X_1 + X_2 + \cdots + X_N}{N} = \frac{1}{N}\sum_{i=1}^{N} X_i$$

산술평균은 자료값을 전부 더한 다음 사용된 자료의 개수로 나누어 계산하는데, 이것도 자료가 구간별로 그룹화된 형태로 제시되면 원래 자료값들이 정확히 얼마였는지 확인할 길이 없다. 따라서 일정한 가정에 의해 다른 방법으로 계산할 수밖에 없다. 즉 구간의 중간값이 각 구간에 속한 값들을 대표할 수 있다고 가정한 뒤 이 대표적 수치를 해당 도수만큼씩 여러 번 더함으로써 실제 수치의 합산에 대신하는 것이다. 따라서 원래 $\mu = \frac{1}{N}\sum X_i$로 정의된 평균 계산공식은 다소의 수정이 필요하다. 각 구간의 대푯값을 X_i^c라 하고 이에 대응하는 도수를 f_i^c라 하면 평균은 다음 식과 같이 정의될 수 있다(단 이때 구간수는 m개라 가정함).

m개 구간으로 구분된 자료의 평균

$$\mu = \frac{1}{N}\sum_{i=1}^{m} X_i^c f_i^c = (f_1^c X_1^c + f_2^c X_2^c + \cdots + f_m^c X_m^c) \cdot \frac{1}{N}$$

위 식은 간단히 다음과 같이 표기하기도 한다.

$$\mu = \frac{1}{N}\sum_{i=1}^{m} X_i f_i$$

이제 1.1절에서 다룬 대졸 초임에 대한 실제 자료를 이 식에 대입하여 평균을 구

하면

$$\mu = \frac{1}{50}(214.5\times1+224.5\times2+234.5\times4+244.5\times8+254.5\times12$$
$$+264.5\times10+274.5\times8+284.5\times4+294.5\times1)$$
$$=\frac{12885}{50}=257.7$$

이 되며 이는 원 자료가 알려져 있을 때 $\mu=\frac{1}{N}\sum_{i=1}^{m}X_i$에 의하여 구한 값 257.72와 거의 같으므로 간편 계산법으로서 충분한 가치가 있다.

그러나 위 식에 의한 평균의 계산도 구간수가 많아지거나 구간 대푯값이나 또는 도수가 커질수록 계산하는 데 어려움이 있다. 이러한 점을 감안하여 고안된 것을 **가평균법**이라 한다. 가평균은 일반적으로 전체 분포의 중간 위치에 있는 구간의 대푯값으로 정하나 이론상으로는 어느 구간의 대푯값(class mark)을 선정하여도 무방하다. 일단 가평균(assumed mean)이 선정되면 각 구간의 대푯값(X_i)과 가평균(M_a)과의 차이(deviation of X_i from the assumed mean) $d_i=X_i-M_a$가 산출될 수 있으며, 이때 평균은 다음 식과 같이 정의된다.

$$\mu=M_a+\bar{d}=M_a+\frac{1}{N}\sum_{i=1}^{m}d_if_i \quad (\text{단 } \bar{d}\text{는 } d_i\text{의 평균})$$

이 식을 이용한 평균의 계산과정을 보이고자 원 자료를 [표 1]과 같이 정리하였다.

| 표 1 |

구간	구간의 중간점 (X_i)	도수(f_i)	$d_i=X_i-M_a$	d_if_i	$b_i=\frac{d_i}{c}$	b_if_i
$209.5\le X<219.5$	214.5	1	−40	−40	−4	−4
$219.5\le X<229.5$	224.5	2	−30	−60	−3	−6
$229.5\le X<239.5$	234.5	4	−20	−80	−2	−8
$239.5\le X<249.5$	244.5	8	−10	−80	−1	−8
$249.5\le X<259.5$	254.5	12	0	0	0	0
$259.5\le X<269.5$	264.5	10	+10	100	1	10
$269.5\le X<279.5$	274.5	8	+20	160	2	16
$279.5\le X<289.5$	284.5	4	+30	120	3	12
$289.5\le X<299.5$	294.5	1	+40	40	4	4
합계		$N=\sum f_i$ $=50$		$\sum d_if_i$ $=160$		$\sum b_if_i$ $=16$

표에서처럼 가평균을 254.5로 선정하면 평균은 다음과 같이 계산된다.

$$\mu = M_a + \bar{d} = M_a + \frac{1}{N}\sum_{i=1}^{m} d_i f_i = 254.5 + \frac{1}{50} \times 160 = 257.7$$

이 계산결과는 가평균법을 이용하지 않았을 경우와 정확히 동일함을 알 수 있다.

1.2.2 중앙값

자료의 대표적 수치로서 자료의 중심 위치를 찾아내는 데 사용되는 또 하나의 개념으로 중앙값이 있다. 이것은 크기순서에 따라 배열된 숫자들 가운데 중앙에 위치하는 값으로 정의된다. 따라서 자료를 동일한 규모의 두 집단으로 나누는 작업이 필요할 때 적당한 대푯값 산출방안이 된다.

한 집단 숫자들의 중앙값을 찾아내는 작업은 일단 숫자들을 크기에 따라 배열하면 어려울 것이 없다. 만일 자료들의 집합에 포함된 수치의 개수가 홀수이면 그 중앙값은 가장 작거나 큰 값으로부터 중앙에, 즉 $\frac{N+1}{2}$번째 위치한 수치를 찾으면 된다. 그러나 자료 전체의 개수가 짝수이면 정확히 중앙에 위치하는 숫자는 없다. 대신 두 개의 숫자가 중앙 위치 양쪽에 있게 된다. 따라서 일반적으로 이들 두 숫자 가운데 값을 구하여 중앙값으로 정한다. 예를 들어 모 대학 통계학과 졸업생 중 취업된 50명의 초임을 조사한 자료에서 임의로 10명만을 추출하여 임금을 살펴보았더니 다음과 같았다.

219, 259, 265, 271, 263, 251, 249, 262, 268, 248

중앙값을 계산하기 위해서는 자료를 작은 값부터 큰 값으로 배열한다. 항목수가 10이므로 중앙값은 $\frac{N+1}{2} = 5.5$번째에 위치한다. 이는 5번째와 6번째의 중간을 의미하며 구하려는 중앙값은 $(259 + 262)/2 = 260.5$(천원)이 된다.

자료가 구간별 도수분포표 형태로 제시되면, 위의 방법으로 중앙값을 쉽사리 찾을 수 없게 된다. 따라서 그룹화된 자료로부터 중앙값을 계산하기 위해 다음의 공식을 사용하게 된다.

그룹화된 자료의 중앙값

$$M_d = M_i + \frac{\frac{N+1}{2} - F}{f_{med}} \cdot c$$

단 M_i : 중앙값 구간의 하한값, F : 중앙값 구간 이전까지의 누적도수,

f_{med} : 중앙값 구간의 도수, c : 구간폭

총 자료수(N)가 50이므로 중간 위치는 $\frac{N+1}{2} = 25.5$번째가 된다. 한편 $239.5 \sim 249.5$ 구간까지의 누적도수는 15이고, $249.5 \sim 259.5$ 구간까지 포함한 누적도수는 27이므로, 25.5번째 위치는 후자 구간에 속하는 것임을 알 수 있다. 이를 중앙값 구간이라 한다. 이 구간에 속하는 인원수는 12명이고 이 구간의 간격은 10명이다. 그리고 중앙 위치(25.5)는 중앙값 구간 이전까지의 누적인원수 15로부터 $25.5 - 15 = 10.5$ 거리에 있다. 따라서 중앙값은 중앙값 구간의 값 가운데 오히려 상한값에 가까운 값이 될 것임을 알 수 있다.

주어진 자료를 이용하면 다음과 같이 중앙값이 산출된다.

$$M_d = 249.5 + \frac{25.5 - 15}{12} \cdot 10 = 258.25$$

1.2.3 최빈값

최빈값은 자료 중 가장 여러 번 측정된 값이나 항목, 즉 가장 빈도수가 많은 수치나 범주를 말한다. 예를 들어 한 건설회사가 서울과 안양 두 지역에 아파트를 지어 분양하고자 하는데 18평, 25평, 36평과 42평의 네 가지 모형을 적절히 배합하여 건축할 계획을 가지고 있다고 하자. 분양신청접수에 앞서 서울과 안양의 분양대상자를 각각 100명씩 적절한 절차에 따라 선정하여 희망하는 아파트의 규모를 조사한 결과 다음과 같은 표를 얻었다.

| 표 2 |

모델	크기(항목)	희망세대수(도수)	
		서울	안양
A	18평형	15	30
B	25 〃	20	26
C	36 〃	40	24
D	42 〃	25	20
	합계	100	100

서울의 경우 가장 빈도가 높은 모델은 36평형의 C모델로서 이것이 최빈값이 된다. 이와 같은 결과는 건설회사가 서울 지역에 아파트를 건설하는 데 있어서 4개의 서로 다른 규모의 아파트 중 어느 규모를 가장 많이 짓는 것이 유리한지에 관한 의

사결정에 좋은 참고가 된다.

최빈값(mode)은 도수분포에서 정상점(peak)을 말하는데 분포가 오직 하나의 정상점을 가질 경우를 **단봉(unimodal)분포**라 하고 이때 정상점에 해당하는 자료값을 최빈값이라 한다. 경우에 따라서 최빈값은 2개 이상 존재할 수도 있고 측정된 자료의 수가 적어 반복되는 자료가 없을 경우 최빈값이 없을 수도 있다. 2개의 서로 다른 자료가 동일한 최대빈도를 가지면 그 분포는 **쌍봉형**(bimodal)이 되고, 또한 동일한 최대빈도가 많으면 **다봉형**(multimodal)이라고 한다.

수량적 자료의 경우 자료들이 그룹화되지 않은, 즉 동일 간격을 가지는 구간으로 구분하여 정리되지 않은 상태로 제시되었다. 그러나 자료의 양이 많을수록 이와 같은 기초적 방법에 의해 대푯값을 계산하는 과정은 점차 비효율적이 된다. 따라서 자료를 일단 크기에 따라 구간별로 정리한 도수분포표를 작성한 다음, 추가적인 가정을 통해 계산하는 방법이 필요하다.

최빈값은 가장 여러 번 발생한 수치이며, 따라서 원 자료를 같은 수치별로 발생도수를 정리하면 저절로 확인된다. 그러나 일단 자료가 [표 3]처럼 구간별 도수분포표 형태로 정리되어 제시되면 이러한 방법으로는 최빈값을 찾을 길이 없다.

따라서 구간별도수가 가장 큰 249.5~259.5 구간(이 구간을 최빈구간이라 함)에 속하는 어떤 값이 아마 가장 여러 번 관측되었을 것이라고 가정하는 방법을 택할 수밖에 없다. 이 경우 우선 해당 구간(class)의 중간값(mid-point of the class 또는 class mark라 함)을 편의상 최빈수로 택하는 방법이 있을 것이다. 그러나 [표 3]에

| 표 3 | 대졸취업자의 초임

구간(X_i)	구간중앙 대푯값	빈도도수 (f_i)	누적 도수	상대도수 (f_i/N)	누적 상대도수
209.5~219.5	214.5	1	1	0.02	0.02
219.5~229.5	224.5	2	3	0.04	0.06
229.5~239.5	234.5	4	7	0.08	0.14
239.5~249.5	244.5	8	15	0.16	0.30
249.5~259.5	254.5	12	27	0.24	0.54
259.5~269.5	264.5	10	37	0.20	0.74
269.5~279.5	274.5	8	45	0.16	0.90
279.5~289.5	284.5	4	49	0.08	0.98
289.5~299.5	294.5	1	50	0.02	1.00
합계		$50\left(=N=\sum_{i=1}^{9} f_i\right)$	50	1.00	

서처럼 자료의 분포가 최빈구간의 중앙값을 중심으로 대칭관계에 있지 않을 경우 254.5를 최빈값으로 삼기에는 석연치 않은 점이 있다. 최빈구간 아래 구간도수가 8, 위 구간도수가 10인 점을 감안하면 최빈값은 최빈구간의 중앙으로부터 위쪽에 있다고 보는 것이 합리적일 것이다. 이러한 점을 감안하여 일반적으로 최빈값은 다음 공식을 통해 계산된다.

$$M_0 = L_i + \left(\frac{\Delta l}{\Delta l + \Delta h}\right) \cdot c$$

단 L_i : 최빈구간의 하한값(lower limit of the model class)

Δl : 최빈구간의 도수와 아래 구간도수와의 차이

Δh : 최빈구간의 도수와 위 구간도수와의 차이

c : 구간폭(class interval)

따라서 최빈값은

$$\begin{aligned} M_0 &= L_i + X = L_i + \frac{\Delta l}{\Delta l + \Delta h} \cdot c \\ &= 249.5 + \frac{4}{4+2} \cdot 10 \\ &= 256.17 \end{aligned}$$

과 같이 산출된다.

예제 1 에어컨 제작회사에서 지난 여름 8명의 판매원이 7월 한 달 동안 판매한 에어컨 수가 다음과 같을 때 판매원 1명의 실적을 이용하여 최빈수를 구하여라.

8, 11, 5, 14, 9, 11, 17, 11

풀이 최빈수는 가장 많은 관찰도수를 가지는 값이다. 그러므로 Mode = 11이다.

R-풀이

```
# R에서 mode()는 데이터의 형식을 나타내며, 최빈값을 직접 구하는 함수가 내장되어
있지 않음. 따라서 사용자 정의 함수인 MODE를 활용하여 최빈값을 구함
# MODE 함수를 입력함
MODE <- function(x) {
```

```
    uniqx <- unique(x)
    uniqx[which.max(tabulate(match(x, uniqx)))]
}
# c()를 이용하여 데이터를 벡터형태로 ex1_2_1 객체에 할당함
ex1_2_1 <- c(8, 11, 5, 14, 9, 11, 17, 11)
# MODE()를 사용하여 최빈값을 구함
MODE(ex1_2_1)
11
# 또는 table()을 이용하여 도수를 구함
(tab_ex <- table(ex1_2_1))
ex1_2_1
 5  8  9 11 14 17
 1  1  1  3  1  1
# names()를 이용하여 최대 빈도를 갖는 값의 이름을 추출함
(Mode <- names(tab_ex[tab_ex == max(tab_ex)]))
[1] "11"
```

예제 2 다음은 어느 학급의 학생의 인기도를 조사한 자료이다. 세 후보 K, L, J를 대상으로 20명이 인기도 조사에 참가하였다. 최빈수를 구하여라.

K,	K,	L,	L,	K,	J,	K,	K,	L,	J
J,	K,	L,	J,	L,	K,	K,	L,	K,	J

풀이 K가 9번, L이 6번, J가 5번 반복되었다. 그러므로 K는 최빈수이며, 즉 인기가 가장 많은 학생으로 대표된다. ■

R-풀이

```
# 예제 1에서 제시한 MODE 함수를 사용함
# c()를 이용하여 데이터를 벡터형태로 x1_2_2 객체에 할당함
ex1_2_2 <- c("K","K","L","L","K","J","K","K","L","J","J","K","L","J","L","K","K", "L","K","J")
# MODE()를 사용하여 최빈값을 구함
MODE(ex1_2_2)
"K"
```

```
# 또는 table()을 이용하여 도수를 구함
(tab_ex2 <- table(ex1_2_2))
ex1_2_2
J K L
5 9 6
# names()를 이용하여 최대 빈도를 갖는 값의 이름을 추출함
(Mode <- names(tab_ex[tab_ex == max(tab_ex)]))
[1] "K"
```

지금까지 우리는 여러 가지 대푯값을 비교·검토하였다. 자료의 중심위치를 측정하는 대푯값들로 평균, 중앙값, 최빈값 등이 유용하지만, 이들 값만으로는 자료의 분포특징을 나타내 주지 못한다. 다음은 어느 두 반의 수학성적을 표와 점그림으로 나타낸 것이다. 이처럼 평균, 중앙값, 최빈값이 모두 같은 두 종류의 자료에 대하여 분명히 다른 특성, 즉 자료의 퍼짐 정도를 나타내는 통계량이 더 필요한 것이다. A반은 B반에 비하여 60이라는 값을 중심으로 좀 더 조밀하게 모여 있고, B반은 60을 중심으로 넓게 퍼져 있다는 것을 알 수 있다.

반	수학 성적												
A	55	55	55	55	60	60	60	60	60	65	65	65	65

평균=중앙값=최빈값=60

A반

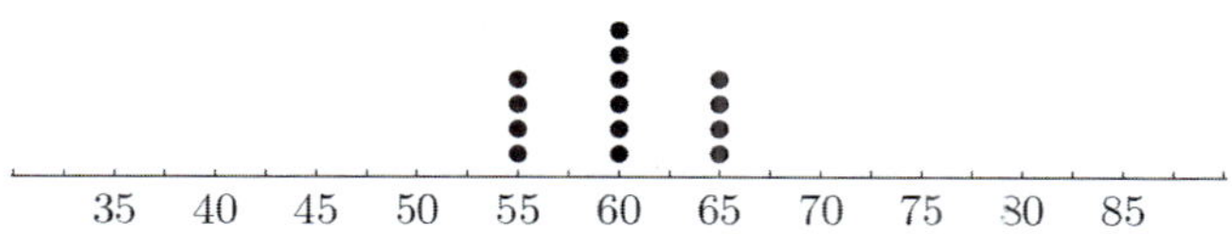

반	수학 성적												
B	35	40	45	50	55	60	60	60	65	70	75	80	85

평균=중앙값=최빈값=60

B반

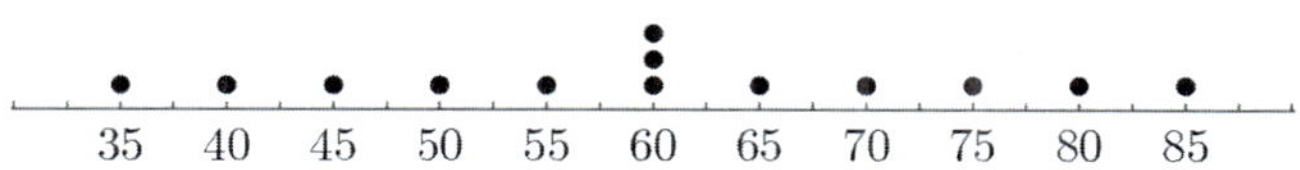

자료가 얼마나 넓게 퍼져 있고 분포되어 있는가는 변동의 측도 또는 산포의 측도

를 구하여 알 수 있다. 자료의 변동을 나타내는 통계량에는 평균편차, 분산과 표준편차 등이 있다. 이러한 산포에 대한 통계량은 그 값이 클수록 변동이 크고 광범위하게 퍼져 있다는 것을 나타낸다.

1.2.4 평균편차(mean deviation)

수집된 자료의 어떤 값도 무시하지 않으면서, 그리고 평균값의 영향을 제거시킨 상태하에서 자료들이 분포되어 있는 정도를 측정하는 방법이 있다. 이 방법은 원래 자료를 일단 새로운 숫자로 전환시키는 과정을 수반한다. 즉 모든 자료값으로부터 평균을 빼는데, 이 결과 산출된 일련의 숫자를 우리는 **편차**(deviation)라 한다. 이렇게 계산된 편차는 자료집단 내의 각 숫자가 평균으로부터 어느 방향으로 얼마나 멀리 떨어져 있는지를 나타내준다.

이 과정을 공식화하기 위해 N개의 값, X_1, X_2, ⋯, X_N이 각각 평균(μ)으로부터의 편차(D_i)로 전환되었다고 하자. 이제 이 새로운 변수값, 즉 편차들을 $D_i = X_i - \mu (i = 1, 2, 3, \cdots, N)$과 같이 나타낼 수 있으며, 이때 그 평균은 영(zero)이 된다. 즉 $\sum_{i=1}^{N}(X_i - \mu) = \sum D_i = 0$이다.

앞의 모 대학 통계학과 졸업생 중 취업자들 가운데 뽑은 10명의 초임에서 평균은 255,500원이므로 각각의 편차는 다음과 같음을 알 수 있다.

$$D_i = \{-36.5, -7.5, -6.5, -4.5, 3.5, 6.5, 7.5, 9.5, 12.5, 15.5\}$$

(단위: 천원)

따라서

$$\sum_{i=1}^{10}(x_i - \mu) = -36.5 - 7.5 - 6.5 - 4.5 + 3.5 + 6.5 + 7.5 + 9.5 + 12.5 + 15.5$$
$$= 0$$

이 됨을 알 수 있다.

일단 이와 같이 평균으로부터의 편차가 계산되면 이 숫자들을 통하여 자료가 퍼져 있는 정도를 나타낼 수 있는 단일계수를 찾는 작업이 필요하다. 가장 손쉬운 이론적 방안은 편차들의 절댓값의 평균을 구하는 것이다. 이를 **평균편차**(mean deviation)라 하며 다음과 같이 정의한다.

$$\text{평균편차}\ M.D. = \frac{1}{N}\sum_{i=1}^{N} | X_i - \mu |$$

앞에서 구한 편차들을 토대로 평균편차를 구해보면,

$$M.D. = \frac{1}{10}(36.5 + 7.5 + 6.5 + 4.5 + 3.5 + 6.5 + 7.5 + 9.5 + 12.5 + 15.5)$$
$$= 11 \text{ (천원)}$$

이 된다. 따라서 이 집단의 각 값은 산술평균으로부터 떨어져 있는 거리가 평균적으로 11,000원임을 알 수 있다.

이와 같이 편차의 절댓값을 이용하여 산포도를 측정하는 방안은 좋은 산포도 측정방법에 요구되는 대부분의 특성을 만족시킨다. 단 평균편차의 공식이 절댓값 부호를 포함하고 있어 수학적으로 조작하기 불편한 점이 있음을 지적할 수 있다.

1.2.5 표준편차와 분산

평균편차의 평균은 0이 되므로 편차의 절댓값이 수학적 조작이 곤란함에도 불구하고 평균편차를 사용하게 된다. 이러한 문제를 해결하기 위한 하나의 방안으로 편차를 제곱한 값들의 평균을 구할 수 있다. 편차 제곱의 평균을 우리는 **분산**(variance)이라 일컫는다. 이렇게 계산된 분산은 자료가 흩어져 있는 정도를 측정하는 데 요구되는 여러 조건을 충족시키는 전형적인 산포도 측정방안이다. 즉 분산은 평균으로부터의 편차값을 이용하여 계산되므로 평균값과는 독립적으로 산정되며, 주어진 자료의 모든 값을 이용할 뿐만 아니라 조작이 상당히 쉽다(예컨대 미분할 수도 있다). 또한 분산값은 자료의 조그만 변화에도 아주 민감하여 예컨대 100개의 숫자로 형성된 집단의 자료 중 어느 하나만의 값이 변해도 분산값이 달라질 정도의 정밀성을 갖추고 있다.

이제 평균으로부터의 편차들을 제곱한 값들의 평균이라 정의되는 **분산**은(대상집단이 모집단으로 간주될 때) 일반적으로 σ^2으로 표기되며 다음과 같이 정의한다(여기서 σ^2은 그리스문자 '시그마'의 제곱이다).

$$\text{모집단의 분산 } \sigma^2 = \frac{1}{N}\sum_{i=1}^{N}(X_i - \mu)^2$$

분산은 주어진 자료단위를 제곱한 상태로 계산되므로 사용된 자료와 같은 단위로 표시하려면 분산의 제곱근을 구해야 할 것이다. 분산의 제곱근, 즉 $\sqrt{\sigma^2}$ 또는 σ를 **표준편차**라 한다. 표준편차는 분산을 대신하여 자료의 산포도를 묘사하기 위해 사용된다. 모집단의 표준편차는 다음과 같이 정의된다.

$$\sigma = \sqrt{\frac{1}{N}\sum_{i=1}^{N}(X_i - \mu)^2}$$

앞의 평균편차를 구한 자료를 이용하여 모분산과 표준편차를 구하면 다음과 같다.

$$\text{모분산}\ \sigma^2 = \frac{1}{10}\{36.5^2 + 7.5^2 + 6.5^2 + 4.5^2 + 3.5^2 + 6.5^2 + 7.5^2 + 9.5^2 + 12.5^2 + 15.5^2\} \times 1000^2 = 204.85 \times 1000^2(\text{원})$$

$$\text{표준편차}\ \sigma \fallingdotseq 14.3 \times 1000 = 14300(\text{원})$$

일반적으로 분산 σ^2의 값에 대한 정확한 해석은 평균편차에 비해 어렵다. 왜냐하면 분산의 정도가 측정단위에 따라 달리 나타나기 때문이다. 예컨대 위의 모분산 및 표준편차의 계산 예에서는 1원 단위로 측정한 결과였지만 이를 천원 단위로 계산해보면

$$\text{모분산}\ \sigma^2 = \frac{1}{10}\{36.5^2 + 7.5^2 + 6.5^2 + 4.5^2 + 3.5^2 + 6.5^2 + 7.5^2 + 9.5^2 + 12.5^2 + 15.5^2\} = 204.85(\text{천원})$$

$$\text{표준편차}\ \sigma \fallingdotseq 14.3(\text{천원})$$

이므로, 따라서 이 두 쌍의 값을 비교해보면 1원 단위로 측정하였을 경우의 분산이 천원 단위로 측정한 결과를 사용할 때보다 더 커짐을 알 수 있다. 물론 표준편차의 값은 원래 측정단위와 같은 단위로 표현되므로 변동이 없다.

앞에서 사용한 예에서 볼 수 있듯이 모집단의 크기가 상당히 작음에도 불구하고 분산이나 표준편차는 계산하는 과정이 지루하다. 이러한 계산상의 짐을 덜고자 통계학자들은 간편계산법을 고안해냈다. 아래 공식이 바로 간편계산용 σ^2의 정의이다. 아래 식은 X_i^2의 평균에서 X_i의 평균(μ)의 제곱을 차감한 것이 분산과 같아짐을 의미하고 있다.

모집단의 분산

$$\sigma^2 = \left(\frac{1}{N}\sum_{i=1}^{N}X_i^2\right) - (\mu)^2$$

지금까지 제시된 분산에 관한 공식은 자료들이 구간별로 분류되어 정리되지 않은 상태를 전제로 한 것이다. 그러나 특히 자료의 양이 많아질수록 우리는 일반적으로 동일 간격을 가지는 몇 개의 구간을 설정하고 각 구간에 속하는 자료의 개수를 헤아려 정리하여 이른바 도수분포표를 작성하게 된다. 구간수 그리고 각 구간의 대푯값(각 구간의 중앙값 또는 중간 위치의 값)을 선정하는 방법은 이미 대푯값 계산방

법을 설명할 때 다루었으므로 생략하기로 한다. 일단 자료가 도수분포표 형태로 정리되면 분산은 다음 공식에 의해 계산된다.

$$\sigma^2 = \frac{1}{N}\sum_{i=1}^{m}(X_i - \mu)^2 f_i = \sum_{i=1}^{m}(X_i - \mu)^2\left(\frac{f_i}{N}\right)$$

즉 각 구간별 대푯값 편차를 제곱하고 해당 구간의 도수를 곱하여 얻은 숫자들의 평균을 구하는 것이다. 이는 각 구간에 속한 여러 개의 숫자들을 일일이 평균으로부터 차감하여 편차를 계산하는 대신 각 구간의 대푯값으로부터의 편차에 이 구간에 속하는 자료의 개수를 곱함으로써 계산을 단순화하는 어림셈 방법이다. 앞에서 사용한 표에 근거하여 위의 공식을 이용하면 $\sigma^2 = 293$이 된다.

1.2
연습문제

1 다음 표는 영재가 기르는 나팔꽃의 키를 일주일 동안 조사하여 나타낸 것이다. 그러나 화요일과 토요일에는 할머니 댁에 다녀와 키를 재지 못하였다.

요일	일	월	화	수	목	금	토
	2	3		6	8	12	

(1) 위의 표에서 나팔꽃 키의 평균을 구할 수 있는가? 있다면 그 값은 무엇이며, 없다면 왜 구할 수 없는지 그 이유를 설명하여라.

(2) 위의 표에서 나팔꽃 키의 중앙값을 구할 수 있는가? 있다면 그 값은 무엇이며, 없다면 왜 구할 수 없는지 그 이유를 설명하여라.

(3) 위의 표에서 나팔꽃 키의 최빈값을 구할 수 있는가? 있다면 그 값은 무엇이며, 없다면 왜 구할 수 없는지 그 이유를 설명하여라.

2 영재네 반에서 수학시험을 보았다. 답이 맞으면 5점, 틀리거나 빈 칸은 2점씩 감점하는 시험이다. 영재네 반 학생의 수는 33명이다. 모든 학생은 20문제 모두에 답을 적었고, 채점 결과 모든 학생들은 10문항 이상을 맞췄다. 또한 전체 학생들의 점수를 살펴보니 10문항을 맞춘 학생부터 20문항을 모두 맞춘 학생까지 골고루 3명씩 같은 점수가 부여되어 있었다.

(1) 영재네 반 학생들의 수학 성적의 평균은 몇 점인가?

(2) 산술평균 공식을 사용하지 않고, 평균을 구할 수 있는 방법을 설명하여라.

3 어느 아파트단지에서 어린이 놀이터를 만들기 앞서 단지 내에 살고 있는 어린이들의 연령층을 파악하고자 16명을 임의로 선정하여 나이를 조사해보니 다음과 같았다.

1, 4, 8, 4, 11, 7, 3, 11, 9, 7, 3, 7, 3, 7, 10, 8

다음을 구하여라.

(1) 평균연령 (2) 중앙값 (3) 최빈값

(4) 범위 (5) 표준편차

4 다음은 한국, 미국, 일본의 총 인구 및 연평균 증가율을 나타낸 표이다. 세 나라 전체의 연평균 인구증가율을 구하여라.

	인구	연평균 인구증가율(%)
	37,407	1.5
	226,546	0.9
	117,060	0.6

5 다음은 어느 학급 학생 30명의 100m 달리기 기록을 조사하여 히스토그램으로 나타낸 것이다. 100m 달리기 기록의 분산을 구하여라.

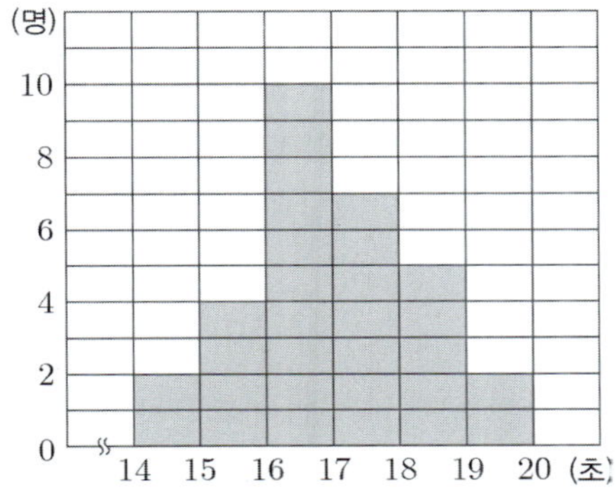

6 다음은 어느 부대에서 사격대표를 뽑기 위해 A, B, C, D, E 다섯 명의 병사들이 아래의 그림과 같이 1부터 9까지 숫자가 적힌 표적을 향해 각각 10발씩 사격을 한 후, 각 병사들의 표적지를 회수하여 확인할 결과이다.

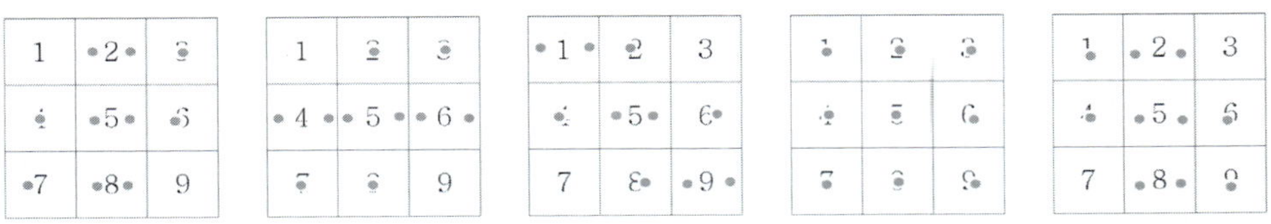

이 부대에서는 어느 병사를 대표로 뽑아야 하는가? 그 이유를 함께 설명하여라.

1.3
R을 이용한 빅데이터 분석

위키피디아(Wikipedia)에 따르면 빅데이터는 "기존 데이터베이스 관리도구로 데이터를 수집 · 저장 · 관리 · 분석하는 역량을 넘어서는 대량의 정형 또는 비정형 데이터 세트 및 이러한 데이터로부터 가치를 추출하고 결과를 분석하는 기술"로 정의하고 있다. 가트너는 "더 나은 의사결정, 시사점 발견 및 프로세스 최적화를 위해 사용되는 새로운 형태의 정보처리가 필요한 대용량, 초고속 및 다양성의 특성을 지닌 정보자산"으로 정의하고 있으며, 맥킨지는 "일반적인 데이터베이스 소프트웨어 도구가 수집 · 저장 · 분석하기 어려운 대규모의 데이터"로 정의하고 있다. 이와 같은 정의를 살펴볼 때 빅데이터란 엄청나게 많은 데이터로 양적인 의미를 벗어나 데이터 분석과 활용을 포괄하는 개념으로 이해할 수 있다.

예제 1 Diebetes.csv는 2011년 1월 1일부터 2013년 12월 31일까지 3년 동안 블로그, 카페, 게시판 및 주요 커뮤니티, SNS(트위터), 인터넷 뉴스 및 미디어 사이트 채널 등에서 '비만'과 '다이어트' 키워드로 수집(120만 7,531건)된 소셜 빅데이터 자료의 일부이다. 여기에는 엑셀의 Power Pivot을 이용하지 않고 데이터를 처리할 수 있는 104만 8,573개의 행에 6개의 변수(Onespread, Twospread, Account, Attitude, Type, Channel)가 포함되어 있다. 이 중 Channel 변수에 대한 도수, 누적도수, 상대도수, 누적상대도수를 구하여라. 또한 빈도수의 크기가 큰 값부터 작은 값으로 정렬된 막대그래프와 그 누적비율의 꺾은선 그래프로 구성된 파레토 차트를 그려라. 여기서 1은 SNS, 2는 BLOG, 3은 CAFE, 4는 BOARD, 그리고 5는 NEWS를 나타낸다.

Onespread	Twospread	Account	Attitude	Type	Channel
0	0	1	1	9	2
0	0	1	0	9	2
0	0	1	1	9	2
⋮	⋮	⋮	⋮	⋮	⋮
429	1	2	0	1	1
0	0	1	0	4	1
0	0	1	9	3	1

R-풀이

```
# 분석에 사용되는 파레토 차트를 생성할 수 있는 패키지를 설치함
install.packages("qcc")
# library()를 이용하여 'qcc'를 로딩함
library(qcc)
# read.csv()를 이용하여 Diebetes.csv 데이터를 불러와 Diebetes에 할당함
Diebetes <- read.csv("Diebetes.csv")
# table()을 적용하여 도수분포표를 구함
freq <- table(Diebetes$Channel)
# names()를 적용하여 이름을 붙임
names(freq) <- c("SNS", "BLOG", "CAFE", "BOARD", "NEWS")
freq
 SNS     BLOG    CAFE   BOARD    NEWS
700223 219837   55921    2107   70485
# pareto.chart()를 적용하여 파레토 차트를 그림
pareto <- pareto.chart(x=freq, ylab="빈도", ylab2="누적상대도수", main="온라인 문
서 종류에 따른 파레토 차트")
```

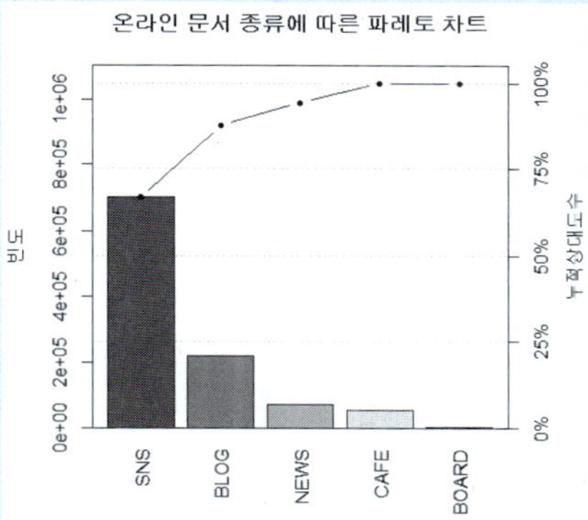


```
# pareto에 저장된 pareto.chart의 결과를 출력함
pareto
Pareto chart analysis for freq
        Frequency   Cum.Freq.   Percentage   Cum.Percent.
  SNS      700223      700223   66.7786601      66.77866
  BLOG     219837      920060   20.9653501      87.74401
  NEWS      70485      990545    6.7219927      94.46600
  CAFE      55921     1046466    5.3330574      99.79906
  BOARD      2107     1048573    0.2009398     100.00000
```

예제 1 1.3절에서 소개한 빅데이터 개념을 워드 클라우드로 나타내어라. 워드 클라우드란 텍스트에서 빈번히 사용되는 키워드 및 개념을 직관적으로 파악할 수 있도록 핵심 단어를 시각적으로 돋보이게 하는 기법을 말한다. 즉, 워드 클라우드는 사용빈도가 높은 단어일수록 큰 글씨로 표현함으로써 문서에서 강조하고자 하는 말을 한눈에 볼 수 있게 하는 유용한 비주얼 기법이다.

R-풀이

```
# 한글 텍스트 처리를 위한 패키지를 설치함. 단, KoNLP 패키지를 사용하기 위해서는 자바(Java)가 먼저 설치되어 있어야 함. 자바 사이트(https://www.java.com/ko/download/manual.jsp)에 접속해서 사용 중인 OS에 맞는 파일을 다운로드해 설치함
install.packages("KoNLP")
# library()를 이용하여 'KoNLP'와 'wordcloud'를 로딩함
library(KoNLP)
library(wordcloud)
# useSejongDic()를 이용하여 텍스트로부터 단어를 추출하는데 세종 사전을 사용하도록 함
useSejongDic()
# 빅데이터 개념을 text 객체에 할당함
text <- "위키피디아 (Wikipedia)에 따르면 빅데이터는 기존 데이터베이스 관리도구로 데이터를 수집 저장 관리 분석하는 역량을 넘어서는 대량의 정형 또는 비정형 데이터 세트 및 이러한 데이터로부터 가치를 추출하고 결과를 분석하는 기술로 정의하고 있다. 가트너는 더 나은 의사결정, 시사점 발견 및 프로세스 최적화를 위해 사용되는 새로운 형태의 정보처리가 필요한 대용량, 초고속 및 다양성의 특성을 지닌 정보자산'으로 정의하고 있으며, 맥킨지는 일반적인 데이터베이스 소프트웨어 도구가 수집 저장 분석하기 어려운 대규모의 데이터로 정의하고 있다. 이와 같은 정의를 살펴볼 때 빅데이터란 엄청나게 많은 데이터로 양적인 의미를 벗어나 데이터 분석과 활용을 포괄하는 개념으로 이해할 수 있다."
# extractNoun()을 이용하여 텍스트로부터 명사만을 추출하여 nouns 객체에 할당함
(nouns <- extractNoun(text))
 [1] "위키피디아"   "Wikipedia"   "빅데이터는"   "기존"    "데이터베이스"
 [6] "관리"           "도구"         "데이터"     "수집"        "저장"
        ⋮              ⋮              ⋮             ⋮

[66] "의미"           "데이터"        "분석"       "활용"        "포괄"
```

```
[71] "개념"                "이해"              "수"
# nchar()을 이용하여 단어의 글자 수를 세고, nouns에 있는 단어의 글자 수가 2자 이
상인 단어만을 추출하여 nouns2 객체에 할당함
(nouns2 <- nouns[nchar(nouns)>=2])
 [1] "위키피디아"      "Wikipedia"    "빅데이터는"    "기존"       "데이터베이스"
 [6] "관리"            "도구"         "데이터"        "수집"       "저장"

     ⋮               ⋮              ⋮             ⋮

[56] "빅데이터란"      "데이터"       "양적"          "의미"       "데이터"
[61] "분석"            "활용"         "포괄"          "개념"       "이해"
# table()을 이용하여 단어의 도수를 셈
(wordFreq <- table(nouns2))
nouns2

 Wikipedia      가치     가트너는      개념       결과       관리
     1          1          1           1          1          2
    기술        기존       다양       대규모       대량       대용량
     1          1          1           1          1          1

     ⋮          ⋮          ⋮           ⋮

    특성        포괄      프로세스      필요       하기        형태
     1          1          1           1          1          1
    활용
     1
# brewer.pal()을 이용하여 컬러 팔레트의 이름(Set1)과 색상의 개수(4)를 결정하여 pal
객체에 할당함
pal <- brewer.pal(4, "Set1")
# windowsFonts()를 이용하여 원하는 글자폰트를 등록함
windowsFonts(malgun = windowsFont("맑은 고딕"))
# wordcloud()를 이용하여 단어들의 이름(wordFreq), 단어들의 빈도(wordFreq), 단어
크기 범위(c(5, 1)), 회전 단어 비율(0.12), 가장 빈도가 낮은 단어의 크기(1), 고빈도 단
어 중앙 배치(F), 단어의 색(pal)을 지정하고 워드 클라우드를 작성함
```

```
wordcloud(names(wordFreq),freq=wordFreqt, scale=c(5,1), rot.per=.12, min.freq=
1, random.order=F, colors=pal)
```

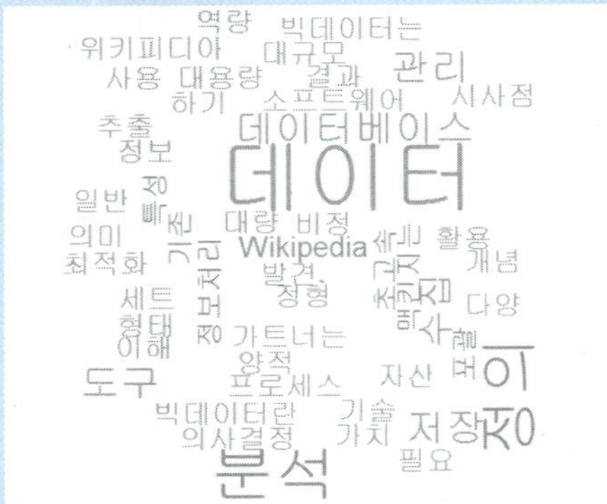

1.3
연습문제

1 "텍스트마이닝은 자연어 (Natural Language)로 구성된 비정형 데이터 (unstructured data)에서 패턴 또는 관계를 추출하여 의미있는 정보를 찾아내는 기법으로, 컴퓨터가 사람들이 말하는 언어를 이해할 수 있는 자연어 처리 (Natural Language Processing)에 기반으로 둔 기술이다. 트위터, 페이스북과 같은 소셜 미디어에서 생산되는 데이터는 비정형 데이터이기 때문에 텍스트마이닝을 이용하여 분석할 수 있다. 텍스트마이닝은 말 그대로 텍스트 형태의 비정형 데이터에 마이닝 기법을 적용한 것이다. 즉, 텍스트에 나타나는 단어를 분해, 정제하고, 특정 단어의 출현빈도 등을 파악하여 단어들 간의 관계를 조사하는 기법이다. 데이터마이닝 (data mining)은 대규모 DB에 저장된 정형화된 데이터로부터 정보를 찾아내는 기법이라면 텍스트마이닝은 비정형화된 텍스트 문서에서 정보를 찾아내는 기법이라 할 수 있다."를 TM 객체에 할당하고 텍스트마이닝에 대한 내용을 워드 클라우드로 나타내어라.

2 Mers.csv는 2015년 5월 19일부터 6월 2일 동안 105개의 온라인 뉴스사이트, 8개의 게시판, 1개의 SNS(트위터), 4개의 블로그 등 총 120개의 온라인 채널에서 매 시간 단위로 '메르스'와 관련하여 수집된 총 66만 6,510건의 텍스트 문서를 일자별로 나타낸 자료이다. 또한 positive1.txt부터 positive5.txt까지 5개의 파일은 이 기간 동안 수집된 텍스트 문서에 대해 주제 분석 과정을 거친 자료를 5단계로 나누어 각 기간에 해당되는 총 163개의 긍정 감정 키워드를 포함하고 있는 자료이다. 구체적으로 positive1.txt는 메르스가 국내에 알려진 5월10일부터 25일까지의 자료로 관심단계를, positive2.txt는 내국인 메르스 환자 중국 출국이 알려진 5월 26일부터 28일로 주의단계, positive3.txt는 메르스 확진환자가 추가 발생하고 메르스 괴담이 급속히 전파된 5월 29일부터 30일로 경계단계, positive4.txt는 메르스 확산 방지를 위한 민관 합동 총력 대응을 선언한 5월 31로 심각 1단계, 그리고 positive5.txt는 메르스 추가 환자와 사망자가 발생한 6월 1일부터 2일로 심각 2단계를 나타낸다.

(1) Mers.csv 자료를 막대 그래프로 나타내어라.

(2) positive1.txt부터 positive5.txt 자료를 워드 클라우드로 나타내어라.

이 장에서는 다양한 확률이론을 학습하고 이를 통하여 불확실한 사회현상을 분석하고 무질서하고 우연으로만 보이는 사회현상 속에서 규칙을 찾는 방법을 익힌다. 이를 위해 확률의 정의구역인 사건의 개념과 다양한 확률의 성질을 학습한다. 또한 어느 한 사건의 확률을 새로운 정보에 입각하여 결정하는 과정에 관한 법칙을 통하여 새로운 정보에 나타난 결과가 발생할 것을 조건으로 하는 조건부 확률을 학습한다.

제2장

확률의 소재

학습목표

- 확률을 이용하여 불확실한 현상을 분석하는 능력을 키운다.
- 확률의 성질을 통하여 다양한 확률을 계산하는 능력을 키운다.
- 특정 조건 아래서 하나의 사건이 발생할 확률과 사건의 독립성에 대하여 학습한다.
- 어느 한 사건의 확률을 새로운 정보에 입각하여 결정하는 과정에 관한 법칙을 학습하고, 이를 통해 새로운 정보에 나타난 결과가 발생할 것을 조건으로 하는 조건부 확률을 학습한다.

2.1 집합이론

통계학에서 가장 문제가 되는 부분은 불확실성이다. 왜냐하면 미지의 집단에 대한 특성을 미리 알 수도 없고, 따라서 의사결정과정에서 정확한 예측을 할 수도 없기 때문이다. 그러므로 이러한 문제를 분석할 때 어떤 사건이 발생할 가능성을 우선 평가해야 한다. 예를 들면 표본에 의거한 분석이 모집단의 특성을 얼마나 정확하게 반영할 수 있는지 또는 의사결정에 의한 결론이 실제로 발생할 가능성은 어느 정도인지 하는 등의 문제를 들 수 있다. 이러한 문제에 대한 분석은 결국 한 사건들이 발생할 확률을 확인하는 것으로 파악할 수 있다.

미래의 일은 반드시 기계처럼 확정적으로 전개되지는 않으며, 오히려 통계적인 법칙이 작용한다. 결정론적인 단정 대신에 확률적 예측을 하는 것이 현실적이다. 미래의 일을 알아내는 수단의 하나로서 출발한 확률이 등장한 시기는 과학세계와는 거리가 먼 도박장이었다. 일반적으로 확률의 수학적인 이론은 주사위를 포함한 어떤 도박문제들에 관해 연구한 프랑스의 수학자인 파스칼에 의하여 시작되었다고 믿어진다.

파스칼은 1654년 이후 페르마와의 사이에 몇 통의 서신왕래가 있었지만 그 중 확률론과 관련이 있는 내용을 담은 편지는 모두 세 통이다. 확률론의 실질적 출발점이 된 이 편지를 파스칼이 쓰게 된 동기는 친구 드 메레가 문의한 도박과 관련된 문제 때문이었다. 그들이 풀었던 어떤 문제들은 거의 300년 동안 뛰어났다.

일상사가 모두 방정식으로만 표시된다면 모든 일을 한 눈에 쉽게 알 수 있으므로 더없이 편리하다. 그러나 일상생활에는 간단한 함수식으로는 표현할 수 없는 현상이 많다. 가령 태어나는 아이의 성을 예측할 때 그 결과는 방정식으로 나타낼 수 없다. 또한 주사위를 던졌을 때 나올 수 있는 눈을 알아보려 할 때 어떤 수가 나올지도 방정식으로는 나타낼 수 없다. 그러나 사람의 눈에는 아무리 무질서한 것처럼 보이는 현상일지라도 거기에는 반드시 어떤 법칙성이 존재하며, 확률이론은 겉보기에는 무질서하고 우연으로만 보이는 것들 속에서 질서를 밝혀내는 것을 목적으로 한다.

어떤 현상의 결과를 미리 확실하게 알지 못할 때 그 결과를 얻기 위한 과정을 **실험**(experiment)이라고 한다. 예를 들면 한 개의 동전을 10번 던지는 실험에서 실험자가 앞면을 적어도 5번 얻을 확률을 구하고자 할 때 동전을 10번 던지는 과정, 또는 어떤 장소에서 기온을 100일 동안 매일 정오에 관측하는 실험에서 한 사람이 이 기간 동안의 평균기온이 어떤 특정한 값보다 작을 확률을 구하고자 할 때 기온을 관측하는 과정 등이 모두 실험의 예가 된다.

한 실험의 모든 가능한 결과들의 모임을 그 실험의 **표본공간**(sample space)이라고 한다. 다시 말하면 표본공간은 가능한 결과들의 집합(set)으로 생각할 수 있고 각각의 결과는 표본공간에 있는 한 원(element)으로 생각할 수 있다. 또한 표본공간의 부분집합을 **사건**(event)이라고 한다. 한 실험에서 **어떤 사건이 일어났다**(an event occurs)라고 하는 것은 그 실험의 결과가 사건을 특정시키는 어떤 조건들을 만족했다는 것을 의미한다. 다시 말하면 표본공간에 있는 어떤 결과들은 그 사건이 일어난 것을 나타내고 나머지 결과들은 그 사건이 일어나지 않은 것을 나타낸다.

예제 1 동전을 2번 던지는 실험을 시행할 때 동전의 앞면을 H로 뒷면을 T로 표시할 때 표본공간 S를 구하여라.

풀이

$$S=\{HH, TH, HT, TT\}$$

이다. 이때 적어도 한 번의 앞면이 나오는 사건 A는 S의 부분집합 $A=\{HH, TH, HT\}$이고 앞면이 한 번도 나오지 않는 사건 B는 S의 부분집합 $B=\{TT\}$이다. ■

R-풀이

```
# 'prob' 패키지를 설치함
install.packages("prob")
# library()를 이용하여 'prob'을 로딩함
library(prob)
# tosscoin()을 이용하여 표본공간을 구함
tosscoin(2)
  toss1 toss2
1    H     H
2    T     H
3    H     T
4    T     T
```

예제 2 한 개의 동전을 앞면이 나올 때까지 던지는 실험에서 표본공간 S를 구하여라.

풀이

$$S=\{H, TH, TTH, TTTH, \cdots\}$$

이다. 이 경우 표본공간 S는 무한집합이다. 이 실험에서 3회째 앞면이 나오는 사건 A는 S의 부분집합 $A=\{TTH\}$이다. ■

예제 3 어떤 기계의 수명시간에 대해 측정하는 실험에서 표본공간 S를 구하여라.

풀이 이 실험에서 가능한 관찰값은 음이 아닌 실수이며 표본공간 S는

$$S=\{x \mid 0 \le x < \infty\}$$

이다. 이 실험에서 20시간 이상 기계가 작동하는 사건 A는 S의 부분집합 $A=\{x \mid x \ge 20\}$이다. ■

지금까지 보았듯이 집합이론의 기본적인 언어와 개념은 확률이론의 발전을 위한 자연적인 배경을 제공해준다. 이제 집합이론의 기본적인 개념과 표기법을 복습해보자.

만일 사건 A를 정의하는 부분집합에 속하는 모든 결과들이 또한 사건 B를 정의하는 부분집합에 속한다면 사건 A는 다른 사건 B에 **포함된다**고 하며 $A \subset B$로 표시한다. 이 경우 A는 B의 한 **부분집합**이라고 한다.

또한 어떤 사건들은 가능한 경우가 발생하지 않을 수도 있다. 예를 들어 예제 3의 경우 음수가 나온다는 것은 불가능하며 따라서 음수를 얻을 사건은 어떤 결과도 포함하지 않는 S의 부분집합으로 정의된다. S의 이러한 부분집합을 **공집합**(empty set, null set)이라 하며 ϕ로 표시한다.

포함관계와 공집합에 대하여 다음 성질들이 성립한다.

$$\phi \subset A \subset S$$

$$A \subset B,\ B \subset A \Leftrightarrow A = B$$

$$A \subset B,\ B \subset C \Rightarrow A \subset C$$

두 사건 A와 B의 어느 한 집합에는 반드시 속하는 모든 결과들을 포함하는 사건을 **합사건**(union event)이라 하고 $A \cup B$로 표시한다. n개의 사건 A_1, A_2, $\cdots$, A_n의 합은 이러한 n개의 사건들 가운데 적어도 하나에 속하는 모든 결과들을 포함하는 사건으로 정의하며, $A_1 \cup A_2 \cup \cdots \cup A_n$ 또는 $\bigcup_{i=1}^{n} A_i$로 표시한다.

한편 두 사건 A와 B에 대하여 A와 B 동시에 속하는 모든 결과들을 포함하는 사건을 A와 B의 **교사건**(Intersection event)이라 하고 $A \cap B$로 표시한다. n개의 사건 A_1, A_2, $\cdots$, A_n 의 교집합은 이러한 n개의 사건들에 공통인 결과들을

포함하는 사건으로 정의하며, $A_1 \cap A_2 \cap \cdots \cap A_n$ 또는 $\bigcap_{i=1}^{n} A_i$로 표시한다.

임의의 사건 A, B, C의 합사건과 교사건에 대하여 다음과 같은 성질들이 성립한다.

$$A \cup B = B \cup A, \quad A \cup A = A, \quad A \cup \phi = A, \quad A \cup S = S$$
$$A \cap B = B \cap A, \quad A \cap A = A, \quad A \cap \phi = \phi, \quad A \cap S = A$$
$$A \cap B \cap C = (A \cap B) \cap C = A \cap (B \cap C)$$
$$A \cup B \cup C = (A \cup B) \cup C = A \cup (B \cup C)$$

사건 A에 대하여 A에 속하지 않고 S에 있는 모든 결과들을 포함하는 사건을 A의 **여사건**(complement event)이라 하고 A^c로 표시한다. 또한 두 사건 A와 B가 공통으로 결과를 가지고 있지 않으면 A와 B는 **배반사건**(disjoint event)이라 한다. 다시 말하면 A와 B가 배반사건이기 위한 필요충분조건은 $A \cap B = \phi$이다. 임의의 사건들의 집합에 있는 어느 두 사건도 공통으로 어떤 결과를 가지고 있지 않으면 그 집합에 있는 사건들은 서로 배반이라고 한다. 특히 n개의 사건 A_1, A_2, $\cdots$, A_n이 두 조건

(1) $i \neq j$에 대해 $A_i \cap A_j = \phi$

(2) $\bigcup_{i=1}^{n} A_i = S$

를 만족하면 n개의 사건 A_1, A_2, $\cdots$, A_n을 S의 **분할**(partition)이라 한다.

여사건에 대하여 다음과 같은 성질들이 성립한다.

$$(A^c)^c = A, \ \phi^c = S, \ S^c = \phi, \ A \cup A^c = S, \ A \cap A^c = \phi$$

예제 4 주사위를 한 번 던져서 나오는 눈의 수를 관찰하는 실험에서 표본공간과 짝수와 홀수 눈이 나오는 경우, 3의 배수가 나오는 경우를 사건으로 표시하여라.

풀이 표본공간 S는

$$S = \{1, 2, 3, 4, 5, 6\}$$

이다. 사건 A를 짝수 눈이 나오는 경우, 사건 B를 홀수 눈이 나오는 경우, 사건 C를 3의 배수가 나오는 경우라고 하면

$$A = \{2, 4, 6\} \quad B = \{1, 3, 5\} \quad C = \{3, 6\}$$

으로 표현된다. 이 경우

$$A \cup B = S,\ A \cap B = \phi,\ A \cap C \subset A,\ A \cap C \subset C,$$
$$A^c = B,\ (A \cup C)^c = \{1, 5\}$$

가 성립한다. ■

R-풀이

```
# library()를 이용하여 'prob'을 로딩함
library(prob)
# rolldie()를 이용하여 표본공간을 구함
(S <- rolldie(1))
  X1
1  1
2  2
3  3
4  4
5  5
6  6
# subset()을 활용하여, X1을 2로 나눈 나머지가 0인 사건 A를 구함
(A <- subset(S, X1 %% 2==0))
  X1
2  2
4  4
6  6
# subset()을 활용하여, X1을 2로 나눈 나머지가 1인 사건 B를 구함
(B <- subset(S, X1 %% 2==1))
  X1
1  1
3  3
5  5
```

예제 4 1에서 9까지 숫자가 하나씩 적힌 9개의 공이 들어 있는 주머니에서 한 개의 공을 꺼내는 시행을 한다. 꺼낸 공에 적힌 숫자가 홀수인 사건을 A, 8의 약수인 사건을 B, 3의 배수인 사건을 C라고 할 때 다음을 구하여라.

(1) $A \cup B$　　(2) $A \cap C$　　(3) $B \cap C$

(4) A^c　　(5) B^c　　(6) $A^c \cap B^c$

풀이 먼저 표본공간을 S라 하면

$$S = \{1,\ 2,\ 3,\ 4,\ 5,\ 6,\ 7,\ 8,\ 9\}$$

이며, 세 사건 A, B, C는

$$A = \{1,\ 3,\ 5,\ 7,\ 9\},\quad B = \{1,\ 2,\ 4,\ 8\},\ C = \{3,\ 6,\ 9\}$$

이므로

(1) $A \cup B = \{1,\ 2,\ 3,\ 4,\ 5,\ 7,\ 8,\ 9\}$

(2) $A \cap C = \{3,\ 9\}$

(3) $B \cap C = \phi$

(4) $A^c = \{2,\ 4,\ 6,\ 8\}$

(5) $B^c = \{3,\ 5,\ 6,\ 7,\ 9\}$

(6) $A^c \cap B^c = \{6\}$ ■

R-풀이

```
# library()를 이용하여 'prob'을 로딩함
library(prob)
# c()를 이용하여 표본공간을 S객체에 할당함
S <- c(1:9); S=data.frame(S)
# 사건 A, B, C를 각각 구함
A=subset(S, S %%2==1)
B=subset(S, 8 %%S==0)
C=subset(S, S %%3==0)
(1) # union()을 이용하여 합사건을 구함
union(A, B)
[1] 1 2 3 4 5 7 8 9
(2) # intersect()를 이용하여 교사건을 구함
intersect(A, C)
 3 9
(3) # intersect()를 이용하여 교사건을 구하며, integer(0)은 공집합을 나타냄
intersect(B, C)
integer(0)
```

```
(4) # setdiff()를 이용하여 여집합을 구함
setdiff(S, A)
[1] 2 4 6 8
(5) # setdiff()를 이용하여 여집합을 구함
setdiff(S, B)
[1] 3 5 6 7 9
(6) # setdiff()를 이용하여 여집합을 구함
intersect(setdiff(S, A), setdiff(S, B))
[1] 6
```

2.1 연습문제

1 서로 다른 두 개의 동전을 던지는 실험에서 두 개 모두 앞면이 나오는 사건을 A, 두 개 모두 뒷면이 나오는 사건을 B라고 할 때 다음 물음에 답하여라.

(1) $A \cap B$를 구하여라.

(2) A^c와 B^c을 구하여라.

(3) A와 B가 서로 배반사건인지를 말하여라.

(4) A^c와 B^c이 서로 배반사건인지를 말하여라.

2 한 개의 주사위를 던지는 시행에서 짝수 눈이 나오는 사건을 A, 소수 눈이 나오는 사건을 B라고 할 때 다음을 구하여라.

(1) 표본공간 S (2) $A \cap B$

(3) $A \cup B$ (4) $A^c \cap B$

3 한 개의 동전을 두 번 던지는 시행에서 앞면을 H, 뒷면을 T라 하자. 두 번 모두 앞면이 나오는 사건을 A, 앞면이 적어도 한 번 나오는 사건을 B, 뒷면이 적어도 한 번 나오는 사건을 C라고 할 때 다음을 구하여라.

(1) $A \cup B$ (2) $A \cap C$ (3) B^c

4 전체집합 S와 S의 부분집합 A가 다음과 같을 때 A의 여집합 A^c를 구하여라.

(1) $S = \{x : 0 < x < 1\}$, $A = \left\{x : \dfrac{5}{8} \le x < 1\right\}$

(2) $S = \{(x, y) : |x| + |y| \le 2\}$, $A = \{(x, y) : x^2 + y^2 < 2\}$

5 1부터 10까지 숫자가 적힌 10장의 빨간 카드와 10장의 파란 카드로 구성된 카드 한 벌로부터 한 장의 카드를 뽑는다고 하자. A를 짝수가 적힌 카드를 뽑는 사건, B를 파란 카드를 뽑는 사건, C를 5보다 작은 숫자가 적힌 카드를 뽑는 사건이라고 하자. 이때 표본공간 S를 기술하고 다음의 사건을 S의 부분집합으로 기술하여라.

(1) $A \cap B \cap C$　　(2) $B \cap C^c$　　(3) $A \cup B \cup C$

(4) $A \cap (B \cup C)$　　(5) $A^c \cap B^c \cap C^c$

2.2 확률의 의미와 성질

2.1절에서 소개한 집합이론을 확률개념에 도입하기 위하여 우선 집합과 확률개념의 상호관계를 명백히 밝혀둘 필요가 있다. 어떤 실험의 시행을 통하여 발생할 수 있는 모든 결과를 포함하는 집합을 전체집합이라고 한다. 이와 같이 실험의 모든 결과를 나타내는 전체집합은 확률이론에서의 표본공간개념과 일치한다. 전체집합을 구성하는 각 원소를 확률이론에서는 표본공간을 구성하는 표본점이라 하며, 이는 실험결과로 얻어진 개별적인 사건을 의미한다. 확률이론에서는 일반적으로 실험 또는 관측을 통해서 얻은 결과를 사건이라고 하는데, 이는 집합이론에서의 부분집합과 같은 개념이다.

| 표 1 |

집합론적 개념	집합론적 용어	확률론적 용어	확률론적 개념
한 집합의 모든 원소	전체집합	표본공간	실험의 모든 가능한 결과
개별 구성인자	원소	표본점	개별 실험결과
하나 또는 둘 이상의 구성인자 모임	부분집합	사건	하나 또는 둘 이상의 실험결과

이제 확률을 세 가지로 나누어서 자세하게 알아보도록 하자.

2.2.1 수학적 확률

한 개의 주사위를 던지는 시행에서 1, 2, 3, 4, 5, 6의 눈 가운데 어떤 눈이 나올지는 우연에 의해 좌우되므로 정확히 예측할 수 없다. 그러나 정상적으로 만들어진 주사위라면 각 눈이 나올 가능성은 모두 같다고 기대할 수 있으므로 각 눈이 나올 가능성은 모두 $\frac{1}{6}$이다.

이와 같이 어떤 시행에서 사건 A가 일어날 가능성을 수로 나타낸 것을 사건 A가 일어날 **확률**이라 하고, 기호로 $P(A)$와 같이 나타낸다. $P(A)$의 P는 확률을 뜻하는 probability의 첫 글자이다.

일반적으로 어떤 시행의 결과가 유한개이고 각 **근원사건**이 일어날 가능성이 같은 정도로 기대될 때, 표본공간 S의 원소 개수를 $n(S)$, 사건 A의 원소 개수를

$n(A)$라고 하면 사건 A의 일어날 확률 $P(A)$는

$$P(A)=\frac{n(A)}{n(S)}$$

이다. 이것을 사건 A가 일어날 수학적 확률이라고 한다.

수학적 확률

어떤 시행의 결과가 유한개이고 각 근원사건이 같은 정도로 일어날 것이 기대될 때, 표본공간 S에서 사건 A가 일어날 수학적 확률은

$$P(A)=\frac{n(A)}{n(S)}=\frac{\text{사건 } A\text{의 원소 개수}}{\text{표본공간 } S\text{의 원소 개수}}.$$

예제 1 한 개의 주사위를 던질 때 5 이하의 눈이 나올 확률을 구하여라.

풀이 이 경우 표본공간을 S, 5 이하의 눈이 나오는 사건을 A라 하면 $S=\{1, 2, 3, 4, 5, 6\}$, $A=\{1, 2, 3, 4, 5\}$이므로

$$P(A)=\frac{n(A)}{n(S)}=\frac{5}{6}$$

이다. ■

R-풀이

```
# library()를 이용하여 'prob'을 로딩함
library(prob)
# rolldie()를 이용하여 표본공간을 구함
S <- rolldie(1)
# subset()을 이용하여, X1이 5이하인 사건 A를 구함
A <- subset(S, X1 <= 5)
# cat()을 활용하여, 서식과 함께 여러 객체를 출력함
cat("P(A) = n(A)/n(S) = ", nrow(A), "/", nrow(S), "₩n")
P(A) = n(A)/n(S) = 5 / 6
```

예제 2 세 명의 자녀를 두고 있는 부모 중에서 자녀 구성이 서로 다른 부모를 한 쌍씩 모은 후 그중에서 임의로 한 쌍의 부모를 뽑을 때 다음을 구해보자.

(단 딸과 아들의 순서가 다르면 자녀 구성이 다른 경우이다.)

(1) 첫째 자녀가 딸일 확률 (2) 딸이 한 명일 확률

풀이 우선 자녀가 3명일 때 가능한 모든 자녀 구성을 생각한 후 각 조건을 만족하는 경우를 구한다. 수학적 확률을 구하기 위해서는 모든 경우의 수와 특정한 사건이 일어나는 경우의 수를 각각 구한다.

딸을 D, 아들을 S로 나타내면 표본공간은

$$\{(D, D, D), (D, D, S), (D, S, D), (S, D, D), (D, S, S), (S, D, S), (S, S, D), (S, S, S)\}.$$

(1) 첫째 자녀가 딸인 사건은

$$\{(D, D, D), (D, D, S), (D, S, D), (D, S, S)\} .$$

따라서 첫째 자녀가 딸일 확률은 $\frac{4}{8}=\frac{1}{2}$이다.

(2) 딸이 한 명인 사건은

$$\{(D, S, S), (S, D, S), (S, S, D)\} .$$

따라서 딸이 한 명일 확률은 $\frac{3}{8}$이다. ■

예제 3 [그림 1]과 같이 엎어 놓은 세 개의 컵 A, B, C 중 하나의 컵 속에 주사위가 들어 있다. 세 개의 컵 중에서 하나의 컵을 선택하여 그 컵 속에 주사위가 들어 있으면 상품을 주는 게임을 한다. 게임에 참여한 사람이 하나의 컵을 선택하면 진행자는 선택한 컵 이외의 주사위가 들어 있지 않은 컵을 보여주면서 선택한 컵을 바꿀 기회를 준다. 이때 컵을 바꾸는 것이 상품을 타는 데 유리한지 불리한지 판정하여라.

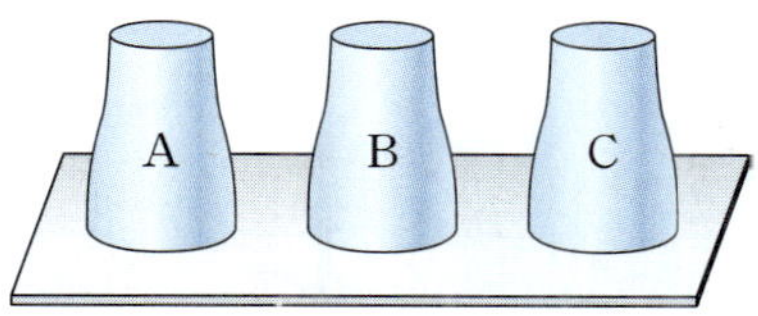

| 그림 1 |

풀이 게임에 참여한 사람이 A컵을 선택할 때 주사위가 A, B, C컵에 들어 있는 각 경우에 대하여 컵을 바꾸면 상품을 탈 수 있는지 없는지 조사한다.

주사위가 들어 있는 컵을 ○, 들어 있지 않은 컵을 ×로 나타내면 주사위가 들어 있는 경우는 아래와 같이 세 가지이므로 게임에 참여한 사람이 하나의 컵을 선택한 다음 컵을 바꾸지 않으면 상품을 탈 확률은 $\frac{1}{3}$이다.

|표 2|

A	B	C
○	×	×
×	○	×
×	×	○

게임에 참여한 사람이 A컵을 선택한 다음 컵을 바꾸는 경우를 생각해보자.

(i) 주사위가 A컵에 들어 있는 경우
　진행자는 B컵 또는 C컵을 보여줄 것이고 이때 컵을 바꾸면 상품을 탈 수 없다.

(ii) 주사위가 B컵에 들어 있는 경우
　진행자는 C컵을 보여줄 것이고 이때 컵을 바꾸면 상품을 탈 수 있다.

(iii) 주사위가 C컵에 들어 있는 경우
　진행자는 B컵을 보여줄 것이고 이때 컵을 바꾸면 상품을 탈 수 있다.

따라서 위의 세 가지 경우 가운데 탈 수 있는 경우가 두 가지이므로 컵을 바꾸면 상품을 탈 확률은 $\frac{2}{3}$이고, B컵 또는 C컵을 선택한 다음 컵을 바꾸는 경우에도 확률은 같으므로 컵을 바꾸는 것이 상품을 타는 데 유리하다. ■

2.2.2 통계적 확률

수학적 확률은 각 근원사건이 일어날 가능성이 같은 정도로 기대된다는 가정하에 정의하였다. 그러나 윷을 던졌을 때 등이 나올 확률, 비가 올 확률, 남아의 출생률 등의 자연현상이나 사회현상은 그 결과가 같은 정도로 기대된다고 하기 어렵다. 이와 같은 경우에는 시행을 여러 번 반복함으로써 어떤 사건이 일어나는 전체적인 경향을 예측할 수 있다.

|표 3|

던진 횟수(n)	100	200	300	500	1000
앞면이 나온 횟수(r_n)	47	91	139	229	459
상대도수$\left(\frac{r_n}{n}\right)$	0.47	0.455	0.463	0.458	0.459

[표 3]은 앞면과 뒷면의 모양이 다른 어떤 단추를 여러 번 던져서 앞면이 나온 횟수를 조사한 것이다.

위의 표에서 단추 앞면이 나오는 경우의 상대도수 $\frac{r_n}{n}$ 값은 n이 커짐에 따라 일정한 값 0.46에 가까워짐을 알 수 있다. 일반적으로 같은 시행을 n번 반복하였을 때 사건 A가 일어난 횟수를 r_n이라 하면, 시행횟수 n이 한없이 커짐에 따라 상대도수 $\frac{r_n}{n}$은 일정한 값 p에 가까워진다.

이때 p를 사건 A의 통계적 확률이라고 한다.

통계적 확률

일정한 조건에서 같은 시행을 n번 반복하여 사건 A가 일어난 횟수를 r_n이라 할 때, n을 한없이 크게 함에 따라 상대도수 $\frac{r_n}{n}$이 일정한 값 p에 가까워지면 p를 사건 A의 통계적 확률이라고 한다.

통계적 확률을 경험적 확률이라 하고, 수학적 확률을 선험적 확률이라고 한다.

예제 4 윷가락 한 개를 던지는 시행을 n번 반복할 때 등이 나오는 횟수 r_n을 조사한 결과가 아래 표와 같았다. 윷가락의 등이 나올 통계적 확률을 소수 첫째자리까지 구하여라.

| 표 4 |

n	100	200	400	1000
r_n	39	86	152	410

풀이 상대도수 $\frac{r_n}{n}$의 값을 차례로 구해보면 0.39, 0.43, 0.38, 0.41이므로 n의 값이 커질수록 0.4에 가까워짐을 알 수 있다. 따라서 등이 나올 통계적 확률은 0.4이다. ■

R-풀이

```
# 'animation' 패키지를 설치함
install.packages("animation")
# library()를 이용하여 'animation'을 로딩함
library(animation)
# ani.options()를 이용하여 윷을 던지는 최대 시행횟수와 시간간격을 설정함
ani.options(nmax=1000, interval=0.01)
# win.graph()를 이용하여 창의 크기를 조정함
win.graph(7,4)
# lln.ani()를 이용하여 윷가락의 등이 나올 확률을 추정함
```

```
lln.ani(FUN=function(n, mu) rbinom(n, size=1, prob=mu), mu=0.4, type="n",
col.poly="blue")
# title()을 이용하여 제목을 붙임
title(main="윷가락을 1회~1000회 던졌을 때 윷가락 등의 상대도수 변화 ")
```

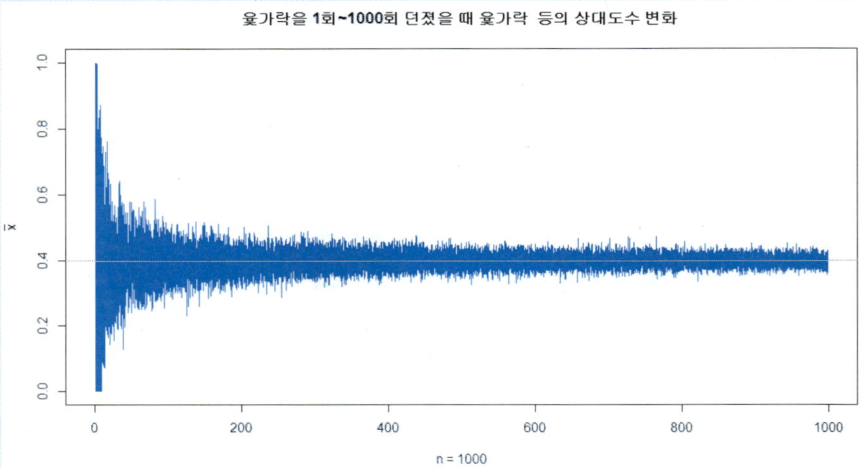

예제 5 아래 표는 실험쥐 100마리에게 담배연기 농축물을 매일 일정량씩 투여하였을 때 농축물을 투여한 기간에 따라 생존한 쥐의 수를 나타낸 것이다. 이때 농축물을 투여한 후 11일 동안 생존한 실험쥐가 앞으로 3일 이내에 사망할 확률을 구하여라.

| 표 5 |

기간(일)	생존한 쥐의 수(마리)
10	80
11	60
12	48
13	36
14	20
15	12

풀이 우선 11일 동안 생존한 쥐의 수와 14일 동안 생존한 쥐의 수를 비교하여 12일부터 14일 사이에 사망한 쥐의 수를 구한다.

각 근원사건이 일어날 가능성이 같지 않을 때는 통계적 확률을 사용한다는 사실에 주목하여라. 주어진 표에서 농축물을 투여하기 시작한 후 11일 동안 생존한 실험쥐는 60마리이고, 3일 후인 14일 동안 생존한 실험쥐는 20마리이므로 11일로부터 3일 이내에 사망한 실험쥐는 40마리이다. 따라서 구하는 확률은

$$\frac{40}{60}=\frac{2}{3}.$$

■

참고 실험 자료가 주어지고 확률을 구하는 문제는 통계적 확률로 계산한다.

2.2.3 기하학적 확률

[그림 2]와 같이 반지름의 길이가 각각 9, 3인 두 원 A, B가 있다. 원 내부의 각각의 점을 잡을 가능성이 같은 정도로 기대된다고 하면 원 A의 내부에서 임의의 한 점을 잡을 때 그 점이 원 B의 내부의 점일 확률 p는

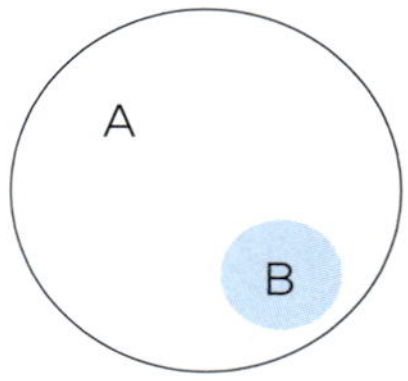

| 그림 2 |

$$p=\frac{(\text{원 } B\text{의 넓이})}{(\text{원 } A\text{의 넓이})}=\frac{\pi\cdot 3^2}{\pi\cdot 9^2}=\frac{1}{9}$$

이라 할 수 있다. 이와 같이 길이, 넓이, 시간 등 경우의 수가 무한히 많아서 그 수를 셀할 수 없을 때의 확률은 다음과 같이 구한다.

기하학적 확률

연속적인 변량을 크기로 갖는 전사건의 영역 S 안에서 각각의 점을 잡을 가능성이 같은 정도로 기대될 때, 영역 S에 포함되어 있는 영역 A에 대하여 영역 S에서 임의로 잡은 점이 영역 A에 속할 확률은

$$P(A)=\frac{(\text{영역 } A\text{의 크기})}{(\text{영역 } S\text{의 크기})}$$

이고, 이와 같은 확률을 기하학적 확률이라고 한다.

예제 6 (1) $-2\le a\le 6$을 만족하는 실수 a에 대하여 이차방정식 $x^2+ax+a=0$이 실근을 가질 확률을 구하여라.

(2) 한 변의 길이가 2인 정사각형 $ABCD$의 내부에 임의로 한 점 P를 잡을 때 삼각형 ABP의 넓이가 1보다 작을 확률을 구하여라.

풀이 (1) 이차방정식 $x^2+ax+a=0$의 판별식을 D라 할 때 이차방정식이 실근을 가지려면

$$D=a^2-4a \geq 0,\ a(a-4) \geq 0.$$

그러므로 $a \leq 0$ 또는 $a \geq 4$ 이다.

그런데 $-2 \leq a \leq 6$이므로 선택할 수 있는 a값의 범위는

$$-2 \leq a \leq 0,\ 4 \leq a \leq 6.$$

따라서 구하는 확률은

$$\frac{4}{6-(-2)}=\frac{1}{2}.$$

(2) [그림 3]과 같이 두 변 AD, BC의 중점을 각각 M, N이라 하면 점 P가 $\overline{MN}$ 위에 있을 때 삼각형 ABP의 넓이는

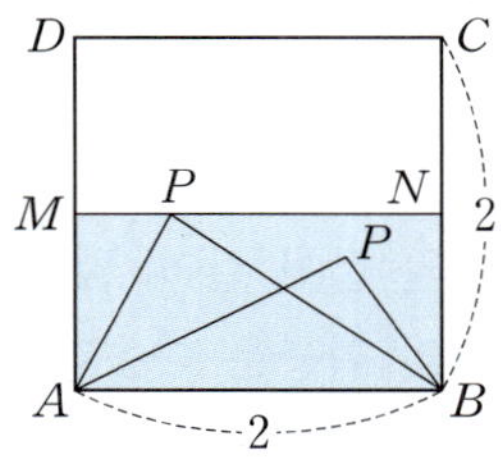

| 그림 3 |

$$\frac{1}{2} \cdot 2 \cdot 1=1.$$

따라서 점 P가 사각형 $ABNM$의 내부에 있을 때 삼각형 ABP의 넓이는 1보다 작으므로 구하는 확률은

$$\frac{\square ABNM}{\square ABCD}=\frac{2}{4}=\frac{1}{2}.$$

이제 확률의 성질에 대하여 알아보도록 하자.

2.2.4 확률의 기본성질

수학적 확률을 이용하여 확률의 성질을 살펴보자. 어떤 시행에서 표본공간 S의 임의의 한 사건을 A라 하면 A는 S의 부분집합이므로

$$0 \leq n(A) \leq n(S).$$

이 부등식의 각 변을 $n(S)$로 나누면

$$\frac{0}{n(S)} \le \frac{n(A)}{n(S)} \le \frac{n(S)}{n(S)}. \quad (\text{단 } n(S) \ne 0)$$

그러므로 $0 \le P(A) \le 1$가 성립한다.

특히 표본공간 S와 공사건 ϕ의 확률은 다음과 같다.

$$P(S) = \frac{n(S)}{n(S)} = 1, \quad P(\phi) = \frac{n(\phi)}{n(S)} = 0$$

확률의 기본성질

1. 임의의 사건 A에 대하여 $0 \le P(A) \le 1$.
2. 표본공간 S에 대하여 $P(S) = 1$.
3. 공사건 ϕ에 대하여 $P(\phi) = 0$.

예제 7 흰 공 3개, 검은 공 2개가 들어 있는 주머니에서 임의로 한 개의 공을 꺼낼 때 다음을 구하여라.

(1) 흰 공이 나올 확률

(2) 흰 공 또는 검은 공이 나올 확률

(3) 파란 공이 나올 확률

풀이 (1) $\frac{3}{5}$ (2) 1 (3) 0 ■

2.2.5 확률의 덧셈정리

표본공간 S의 두 사건 A, B의 원소 개수를 $n(A)$, $n(B)$라 하면 합사건 $A \cup B$의 원소 개수 $n(A \cup B)$와 곱사건 $A \cap B$의 원소 개수 $n(A \cap B)$ 사이에는

$$n(A \cup B) = n(A) + n(B) - n(A \cap B)$$

인 관계가 성립한다. 윗식의 양변을 $n(S)$로 나누면

$$\frac{n(A \cup B)}{n(S)} = \frac{n(A)}{n(S)} + \frac{n(B)}{n(S)} - \frac{n(A \cap B)}{n(S)}. \quad (\text{단 } n(S) \ne 0)$$

이므로 $P(A \cup B) = P(A) + P(B) - P(A \cap B)$이 성립한다.

특히 A, B가 서로 배반사건이면 $P(A \cap B) = 0$이므로

$$P(A \cup B) = P(A) + P(B).$$

이상을 정리하면 다음과 같다.

확률의 덧셈정리

임의의 두 사건 A, B에 대하여

$$P(A \cup B) = P(A) + P(B) - P(A \cap B).$$

특히 두 사건 A, B가 배반사건, 즉 $A \cap B = \phi$이면

$$P(A \cup B) = P(A) + P(B).$$

확률의 덧셈정리는 세 개의 사건에 대해서도 성립한다. 세 사건 A, B, C에 대하여

$$\begin{aligned} P(A \cup B \cup C) = & P(A) + P(B) + P(C) - P(A \cap B) \\ & - P(B \cap C) - P(C \cap A) + P(A \cap B \cap C). \end{aligned}$$

특히 세 사건 A, B, C가 서로 배반사건, 즉 $A \cap B = \phi$, $B \cap C = \phi$, $C \cap A = \phi$이면

$$P(A \cup B \cup C) = P(A) + P(B) + P(C).$$

예제 8 어느 학급의 전체 학생들을 대상으로 조사한 결과 A 영화를 본 학생은 34%, B 영화를 본 학생은 52%, 두 영화를 모두 본 학생은 16%이었다. A 영화 또는 B 영화를 본 학생은 전체의 몇 %인지 구하여라.

풀이 A 영화를 본 사건을 A, B 영화를 본 사건을 B라 하면

$$P(A) = 0.34,\ \ P(B) = 0.52,\ \ P(A \cap B) = 0.16.$$

그러므로 $P(A \cup B) = P(A) + P(B) - P(A \cap B) = 0.34 + 0.52 - 0.16 = 0.7$이다.
따라서 A 영화 또는 B 영화를 본 학생은 전체의 70%이다. ■

예제 9 과수원이 밀집되어 있는 어느 마을에 매미나방이라는 해충이 퍼져 많은 과수원에서 살충제를 사용한다고 한다. 살충제는 A, B 두 종류가 있으며 A 살충제를 사용하는 과수원은 전체 $\frac{3}{5}$, B 살충제를 사용하는 과수원은 전체 $\frac{1}{3}$이고, A, B 두 살충제를 모두 사용하는 과수원은 전체 $\frac{1}{6}$이다. 이 마을에서 한 과수원을 임의로 택할 때 이 과수원이 A 살충제 또는 B 살충제를 사용하는

과수원일 확률을 구하여라.

풀이 A, B 살충제를 사용하는 과수원을 택하는 사건을 각각 A, B라 하면 구하는 확률은 두 사건의 합사건 $A \cup B$가 일어날 확률이다. 이때 확률의 덧셈정리를 이용하면 합사건의 확률을 구할 수 있다.

선택한 과수원이 A 살충제를 사용하는 과수원인 사건을 A, B 살충제를 사용하는 과수원인 사건을 B라 하면

$$P(A)=\frac{3}{5},\ P(B)=\frac{1}{3},\ P(A\cap B)=\frac{1}{6}.$$

따라서 구하는 확률은

$$\begin{aligned}P(A\cup B)&=P(A)+P(B)-P(A\cap B)\\&=\frac{3}{5}+\frac{1}{3}-\frac{1}{6}=\frac{23}{30}.\end{aligned}$$

■

예제 10 어느 예술 고등학교에서 음악, 미술, 무용을 전공하는 학생이 각각 50명, 200명, 100명이라고 한다. 학생들 가운데 임의로 한 명을 뽑을 때, 이 학생이 음악 또는 미술을 전공하는 학생일 확률을 구하여라. (단 모든 학생은 반드시 하나의 분야를 전공한다고 하자.)

풀이 음악과 미술을 동시에 전공하는 학생은 없으므로 음악 또는 미술을 전공하는 학생을 뽑을 확률은 음악을 전공하는 학생을 뽑을 확률과 미술을 전공하는 학생을 뽑을 확률을 더한 것과 같다. 두 사건 A, B가 배반사건일 때는 $P(A\cup B)=P(A)+P(B)$를 이용한다는 사실에 주목하여라.

350명의 학생 가운데 임의로 한 명을 뽑을 때, 음악을 전공하는 학생을 뽑는 사건을 A, 미술을 전공하는 학생을 뽑는 사건을 B라 하면

$$P(A)=\frac{50}{350}=\frac{1}{7},\ P(B)=\frac{200}{350}=\frac{4}{7}.$$

그런데 음악과 미술을 동시에 전공하는 학생은 없으므로

$$P(A\cap B)=0.$$

따라서 두 사건 A, B는 서로 배반사건이므로 구하는 확률은

$$P(A\cup B)=P(A)+P(B)=\frac{1}{7}+\frac{4}{7}=\frac{5}{7}.$$

■

2.2.6 여사건의 확률

임의의 사건 A에 대하여 사건 A와 그 여사건 A^c는 서로 배반사건이므로 확률의 덧셈정리에 의하여

$$P(A \cup A^c) = P(A) + P(A^c).$$

그런데 $A \cup A^c = S$이고 $P(S) = 1$이므로

$$1 = P(A) + P(A^c).$$

그러므로

$$P(A^c) = 1 - P(A).$$

여사건의 확률

사건 A의 여사건 A^c에 대하여

$$P(A^c) = 1 - P(A).$$

예제 11 세 개의 동전을 동시에 던질 때 뒷면이 적어도 한 개 나올 확률을 구하여라.

풀이 세 개의 동전을 동시에 던질 때 뒷면이 적어도 한 개 나오는 사건을 A라 하면 A의 여사건은 세 개 모두 앞면이 나오는 사건이므로

$$P(A^c) = \frac{1}{8}.$$

따라서 $P(A) = 1 - P(A^c) = 1 - \frac{1}{8} = \frac{7}{8}$이다. ■

R-풀이

```
# library()를 이용하여 'prob'을 로딩함
library(prob)
# tosscoin()을 이용하여 표본공간을 구함
(S <- tosscoin(3))
      toss1   toss2  toss3
1       H       H      H
2       T       H      H
```

```
3       H       T       H
4       T       T       H
5       H       H       T
6       T       H       T
7       H       T       T
8       T       T       T
# function()을 이용하여, 앞면의 개수를 세는 함수를 정의함
count <- function(x) sum(x == "H")
# subset()을 이용하여 모두 앞면이 나오는 사건 Ac를 구함
(Ac <- subset(S, apply(S, 1, count) == 3))
      toss1   toss2  toss3
1       H       H       H
# setdiff()를 이용하여 여집합을 구함
(A <- setdiff(S, Ac))
      toss1   toss2  toss3
2       T       H       H
3       H       T       H
4       T       T       H
5       H       H       T
6       T       H       T
7       H       T       T
8       T       T       T
# cat()을 활용하여, 서식과 함께 여러 객체를 출력함
cat("P(A ) =1 - n(Ac)/n(S) = ", nrow(A), "/", nrow(S), "₩n")
P(Ac) = 1 - n(A)/n(S) = 7 / 8
```

예제 12 과학 과목에서는 학생들이 제출한 수행평가 과제물에 대하여 아래 표와 같이 등급을 나누어 1등급부터 5등급까지 각 등급에 해당하는 과제물에 각각 40점, 38점, 36점, 34점, 32점의 점수를 준다고 한다. 과제물 가운데 임의로 한 개를 선택할 때 이 과제물의 점수가 적어도 34점일 확률을 구하여라.

| 표 6 |

등급	비율(%)
1	10
2	25
3	35
4	25
5	5
계	100

풀이 '적어도 ~인 사건', '~이상인 사건', '~이하인 사건' 등의 확률을 구하는 문제에서 그 경우가 많아 복잡할 때에는 여사건의 확률을 이용하면 편리하다. 과제물의 점수가 적어도 34점인 사건을 A라 하면 A의 여사건은 과제물의 점수가 32점인 사건이므로

$$P(A^c) = \frac{5}{100} = \frac{1}{20}.$$

따라서 $P(A) = 1 - P(A^c) = 1 - \frac{1}{20} = \frac{19}{20}$이다. ■

2.2 연습문제

1 두 개의 주사위를 동시에 던질 때, 나오는 눈의 합이 3 또는 6이 될 확률을 구하여라.

2 A, B 두 주사위를 동시에 던질 때, A주사위에서 나온 눈을 x, B주사위에서 나온 눈을 y라고 할 때, $x+2y=5$일 확률을 구하여라.

3 1에서 30까지의 숫자가 각각 적힌 30장의 카드가 있다. 이 카드 중에서 임의로 한 장을 뽑을 때, 그것이 4의 배수 또는 9의 배수일 확률을 구하여라.

4 다섯 개의 점 좌표 A(0, 6), B(8, 0), C(10, 0), D(10, 10), E(0, 10)로 만들어지는 오각형의 내부에 임의의 점 P를 선택하였을 때, 각 APB가 둔각이 될 확률을 구하여라. 단, 원주율은 3으로 계산한다.

5 남자 2명, 여자 3명의 5명 중에서 두 명의 학급대표를 뽑으려고 할 때, 여자가 적어도 한 명 뽑힐 확률을 구하여라.

6 1부터 6까지의 눈을 가진 주사위를 차례대로 세 번을 던질 대, 나타나는 세 개의 눈 중에서 최댓값과 최솟값의 차이가 1보다 클 확률을 구하여라.

7 다음 그림과 같이 밑에서 6번째 계단에서 A가 주사위를 던져 짝수가 나오면 그 수만큼 올라가고, 홀수가 나오면 그 수만큼 내려간다고 할 때, 두 번 주사위를 던진 후 한 계단 내려갈 확률을 구하여라.

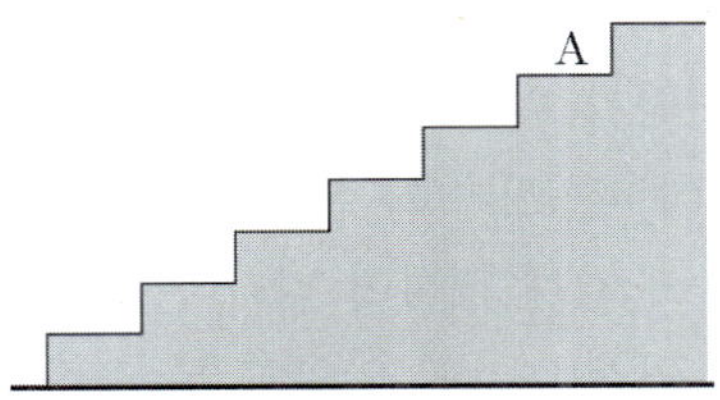

8 정사면체의 네 면에 0, 1, 2, 3의 네 숫자를 차례로 적어 놓았다. 이 정사면체를 두 번 던져 처음에 밑에 깔린 숫자를 x, 나중에 밑에 깔린 숫자를 y라 할 때, $x+2y=6$ 또는 $x+y>4$가 될 확률을 구하여라.

2.3
조건부확률과 독립

지금까지의 확률은 표본공간에 특별한 조건이 붙지 않을 때 결정되는 확률개념들이었다. 지금까지 우리가 공부한 확률은 어떤 실험에서 한 사건이 발생할 확률에 국한되어 있었다. 그러나 경우에 따라서는 특정 조건 아래서 어느 사건이 발생할 확률을 고려하게 되는데 이와 같은 상황에서의 확률을 조건부확률이라고 한다. 이러한 경우에는 두 번 이상의 단계를 거치는 실험을 하게 되며 두 번째 단계의 실험은 일반적으로 첫 번째 단계의 실험결과에 영향을 받게 되고, 따라서 두 번째 실험단계에서 나오는 특정 결과의 확률은 첫 번째 단계의 실험결과의 특정 조건에 좌우된다. 예를 들어 한 은행이 신입사원 선발을 위해 모 대학 경상대학에 10명의 졸업자를 추천 의뢰하였는데 이들 추천된 학생들은 1차에서 필기시험, 2차에서 구술시험을 치르기로 되어 있다고 하자. 이 경우 추천된 학생이 두 번째 시험에서 합격할 확률은 1차 관문이 통과해야 한다는 조건이 붙게 됨을 알 수 있다.

표본공간이 S인 한 실험이 시행되고 또한 S에 있는 모든 사건에 대한 확률이 주어졌다고 하자. 우리는 어떤 사건 B가 일어났을 때 사건 A가 일어날 확률을 구해야 하는 문제를 해결하고자 한다.

이러한 문제 등에 대해서는 사건 B가 일어났기 때문에 관찰가능한 실험결과들이 표본공간 S의 부분집합 B의 원소들뿐이고, 따라서 모든 가능한 실험결과들의 집합이 사실상 B로 제한된다. 이러한 경우에 모든 가능한 실험결과들의 집합이 B임을 분명하게 하기 위하여 이를 사건 B가 일어난 것에 대한 사건 A의 **조건부확률** (conditional probability)이라 하고 $P(A \mid B)$로 표시한다. 만일 사건 B가 일어난 것을 안다면 그 실험결과는 B에 포함된 결과 중의 하나일 것이다. 그러므로 A가 일어날 확률을 계산하기 위하여 우리들은 A가 일어나는 것을 초래하는 B에 있는 집합들을 고려하여야 할 것이고, 분명히 그러한 집합은 $P(A \cap B)$이다. 그러므로 조건부확률은 $P(A \cap B)$에 의하여 나타나는 총 확률 $P(B)$의 비로써 정의한다.

만일 A와 B가 $P(B) > 0$인 임의의 두 사건이면

$$P(A \mid B) = \frac{P(A \cap B)}{P(B)}$$

이다. $P(B) = 0$이면 조건부확률 $P(A \mid B)$는 정의되지 않는다.

$P(A)=\dfrac{n(A)}{n(S)}$	$P(A\cap B)=\dfrac{n(A\cap B)}{n(S)}$	$P(B\mid A)=\dfrac{n(A\cap B)}{n(A)}$
전체에서 A의 비율	전체에서 $A\cap B$의 비율	A안에서 B의 비율
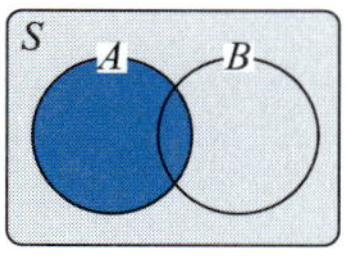	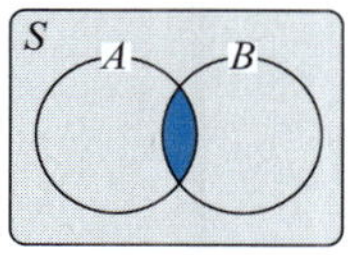	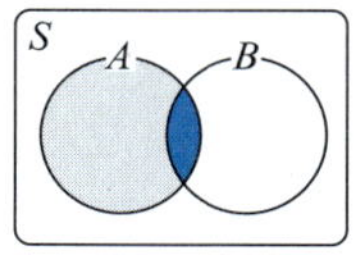

다시 말하면 조건부확률은 표본공간이 S인 원래 실험으로부터 S의 부분집합인 한 사건 B를 새로운 표본공간으로 축소한 실험에서의 사건에 대한 확률을 의미한다.

예제 1 두 개의 주사위를 던지는 실험에서 두 주사위의 눈의 합을 X라고 하자. X가 홀수라고 할 때 X가 8보다 작을 확률을 구하여라.

풀이 A가 $X<8$인 사건이고 B는 X가 홀수인 사건이라고 하면 $P(A\mid B)$가 우리가 구하려는 확률이다. $A\cap B$는 X가 3, 5, 7인 사건이고 표본공간은 36가지이므로

$$P(A\cap B)=\frac{2}{36}+\frac{4}{36}+\frac{6}{36}=\frac{1}{3},$$

$$P(B)=\frac{2}{36}+\frac{4}{36}+\frac{6}{36}+\frac{4}{36}+\frac{2}{36}=\frac{1}{2}$$

이다. 그러므로

$$P(A\mid B)=\frac{P(A\cap B)}{P(B)}=\frac{2}{3}.$$

■

R-풀이

```
# library()를 이용하여 'prob'을 로딩함
library(prob)
# rolldie()를 이용하여 표본공간을 구함
S <- rolldie(2)
# subset()을 이용하여 두 주사위의 눈의 합이 8보다 작은 사건 A를 구함
(A <- subset(S, X1 + X2 < 8))
   X1 X2
1   1  1
2   2  1
    ⋮
26  2  5
```

```
31  1  6
# subset()을 이용하여 두 주사위의 눈의 합이 홀수인 사건 B를 구함
(B <- subset(S, ((X1 + X2) %% 2) == 1))
   X1 X2
2   2  1
4   4  1
    ⋮
33  3  6
35  5  6
# intersect()를 이용하여 교사건을 구함
AB <- intersect(A, B)
   X1 X2
2   2  1
4   4  1
    ⋮
26  2  5
31  1  6
# cat()을 활용하여, 서식과 함께 여러 객체를 출력함
cat("P(A|B)=P(AB)/P(B)=", nrow(AB), "/", nrow(B), "₩n")
P(A|B)=P(AB)/P(B)= 12 / 18
# 또는 표본공간에 확률을 할당한 후, given을 이용하여 조건부 확률을 구함
S1 <- rolldie(times=2, makespace=TRUE)
Prob(S1, X1 + X2<8, given=((X1 + X2) %% 2) == 1)
[1] 0.6666667
# as.fractions()를 이용하여 분수로 표현함. 오류가 발생하는 경우에는 먼저 library(MASS)를 실행시킴
as.fractions(Prob(S1, X1 + X2<8, given=((X1 + X2) %% 2) == 1))
[1] 2/3
```

일반적으로 두 사건 A와 B가 동시에 일어나려면 먼저 사건 B가 일어난 후에 사건 A가 일어나거나, 사건 A가 일어난 후에 사건 B가 일어나야만 한다. 그러므로 $P(A \cap B)$는 사건 B가 일어날 확률 $P(B)$와 B가 일어났다는 조건 아래서 사건 A가 일어날 확률 $P(A \mid B)$의 곱과 같다. 동일한 개념으로 순서를 바꾸어 생각하면 $P(A)$와 $P(B \mid A)$의 곱과도 같아야 한다. 그러므로

$$P(A \cap B) = P(A)P(B \mid A) = P(B)P(A \mid B)$$

가 성립하는데, 이 식은 조건부확률의 정의에 의해 명백하게 성립한다.

두 사건에 관한 곱의 규칙은 유한개의 사건으로 확장될 수 있다.

A_1, A_2, $\cdots$, A_n이

$$P(A_1)>0,\ P(A_1\cap A_2)>0,\ \cdots,\ P(A_1\cap A_2\cap\cdots\cap A_{n-1})>0$$

을 만족하는 임의의 사건이라고 하자. 그때

$$\begin{aligned}&P(A_1\cap A_2\cap\cdots\cap A_n)\\&=P(A_1)P(A_2\mid A_1)P(A_3\mid A_1\cap A_2)\cdots P(A_n\mid A_1\cap A_2\cap\cdots\cap A_{n-1}).\end{aligned}$$

예제 2 3개의 붉은 공과 5개의 푸른 공이 들어 있는 주머니로부터 3개의 공을 비복원추출한다고 할 때 3개의 공 모두가 푸른색일 확률을 구하여라.

풀이 A_i를 $i(i=1,\ 2,\ 3)$번째 꺼낸 공이 푸른색일 사건이라고 하면

$$P(A_1)=\frac{5}{8},\ P(A_2\mid A_1)=\frac{4}{7},\ P(A_3\mid A_1\cap A_2)=\frac{3}{6}$$

이다. 그러므로 3개의 공이 모두 푸른색일 사건 $A_1A_2A_3$에 대한 확률은 다음과 같다.

$$\begin{aligned}P(A_1\cap A_2\cap A_3)&=P(A_1)P(A_2\mid A_1)P(A_3\mid A_1\cap A_2)\\&=\left(\frac{5}{8}\right)\left(\frac{4}{7}\right)\left(\frac{3}{6}\right)=\frac{5}{28}\end{aligned}$$

■

일반적으로 사건 B가 주어진 경우에 사건 A가 일어날 조건부확률 $P(A\mid B)$는 사건 A가 일어날 확률 $P(A)$와 같지 않다. 그러나 어떤 사건 A가 일어났다는 사실이 사건 B가 일어날 확률에 영향을 미치지 않거나 또는 반대로 사건 B가 일어났다는 사실이 사건 A가 일어날 확률에 영향을 미치지 않는 경우를 생각할 수 있다. 이를 수식으로 표현하면

$$P(A\mid B)=P(A),\ \ P(B\mid A)=P(B)$$

이고, 이 식은 조건부확률의 정의에 의해 다음과 같이 표현할 수 있다.

정의 1

두 사건 A와 B가

$$P(A\cap B)=P(A)\cdot P(B)$$

를 만족하면 A와 B는 서로 **독립**(independent)이라고 한다.

독립사건과 배반사건 사이에는 다음과 같은 관계가 있다. 두 사건 A와 B가 서로 배반사건이면서 동시에 서로 독립인 사건이 되기 위해서는 $0=P(A\cap B)=P(A)P(B)$가 성립하여야 하므로 A와 B 중 적어도 한 사건에 대한 확률은 0이어야 한다. 그러므로 $P(A)>0$, $P(B)>0$일 때 A와 B가 서로 독립사건이면 배반사건이 될 수 없고, 배반사건이면 독립인 사건이 될 수 없다.

예제 3 어떤 회로가 몇 개의 부품으로 이루어져 있는 문제를 생각하자. 2개의 독립부품이 고장이 없이 작동할 사건을 각각 A와 B라 하고, 각 부품이 고장이 없을 확률은 $P(A)=p_1$과 $P(B)=p_2$라고 하자. 두 부품이 직렬과 병렬로 연결되어 있을 때 이 회로가 제대로 작동할 확률을 구하여라.

풀이 두 부품이 직렬로 연결되어 있을 때 이 회로가 제대로 작동할 확률은 각 부품이 고장이 없을 확률의 곱인

$$P(A\cap B)=P(A)P(B)=p_1p_2$$

로 주어진다.
한편 두 부품이 병렬로 연결되어 있을 때에는 두 부품 중 하나만 작동하여도 되므로 이 회로가 제대로 작동할 확률은

$$P(A\cup B)=P(A)+P(B)-P(A\cap B)=p_1+p_2-p_1p_2$$

로 주어진다. ■

독립성은 3개 이상의 사건에 대하여도 성립한다.

정의 2

n개의 사건 $A_1, A_2, \cdots, A_n$ 이

$$P(A_1\cap A_2\cap\cdots\cap A_n)=P(A_1)P(A_2)\cdots P(A_n)$$

이 성립하면 n개의 사건은 **서로 독립**(mutually independent)이라고 한다.

예제 4 한 기계가 불량률 $p(0<p<1)$, 양호율 $q=1-p$로써 한 품목을 생산한다고 가정하자. 6개의 품목을 무작위로 뽑아 검사하고 또한 이들에 관한 결과가 서로 독립이라고 가정하자. 6개의 품목 중 정확히 2개가 불량품일 확률을 구하여라.

풀이 표본공간 S는 각각이 불량품 또는 양호품인 6개 품목의 모든 가능한 배열을 포함한다고 할 수 있다. $i=1, \cdots, 6$에 대하여 A_i를 그 표본에서 i번째 품목이 불량품인 사건, B_i를 이 품목이 양호품인 사건이라고 하자. 6개 품목에 대한 결과는 서로 독립이므로 불량품과 양호품의 어떤 특별한 배열을 얻는 확률은 단순히 그 품목에 관한 각 확률의 곱이 될 것이다. 예를 들면

$$\begin{aligned} &P(B_1 \cap A_2 \cap B_3 \cap A_4 \cap B_5 \cap B_6) \\ &= P(B_1)P(A_2)P(B_3)P(A_4)P(B_5)P(B_6) \\ &= qpqpqq = p^2q^4 \end{aligned}$$

이다. 2개의 불량품과 4개의 양호품을 포함하는 S의 어떤 다른 특별한 배열의 확률도 역시 p^2q^4이 됨을 알 수 있다. 그러므로 6개 품목 가운데 정확히 2개의 불량품이 있을 확률은 2개의 불량품을 포함하는 어떤 특별한 배열의 확률 p^2q^4에 그런 배열들의 수를 곱함으로써 얻을 수 있다. 2개의 불량품과 4개의 양호품을 포함하는 다른 배열의 수는 $\binom{6}{2}$이므로 정확히 2개의 불량품을 얻을 확률은 $\binom{6}{2}p^2q^4$이다. ■

이제까지의 집합이론을 이용하여 도출한 확률법칙을 정리하면 아래 표와 같다.

| 표 1 |

사건형태별 확률	표시법	서로 배반인 경우	서로 배반이 아닌 경우: 독립이 아닌 경우	서로 배반이 아닌 경우: 독립인 경우
여사건의 확률	$P(A^c)$	$1-P(A)$	—	—
합사건의 확률	$P(A \cup B)$	$P(A)+P(B)$	$P(A)+P(B)$ $-P(A \cap B)$	$P(A)+P(B)$ $-P(A) \cdot P(B)$
조건부확률	$P(A \mid B)$	0	$P(A \cap B)/P(B)$	$P(A)$
교사건의 확률	$P(A \cap B)$	0	$P(A) \cdot P(B \mid A)$	$P(A) \cdot P(B)$

2.3
연습문제

1 어떤 정책에 대한 의견을 도시에 사는 사람 145명, 농촌에 사는 사람 105명에게 선호도를 조사했더니 다음 표와 같았다.

	찬성	반대	무응답
	100	30	15
	50	50	5

(1) 도시에 살고 있고 정책에 찬성할 확률을 구하여라.

(2) 도시에 살고 있다는 사실을 알고 있을 때, 정책에 찬성할 확률을 구하여라.

(3) 정책에 찬성한다고 할 때, 도시에 살고 있을 확률을 구하여라.

2 어느 학급은 남학생 18명, 여학생 16명으로 이루어져 있다. 이 학급의 모든 학생은 중국어와 일본어 중 한 과목만 수업을 받는다고 한다. 남학생 중에서 중국어 수업을 받는 학생은 12명이고 여학생 중에서 일본어 수업을 받는 학생은 7명이다. 이 학급에서 선택된 한 학생이 중국어 수업을 받는다고 할 때 이 학생이 여학생일 확률을 구하여라.

3 주머니 안에 파란색 공 3개, 회색 공 3개, 검은색 공 3개를 넣었다.

(1) 처음에 회색 공을 꺼내고 다시 꺼낸 공을 상자 안에 넣고 다시 회색 공을 꺼낼 확률을 구하여라.

(2) 처음에 검은색 공을 꺼내고, 처음에 꺼낸 공을 다시 상자 안에 넣지 않고 다음에 검은색 공을 꺼낼 확률을 구하여라.

(3) 처음에 회색 공을 꺼내고, 처음에 꺼낸 공을 다시 상자 안에 넣지 않고 다음에 파란 공을 꺼낼 확률을 구하여라.

4 항아리 속에 흰 공 2개와 검은 공 2개가 들어 있다. 두 개를 차례로 비복원 추출할 때, 첫 번째 공이 흰색일 때, 두 번째 공이 흰색일 확률과, 두 번째 공이 흰색이고 첫 번째 공의 색깔을 모를 때, 그 색이 흰색일 확률은 각각 얼마인가?

5 주머니에 w개의 하얀 공과 b개의 검은 공이 들어 있다. 하나의 공을 꺼내 그 색깔을 확인한 다음 같은 색깔의 공 a개를 주머니에 더 넣는다고 하고 이러한 과정을 n회 계속한다고 하자. 이제 W_i와 B_i는 각각 $i(i=1, 2, \cdots, n)$번째 꺼낸 공이 하얀 공일 사건과 검은 공일 사건이라고 하자. $P(W_2)$와 $P(B_2)$를 구하여라.

2.4
베이즈 정리와 확률나무

확률이론의 법칙을 응용함에 있어서 흥미로운 것 중의 하나는 새로운 정보에 입각하여 지금까지 알려지지 않은 확률을 추정하는 것이다. **베이즈 정리**란 어느 한 사건의 확률을 새로운 정보에 입각하여 결정하는 과정에 관한 법칙으로, 새로운 정보에 나타난 결과가 발생할 것을 조건으로 하는 일종의 조건부확률에 관한 공식으로 표현된다.

예를 들어 한국 국민 가운데 약 5%가 고혈압(H)를 앓고 있다고 하자. 즉 한국 국민 중 어느 한 사람을 선택하였을 때 그 사람이 고혈압일 확률 $P(H)$는 0.05라고 하자. 만일 새로운 의료조사 결과 고혈압 환자 중 음주(A)하는 사람은 75%, 그리고 고혈압이 아닌 사람(H^c) 중 음주하는 사람이 50%라는 사실이 밝혀졌다고 하자. 그러면 이러한 정보를 이용하여 음주하는 사람 중 얼마가 고혈압인지, 즉 $P(H \mid A)$의 값이 어떻게 되는지를 확인할 수 있다.

이것을 조건부확률이론으로 전개하여보도록 하자. S가 한 실험의 표본공간이고 S 안의 n개 사건 $A_1, A_2, \cdots, A_n$ 이 S의 한 분할을 형성한다고 하자.

만일 사건 B가 S에 있는 임의의 사건이라고 하면 사건 $A_1 \cap B$, $A_2 \cap B$, $\cdots$, $A_n \cap B$는 B의 한 분할을 형성할 것이다(그림 1). 그러므로

$$B = (A_1 \cap B) \cup (A_2 \cap B) \cup \cdots \cup (A_n \cap B)$$

이고 확률의 성질에 의해

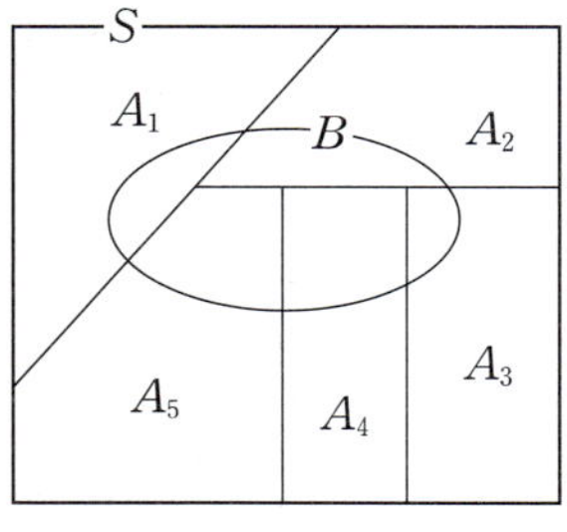

| 그림 1 |

$$P(B)=P(A_1\cap B)+P(A_2\cap B)+\cdots+P(A_n\cap B)=\sum_{k=1}^{n}P(A_k\cap B)$$

가 성립한다. 만일 $k=1,\ 2,\ \cdots,\ n$ 에 대하여 $P(A_k)>0$이면

$$P(A_k\cap B)=P(A_k)P(B|A_k)$$

이므로 우리는 다음 공식을 얻을 수 있다.

성질 1 | 전확률공식(total probability formula)

사건 $A_1,\ A_2,\ \cdots,\ A_n$이 표본공간 S의 분할이고 $P(A_k)>0$ $(k=1,\ 2,\ \cdots,\ n)$ 이면 임의의 사건 B의 확률은 다음과 같이 구할 수 있다.

$$P(B)=\sum_{k=1}^{n}P(A_k)P(B\mid A_k)$$

일반적으로 어떤 사건 B의 가능한 원인이 여러 가지인 경우에 원인 A_i에 대한 확률은 조건부확률의 정의

$$P(A_i|B)=\frac{P(A_i\cap B)}{P(B)}$$

와 전확률공식에 의하여 다음 성질을 얻을 수 있다.

성질 2 | 베이즈 정리(Bayes Theorem)

사건 $A_1,\ A_2,\ \cdots,\ A_n$ 이 표본공간 S의 한 분할을 형성하고 $P(A_k)>0$ $(k=1,\ 2,\ \cdots,\ n)$ 이라고 하자. 그리고 B를 $P(B)>0$인 임의의 사건이라고 하자. 그때

$$P(A_i|B)=\frac{P(A_i)P(B|A_i)}{\sum_{k=1}^{n}P(A_k)P(B|A_k)},\quad i=1,\ 2,\ \cdots,\ n$$

이 성립한다.

예제 1 어느 공장에서 세 대의 기계 $M_1,\ M_2,\ M_3$를 이용하여 각각 전 제품의 20%, 30%, 50%를 생산하고, 각 기계로부터 생산되는 제품의 불량률은 각

각 1%, 2%, 3%라고 하자. 이 공장에서 생산된 제품들 중에서 무작위로 뽑은 하나의 제품이 불량품이었다면 이 불량품이 기계 M_2에 의하여 생산되었을 확률을 구하여라.

풀이 이 공장에서 생산되는 전 제품의 집합을 표본공간 S라고 하고, 제품이 기계 $M_i\,(i=1,\ 2,\ 3)$에 의하여 생산된 사건을 A_i라고 하자. 그리고 B를 그 제품이 불량품일 사건이라고 하자. 무작위로 추출된 제품이 기계 $M_i\,(i=1,\ 2,\ 3)$에 의하여 생산되었을 확률은

$$P(A_1)=0.2,\quad P(A_2)=0.3,\quad P(A_3)=0.5$$

이고, 기계 M_i에 의하여 생산된 한 제품이 불량품일 확률은

$$P(B \mid A_1)=0.01,\ P(B \mid A_2)=0.02,\ P(B \mid A_3)=0.03$$

이다. 그러므로 베이즈 정리에 의하여 구하고자 하는 확률은

$$\begin{aligned} P(A_2 \mid B) &= \frac{P(A_2)P(B \mid A_2)}{\sum_{k=1}^{3} P(A_k)P(B \mid A_k)} \\ &= \frac{(0.3)(0.02)}{(0.2)(0.01)+(0.3)(0.02)+(0.5)(0.03)} = 0.26 \end{aligned}$$

이다. ■

R-풀이

```
# 사전확률을 prior 객체에 할당함
prior <- c(0.2, 0.3, 0.5)
# 조건부확률을 cond 객체에 할당함
cond <- c(1, 2, 3)/100
# sum()을 이용하여 전확률을 구하고, tot 객체에 할당함
(tot <- sum(prior*cond))
[1] 0.023
# 불량품일 확률을 구함
(post <- (prior*cond)/sum(tot))
[1] 0.08695652 0.26086957 0.65217391
# 불량품이 기계 A2에서 생산되었을 확률을 구함. round()를 이용하여 소수 둘째짜리까
지 나타냄
round(post[2], 2)
[1] 0.26
```

```
# 그림으로 표현함
win.graph(7,4)
barplot(cbind(prior,post), col=c("yellow", "lightgreen", "skyblue"),
         main="사전확률(prior) 대 사후확률(posterior)", horiz=T)
centprior <- cumsum(prior) - prior/2
cenpost <- cumsum(post) - post/2
pline <- c("A1", "A2", "A3")
text(centprior, 0.7, labels=paste0("P(", pline, ")₩n", prior))
text(cenpost, 1.9, labels=paste0("P(", pline, "|M)₩n", format(post, digits=3 )))
```

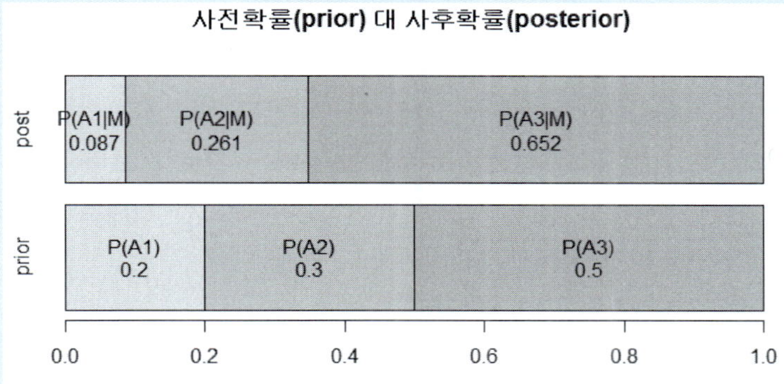

베이즈 정리이론은 확률나무의 이론을 이용하면 다음과 같이 단순화시킬 수 있다. 예를 들어 연이은 두 횡단보도의 교통신호에 대하여 파란 신호를 받아 첫 번째 횡단보도를 지날 확률은 0.5이고 이렇게 첫 번째 횡단보도를 지났을 때 역시 파란 신호를 받아 두 번째 횡단보도를 지날 확률은 0.8이다. 이때 파란 신호를 받아 두 횡단보도를 지날 확률은 얼마일까?

이러한 유형의 문제는 수형도를 이용하면 일목요연해진다. 이것을 더 자세한 표현으로 그리면 [그림 2]와 같이 확률나무그림을 이용할 수 있다.

두 번째 신호에서 파란 신호일 때 지나는 것은 첫 번째 신호에서 파란 신호일 때

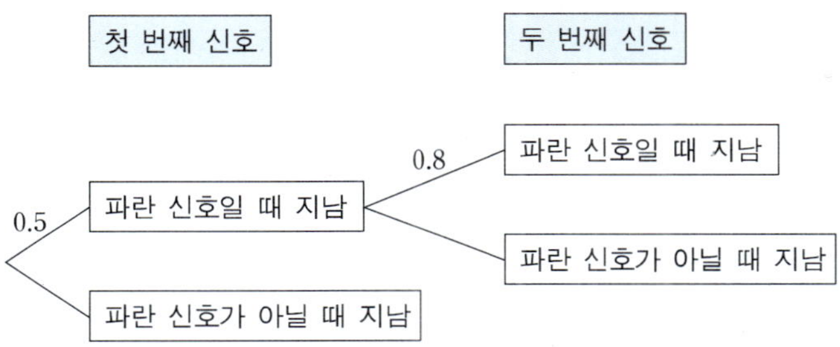

| 그림 2 |

지나왔다는 조건이 달려 있는 것이다. 수형도를 그려보면 그 전후관계가 명확하다. 이는 조건부확률이다. 파란 신호를 받아 두 횡단보도를 지나는 것은 '그리고' 사건이다. 연이은 가지의 확률을 곱하는 것이 바로 '그리고' 사건의 확률이다. 그러므로 확률의 곱셈정리로 풀면 된다.

P(첫 번째 신호가 파란 신호일 때 지남 ∩ 두 번째 신호가 파란 신호일 때 지남)
$=P$(첫 번째 신호가 파란 신호일 때 지남)
$\times P$(두 번째 신호가 파란 신호일 때 지남 | 첫 번째 신호가 파란 신호일 때 지남)

위의 공식 적용보다 의사결정나무로 분석을 분별 있게 할 수 있다. 어느 가지에 딸려 있는 가지는 바로 조건이 딸린 가지다. 연이어 있는 가지들은 '그리고' 사건인 것이다. 그러므로 사건들 가운데 어느 사건이 어느 사건의 조건인지 도식적으로 표현해준다. 풀이는 공식을 이해하고 적용하는 것보다 그림을 이해하고 계산하는 편이 훨씬 정확하고 쉽다. 사건을 분석하는 수형도만 제대로 그리고 가지마다 확률을 잘 적기만 하면 풀이는 더 정확하고 쉽게 된다.

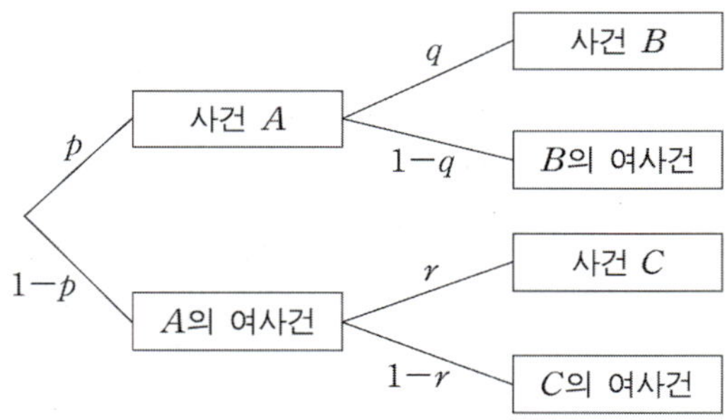

| 그림 3 |

[그림 3]을 보자. 이 그림 하나로 조건부확률, 확률의 곱셈정리 등을 전체 사건 안에서 볼 수 있다. 무엇보다 중요한 것은 그림으로 사건을 일목요연하게 분석하는 능력이 구체적으로 길러진다는 것이다.

예제 2 어느 나라의 운전면허시험은 A, B, C의 3단계를 순서대로 거친다고 한다. 갑이 운전면허시험에 응시할 때 A, B, C 단계에서 합격할 확률이 각각 2/3, 3/4, 7/12이라고 하자. 갑이 이 시험에서 불합격했을 때 그것이 B 단계였을 확률을 구하여라. (단 한 단계에서 불합격하면 다음 단계에 응시할 수 없다.)

풀이 확률나무그림을 이용하여 풀어보자.

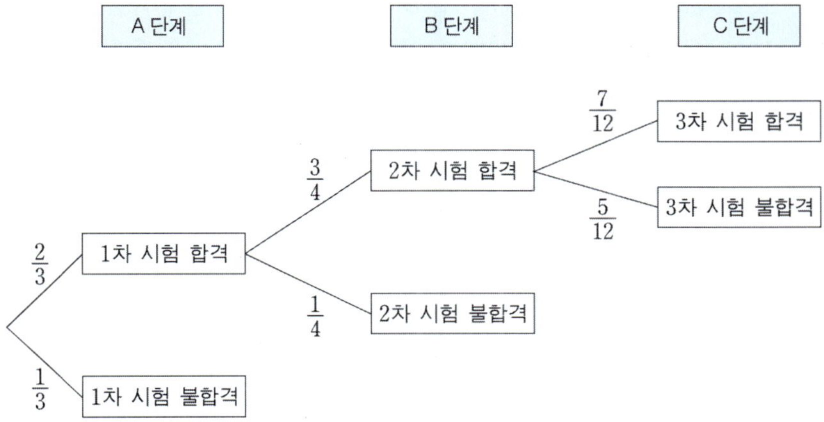

| 그림 4 |

불합격한 가지들의 확률을 더하고 그 합에 대하여 B 단계인 2차 시험에서 불합격한 확률의 비율을 구하면 된다. 그림을 보면서 곧바로 계산식을 적을 수 있다.

$$\frac{\frac{2}{3}\times\frac{1}{4}}{\frac{1}{3}+\frac{2}{3}\times\frac{1}{4}+\frac{2}{3}\times\frac{3}{4}\times\frac{5}{12}}=\frac{4}{17}$$

R-풀이

```
# 사전확률을 prior 객체에 할당함
prior <- c(1/3, 1/4, 5/12)
# 조건부확률을 cond 객체에 할당함
cond <- c(1, 2/3, 3/4*2/3)
# sum()을 이용하여 전확률을 구하고, tot 객체에 할당함
(tot <- sum(prior*cond))
[1] 0.7083333
# 불합격할 확률을 구함
(F <- (prior*cond)/sum(tot))
[1] 0.4705882 0.2352941 0.2941176
# 불합격했을 때, 그것이 B단계일 확률을 구함. as.fractions()를 이용하여, 분수로 나타냄
as.fractions(F[2])
[1] 4/17
```

예제 3 어떤 광물질 A, B가 있다. 각 광물질에 X선을 쏘았을 때 A 물질은 100번의 실험 가운데 88번은 붉은색을, 나머지는 푸른색을 나타냈고, B 물질은 100번의 실험 가운데 92번은 붉은색을, 나머지는 푸른색을 나타냈다고 한다. 광물질 A, B가 같은 비율로 섞여 있는 표본 가운데 하나를 뽑아 X선을 쏘았더니 붉은색을 나타냈을 때 꺼낸 광물질이 A일 확률을 구하여라.

풀이 확률나무그림을 그려서 풀면 다음과 같다.

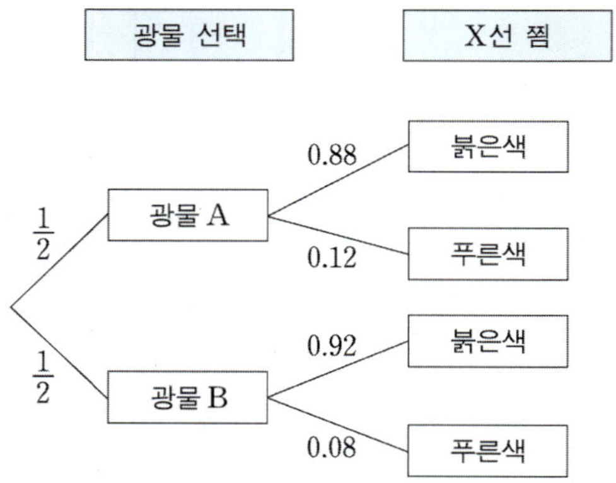

| 그림 5 |

위의 확률나무그림에서 붉은색을 나타낸 광물의 비율을 구해서 그중에서 광물 A가 차지하는 비율을 계산하면 된다.

$$\frac{\frac{1}{2}\times 0.88}{\frac{1}{2}\times 0.88+\frac{1}{2}\times 0.92}=\frac{22}{45}$$

■

R-풀이

```
# 사전확률을 prior 객체에 할당함
prior <- c(0.5, 0.5)
# 조건부확률을 cond 객체에 할당함
cond <- c(0.88, 0.92)
# sum()을 이용하여 전확률을 구하고, tot 객체에 할당함
(tot <- sum(prior*cond))
[1] 0.9
# 붉은색이 나타날 확률을 구함
(Red <- (prior*cond)/sum(tot))
[1] 0.4888889 0.5111111
```

```
# 붉은색이 나타났을 때 꺼낸 광물질이 A일 확률을 구함. as.fractions()를 이용하여, 분수로 나타냄
as.fractions(Red[1])
[1] 22/45
```

2.4
연습문제

1 두 개의 상자에 긴 볼트와 짧은 볼트가 들어 있다. 한 상자에는 60개의 긴 볼트와 40개의 짧은 볼트가 들어 있고 다른 상자에는 10개의 긴 볼트와 20개의 짧은 볼트가 들어 있다. 하나의 상자를 무작위로 선택하고 그 상자로부터 한 개의 볼트를 무작위로 뽑는다고 가정하자. 뽑힌 볼트가 긴 볼트일 확률은 얼마인가?

2 각각 1, 2, 3으로 번호가 붙은 3개의 주머니가 있는데, 그 안에 5개의 공이 들어 있다. 그런데 주머니 $i(i=1,\ 2,\ 3)$에는 i개의 하얀 공과 $5-i$개의 검은 공이 들어 있다. 이제 주머니 하나를 무작위로 선택하고, 선택한 주머니 안에서 한 개의 공을 꺼내는 실험을 한다고 하자. 이때 하얀 공이 추출될 확률을 구하고 또 하얀 공이 추출되었다는 조건하에서 추출된 하얀 공이 3번 주머니에서 나왔을 확률은 얼마인가?

3 내가 받은 이메일의 10%는 '여행'이라는 단어가 들어있다. '여행'이라는 단어가 들어있는 이메일의 50%는 광고이고 '여행'이라는 단어가 들어있지 않은 이메일의 20%가 광고이다. 내가 받은 이메일이 광고일 때 이 이메일이 '여행'라는 단어가 들어있을 확률을 구하여라.

4 A시에 있는 T교교 졸업생을 조사하였더니 70%가 A시 출신이었다. 또 이들 중 60%는 A시 소재의 대학교에 진학하였다. 한편 A시 출신이 아닌 T고교 졸업생 중 90%는 다른 도시에 있는 대학교로 진학하였다. 조사 대상자중 임의로 한 학생을 선택하였더니 이 학생은 다른 도시에 있는 대학교로 진학한 학생이었다. 이때 이 학생이 A시 출신이었을 확률을 구하여라. (단, T고교 졸업생 전부가 대학교에 진학하였다고 한다)

5 의사는 김 씨가 질병 X를 가지고 있다고 70% 확신을 가지고 있다. 그래서 검사 A를 하라고 했다. 검사 A는 환자가 질병 X를 가지고 있으면 양성 반응이 나온다. 건강한 사람에게는 양성반응이 나오지 않는다. 검사결과는 양성이었고, 그때 김 씨가 자신은 당뇨병을 앓고 있다고 처음으로 의사에게 알려주었다. 환자가 당뇨병을 앓고 있다는 정보가 질병 X를 가지고 있다는 70%의 확신에 영향을 미친것은 아니었지만 검사 A의 해석에는 분명히 영향을 미쳤다. 검사 A는 건강한 사람에는 절대로 양성반응을 보이지 않지만 당뇨병이 있는 사람에게는 20%만큼 양성반응을 보인다. 이렇게 검사 A에서 양성반응을 보였을 때 김 씨가 질병 X를 가지고 있다고 의사는 어느 정도 확신할 수 있는가?

2.5 R을 이용한 빅데이터 분석

시뮬레이션이란 실제로 실행하기 어려운 실험을 간단히 행하는 모의실험으로, 수리적인 방법의 적용이 곤란하거나 매우 복잡한 문제에 대해 컴퓨터에서 실제의 환경과 거의 같은 상황을 연출하는 프로그램을 작성하여 실행시킴으로써 실제 실험과 같은 결과를 얻어 낼 수 있게 한다. 시뮬레이션의 적용분야는 특정분야에 한정되어 있지 않고, 적용분야가 점점 확대되는 추세이다. 이 절에서는 시뮬레이션의 예를 소개한다.

예제 1 공정한 동전을 던져서 앞면이 나오면 영희는 철수에게 1,000원을 받고 뒷면이 나오면 1,000원을 철수에게 준다. 영희가 50번 동전을 던진 후에 어떻게 될 것인지에 관심이 많다고 하자.

(1) 50개의 표본을 복원추출하여라.

(2) 영희의 누적 상금을 구하여라.

(3) 영희가 50게임에서 반을 이길 확률을 표본 50개를 1000개 만들어서 상금을 빈도와 그림으로 나타낸 후 구하여라.

R-풀이

(1) # sample()과 'replace=TRUE'를 이용하여 표본을 복원추출하고, coin 객체에 할당함. 단, coin의 결과는 시행할 때마다 변하므로, 여러분의 결과와 비교하기 바람

```
(coin <- sample(c(-1, 1), size=50, replace=TRUE))
 [1] -1  -1  -1  1 -1  1  1  1 -1  1 -1  1 -1  1 -1  -1 -1  1  1
[20]  1  -1  -1 -1  1  1  1 -1 -1 -1 -1 -1  1 -1  1  1 -1 -1  1
[39]  1  -1  -1 -1 -1 -1 -1 -1 -1 -1 -1 -1
```

(2) # cumsum()을 이용하여 누적 상금을 구함

```
(win <- cumsum(coin))
 [1]  -1  -2  -3  -2  -3  -2  -1   0  -1   0  -1   0  -1  -2
[15]  -3  -2  -1   0  -1  -2  -3  -2  -3  -4  -5  -6  -7  -8
[29]  -7  -8  -7  -6  -7  -6  -5  -6  -7  -6  -5  -6  -7  -8
```

```
[43]  -9 -10 -11 -12 -13 -14 -15 -16
# 해석: 누적 상금으로 보았을 때, 영희는 결국 16,000원을 잃음. 4번의 시뮬레이션을
통해 영희의 상금이 어떻게 변화하는지 알 수 있음
par(mfrow=c(2, 2))
for (j in 1:4)
{
  coin <- sample(c(-1, 1), size=50, replace=TRUE)
  plot(cumsum(coin), col="blue", xlab="동전을 던진 횟수", ylab="누적 상금", type="l",
  ylim=c(-20, 18))
  abline(h=0)
}
```

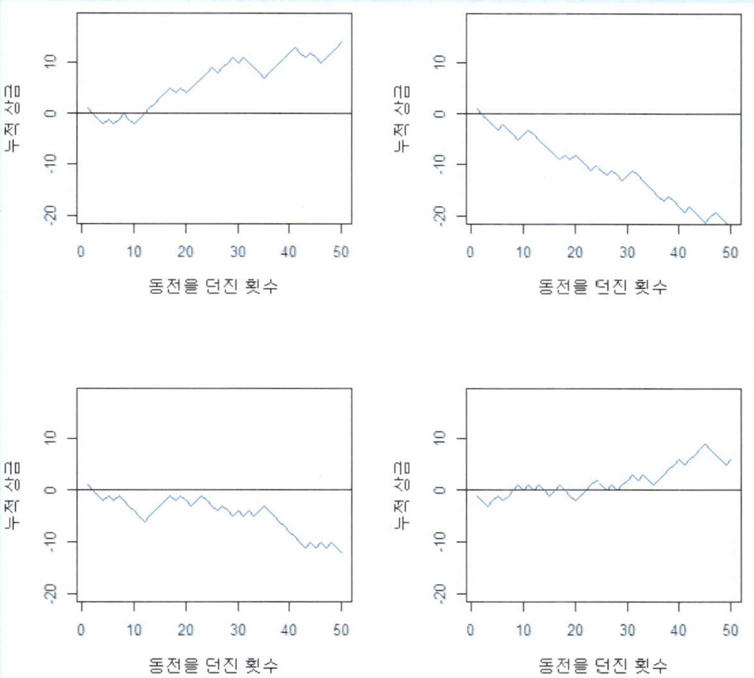


```
(3) # sum()을 이용하여 최종 상금을 구함
YH.win <- function(n=50) {
  win <- sample(c(-1, 1), size=n, replace=TRUE)
  sum(win)
}
prize <- replicate(1000, YH.win())
# table()를 이용하여 상금의 도수를 구함
table(prize)
```

```
prize
-22 -18 -16 -14 -12 -10  -8  -6  -4  -2   0   2   4   6   8  10  12
  3   4  12  17  26  51  40  80  83 118 112 114  86  89  55  38  35
 14  16  18  22  24
 20  12   3   1   1
# 위의 첫 번째 행은 상금 -22일 때 도수는 3, 상금 0일 때 도수는 112, 그리고 상금 24일 때 도수는 1을 나타냄
# plot()을 이용하여 상금의 빈도를 그림으로 나타냄
plot(table(prize), xlab="상금", ylab="도수", col="blue")
```

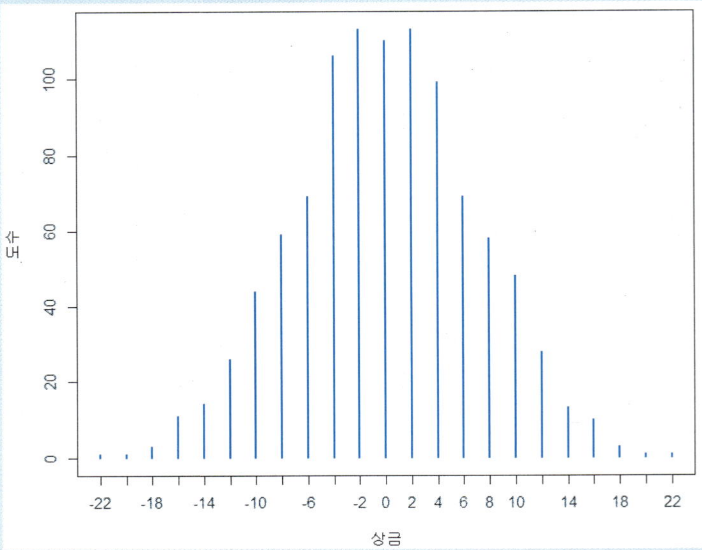

영희의 상금은 0을 중심으로 대칭을 이루고 있음. 영희가 50게임에서 반을 이길 확률은 시뮬레이션으로부터 근사적으로

$$P(\text{YH.win} = 0) \approx \frac{112}{1000} = 0.112$$

가 됨

1990년 Parade 매거진의 칼럼니스트 Marilyn Vos Savant의 “Ask Marilyn” 코너에 한 독자가 다음과 같은 질문을 하였다.

예제 2 무대에는 3개의 문이 있고 하나의 문 뒤에는 자동차, 나머지 문 뒤에는 염소가 있다. 게임 참가자는 문을 하나 선택해서 그 뒤에 자동차가 있으면 자동차를 상품으로 받는다. 그런데 참가자가 문을 하나 선택하면 게임 진행자는 남은 두 문 중에 염소가 있는 문 하나를 열어서 보여 주며 게임 참가자가 자신의 선택을 바꿀 기회를 한 번 더 준다. 이 게임에서 참가자가 자신이 선택한 문을 고수하는 것이 좋을지 아니면 아직 열리지 않은 다른 문으로 선택을 바꾸는 것이 유리한지 결정하여라.

이 문제는 TV 게임쇼 "Let's Make a Deal"의 진행자 이름을 따 "Monte Hall's Problem"으로 알려져 있다. Marilyn의 답변은 처음 선택을 바꾸는 것이 유리하다는 것이었는데, 약 10,000명의 독자들(수학자, 통계학자를 비롯한 1,000명 이상의 박사를 포함)로부터의 반응은 대부분 그녀의 주장에 동의할 수 없다는 것이었다. 그들의 주장은 각각의 문은 동일한 확률을 가지므로, 처음 선택을 바꾸는 것은 무의미하다는 것이었다.

R-풀이

```
# c()를 이용하여 문의 종류를 지정함
doors <- c("1", "2", "3")
# 모의실험 결과를 벡터 형태의 result 객체에 넣음
results <- c()
# sample()과 반복문 for()을 이용하여 100,000명이 게임에 참가하는 경우의 시뮬레이
션을 함
for(i in 1:100000)
{
car <- sample(doors, 1) # 차(car)가 속한 문
pick <- sample(doors, 1) # 참가자가 선택한 문
open <- sample(doors[which(doors != pick & doors != car)], 1) # 사회자가 연 문
switchyes <- doors[which(doors != pick & doors != open)] # 선택을 바꾼 경우의 문
if(pick == car) {results=c(results, "noswitchwin")} # 처음 선택이 성공한 경우
```

```
"switchwin"으로 저장
}
# 선택을 바꾸어 성공한 경우의 수를 구함
sum(results == "switchwin")
[1] 66727
# 선택을 바꾸지 않고 성공한 경우의 수를 구함
sum(results == "noswitchwin")
[1] 33273
```

해석: 선택을 바꾸어 성공할 확률은 약 $\frac{2}{3}$가 되고, 바꾸지 않을 경우 성공할 확률은 약$\frac{1}{3}$이 됨

예제 3

오른쪽 그림과 같은 $\frac{1}{4}$원에 해당하는 부분의 면적을 구하기 위해, 임의의 점을 1,000개 생성한 후, 이 중 $\frac{1}{4}$원에 들어가는 점의 수를 1,000으로 나누어 구하여라.

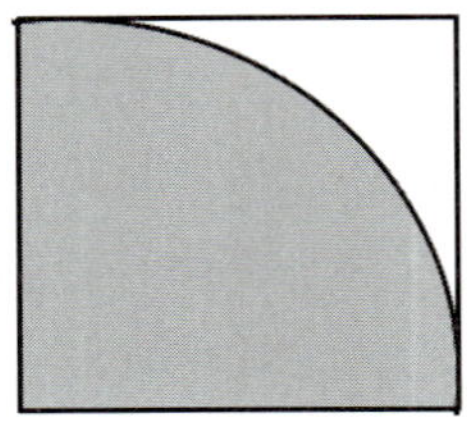

R-풀이

```
# 점을 세는 count 객체에 초기값으로 0을 할당함
count <- 0
# runif()으로 0~1 사이의 난수를 생성하고, 반복문 for()를 이용하여 1,000개의 점을 생성하는 시뮬레이션을 함
for(i in 1:1000)
{
point <- runif(2) # 0~1 사이의 난수 2개를 x와 y 값으로 가정하고 발생시킴
if(sqrt(point[1]^2 + point[2]^2) < 1) { # 원점에서 발생된 임의의 점까지의 거리는 √(x²+y²) 으로 구함
count <- count + 1 # 원점에서 이 점까지의 거리가 1보다 작은 경우를 셈
  }
  }
```

```
count/1000 # 1,000개 점의 수와 1/4 원에 속하는 점의 수의 비를 구함
[1] 0.785
```

해석: 1,000개의 점 중 원 $\frac{1}{4}$에 속하는 점은 791개로 반지름이 1인 원의 $\frac{1}{4}$ 면적은 0.785가 됨. 모의실험 결과가 0.785가 되지 않는 경우에, 생성되는 점의 수를 2000개, 3000개, …로 늘리면서 0.785가 되는 것을 확인함.

2.4 연습문제

1 1부터 45까지의 45개 숫자 중에 6개를 맞히는 로또복권 추첨 시뮬레이션을 R을 이용해 3회 시행하고, 로또복권을 한 개 구입하였을 때 당첨 확률을 구하여라. 단, R에서 n개 숫자 중에서 순서에 관계없이 r개를 선택하는 경우의 수는 choose(n, r)을 사용한다.

2 한 화장품 회사에서 새로운 신상품을 출시했다. 이 회사에서 제작한 상품에는 경품에 참여할 수 있는 응모권이 동봉되어 있으며, 응모권에는 그동안 이 화장품 회사를 선전했던 10명의 연예인들 중 한 명의 사진이 포함되어 있다. 모든 연예인의 사진을 모으게 되면, 즉 중복 없이 10명의 연예인 사진을 수집하게 되면 회사로부터 매우 값진 경품을 받게 된다. 연예인 사진 10종을 모두 모으려면 이 회사의 제품을 몇 개나 구매해야 할지 다음의 순서에 따라 1,000번 시뮬레이션하는 R프로그램을 작성하여 구하여라.

(1) 연예인 사진 수를 지정한다: pictures 〈- 1:n

(2) 총 시행 횟수를 초기화한다: trials 〈- 0

(3) 모든 연예인 사진을 최소 1개 이상 뽑게 되면 루프를 탈출한다:
while(sum(collect 〈 n)

(4) 연예인 사진을 1개를 무작위로 추출한다: i 〈- sample(pictures, 1)

(5) 추출한 연예인 사진이 n번째 연예인 사진인 경우에 1값을 할당한다:
collect[i] 〈- 1

(6) while 루프 조건이 만족되지 않을 때마다 총 시행횟수를 1씩 증가시킨다:
trials 〈- trials + 1

한 실험에서 표본공간에 속하는 원소들과 관련된 여러 가지 특성들을 숫자로 표현할 수 있는데, 실제로 실험의 주된 관심사는 그 원소보다도 숫자로 측정되는 특성값인 경우가 많다. 이 장에서는 이러한 숫자의 특징을 통하여 이산형 분포와 연속형 분포의 성질을 이해하고, 누적확률을 이용한 분포 함수의 성질을 학습한다. 또한 2개 이상의 변량에 대하여 다루어지는 결합분포와 주변분포에 대하여 학습하고 이를 통하여 독립성의 개념을 이해한다.

제3장

확률분포의 기초

학습목표

- 표본공간에 속하는 원소들과 관련된 여러 가지 특성들을 숫자로 표현하는 능력을 익힌다.
- 이산형 분포와 연속형 분포의 특징에 대하여 학습한다.
- 확률분포의 특징을 정확하게 확인하기 위해서 누적확률을 이용한 함수에 대해 학습한다.
- 이변량 결합분포와 주변분포에 대하여 학습하고 이를 통하여 독립성 개념을 이해한다.

3.1 확률변수와 분포

우리는 일상생활에서 끊임없이 의사결정을 하고 있으며 이러한 의사결정은 불확실성아래서 수행된다. 예를 들어 한 회사가 새로운 상품을 개발하여 이를 생산 판매하고자 생산시설을 확충하고자 할 경우, 이 상품에 대한 수요수준을 확신하지 못한 채 의사를 결정하게 된다. 또한 한 개인이 주식을 구입하려 할 때 어느 것을 사는 것이 가장 유리할지 확신할 수 없는 가운데 의사를 결정하는 문제 등을 들 수 있다. 이와 같은 수요수준, 증권수익률 등은 수없이 많은 값을 취할 수 있다. 따라서 이들은 항상 동일한 값을 갖는 상수가 아니라 그 값이 수시로 변하는 변수로 취급할 수 있다.

이와 같이 한 실험에서 표본공간에 속하는 원소들과 관련된 여러 가지 특성들을 수치로 표현할 수 있는 데, 실제로 실험의 주된 관심사는 그 원소보다도 수치로 측정되는 특성치인 경우가 많다고 하겠다. 구체적으로 예를 들면 표본공간 내의 원소들이 사람들일 경우 사람과 관련된 특성치로 체중, 신장, 연령, 지능지수, 또는 연간 소득등과 같은 수치들이 관심사일 수 있다. 그러므로 표본공간 내의 각 원소에 대하여 관심 있는 특성치를 대응시킬 수 있는 방법이 필요하다.

정의 1

어떤 실험의 표본공간 S 위에서 정의된 하나의 실수값 함수를 **확률변수**(random variable)라고 한다. 바꾸어 말하면 한 특별한 실험에서 확률변수 X는 각 가능한 결과 $s \in S$에 하나의 실수 $X(s)$를 부여하는 어떤 함수이다. 특히 실수의 집합 $A = \{x : X(s) = x,\ s \in S\}$ 를 확률변수 X의 **치역**(range)이라고 한다.

예제 1 하나의 동전을 두 번 던지는 실험에서

$$X(s) = s\text{에서의 } H\text{의 개수}$$

라고 할 때 X의 치역을 구하여라.

풀이 이 경우 표본공간 S는

$$S = \{HH, HT, TH, TT\}$$

이다. 여기서 관찰되는 앞면 H의 수가 관심사라고 하면 확률변수 X는

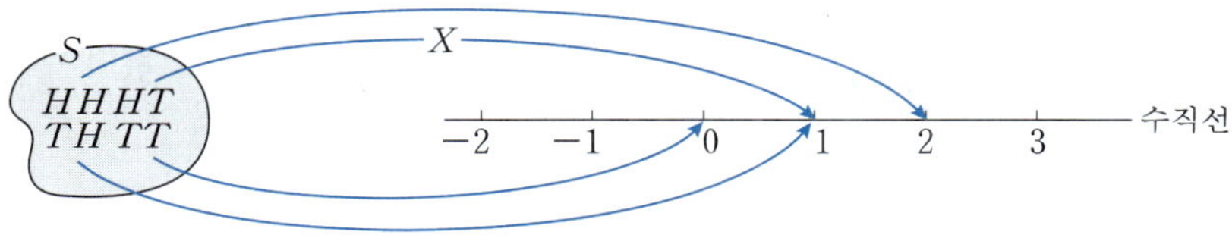

| 그림 1 |

$$X(s)=s\text{에서의 } H\text{의 개수}$$

로 정의할 수 있다. 그러므로 확률변수 X가 취할 수 있는 값들은

$$X(HH)=2,\ X(HT)=1,\ X(TH)=1,\ X(TT)=0$$

이므로 X의 치역은 $A=\{0,\ 1,\ 2\}$이다. ■

R-풀이

```
# 패키지 'prob'를 로딩함
library(prob)
# tosscoin()을 이용하여 표본공간을 구함
S <- tosscoin(2)
# 앞면의 개수를 구함
count <- function(x) sum(x == "H")
(X <- apply(S, 1, count))
[1] 2 1 1 0
```

또한 Y가 같은 표본공간에서 두 면이 같으면 1, 다르면 0으로 대응하는 확률변수라고 하면

$$Y(HH)=Y(TT)=1,\ Y(HT)=Y(TH)=0$$

이므로 Y의 치역은 $A=\{0,\ 1\}$이다.

예제 2 하나의 동전을 독립적으로 계속해서 던지는 실험에서 확률변수 X를 앞면이 처음으로 나타날 때까지 동전을 던진 시행횟수라고 하자. X의 치역을 구하여라.

풀이 예를 들어 $s=TTH$이면 $X(s)=3$이 된다. 다시 말하면 $X=x\,(x=1,\ 2,\ 3,\ \cdots)$ 라는 것은 처음 $x-1$번의 뒷면이 나오고 x번째 앞면이 나오는 경우를 의미한다. 분명히 확률변수 X의 치역은 $A=\{1,\ 2,\ 3,\ 4,\ \cdots\}$ 이다. ■

예제 3 직사각형 $S = \left\{(x,\ y) : 0 \le x \le 2,\ 0 \le y \le \frac{1}{2}\right\}$에서 한 점 $(x,\ y)$를 무작위로 뽑는 실험에서 확률변수 X를 뽑은 점의 x좌표라고 하자. X의 치역을 구하여라.

풀이 예를 들어 $s = \left(1,\ \frac{1}{4}\right)$이면 $X(s) = 1$이다. 그러므로 확률변수 X의 치역은 $A = \{0 \le X \le 2\}$이다. ■

예제 3에서 뽑은 점의 y좌표도 하나의 확률변수가 될 수 있으며, 또한 원점에서 뽑은 점까지의 거리도 하나의 확률변수가 될 수 있다.

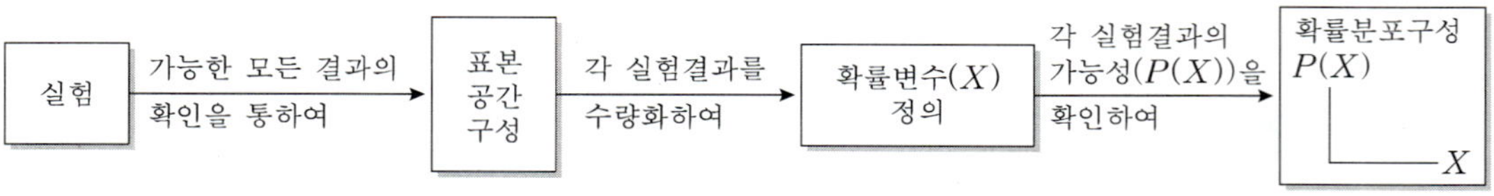

| 그림 2 |

각 실험결과의 특징을 실수로 표시함으로써 확률변수를 정의하면 확률변수의 특정한 값이 발생할 가능성을 산출할 수 있다. 가장 간단한 확인방법은 모든 가능한 확률변수의 값이 갖는 상대도수를 구하는 것이다. 이와 같이 확률변수가 취할 수 있는 값과 이 값들이 발생할 가능성이 상대도수에 의해 확인되면 비로소 우리는 확률분포를 구성할 수 있게 된다. 확률모형을 구성하는 과정을 도표화하면 [그림 2]와 같다.

예제 4 예제 1의 실험에서 $P(X = x)$을 구하여라.

풀이 A의 부분집합 $C = \{X = 1\}$에 대하여 S의 부분집합 A를

$$A = \{s \in S : X(s) \in C\}$$

라고 하면 $A = \{HT,\ TH\}$이다. 그러므로

$$P(X \in C) = P(X = 1) = P(A) = \frac{1}{4} + \frac{1}{4} = \frac{1}{2}$$

이다. 마찬가지로 $P(X = 0) = \frac{1}{4}$, $P(X = 2) = \frac{1}{4}$이 되고, 이것을 다음과 같은 표로 표현할 수 있다.

| 표 1 |

x	0	1	2
$P(X=x)$	$\frac{1}{4}$	$\frac{1}{2}$	$\frac{1}{4}$

이 표는 확률변수 X의 치역 A에 속하는 원소들에 대한 확률 분포를 나타내고 있는데 이 분포를 더 간단하게

$$P(X=x) = \binom{2}{x}\left(\frac{1}{2}\right)^2, \quad x \in A$$

로 표현할 수도 있다.

R-풀이

```
# 예제1을 수행한 후, table()을 이용하여 도수분포표를 구함
(x.freq <- table(X))
X
0 1 2
1 2 1
# length()를 이용하여 원소의 개수를 구하고, 표 1과 같은 확률눈포표를 구함
(x.prob <- x.freq/length(X))
X
   0    1    2
0.25 0.50 0.25
# plot()을 이용하여 각 점에서 x축까지의 수직선을 그리고(type), 색상(col), x축 이름(xlab), y축 이름(ylab), 제목(main), 선의 굵기(lwd), y축 범위(ylim)를 지정하고 확률분포표를 그래프로 나타냄.
win.graph(7,6)
plot(x.prob, type="h", col="red", xlab="앞면의 수", ylab="도수", main="동전 2개를 던졌을 때 앞면의 수에 대한 확률분포", lwd=4, ylim=c(0, max(x.prob) + 0.01))
```

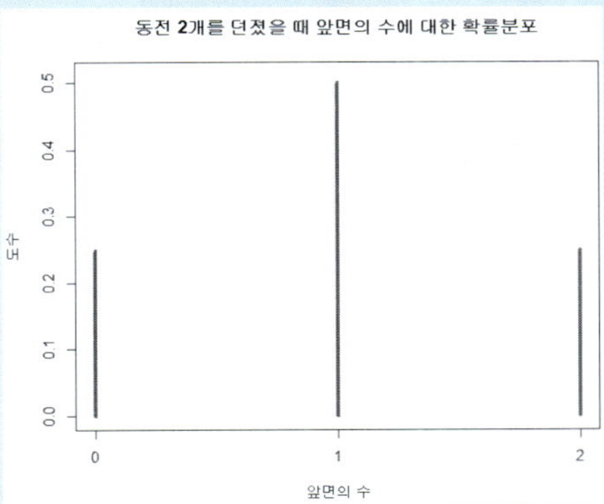

예제 4에서 우리는 분포의 표와 식을 이용하여 A의 임의의 부분집합 C에 대한 확률

$$P(X \in C)$$

를 구할 수 있다. 만일 확률변수 Y를

$$Y(s) = s\text{에서 } T\text{의 개수}$$

로 정의하면 Y의 확률분포는 X와 같지만 X와 Y는 서로 다른 확률변수이다.

예제 5 예제 2의 실험에서 $P(X=x)$을 구하여라.

풀이 $s=H$이면 $X(s)=1$이므로

$$P(X=1)=\frac{1}{2}$$

이 성립한다. 마찬가지로 $s=TH$이면 $X(s)=2$이므로

$$P(X=2)=\left(\frac{1}{2}\right)\left(\frac{1}{2}\right)=\frac{1}{4}$$

이다. 일반적으로 $X=x\,(x=1,\ 2,\ 3,\ \cdots)$ 라는 것은 처음 $x-1$번의 뒷면이 나오고 x번째 앞면이 나오는 경우를 의미하므로

$$P(X=x)=\left(\frac{1}{2}\right)^{x-1}\left(\frac{1}{2}\right)=\left(\frac{1}{2}\right)^{x},\quad x=1,\ 2,\ 3,\ \cdots$$

이 성립한다. ■

예제 6 예제 3의 실험에서 뽑은 점이 S의 어떤 주어진 부분집합에 놓여 있을 확률은 그 부분집합의 넓이와 같다고 하자. $P(x_1 \le X \le x_2)$을 구하여라.

풀이 표본공간 S의 넓이는 1이고 만일 확률변수 X가 뽑은 점의 x좌표이면, $0 \le x_1 \le x_2 \le 2$인 임의의 수 x_1과 x_2에 대하여 $P(x_1 \le X \le x_2)$는 [그림 3]에서의 넓이일 것이다.

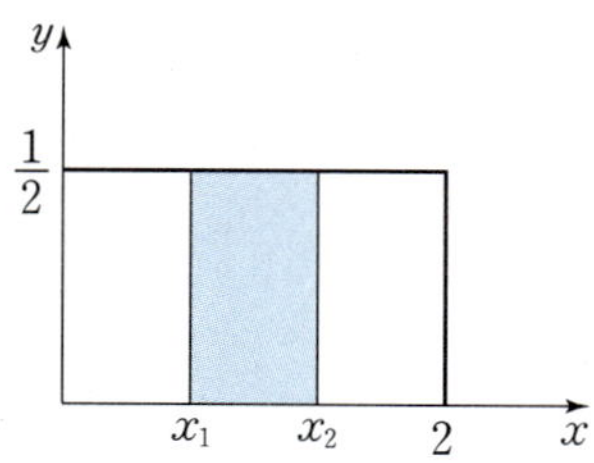

| 그림 3 |

그러므로

$$P(x_1 \le X \le x_2) = \frac{1}{2}(x_2 - x_1)$$

이 성립한다. ■

확률분포를 구성할 때 확률변수 값이 표현되는 방법에 따라 우리는 이산형 분포와 연속형 분포로 구별한다.

정의 2

확률변수 X가 단지 유한 k개의 값 x_1, x_2, $\cdots$, x_k 또는 두한개의 열 x_1, x_2, $\cdots$를 취하면 확률변수 X는 **이산형 분포**(discrete distribution)를 가진다고 한다. 즉 이산형 분포란 확률변수의 치역이 가산집합일 경우를 의미한다. 확률변수 X가 이산형 분포를 가지면 X의 **확률함수**(probability function)는 임의의 실수 x에 대하여

$$f(x) = P(X = x)$$

와 같은 함수로 정의된다.

X의 가능한 값이 아닌 어떤 점 x에 대하여 명백하게 $f(x) = 0$이다. 또한 x_1, x_2, $\cdots$가 X의 모든 가능한 값이면 $\sum_{i=1}^{\infty} f(x_i) = 1$이다.

[그림 4]는 하나의 확률함수를 그린 것인데 이 그림에서 수직선분은 가능한 값 x에 일치하는 $f(x)$의 값을 표시하며, 수직선분의 높이의 합은 1이다. 그러므로 함수 f가 이산형 분포의 확률함수이면 f는 다음 성질을 만족하여야 한다.

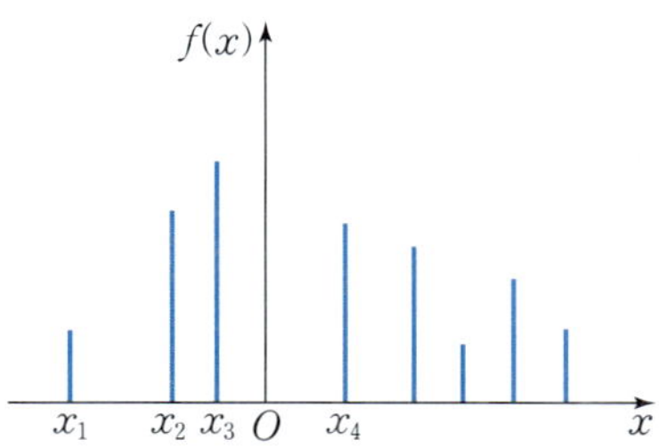

| 그림 4 |

(1) $f(x) \ge 0,\ x \in \mathrm{A}$ (2) $\sum_{x \in R} f(x) = 1$

또한 X가 이산형 분포를 가지면 실수의 부분집합 A의 확률은

$$P(X \in A) = \sum_{x_i \in A} f(x_i)$$

로부터 구할 수 있다.

예제 7 확률변수 X의 확률함수가 다음과 같다고 하자.

$$f(x) = \begin{cases} 2^{-x}, & x = 1,\ 2,\ 3, \cdots \\ 0, & \text{기타} \end{cases}$$

$f(x)$는 하나의 확률함수임을 보이고 $A = \{1,\ 3,\ 5, \cdots\}$ 라고 할 때 $P(X \in A)$를 구하여라.

풀이 분명히 $f(x) \geq 0$이고

$$\sum_{x=1}^{\infty} 2^{-x} = \frac{\frac{1}{2}}{1-\frac{1}{2}} = 1$$

이므로 $f(x)$는 하나의 확률함수이다.
한편 $A = \{1,\ 3,\ 5, \cdots\}$ 라고 하면

$$P(X \in A) = \sum_{x \in A} f(x) = \frac{\frac{1}{2}}{1-\frac{1}{2^2}} = \frac{2}{3}$$

이다. ■

예제 8 하나의 동전을 독립적으로 n번 던지는 실험에서 앞면이 관찰된 횟수를 확률변수 X라고 할 때 X의 확률함수를 구하여라.

풀이 확률변수 X를

$$X(s) = s\text{에서의 } H\text{의 개수}$$

라고 하고 앞면 H가 나올 확률을 $p(0 < p < 1)$라고 하면 X의 치역은 $A = \{0,\ 1,\ 2,\ \cdots,\ n\}$ 이다. 정확히 x개의 앞면과 $n-x$개의 뒷면을 포함하는 n번의 시행의 어떤 특별한 배열을 얻을 확률은 $p^x(1-p)^{n-x}$이다. 이러한 형태에 관한 $\binom{n}{x}$개의 다른 배열이 있으므로 X의 확률함수 $f(x)$는 다음과 같다.

$$f(x) = P(X = x) = \begin{cases} \binom{n}{x} p^x (1-p)^{n-x}, & x = 0,\ 1,\ 2,\ \cdots,\ n \\ 0, & \text{기타} \end{cases}$$ ■

3.1 연습문제

1 앞면이 나올 확률이 2/3, 뒷면이 나올 확률이 1/3인 동전 한 개를 3회 던진다고 하자. 앞면이 나오는 횟수를 확률변수 X라고 하면 X의 확률분포를 구하여라.

2 다음 함수가 확률함수가 되는지를 조사하여라.

$$f(x) = \begin{cases} \dfrac{x+2}{25}, & x = 1,\ 2,\ 3,\ 4,\ 5 \\ 0, & \text{기타} \end{cases}$$

3 하나의 주사위를 독립적으로 6번 던지는 실험에서 1의 눈이 관찰된 횟수를 확률변수 X라고 할 때 X의 확률함수를 구하여라.

4 한 상자 속에 7개의 빨간 공과 3개의 파란 공이 들어 있다고 가정하자. 만일 5개의 공을 무작위로 비복원추출한다면 이때 얻는 빨간 공 수의 확률함수를 구하여라.

5 확률변수 X가 다음과 같은 확률함수를 가지는 이산형 분포를 한다고 하자.

$$f(x) = \begin{cases} c\left(\dfrac{2}{3}\right)^x, & x = 1,\ 2,\ 3,\ \cdots \\ 0, & \text{기타} \end{cases}$$

상수 c의 값을 결정하여라.

6 확률변수 X가 다음과 같은 확률함수를 가지는 이산형 분포를 한다고 하자.

$$f(x) = \begin{cases} \dfrac{x}{15}, & x = 1,\ 2,\ 3,\ 4,\ 5 \\ 0, & \text{기타} \end{cases}$$

이때 $P(X=1$ 또는 $X=2)$, $P\left(\dfrac{1}{2} < X < \dfrac{5}{2}\right)$, $P(1 \leq X \leq 2)$의 값을 구하여라.

3.2 연속형 분포

3.1절에서 우리는 확률변수가 취할 수 있는 값이 유한개이거나 가산 무한개인 이산형 분포에 대하여 알아보았다. 그러나 확률변수가 취할 수 있는 값이 셀 수 없는 경우도 존재한다. 예를 들면 기차가 어떤 역에 도달하는 시각, 백열전구의 수명시간 등과 같이 어떤 범위 내의 모든 값을 생각하여야 하는 경우가 있다. 그러한 확률변수를 연속형 분포를 가지는 확률변수라고 하는데, 이 절에서는 연속형 분포에 대하여 알아보기로 한다.

정의 1

임의의 구간 A에 대하여

$$P(X \in A) = \int_A f(x)dx$$

가 성립하는 실수에서 정의된 음이 아닌 함수 f가 존재하면 확률변수 X는 **연속형 분포**(continuous distribution)를 가진다고 하고 함수 f를 X의 **확률밀도함수**(probability density function)라고 한다.

확률밀도함수는 수없이 많은 사건을 갖는 확률함수를 이용하여 만든 도수분포다각형의 형태로 파악할 수 있다. 예를 들어 다음과 같은 전자제품 대리점의 일일 매상고를 확률밀도함수화한 표를 생각하자.

| 표 1 |

매상고(X)	확률
$0 < X \le 1{,}000$	0
$1{,}000 < X \le 2{,}000$	0.05
$2{,}000 < X \le 3{,}000$	0.25
$3{,}000 < X \le 4{,}000$	0.30
$4{,}000 < X \le 5{,}000$	0.25
$5{,}000 < X \le 6{,}000$	0.10
$6{,}000 < X \le 7{,}000$	0.05

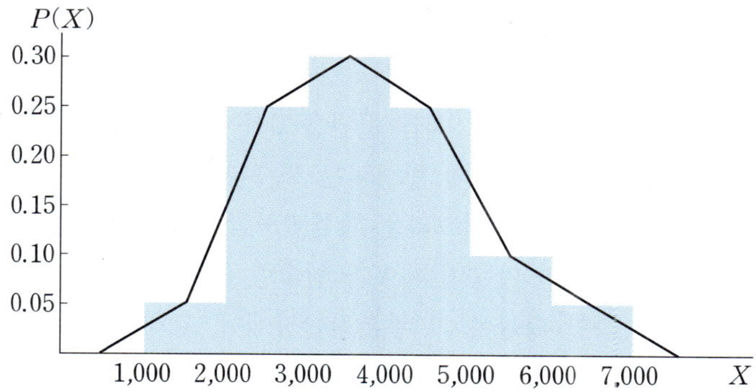

| 그림 1 | 계급 간격을 세분화할 경우 일일 매상고의 상대도수분포다각형

이 결과를 이용하여 상대도수분포표 및 상대도수분포다각형을 작성한 것이 [그림 1]이다. 그림은 표를 막대그래프화한 뒤 각 기둥의 중앙을 연결하여 얻은 일종의 도수분포다각형이다. 여기서 계급 구간을 1,000으로부터 점차 줄여 500 또는 250단위씩으로 설정하여 표를 재작성하여 막대그래프를 도출하고 도 도수분포다각형으로 도시하면 그림 2와 같다.

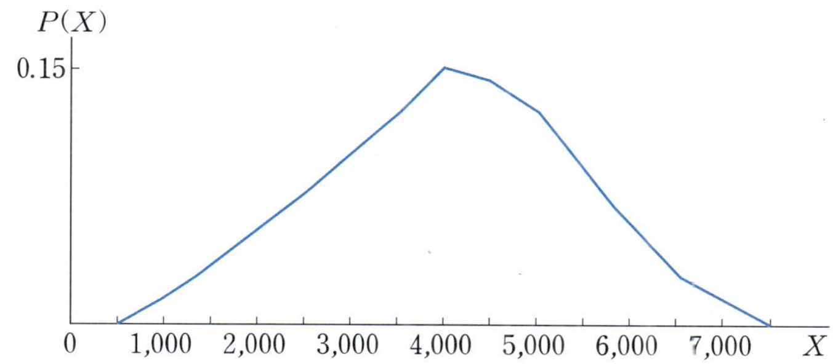

(a) 계급 간격을 반으로 줄인 경우

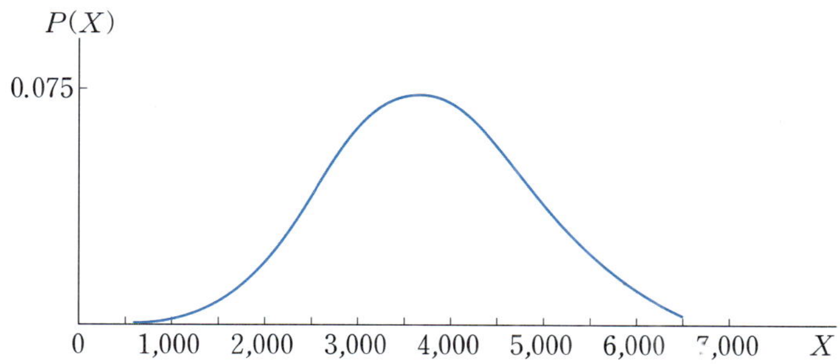

(b) 계급 간격을 $\frac{1}{4}$로 줄인 경우

| 그림 2 |

이러한 과정에서 우리는 두 가지 특징을 발견할 수 있다. 첫째 도수분포다각형의 높이는 점차 낮아지고, 둘째 그 모양은 매끄러운 연속선의 형태로 변화하는 것이다. 이러한 작업을 계속하여 계급 구간을 0까지 접근시킨다면 계급(또는 사건)의 수는 무한히 커질 것이며, 이때 형성되는 도수분포다각형은 어느 곳에서도 꺾이거나 각을 이루지 않는 아주 매끄러운 확률밀도함수의 형태가 될 것이다.

정의 1에 의하면 확률변수 X가 연속형 분포를 가질 경우 X가 실수 전체의 어떤 부분집합에 속할 확률은 그 부분집합상에서 X의 확률밀도함수를 적분함으로써 구할 수 있다. 그리고 모든 확률밀도함수는 이산형 분포의 확률함수와 마찬가지로 다음의 두 조건을 만족하여야 한다.

(1) $f(x) \geq 0$ (2) $\int_{-\infty}^{\infty} f(x)dx = 1$

[그림 3]은 하나의 확률밀도함수를 그린 것인데, 이 그림에서 곡선 아래의 총 넓이는 1이고 $P(a \leq X \leq b)$의 값은 그늘진 부분의 넓이와 같다.

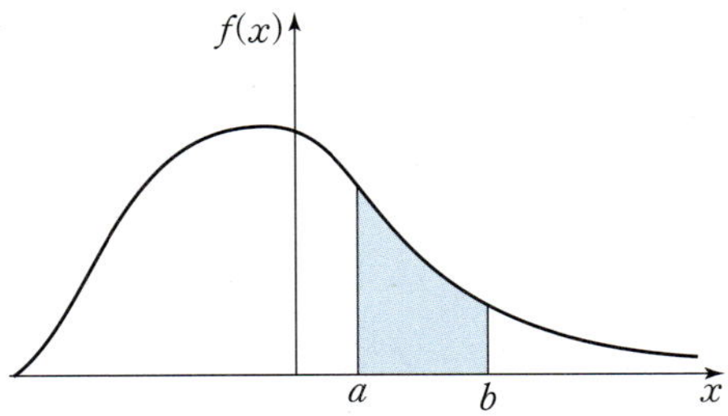

| 그림 3 |

만일 확률변수 X가 연속형 분포를 가진다면 한 점 x에 대하여 $P(X=x)=0$이고, 따라서

$$P(X < a) = P(X \leq a) = \int_{-\infty}^{a} f(x)dx$$

가 성립한다. 이러한 이유 때문에 유한개 또는 무한개의 점에서 확률밀도함수의 값은 임의로 변화될 수 있다. 즉 X의 확률밀도함수 값은 X의 확률분포에 영향을 미치지 않고 임의로 변화될 수 있다. 그러므로 확률변수의 확률밀도함수는 유일하지 않다.

예제 1 확률변수 X의 확률밀도함수가 다음과 같다고 할 때 상수 c를 결정하고, $P(X \geq 1)$을 구하여라.

$$f(x)=\begin{cases} c(4x-2x^2), & 0<x<2 \\ 0, & \text{기타} \end{cases}$$

풀이 여기서 c는 상수이다. 모든 확률밀도함수는 $\int_{-\infty}^{\infty} f(x)dx=1$이므로

$$\int_0^2 f(x)dx=\int_0^2 c(4x-2x^2)dx=\frac{8}{3}c=1$$

이다. 따라서 $c=\frac{3}{8}$이다. 그리고

$$P(X\geq 1)=\int_1^{\infty} f(x)dx=\frac{3}{8}\int_1^2 (4x-2x^2)dx=\frac{1}{2}.$$

■

R-풀이

```
# integrate()를 이용하여 ∫_S (4x − 2x^2)dx = 1 을 만족하는 c를 구함
ex3_2_1 <- function(x) {4*x - 2*x^2}
(c_1 <- integrate(ex3_2_1, 0, 2))
2.666667 with absolute error < 3e-14
# as.fractions()을 이용하여 c_1을 분수로 표시한 후, 역수를 취함
as.fractions(2.666667)^{-1}
[1] 3/8
# integrate()를 이용하여 P(X ≥ 1) 를 구함
pdf <- function(x) {(3/8)*(4*x - 2*x^2)}
(p_ge_1 <- (integrate(ex3_2_2, 1, 2)))
0.5 with absolute error < 5.6e-15
```

예제 2 어떤 제품의 수명시간을 확률변수 X라 할 때 X의 확률밀도함수는

$$f(x)=100\frac{1}{x^2},\quad x\geq 100$$

이라고 한다. 이 제품 5개 가운데 정확히 2개가 150시간 이내에 고장 나서 교체될 확률을 구하여라.

풀이 먼저 i번째 제품이 150시간 이내에 고장 나서 교체되는 사건을 $A_i(i=1,2,3,4,5)$라고 하면

$$P(A_i)=\int_{100}^{150} 100\frac{1}{x^2}dx=\frac{1}{3}$$

이다. 사건 A_i는 독립이므로 구하는 확률은

$$\binom{5}{2}\left(\frac{1}{3}\right)^2\left(\frac{2}{3}\right)^3 = \frac{80}{243}$$

이다. ■

R-풀이

integrate()를 이용하여 $\int_{100}^{150} 100\frac{1}{x^2}dx$을 계산함

```
ex3_2_2 <- function(x) {100/x^2}
(c_2 <- integrate(ex3_2_2, 100, 150))
0.3333333 with absolute error < 3.7e-15
# as.fractions()를 이용하여 c_2를 분수로 표시함
as.fractions(0.3333333)
[1] 1/3
# choose()를 이용하여 제품 5개 가운데 정확히 2개가 150시간 이내에 고장 나서 교체
될 확률을 구하고, as.fractions()를 이용하여 분수로 표시함
as.fractions(choose(5, 2)*(1/3)^2*(2/3)^3)
[1] 80/243
```

3.2
연습문제

1 X의 확률밀도함수가 다음과 같을 때 $P(X \le 1)$을 구하여라.

$$f(x) = \begin{cases} \dfrac{x}{2}, & 0 < x < 2 \\ 0, & \text{기타} \end{cases}$$

2 X의 확률밀도함수가 다음과 같다고 하자.

$$f(x) = \begin{cases} \dfrac{1}{x^2}, & x > 1 \\ 0, & \text{기타} \end{cases}$$

$A = \{1 < x < 3\}$, $B = \{2 < x < 6\}$일 때 $P(A \cup B)$를 구하여라.

3 확률변수 X의 확률밀도함수가 다음과 같다고 하자.

$$f(x) = \begin{cases} \dfrac{1}{36}(9 - x^2), & -3 \le x \le 3 \\ 0, & \text{기타} \end{cases}$$

확률밀도함수의 그래프를 그리고 다음 확률을 계산하여라.

(1) $P(X < 0)$ (2) $P(-1 \le X \le 1)$ (3) $P(X > 2)$

4 X의 확률밀도함수가 다음과 같다고 하자.

$$f(x) = \begin{cases} \dfrac{1}{8}x, & 0 \le x \le 4 \\ 0, & \text{기타} \end{cases}$$

(1) $P(X \le t) = \dfrac{1}{4}$인 t의 값을 구하여라.

(2) $P(X \ge t) = \dfrac{1}{2}$인 t의 값을 구하여라.

3.3 분포함수

확률분포의 특징을 더욱 정확하게 확인하기 위해서는 누적확률을 이용한 함수에 대해 살펴볼 필요가 있다.

정의 1

실수 x에 대하여

$$F(x) = P(X \leq x) = P(s \in S : X(s) \leq x)$$

와 같이 정의된 함수 F를 확률변수 X의 **누적분포함수**(cumulative distribution function) 또는 간단히 **분포함수**라고 한다.

분포함수는 확률변수의 분포를 정할 수 있고, 또한 하나의 확률변수 X에 대하여 분포함수는 유일하게 존재하며 X의 분포에 의하여 완전하게 정해진다. 그러므로 X의 식으로 표현되는 모든 사상들의 확률을 분포함수를 이용하여 구할 수 있으며, 한 실험에 대한 확률분포 모형의 건설도 분포함수를 이용하여 가능하다.

예제 1 동전 두 개를 던지는 실험에서 앞면의 개수를 확률변수 X로 정의할 때, X의 분포함수를 구하여라.

풀이

$$F(x) = P(X \leq x) = \begin{cases} 0, & x < 0 \\ \frac{1}{4}, & 0 \leq x < 1 \\ \frac{3}{4}, & 1 \leq x < 2 \\ 1, & x \geq 2 \end{cases}$$

이다. ■

R-풀이

```
# X의 분포함수를 그래프로 나타내기 위해 분포함수를 정의함
Fx <- function(x) {
  if (x <0) { y <- 0
  } else if (x<1) {y <- 1/4
  } else if (x<2) {y <- 3/4
  } else y <- 1
  return(y) }
# Vectorize()를 이용하여 Fx 분포함수를 벡터용 함수로 변환하여 ex3_3_1 객체에 할당함
ex3_3_1 <- Vectorize(Fx, "x")
# 그래프의 x축을 -2부터 4까지 100등분함
xrange <- (-200:400)/100
# plot()를 이용하여 점이나 문자의 굵기(cex), 제목(main), 색상(col), x축 이름(xlab), y축 이름(ylab)을 지정하고, 점(x, y)들을 그래프로 나타냄
plot(xrange, ex3_3_1(xrange), cex=0.6, main="동전 2개를 던졌을 때 앞면의 수에 대한 확률분포", col="red", xlab="x", ylab="F(x)")
# points()를 이용하여 점의 시작점과 끝점을 나타내고, 시작점의 모양을 원이 채워진 형태(pch=19)로 나타내어 경계점을 강조함. pch를 적지 않으면, 빈 원으로 나타남
points(0:2, ex3_3_1(0:2), pch=19, col=2, cex=1.2)
points(0:2, ex3_3_1(0:2-0.0001), col=2, cex=1.2)
# text()를 이용하여 확률을 왼쪽(pos=2)에 표시함
text(0:2, ex3_3_1(0:2), labels=ex3_3_1(0:2), col=4, pos=2)
```

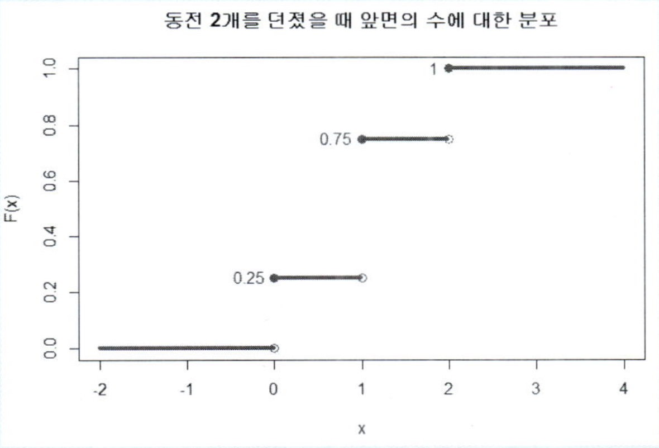

동일한 실험에서 뒷면의 개수를 확률변수 Y로 정의하면 Y의 분포함수도 X의 분포함수와 같다.

확률변수 X가 연속형 분포를 갖는 경우 확률밀도함수 f에 대해 X의 분포함수는

$$F(x) = P(X \le x) = \int_{-\infty}^{x} f(t)dt$$

로 표현된다. 양변을 x에 대하여 미분하면 다음과 같은 분포함수와 확률밀도함수 사이의 관계식을 얻을 수 있다.

$$\frac{dF(x)}{dx} = f(x)$$

예제 2 확률밀도함수가 다음과 같다고 하자.

$$f(x) = \begin{cases} x, & 0 \le x \le \sqrt{2} \\ 0, & \text{기타} \end{cases}$$

X의 분포함수를 구하여라.

풀이 $x < 0$일 때 $f(x) = 0$이므로 $F(x) = 0$이다. $0 \le x \le \sqrt{2}$일 때 $f(x) = x$이므로 $F(x) = P(X \le x) = \int_0^x t dt = \frac{x^2}{2}$이다. $x > \sqrt{2}$일 때 $F(x) = \int_0^{\sqrt{2}} x dx = 1$이다. 분명히 $\frac{dF(x)}{dx} = f(x)$가 성립한다. ■

분포함수는 실수 전체 위에서 정의된 함수이며 임의의 점 x에서 $F(x)$의 값은 구간 $0 \le F(x) \le 1$에 있는 한 수임에 틀림없다. 또한 임의의 확률변수 X의 분포함수는 다음과 같은 세 가지 성질을 갖는다.

분포함수의 성질

1. 함수 $F(x)$는 비감소함수(nondecreasing function)이다. 즉 $x_1 < x_2$이면 $F(x_1) \le F(x_2)$이다.
2. $F(-\infty) = \lim_{x \to -\infty} F(x) = 0$, $F(\infty) = \lim_{x \to \infty} F(x) = 1$
3. 분포함수는 항상 우측 연속이다. 즉 모든 점 x에 대하여 $F(x) = \lim_{y \to x,\ y > x} F(y) = F(x^+)$가 성립한다.

일반적으로 위의 세 가지 성질을 만족하는 함수 F는 어떤 확률변수 X의 분포함수가 된다. 예제 1은 이산형 분포이고 위(분포함수)의 성질 3에 의하여

$$F(0)=\frac{1}{4},\ F(1)=\frac{3}{4},\ F(2)=1$$

임을 알 수 있다. 또한 예제 2는 연속형 분포이고 이 경우 분포함수는 모든 점에서 연속함수이다. 한편 하나의 확률변수 X의 분포함수를 안다면, 그때 X가 어떤 특정한 실구간에 속할 확률은 분포함수를 이용하여 결정할 수 있다.

성질 1 | 분포함수를 이용한 확률의 계산

(1) $P(X>x)=1-F(x)$

(2) $x_1<x_2$와 같은 어떤 주어진 값 x_1, x_2에 대하여

$$P(x_1<X\le x_2)=F(x_2)-F(x_1)$$

(3) $P(X<x)=\lim_{y\to x,\ y<x} F(y)=F(x^-)$

(4) 어떤 주어진 값 x에 대하여

$$P(X=x)=F(x^+)-F(x^-)$$

예제 3 예제 1에서 $P(X<1)$, $P(X=1)$, $P(0<X\le 3)$을 구하여라.

풀이 이 경우

$$P(X<1)=F(1^-)=\frac{1}{4}$$

$$P(X=1)=F(1)-F(1^-)=\frac{1}{2}$$

$$P(0<X\le 3)=F(3)-F(0^+)=\frac{3}{4}$$

임을 쉽게 알 수 있다. ■

확률분포에서 모든 관계식에 등호가 있는 경우와 없는 경우를 주의 있게 구별하는 것은 매우 중요하다. 만일 한 주어진 값 x에서 $F(x)$에 하나의 도약이 있다면 $P(X\le x)\ne P(X<x)$이다. 그러나 연속형 분포에 대하여 분포함수는 항상 연속함수이므로 등호는 큰 문제가 되지 않는다. 특히 성질 1의 (4)는 이산형 분포의 경우에는 $P(X=x)$의 값이 도약의 높이를 의미하는데 연속형 분포처럼 도약이 없는

경우에는 $P(X=x)=0$이 되어 이 식이 연속형 분포를 특징지을 수 있는 중요한 식이 된다.

분명히 앞의 세 가지 성질을 만족하는 어떤 함수 F는 어떤 확률변수의 분포함수가 된다. 우리는 하나의 확률변수를 포함하는 어떤 확률이 그 변수의 분포함수로서 결정될 수 있다는 사실을 알았다. 그러므로 우리는 한 실험과 표본공간 S, 그리고 표본공간 S상의 한 함수로서 X를 명백하게 언급할 필요없이 하나의 확률변수 X의 분포함수를 특정시키고, 이러한 분포함수를 고려함으로써 확률변수 X의 행동을 연구할 것이다.

3.3 연습문제

1 어느 버스정류장을 버스가 매시 0분, 10분, 20분, 30분, 40분, 50분의 10분 간격으로 발차하고 있다. 한 사람이 시각표를 모르고 정류장에 와서 버스를 탄다고 하자. 기다려야 할 시간을 X분이라고 할 때 확률변수 X의 분포함수와 확률밀도함수를 구하여라.

2 X의 분포함수가 다음과 같다고 하자.

$$F(x)=\begin{cases}0, & x<-1\\ 1/4, & -1\le x<1\\ 1/2, & 1\le x<3\\ 3/4, & 3\le x<5\\ 1, & x\ge 5\end{cases}$$

다음 확률을 구하여라.

(1) $P(X\le 3)$ (2) $P(X=3)$

(3) $P(X\ge 1)$ (4) $P(-0.4<X<4)$

3 한 개의 동전을 앞면을 처음으로 얻을 때까지 계속하여 던진다고 가정하고 확률변수 X를 그때까지 던진 횟수라고 가정하자. X의 분포함수를 구하고 그래프를 그려라.

4 어떤 전기 시스템에서 전압 X에 대한 분포함수가 다음과 같다고 하자.

$$F(x)=\begin{cases}0, & x<0\\ \dfrac{x}{1+x}, & x\ge 0\end{cases}$$

X의 확률밀도함수를 구하여라.

5 하나의 주사위를 던지는 실험에서 관찰되는 주사위 눈의 수를 확률변수 X라고 할 때 X의 분포함수 그래프를 그리고, 분포함수를 이용하여 $P(X=3)$의 값을 구하여라.

3.4
이변량분포

어떤 확률실험이 각각 이산형 분포를 가지는 두 확률변수 X와 Y를 포함한다고 하자. 예를 들면 동전과 주사위를 동시에 던지는 실험에서 확률변수 X는 동전 앞면의 수이고, 다른 확률변수 Y는 주사위 눈의 수라고 할 수 있다. 만일 X와 Y가 둘 다 유한개의 가능한 값들을 가지는 이산형 분포를 한다면, 그때 쌍 (X, Y)에 관한 단지 유한개의 다른 가능한 값 (x, y)가 있을 것이다. 또한 X와 Y가 무한개의 가능한 값들을 가지는 이산형 분포를 한다면 그때는 또한 쌍 (X, Y)에 관한 무한개의 가능한 값들이 있을 것이다. 이러한 모든 경우를 X와 Y는 하나의 **이산형 결합분포**(discrete joint distribution)를 가진다고 한다.

xy평면에 있는 임의의 점 (x, y)에 대하여 함수

$$f(x, y) = P(X = x, Y = y)$$

를 X와 Y의 **결합확률함수**(joint probability function)라고 한다. 만일 (x, y)가 확률변수 (X, Y) 쌍에 관한 가능한 값들 가운데 하나가 아니면 $f(x, y) = 0$임에 틀림없다.

결합확률함수는 하나의 확률변수인 경우와 유사하게 다음과 같은 성질을 만족하여야 한다.

(1) 모든 (x, y)에 대하여 $f(x, y) \geq 0$

(2) $\displaystyle\sum_x \sum_y f(x, y) = 1$

또한 xy평면의 임의의 부분집합 A에 대하여

$$P[(X, Y) \in A] = \sum_{(x, y) \in A} \sum f(x, y)$$

가 성립한다.

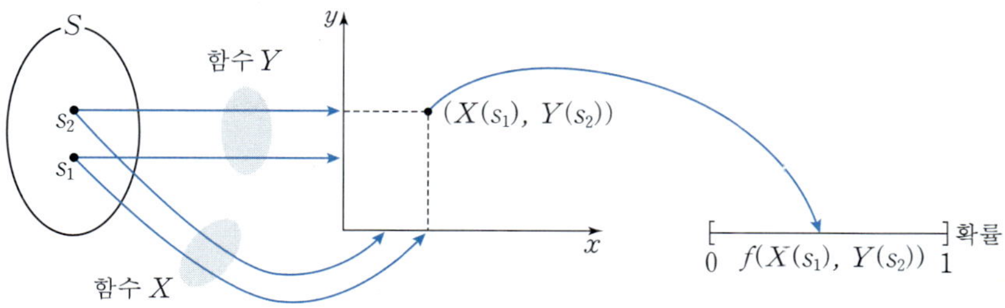

| 그림 1 |

예제 1 하나의 동전을 세 번 던지는 실험을 생각하자. 이 실험에서 동전을 처음 두 번 던졌을 때까지 관찰된 앞면의 개수를 확률변수 X, 세 번 모두 던졌을 때 관찰되는 앞면의 개수를 확률변수 Y라고 하면 X와 Y의 결합확률함수를 구하고 $P(X \geq 1, Y \geq 1)$과 $P(X=2)$의 값을 구하여라.

풀이 X는 0, 1, 2의 값을 취하고 Y는 0, 1, 2, 3의 값을 취하게 된다. 그러므로 (X, Y)는 표본공간 S를 정의구역으로 하고, 이차원 공간상 순서쌍들의 집합

$$A=\{(x, y) : x=0, 1, 2, y=0, 1, 2, 3\}$$

을 치역으로 하는 실수값 함수이다. 이제 표본공간 S 안의 8가지 가능한 결과에 같은 확률이 부여된다고 하자. 예를 들어 $s=HTH$ 또는 $s=THH$이면 $(X(s), Y(s))=(1, 2)$이고, 이 경우 $P[(X, Y)=(1, 2)]=P\{THH, HTH\}=\frac{2}{8}$이다.
유사한 방법으로 X와 Y의 결합확률함수를 구하면 [표 1]과 같다.

| 표 1 |

X \ Y	0	1	2	3
0	$\frac{1}{8}$	$\frac{1}{8}$	0	0
1	0	$\frac{2}{8}$	$\frac{2}{8}$	0
2	0	0	$\frac{1}{8}$	$\frac{1}{8}$

이제 $P(X \geq 1, Y \geq 1)$과 $P(X=2)$의 값을 구해보기로 하자.
$x \geq 1$, $y \geq 1$을 만족하는 모든 값에 대하여

$$\begin{aligned} P(X \geq 1, Y \geq 1) &= f(1, 1)+f(1, 2)+f(1, 3)+f(2, 1)+f(2, 2)+f(2, 3) \\ &= \frac{3}{4} \end{aligned}$$

과 같이 $f(x, y)$를 더함으로써 값을 구할 수 있다. 또한

$$P(X=2)=\sum_{y=0}^{3} f(2,\ y)=\frac{1}{4}$$

이다. ■

R-풀이

```
# library()를 이용하여 'prob'을 로딩함
library(prob)
# tosscoin()을 이용하여 표본공간을 구하고, ex3_4_1 객체에 할당함
(ex3_4_1 <- tosscoin(3, makespace=TRUE))
    toss1   toss2   toss3   probs
1     H       H       H     0.125
2     T       H       H     0.125
⋮     ⋮       ⋮       ⋮       ⋮
7     H       T       T     0.125
8     T       T       T     0.125
# 동전의 앞면의 개수를 세는 함수를 정의함
counth <- function(x) sum(x == "H")
# apply()를 이용하여 처음 두 번 동전을 던졌을 때까지 관찰되는 앞면의 개수를
counth_x 객체에 할당함
(counth_x <- apply(ex3_4_1[, c(1:2,4)], 1, counth))
[1] 2 1 1 0 2 1 1 0
# apply()를 이용하여 세 번 모두 동전을 던졌을 때 관찰되는 앞면의 개수를 counth_y
객체에 할당함
counth_y <- apply(ex3_4_1, 1, counth)
[1] 3 2 2 1 2 1 1 0
# addrv()을 이용하여 ex3_4_1에 counth_x와 counth_y를 첨가함
(S <- addrv(ex3_4_1, X=counth_x,  Y=counth_y, name=c("X", "Y")))
    toss1   toss2   toss3   X    Y   probs
1     H       H       H     2    3   0.125
2     T       H       H     1    2   0.125
3     H       T       H     1    2   0.125
4     T       T       H     0    1   0.125
5     H       H       T     2    2   0.125
```

```
6    T    H    T 1 1 0.125
7    H    T    T 1 1 0.125
8    T    T    T 0 0 0.125
# marginal()을 이용하여 (x, y)가 중복되지 않는 값을 갖도록 정리함
(XY <- marginal(S, var=c("X", "Y")))
  X Y probs
1 0 0 0.125
2 0 1 0.125
3 1 1 0.250
4 1 2 0.250
5 2 2 0.125
6 2 3 0.125
# xtabs()를 이용하여 X와 Y의 결합확률분포를 표1과 같이 나타냄
(JXY <- xtabs(round(probs, 3) ~ X + Y, data=XY))
   Y
X       0     1     2     3
  0 0.125 0.125 0.000 0.000
  1 0.000 0.250 0.250 0.000
  2 0.000 0.000 0.125 0.125
# P(X≥ 1, Y≥ 1) 을 구하고, as.fractions()를 이용하여 분수토 나타냄
as.fractions(1 - (JXY[1,1] + JXY[1,2]))
[1] 3/4
# P(X= 2) 를 구하고, as.fractions()를 이용하여 분수로 나타냄
sum(JXY[3, ])
[1] 1/4
```

X와 Y가 결합확률함수가 f인 이산형 결합분포를 가진다고 하자. 이때 X의 함수

$$f_1(x) = P(X=x) = \sum_y P(X=x,\ Y=y) = \sum_y f(x,\ y)$$

를 X의 **주변확률함수**(marginal probability function)라고 한다. 즉 f_1은 고정된 x에서 모든 y에 대한 결합확률함수의 합으로 구할 수 있기 때문에 f_1을 xy평면에서 고정된 x 주변의 모든 y들에 대한 확률의 합으로 생각할 수 있다.

유사하게 Y의 함수

$$f_2(y) = \sum_x f(x,\ y)$$

를 Y의 **주변확률함수**라고 한다.

예제 2 X와 Y가 예제 1의 결합확률함수를 가진다고 하자. X와 Y의 주변확률함수를 구하여라.

풀이 X의 주변확률함수는 [표 1]의 각 열에 있는 값을 더함으로써 얻을 수 있다. 즉

$$f_1(0) = \sum_{y=0}^{3} f(0,\ y) = \frac{1}{4},$$
$$f_1(1) = \sum_{y=0}^{3} f(1,\ y) = \frac{1}{2},$$
$$f_1(2) = \sum_{y=0}^{3} f(2,\ y) = \frac{1}{4}$$

이다. 이를 표로 나타내면

| 표 2 |

x	0	1	2
$f_1(x)$	$\frac{1}{4}$	$\frac{1}{2}$	$\frac{1}{4}$

이다. 마찬가지로 Y의 주변확률함수 f_2는 [표 3]과 같다.

| 표 3 |

y	0	1	2	3
$f_2(y)$	$\frac{1}{8}$	$\frac{3}{8}$	$\frac{3}{8}$	$\frac{1}{8}$

■

R-풀이

```
# marginal()을 이용하여 X의 주변확률분포를 구함
marginal(XY, var="X")
  X probs
1 0  0.25
2 1  0.50
3 2  0.25
```

```
# marginal()을 이용하여 Y의 주변확률분포를 구함
marginal(XY, var="Y")
  Y probs
1 0 0.125
2 1 0.375
3 2 0.375
4 3 0.125
```

xy평면상의 임의의 부분집합 A에 대하여

$$P[(X,\ Y) \in A] = \int\int_A f(x,\ y)dxdy$$

와 같이 평면상에서 정의된 음이 아닌 함수 f가 존재하면 확률변수 X와 Y는 **연속형 결합분포**(continuous joint distribution)를 가진다고 한다. 이 경우 함수 f를 X와 Y의 **결합확률밀도함수**(joint probability density function)라고 한다.

결합확률밀도함수는 다음의 두 가지 성질을 만족하여야 한다.

(1) $f(x,\ y) \geq 0$ (2) $\int_{-\infty}^{\infty}\int_{-\infty}^{\infty} f(x,\ y)dxdy = 1$

또한 X와 Y가 연속형 결합분포를 가지면 xy평면의 유한 또는 무한 점들과 직선은 확률 0을 갖게 된다.

[그림 2]는 결합확률밀도함수의 한 예이다. 그림에서 $z=f(x,\ y)$ 아래와 xy평면 위의 총 부피는 1이고 $(X,\ Y)$가 A에 속할 확률은 밑면 A를 갖고 높이가 $z=f(x,\ y)$에 의해 형성된 입체의 부피와 같게 된다. 즉 일변량 연속형 확률분포에서 확률의 값은 넓이이고 결합확률분포에서는 확률은 부피가 된다.

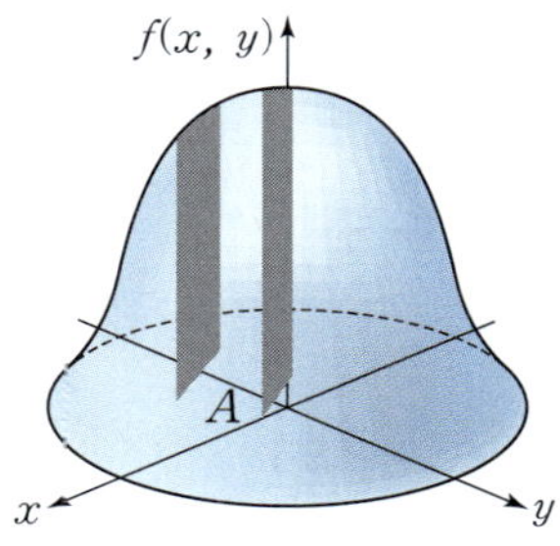

| 그림 2 |

예제 3 X와 Y의 결합확률밀도함수가 다음과 같을 때 상수 c를 구하여라.

$$f(x,\ y) = \begin{cases} c(x+y), & 0<x<1,\ 0<y<1 \\ 0, & \text{기타} \end{cases}$$

풀이

$$\int_0^1\int_0^1 c(x+y)dxdy = 1$$

이어야 하므로 $c=1$이다.

R-풀이

```
# integrate()를 이용하여 ∫∫_S c(x + y)dydx = 1을 만족하는 c를 구함
ex3_4_3 <- function(x, y) {x + y}
c_1 <- integrate(function(x) {
  sapply(x, function(x) {
    integrate(function(y) {
      sapply(y, function(y) ex3_4_3(x, y)) }, 0, 1)$value
  })
} , 0, 1)
c_1
1 with absolute error < 1.1e-14
```

예제 4 X와 Y의 결합확률밀도함수가 다음과 같다고 하자.

$$f(x,y) = \begin{cases} cx^2y, & x^2 \le y \le 1 \\ 0, & \text{기타} \end{cases}$$

상수 c의 값을 구하고 $P(X \ge Y)$를 구하여라.

풀이

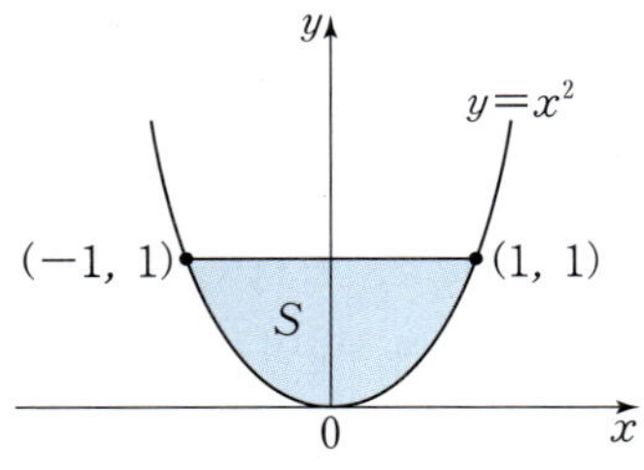

| 그림 3 |

$f(x,\ y) > 0$인 점 $(x,\ y)$의 집합을 S라고 하면

$$\int\int_S f(x,\ y)dxdy = \int_{-1}^{1}\int_{x^2}^{1} cx^2ydydx = \frac{4}{21}c = 1$$

이므로 상수 c의 값은 $\frac{21}{4}$이다. 한편 $x \ge y$를 만족하는 S의 부분집합을 A라고 하면

$$P(X \ge Y) = \int\int_A f(x,\ y)dxdy = \int_0^1\int_{x^2}^{x} \frac{21}{4}x^2ydydx = \frac{3}{20}$$

이다. 또한 X와 Y는 연속형 결합분포이므로 다음과 같다.

$$P(X = Y) = 0$$

R-풀이

```
# integrate()를 이용하여 ∫∫_S cx^2ydydx = 1을 만족하는 c를 구함
f_xy <- function(x, y) {x^2*y}
c_1 <- integrate(function(x) {
  sapply(x, function(x) {
    integrate(function(y) {
      sapply(y, function(y) f_xy(x, y)) }, x^2, 1)$value
  })
} , -1, 1)
c_1
0.1904762 with absolute error < 2.1e-15
# as.fractions()를 이용하여 c_1을 분수로 표시한 후, 역수를 취함
as.fractions(0.1904762)^{-1}
[1] 21/4
# integrate()를 이용하여 P(X ≥ Y)를 구함
ex3_4_4 <- function(x, y) {21/4*x^2*y}
p_x_ge_y <- integrate(function(x) {
  sapply(x, function(x) {
    integrate(function(y) {
      sapply(y, function(y) ex3_4_4(x, y)) }, x^2, x)$value
  })
}, 0, 1)
as.fractions(p_x_ge_y)
0.15 with absolute error < 1.7e-15
# as.fractions()를 이용하여 0.15를 분수로 표시함
as.fractions(0.15)
[1] 3/20
```

■

X와 Y가 결합확률밀도함수가 f인 연속형 결합분포를 가진다고 하자. 이때 X의 함수

$$f_1(x) = \int_{-\infty}^{\infty} f(x,\ y)dy, \quad -\infty < x < \infty$$

를 X의 **주변확률밀도함수**(marginal probability density function)라고 한다. 즉 $f_1(x)$의 값은 X의 어떤 주어진 값 x에 대하여 $f(x,\ y)$를 Y의 모든 가능한 값 y

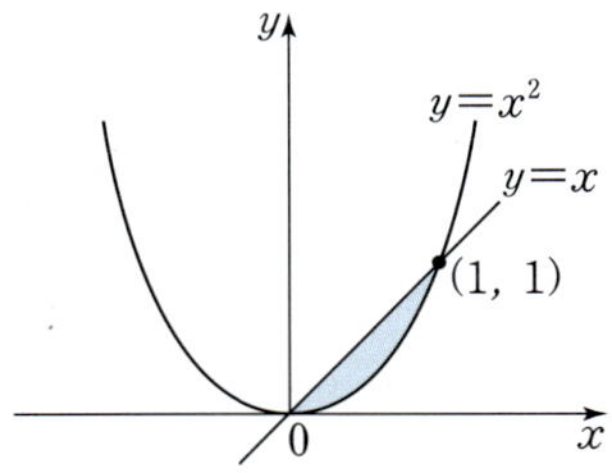

| 그림 4 |

상에서 적분함으로 얻어진다.

유사하게 Y의 함수

$$f_2(y)=\int_{-\infty}^{\infty} f(x,\ y)dx,\quad -\infty<y<\infty$$

를 Y의 **주변확률밀도함수**라고 한다.

예제 5 예제 3에서 X와 Y의 주변확률밀도함수를 구하여라.

풀이 $f_1(x)=\int_0^1 (x+y)dy=x+\frac{1}{2},\quad 0<x<1$

$f_2(y)=\int_0^1 (x+y)dx=y+\frac{1}{2},\quad 0<y<1.$

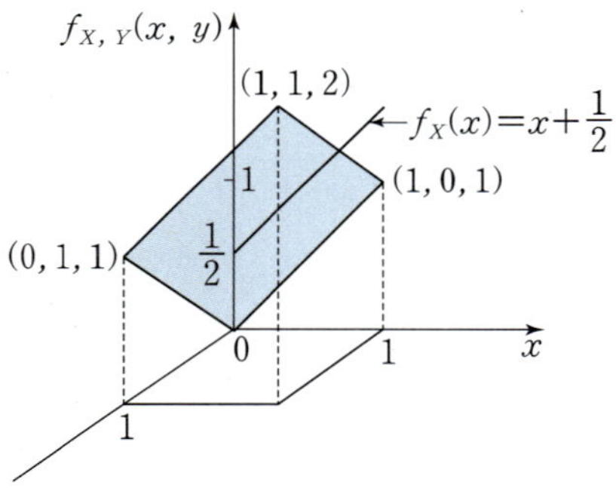

| 그림 5 |

예제 6 X와 Y의 결합확률밀도함수가 예제 4와 같다고 할 때 X와 Y의 주변확률밀도함수를 각각 구하여라.

풀이 분명히 $-1\le x\le 1$에 대하여 $x^2\le y\le 1$이 아니면 $f(x,\ y)=0$이다. 그러므로 $-1\le x\le 1$에 대하여

$$f_1(x) = \int_{-\infty}^{\infty} f(x,\ y)dy = \int_{x^2}^{1} \frac{21}{4}x^2 y dy = \frac{21}{8}x^2(1-x^4)$$

이다.

마찬가지로 $0 \le y \le 1$에 대하여 $-\sqrt{y} \le x \le \sqrt{y}$가 아니면 $f(x,\ y)=0$이다. 그러므로 $0 \le y \le 1$에 대하여

$$f_2(y) = \int_{-\infty}^{\infty} f(x,\ y)dx = \int_{-\sqrt{y}}^{\sqrt{y}} \frac{21}{4}x^2 y dx = \frac{7}{2}y^{5/2}$$

이다. ■

3.4 연습문제

1 확률변수 X와 Y의 결합확률함수가 다음과 같다고 하자.

X \ Y	1	2	3	4
1	0.1	0	0.1	0
2	0.3	0	0.1	0.2
3	0	0.2	0	0

$P(X \geq 2, Y \geq 2)$, $P(X=1)$의 값을 구하여라.

2 확률변수 X와 Y의 결합확률함수가 다음과 같다고 하자.

$$f(x,\ y) = \begin{cases} c|x+y|, & x=-2,\ -1,\ 0,\ 1,\ 2,\ y=-2,\ -1,\ 0,\ 1,\ 2 \\ 0, & \text{기타} \end{cases}$$

이때 다음을 구하여라.

(1) 상수 c의 값

(2) $P(X=0,\ Y=-2)$

(3) $P(X=1)$

(4) $P(|X-Y| \leq 1)$

3 확률변수 X와 Y의 결합확률밀도함수가 다음과 같다고 하자.

$$f(x,\ y) = \begin{cases} c(x^2+y), & 0 \leq y \leq 1-x^2 \\ 0, & \text{기타} \end{cases}$$

이때 다음을 구하여라.

(1) 상수 c의 값

(2) $P(0 \leq X \leq \frac{1}{2})$

(3) $P(Y \leq X+1)$

(4) $P(Y = X^2)$

4 X와 Y의 결합확률함수가 다음과 같다고 하자.

$$f(x,\ y)=\begin{cases}\dfrac{1}{16}, & x=1,\ 2,\ 3,\ 4,\quad y=1,\ 2,\ 3,\ 4\\ 0, & \text{기타}\end{cases}$$

X와 Y의 주변확률함수를 구하여라.

5 X와 Y의 결합확률밀도함수가 다음과 같다고 하자.

$$f(x,y)=\begin{cases}\dfrac{3}{2}y^2, & 0\le x\le 2,\ 0\le y\le 1\\ 0, & \text{기타}\end{cases}$$

X와 Y의 주변확률밀도함수를 구하여라.

3.5 확률변수의 독립성

X와 Y가 확률변수이면 두 개의 서로 다른 사건

$$E=\{X\in A\},\quad F=\{Y\in B\}$$

를 정의할 수 있다. 2장에서 두 사건의 독립성의 정의를 이용하면 사건 E와 F가 독립이라는 것은

$$P(E\cap F)=P(X\in A,\ Y\in B)=P(X\in A)P(Y\in B)$$

가 성립하는 것이다. 특히 위의 관계식이 성립할 때 두 확률변수 X와 Y는 **독립**(independent)이라고 한다. 이것은 확률변수 X에 의하여 표현되는 임의의 사건과 확률변수 Y로 표현되는 임의의 사건이 서로 독립임을 의미한다. 바꾸어 말하면 A를 그 발생 여부가 단지 X값에 의존하는 어떤 사건, B를 그 발생 여부가 단지 Y값에 의존하는 어떤 사건이라고 하면 두 확률변수 X와 Y가 독립이기 위한 필요충분조건은 사건 A와 B에 대하여 A와 B가 독립인 것이다.

이 논의는 확률함수 또는 확률밀도함수를 이용하여도 위의 식과 유사한 다음의 식으로 독립성을 표현할 수 있다.

정리 1

확률변수 X와 Y의 결합확률함수 또는 결합확률밀도함수를 $f(x,\ y)$, 각각의 주변확률함수 또는 주변확률밀도함수를 $f_1(x)$, $f_2(y)$라고 하면 X와 Y가 독립이기 위한 필요충분조건은

$$f(x,\ y)=f_1(x)f_2(y)$$

인 것이다.

예제 1 3.4절의 예제 1에서 주어진 실험을 생각하자. 이 경우 X와 Y의 독립성을 조사하여라.

풀이 분명히 $f(0,\ 0)=\dfrac{1}{8}$이고 3.4절의 예제 1에서 이미 계산해본 것과 같이

$$f_1(0)=\frac{1}{4},\ f_2(0)=\frac{1}{8}$$

이다. 그러므로 $f(0,\ 0) \neq f_1(0)f_2(0)$이고, 따라서 X와 Y는 독립이 아니다. ■

R-풀이

```
# 3.4절의 예제 1의 결과를 바탕으로 Prob()를 이용하여 f(0, 0), f1(0), f2(0) 각각의
확률을 구함
(f_00 <- as.fractions(Prob(XY, X == 0 & Y == 0)))
[1] 1/8
(f_10 <- as.fractions(Prob(XY, X == 0)))
[1] 1/4
(f_20 <- as.fractions(Prob(XY, Y == 0)))
[1] 1/8
as.fractions(f1_0*f2_0)
[1] 1/32
```

예제 2 X의 확률분포가 [표 1]과 같다.

| 표 1 |

x	−2	−1	1	2	계
$f(x)$	1/4	1/4	1/4	1/4	1

$Y=X^2$이라고 할 때 X와 Y가 독립인지 조사하여라.

풀이 이를 위해 X와 Y의 결합분포를 구하면 [표 2]와 같다.

| 표 2 |

X \ Y	1	4	계
−2	0	1/4	1/4
−1	1/4	0	1/4
1	1/4	0	1/4
2	0	1/4	1/4
계	1/2	1/2	1

위 표에서 $P(X=-2,\ Y=1)=0$인데, 이 값은 $P(X=-2)$와 $P(Y=1)$의 곱으로 표현되지 않으므로 X와 Y는 독립이 아니다. ■

R-풀이

```
# library()를 이용하여 'prob'을 로딩함
library(prob)
# iidspace()를 이용하여 표1과 같은 확률분포를 구함
(ex3_5_2_X <- iidspace(c(-2, -1, 1, 2), ntrials=1, c(1/4, 1/4, 1/4, 1/4)))
  X1 prob
1 -2 0.25
2 -1 0.25
3  1 0.25
4  2 0.25
# addrv()을 이용하여 Y를 첨가함
(S <- addrv(ex3_5_2_X, Y=X1*X1))
  X1 Y probs
1 -2 4  0.25
2 -1 1  0.25
3  1 1  0.25
4  2 4  0.25
# marginal()과 xtabs()를 이용하여 X1과 Y에 대한 결합확률분포를 구함
XY <- marginal(S)
(XY <- xtabs(round(probs, 2) ~ X1 + Y, data=XY))
      Y
  X1    1    4
  -2 0.00 0.25
  -1 0.25 0.00
   1 0.25 0.00
   2 0.00 0.25
# addmargins()를 이용하여 X1과 Y의 결합확률분포를 표2와 같이 나타냄
(JXY <- addmargins(XY))
      Y
  X1     1    4  Sum
  -2  0.00 0.25 0.25
  -1  0.25 0.00 0.25
```

```
  1     0.25  0.00 0.25
  2     0.00  0.25 0.25
  Sum 0.50  0.50 1.00
# JXY에서 5행을 삭제함
JXY[-5, ]
          Y
  X1      1       4   Sum
  -2  0.00   0.25   0.25
  -1  0.25   0.00   0.25
   1  0.25   0.00   0.25
   2  0.00   0.25   0.25
# P(X1 =-2, Y=1)의 값을 구함
JXY[1, 1]
[1] 0
# P(X1 =-2)와 P(Y=1)의 곱을 구하여 비교함
as.fractions(JXY[1,3]*JXY[5,1])
[1] 1/8
```

예제 3 X와 Y의 결합확률밀도함수가 다음과 같다.

$$f(x,\ y) = \begin{cases} 2, & x,\ y > 0,\quad x+y<1 \\ 0, & \text{기타} \end{cases}$$

X와 Y의 독립성을 조사하여라.

풀이 이 경우 X와 Y의 주변확률밀도함수는

$$f_1(x) = \int_0^{1-x} 2dy = 2(1-x),$$

$$f_2(y) = \int_0^{1-y} 2dx = 2(1-y)$$

이므로 $f(x,\ y) = f_1(x)f_2(y)$가 성립하지 않는다. 그러므로 X와 Y는 독립이 아니다. ■

예제 4 X와 Y의 결합확률밀도함수가 다음과 같다고 하자.

$$f(x,\ y) = \begin{cases} e^{-(x+y)}, & x \geq 0,\ y \geq 0 \\ 0, & \text{기타} \end{cases}$$

X와 Y의 독립성을 조사하여라.

풀이 X와 Y의 주변확률밀도함수 f_1과 f_2를 구해보면

$$f_1(x) = \int_{-\infty}^{\infty} f(x, y)dy = \int_{0}^{\infty} e^{-(x+y)}dy = e^{-x},$$
$$f_2(y) = \int_{-\infty}^{\infty} f(x, y)dx = \int_{0}^{\infty} e^{-(x+y)}dx = e^{-y}$$

가 된다. 그러므로 $f(x, y) = f_1(x)f_2(y)$가 성립하고, 따라서 X와 Y는 서로 독립이다. ■

3.5 연습문제

1 3.4절의 연습문제 4, 5번에서 확률변수 X와 Y가 독립인지 확인하여라.

2 X와 Y의 결합확률밀도함수가 다음과 같다고 하자.

$$f(x,\ y) = \begin{cases} 2xe^{-y}, & 0 \le x \le 1,\ 0 < y < \infty \\ 0, & \text{기타} \end{cases}$$

X와 Y는 독립인가?

3 한 점 (X, Y)를 $S = \{(x,\ y) : 0 \le x \le 2,\ 1 \le y \le 4\}$로부터 무작위로 뽑는다고 가정하자.

(1) X와 Y의 주변확률밀도함수를 구하여라.

(2) X와 Y는 독립인가?

4 한 동전을 두 번 던지는 실험에서 첫 번째 던진 동전이 앞면이면 $X=1$, 뒷면이면 $X=0$이라 하고, 두 번째 던져서 처음 던진 것과 둘 다 앞면이면 $Y=1$, 그렇지 않으면 $Y=0$이라고 할 때, X와 Y의 결합분포를 구하고 X와 Y가 독립인지 조사하여라.

5 X와 Y의 결합확률밀도함수가 다음과 같다고 하자.

$$f(x,\ y) = \begin{cases} \dfrac{5y}{4}, & -1 \le x \le 1,\ x^2 \le y \le 1 \\ 0, & \text{기타} \end{cases}$$

X와 Y의 주변확률밀도함수를 구하고 X와 Y가 독립인지 조사하여라.

3.6 R을 이용한 빅데이터 분석

R이 갖고 있는 많은 장점 중 하나는 많은 연구자들에 의해 새롭게 만들어진 최신 기법들을 패키지(package) 형태로 제공하여 다른 어떤 통계 소프트웨어들보다도 다양한 분석방법을 제공한다는 점이다. 이러한 R의 다양한 패키지는 다른 어떤 통계 프로그램들보다 그래프 및 통계분석 결과를 산출하는데 유용하며, 빅데이터를 다루는데도 뛰어난 역량을 발휘한다. 이 절에서는 앞에서 다루었던 'prob' 패키지를 비롯해 빅데이터 수집에 유용한 다양한 패키지를 활용하는 경우를 살펴본다.

빅데이터는 내부 데이터와 외부 데이터로 구분된다. 내부 데이터는 정부 및 기업의 업무과정에서 생성되는데 주로 데이터베이스 등에 저장되어 업무에 활용되며, 공개되지 않는다. 반면에 외부 데이터는 인터넷에 접속하여 구할 수 있는 데이터를 말한다. 외부 데이터로는 웹페이지, 정부 및 공공기관의 공개 데이터, 웹포털 데이터, 소셜네트워크 데이터 등이 있으며, 빅데이터 분석을 위해서는 내부 또는 외부의 다양한 원천으로부터 자동 또는 수동으로 데이터를 수집하여야 된다.

'XML' 패키지를 통해 공개 API를 활용하여 외부 데이터를 수집하는 방법에 대해 살펴보자.

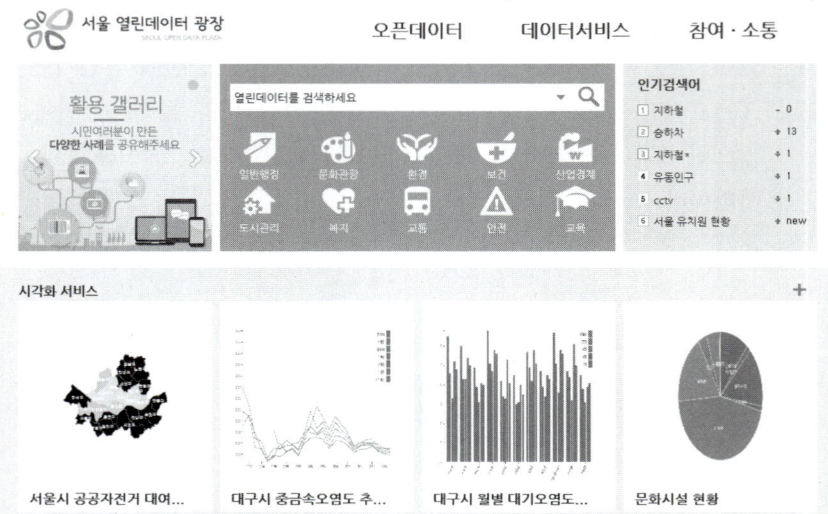

API는 데이터를 공개하는 쪽에서 JASON(javaScript Object Notation)이나 XML(eXtensible Markup Language) 같은 특정한 데이터 형식에 맞게 데이터를 가공해서 구성한 후 공개된다. 따라서 API를 이용할 경우에는 API를 제공하는 쪽에서 정한 방법에 따라 API 접근 권한을 획득하고, API가 어떤 형식으로 데이터를 제공하는지 확인하는 과정이 필요하다.

일례로 앞에서 제시한 서울 열린 데이터 광장(http://data.seoul.go.kr)에서 API를 통해 데이터를 수집하려면 먼저 서울시 홈페이지에서 로그인한 후, 아래 그림처럼 API 관련 내용을 동의한 후 API 사용을 위한 인증키를 신청해야 한다.

이 키를 사용하여 서울시 데이터를 얻을 수 있다. 다음 그림은 2015년 지하철 호선별 역별 승하차 인원 관련 데이터이다.

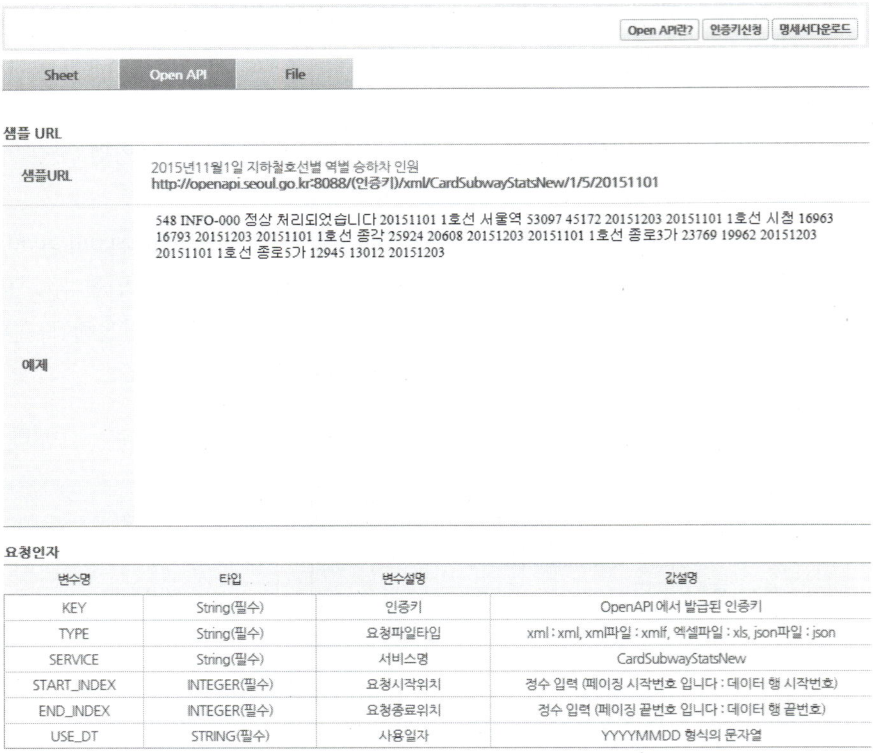

Open API란? 인증키신청 명세서다운로드

Sheet Open API File

샘플 URL

샘플URL	2015년11월1일 지하철호선별 역별 승하차 인원 http://openapi.seoul.go.kr:8088/(인증키)/xml/CardSubwayStatsNew/1/5/20151101
예제	548 INFO-000 정상 처리되었습니다 20151101 1호선 서울역 53097 45172 20151203 20151101 1호선 시청 16963 16793 20151203 20151101 1호선 종각 25924 20608 20151203 20151101 1호선 종로3가 23769 19962 20151203 20151101 1호선 종로5가 12945 13012 20151203

요청인자

변수명	타입	변수설명	값설명
KEY	String(필수)	인증키	OpenAPI 에서 발급된 인증키
TYPE	String(필수)	요청파일타입	xml : xml, xml파일 : xmlf, 엑셀파일 : xls, json파일 : json
SERVICE	String(필수)	서비스명	CardSubwayStatsNew
START_INDEX	INTEGER(필수)	요청시작위치	정수 입력 (페이징 시작번호 입니다 : 데이터 행 시작번호)
END_INDEX	INTEGER(필수)	요청종료위치	정수 입력 (페이징 끝번호 입니다 : 데이터 행 끝번호)
USE_DT	STRING(필수)	사용일자	YYYYMMDD 형식의 문자열

예제 1 서울 열린 데이터 광장에서 2017년 1월 1일에 지하철 역별 승하차 인원 데이터를 API로 읽고, 막대그래프를 작성하여라. 단, 단위는 1,000명으로 한다.

R-풀이

```
# 'XML' 패키지를 설치함
install.packages("XML")
# library()를 이용하여 'XML'을 로딩함
library(XML)
# 서울 열린 데이터 광장에서 여러분이 받은 인증키를 위 그림의 샘플URL의 (인증키)에 넣고, 위의 그림에 있는 마지막 숫자를 20170101로 바꾸어 subway 객체에 할당함
subway <- "http://openapi.seoul.go.kr:8088/(인증키)/xml/CardSubway StatsNew/1/100/20170101"
```

```
# xmlToDataFrame()을 이용하여 2017년 1월1일 데이터를 데이터프레임 형태의 jan 객체에 할당함
jan <- xmlToDataFrame(subway)
# head(), tail()을 이용하여 jan의 구조를 살펴봄
head(jan); tail(jan)
(sub_jan <- jan[3:102, 2:9])
    CODE    MESSAGE    USE_DT    LINE_NUM    SUB_STA_NM
3   <NA>     <NA>     20170101    1호선       서울역
4   <NA>     <NA>     20170101    1호선       시청
5   <NA>     <NA>     20170101    1호선       종각
6   <NA>     <NA>     20170101    1호선       종로3가
    RIDE_PASGR_NUM    ALIGHT_PASGR_NUM    WORK_DT
3       43319             32946           20170109
4       10452              8299           20170109
5       21002             16020           20170109
⋮         ⋮                 ⋮                ⋮
100     15089             16619           20170109
101     17286             15554           20170109
102     25119             24141           20170109
# barplot()을 이용하여 막대그래프를 작성함
barplot((as.integer(sub_jan$RIDE_PASGR_NUM)),
names.arg=sub_jan$SUB_STA_NM, col=rainbow(100))
```

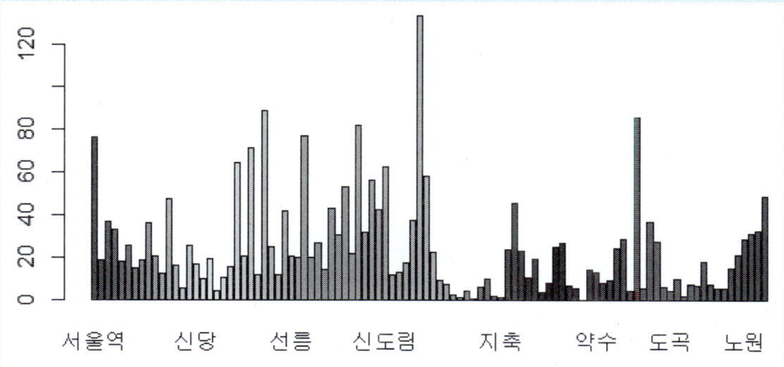

'httr' 패키지를 통해 인터넷에 공개되어 있는 웹페이지의 HTML을 긁어와서 외부 데이터를 수집하는 방법에 대해 살펴보자. 인터넷에서 URL 주소를 통하여 접근할 수 있는 웹페이지는 HTML 언어로 구성되어 있다. 따라서 HTML 문법을 알고 있으면 웹페이지를 이루는 HTML 코드에서 원하는 데이터를 수집할 수 있다. 이와

같이 HTML이나 XML과 같은 특정한 규칙에 근거하여 만들어진 데이터를 분해하고, 사용자가 정한 저장 규칙에 따라 분해한 데이터를 저장하는 과정을 HTML 파싱(parsing)이라고 한다.

아래 그림은 InflationData.com 웹페이지로, 1913년부터의 월별, 연도별 미국 소비자물가지수가 테이블 형태로 나타나 있다.

NUMERICAL INFLATION DATA | INFLATION CHARTS | INFLATION CALCULATORS | INF. ADJUSTED PRICES

CPI-U) 246.663 | Current Annual Inflation Rate 2.04% | Released November 15, 2017 for the year ending October 2017 | Ne

YOU ARE HERE: HOME > CPI > HISTORICAL CPI-U DATA FROM 1913 TO THE PRESENT

Historical Consumer Price Index (CPI-U) Data

NOVEMBER 15, 2017 BY TIM MCMAHON — LEAVE A COMMENT

YEAR	JAN	FEB	MAR	APR	MAY	JUN	JUL	AUG	SEP	OCT	NOV	DEC	AVE.
2017	242.839	243.603	243.801	244.524	244.733	244.955	244.786	245.519	246.819	246.663			
2016	236.916	237.111	238.132	239.261	240.229	241.018	240.628	240.849	241.428	241.729	241.353	241.432	240.008
2015	233.707	234.722	236.119	236.599	237.805	238.638	238.654	238.316	237.945	237.838	237.336	236.525	237.017
2014	233.916	234.781	236.293	237.072	237.900	238.343	238.250	237.852	238.031	237.433	236.151	234.812	236.736
2013	230.280	232.166	232.773	232.531	232.945	233.504	233.596	233.877	234.149	233.546	233.069	233.049	232.957
2012	226.665	227.663	229.392	230.085	229.815	229.478	229.104	230.379	231.407	231.317	230.221	229.601	229.594
2011	220.223	221.309	223.467	224.906	225.964	225.722	225.922	226.545	226.889	226.421	226.230	225.672	224.939
2010	216.687	216.741	217.631	218.009	218.178	217.965	218.011	218.312	218.439	218.711	218.803	219.179	218.056
2009	211.143	212.193	212.709	213.240	213.856	215.693	215.351	215.834	215.969	216.177	216.330	215.949	214.537
2008	211.080	211.693	213.528	214.823	216.632	218.815	219.964	219.086	218.783	216.573	212.425	210.228	215.303

예제 2 위의 홈페이지에서 테이블 값을 R 프로그램을 이용한 파싱을 통해 추출하고, 이로부터 연도별 미국 소비자물가지수의 평균을 선그래프로 작성하여라.

R-풀이

```
# 'httr' 및 'rvest' 패키지를 설치함
install.packages("httr"); install.packages("rvest");
# library()를 이용하여 'httr'과 'rvest'를 로딩함
library(httr); library(rvest)
# read_html()을 이용하여 inflationdata.com 홈페이지를 읽고, 여러 개의 표 중에서 첫 번째 표를 inf 객체에 할당함
inf <- read_html("http://www.inflationdata.com/Inflation/Consumer_Price_index/HistoricalCPI.aspx") %>% html_table %>% .[[1]]
# head(), tail()을 이용하여 inf의 구조를 살펴봄
head(inf); tail(inf)
    Year   Jan      Feb      Mar     …   Nov      Dec      Ave.
1   2017   242.839  243.603  243.801 …   NA       NA       NA
2   2016   236.916  237.111  238.132 …   241.353  241.432  240.008
3   2015   233.707  234.722  236.119 …   237.336  236.525  237.017
4   2014   233.916  234.781  236.293 …   236.151  234.812  236.736
⋮   ⋮      ⋮        ⋮        ⋮       ⋮   ⋮        ⋮
    Year   Jan      Feb      Mar     …   Nov      Dec      Ave.
102 1916   10.4     10.4     10.5    …   11.5     11.6     10.9
103 1915   10.1     10.0     9.9     …   10.3     10.3     10.1
104 1914   10.0     9.9      9.9     …   10.2     10.1     10.0
105 1913   9.8      9.8      9.8     …   10.1     10.0     9.9
# plot()을 이용하여 선그래프를 작성함
plot(inf$Year, inf$Ave, type="l", col="blue")
```

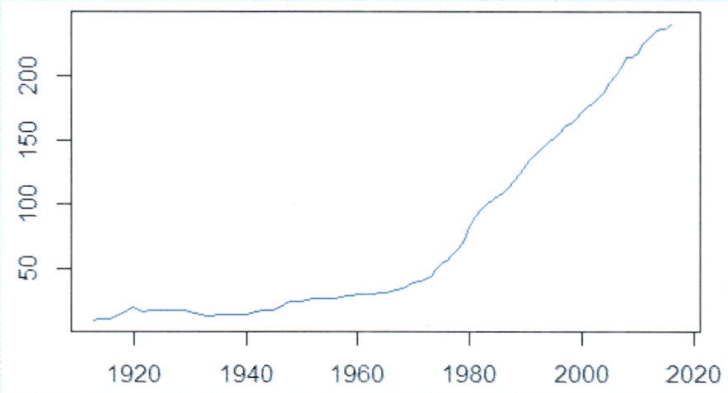

통계학에서 유용하게 사용되는 확률분포들을 포함하고 있는 'prob' 패키지를 활용한 예를 살펴보자.

예제 3 주사위를 네 번 던지는 실험을 한다고 가정하자.

(1) 주사위 숫자의 합 X에 대한 확률분포를 구하고 그래프로 나타내어라.

(2) 주사위의 최대값을 X라 하고, 최소값을 Y라고 할 때 X와 Y의 결합확률분포를 구하여라.

R-풀이

```
(1) # library()를 이용하여 'prob'을 로딩함
library(prob)
# rolldie()를 이용하여 표본공간을 생성하고, str()을 이용하여 자료의 구조를 확인함
S <- rolldie(4); str(S)
'data.frame': 1296 obs. of  4 variables:
 $ X1: int  1 2 3 4 5 6 1 2 3 4 ...
 $ X2: int  1 1 1 1 1 1 2 2 2 2 ...
 $ X3: int  1 1 1 1 1 1 1 1 1 1 ...
 $ X4: int  1 1 1 1 1 1 1 1 1 1 ...
# apply()를 이용하여 행별로 합을 구하고, X객체에 할당함
X <- apply(S, 1, sum)
# table()을 이용하여 X의 도수를 구함
(X_freq <- table(X))
X
  4   5   6   7   8   9  10  11  12  13  14  15  16  17  18  19  20
  1   4  10  20  35  56  80 104 125 140 146 140 125 104  80  56  35
 21  22  23  24
 20  10   4   1
# length()로 도수를 나누어 확률을 구하여 X_prob객체에 할당함
X_prob <- X_freq/length(X); round(X_prob, 4)
X
     4      5      6      7      8      9     10     11     12
0.0008 0.0031 0.0077 0.0154 0.0270 0.0432 0.0617 0.0802 0.0965
    13     14     15     16     17     18     19     20     21
0.1080 0.1127 0.1080 0.0965 0.0802 0.0617 0.0432 0.0270 0.0154
```

```
  22      23      24
0.0077  0.0031  0.0008
```

plot()을 이용하여 X 분포의 그래프를 그림

```
win.graph(7, 5)
plot(X_prob, type="h", col="red", xlab="4개 주사위 값의 합", ylab="확률", lwd=4,
ylim=c(0, max(X_prob) + 0.01))
```

text()를 이용하여 도수가 나타날 위치(pos)를 지정하고, 그래프에 표시함

```
text(4:24, X_prob, labels=X_freq, pos=3, col=1)
```

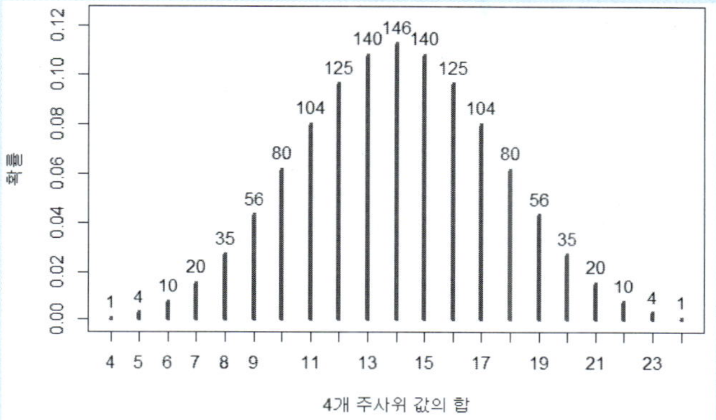

(2) # apply()를 이용하여 행별로 최대값을 구하여 X객체에 할당함

```
X <- apply(S, 1, max); table(X)
X
  1   2   3   4   5   6
  1  15  65 175 369 671
```

apply()를 이용하여 행별로 최소값을 구하여 Y객체에 할당함

```
Y <- apply(S, 1, min); table(Y)
Y
  1   2   3   4   5   6
671 369 175  65  15   1
```

table()을 이용하여 X와 Y의 결합분포표를 구함

```
(freq_XY <- table(X, Y))
        Y
  X     1    2    3    4    5    6
  1     1    0    0    0    0    0
  2    14    1    0    0    0    0
  3    50   14    1    0    0    0
  4   110   50   14    1    0    0
```

```
 5    194   110   50   14   1   0
 6    302   194   110  50   14  1
# addmargins()를 이용하여 주변분포를 구함
(m_freq_XY <- addmargins(freq_XY))
     Y
X     1     2     3     4     5     6     Sum
  1   1     0     0     0     0     0     1
  2   14    1     0     0     0     0     15
  3   50    14    1     0     0     0     65
  4   110   50    14    1     0     0     175
  5   194   110   50    14    1     0     369
  6   302   194   110   50    14    1     671
  Sum 671   369   175   65    15    1     1296
# nrow()로 도수를 나누어 X와 Y의 결합 및 주변확률분포표를 구함
pro_freq_XY <- m_freq_XY/nrow(S); round(pro_freq_XY, 4)
     Y
X     1       2       3       4       5       6       Sum
  1   0.0008  0.0000  0.0000  0.0000  0.0000  0.0000  0.0008
  2   0.0108  0.0008  0.0000  0.0000  0.0000  0.0000  0.0116
  3   0.0386  0.0108  0.0008  0.0000  0.0000  0.0000  0.0502
  4   0.0849  0.0386  0.0108  0.0008  0.0000  0.0000  0.1350
  5   0.1497  0.0849  0.0386  0.0108  0.0008  0.0000  0.2847
  6   0.2330  0.1497  0.0849  0.0386  0.0108  0.0008  0.5177
  Sum 0.5177  0.2847  0.1350  0.0502  0.0116  0.0008  1.0000
```

3.6
연습문제

1 서울 열린 데이터 광장에서 2013년 12월의 서울시 월별 사고 통계 데이터를 API로 읽고, 이 중 올림픽대로에서의 월별 사고 수를 막대그래프로 작성하여라. 단, 막대그래프 작성시 월을 오름차순으로 정렬해서 나타낸다.

2 세계 인구에 대한 "http://www.worldometers.info/world-population" 페이지를 방문해서 첫 번째로 나타나는 아래 그림의 표를 추출하고, 이 중 1955년부터 2018년까지의 여섯 번째 변수인 출산율(Fertility Rate)을 선그래프로 작성하여라.

World Population (2017/2018 and historical)

View the complete population historical table

Year (July 1)	Population	Yearly % Change	Yearly Change	Median Age	Fertility Rate	Density (P/Km²)	Urban Pop %	Urban Population
2018	**7,632,819,325**	1.09 %	82,557,224	29.9	2.51	76	54.9 %	4,186,975,665
2017	**7,550,262,101**	1.12 %	83,297,821	29.9	2.51	76	54.4 %	4,110,778,369
2016	**7,466,964,280**	1.14 %	83,955,460	29.9	2.51	75	54.0 %	4,034,193,153
2015	**7,383,008,820**	1.19 %	84,967,932	30	2.52	74	53.6 %	3,957,285,013
2010	**6,958,169,159**	1.24 %	83,201,955	29	2.57	70	51.3 %	3,571,272,167
2005	**6,542,159,383**	1.26 %	79,430,479	27	2.63	65	48.9 %	3,199,013,076
2000	**6,145,006,989**	1.33 %	78,706,515	26	2.75	61	46.5 %	2,856,131,072
1995	**5,751,474,416**	1.53 %	84,106,191	25	3.02	58	44.7 %	2,568,062,984
1990	**5,330,943,460**	1.81 %	91,432,333	24	3.44	53	42.9 %	2,285,030,904
1985	**4,873,781,796**	1.80 %	83,074,052	23	3.60	49	41.1 %	2,003,049,795
1980	**4,458,411,534**	1.79 %	75,864,867	23	3.87	45	39.2 %	1,749,539,272
1975	**4,079,087,198**	1.97 %	75,701,910	22	4.46	41	37.6 %	1,534,721,238
1970	**3,700,577,650**	2.07 %	72,196,992	22	4.92	37	36.5 %	1,350,280,789
1965	**3,339,592,688**	1.94 %	61,276,032	23	4.96	33	N.A.	N.A.
1960	**3,033,212,527**	1.82 %	52,193,998	23	4.89	30	33.6 %	1,019,494,911
1955	**2,772,242,535**	1.80 %	47,193,563	23	4.96	28	N.A.	N.A.

3 'prob' 패키지를 활용한 주사위를 4번 던지는 실험에서 주사위의 값이 3 이상 나오는 경우를 U라 하고, 짝수인 경우를 V라고 할 때, 확률변수 U와 V가 독립인지 판정하여라.

사건 전체의 확률과 함께 이들이 지니는 대표적인 특성을 확인하는 작업도 필요하다고 할 것이다. 이 장에서는 확률분포의 중심 위치를 나타내는 특성값으로 평균과 함께 확률분포가 중심위치 주변에 어느 정도로 밀집되어 있는가를 파악할 수 있는 특성값으로 분산 및 중앙값과 최빈값 그리고 두 변수들 간의 관계에 대한 정보를 알려주는 공분산과 상관계수의 개념과 성질에 대하여 학습하도록 한다.

제4장 기댓값

학습목표

- 확률분포의 특징을 표현하는 특성값에 대하여 학습한다.
- 확률분포의 중심 위치를 나타내는 특성값으로 평균을 이해하고 이에 대한 다양한 성질을 학습한다.
- 확률분포가 중심위치 주변에 어느 정도로 밀집되어 있는가를 파악할 수 있는 특성값으로서 분산을 이해하고 이에 대한 다양한 성질을 학습한다.
- 중앙값과 최빈값을 이해하고 이에 대한 다양한 성질을 학습한다.
- 두 변수들 간의 관계에 대한 정보를 알려주는 공분산과 상관계수를 이해하고 이에 대한 다양한 성질을 학습한다.
- 확률의 하한 또는 상한을 구하는 데 유용하게 이용되는 다양한 부등식에 대하여 학습한다.

4.1 확률변수의 기댓값

어느 도시에서의 연평균 강수량, 6월의 평균기온, 공장 근로자의 평균임금 등과 같이 평균은 우리 생활의 일부분이 되고 있음을 알 수 있다. 일상생활에서 자주 이용되는 평균은 통계학에서는 기댓값 또는 수학적 기댓값으로 불리는데, 이는 확률변수 X를 정의하고 X의 확률분포를 가정할 때 가정한 확률분포의 중심 위치를 나타내는 분포의 한 특성값이다.

정의 1

(1) 확률변수 X의 치역이 R이고, 확률함수가 f인 이산형 분포를 가진다고 가정하자. 그때

$$\sum_{x \in R} |x| f(x) < \infty \tag{1}$$

이면 확률변수 X는 **기댓값이 존재한다**고 하며, 이 경우 값

$$E(X) = \sum_{x \in R} x f(x) \tag{2}$$

를 X의 **기댓값**(expectation)이라고 한다.

(2) 확률변수 X가 확률밀도함수가 f인 연속형 분포를 가진다면 X의 기댓값 $E(X)$는 다음과 같다.

$$E(X) = \int_{-\infty}^{\infty} x f(x) dx \tag{3}$$

이산형 분포와 마찬가지로 연속형 분포에서도 적분

$$\int_{-\infty}^{\infty} |x| f(x) dx$$

가 존재하는 경우 X의 기댓값은 존재한다고 하며, 이 경우 X의 기댓값은 식 (3)에 의하여 구할 수 있다.

기댓값이라는 용어는 노름에서 그 어원을 찾을 수 있다. 예를 들어 한 사람이 1, 2, 2라는 숫자가 적힌 공이 들어 있는 상자에서 하나의 공을 꺼낸다고 가정하자.

꺼낸 공에 적힌 숫자가 1일 때는 30원을 받고, 번호가 2일 때는 3원을 받는다고 하자. 그러면 30원에 대하여는 '$\frac{1}{3}$의 청구권'이 부여되고 3원에 대하여는 '$\frac{2}{3}$의 청구권'이 있다고 보는 것이 타당할 것이다. 그러므로 그 사람이 받을 수 있는 기대금액은

$$30\left(\frac{1}{3}\right)+3\left(\frac{2}{3}\right)=12\ (\text{원})$$

이 될 것이다.

기댓값과 평균(mean)이라는 용어는 같이 사용될 수 있다. 즉 $E(X)$는 X 분포의 기댓값 또는 평균이라고 부른다. 확률변수의 기댓값 또는 그 분포의 평균은 분포의 무게중심의 의미로 생각할 수 있다. 예를 들어 [그림 1]의 확률함수를 생각해보자.

x축은 추가 달린 무게 없는 긴 막대로 생각할 수 있다. 만일 각 점 x_i에 무게 $f(x_i)$인 추가 막대에 달렸다면, 그 막대는 점 $E(X)$에 지지될 경우 균형이 유지될 것이다. 그러나 x값이 클 경우 여기에 부여된 확률값이 조금만 변하더라도 분포의 평균은 크게 영향을 받게 된다. 예를 들어 작은 양의 확률을 갖는 점 x_i 중의 하나를 원점에서 충분히 먼 점으로 이동시키면, 비록 원점에서 먼 점이라고 할지라도 분포의 평균을 그 점으로 이동시킬 수 있다.

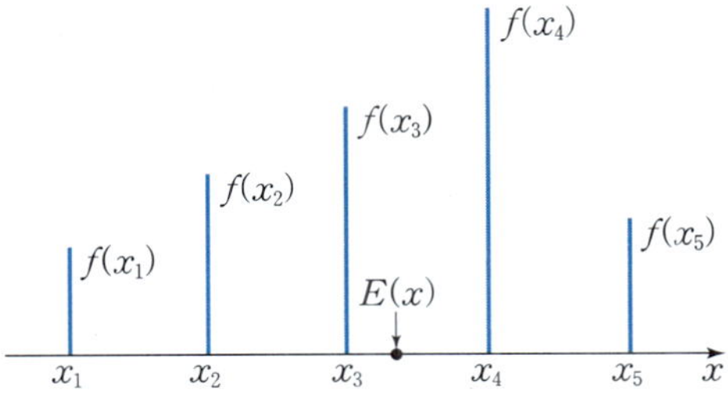

| 그림 1 |

예제 1 하나의 동전을 세 번 던지는 실험에서 앞면의 횟수를 확률변수 X라고 할 때 X의 기댓값을 구하여라.

풀이 확률변수 X가 취할 수 있는 값은 0, 1, 2, 3이고 이 값에 대한 확률함수는

$$P(X=0)=\frac{1}{8},\ P(X=1)=\frac{3}{8},\ P(X=2)=\frac{3}{8},\ P(X=3)=\frac{1}{8}$$

이므로 X의 기댓값 $E(X)$는

$$E(X)=0\left(\frac{1}{8}\right)+1\left(\frac{3}{8}\right)+2\left(\frac{3}{8}\right)+3\left(\frac{1}{8}\right)=\frac{3}{2}$$

이다. ■

R-풀이

```
# data.frame()을 이용하여 앞면의 횟수와 확률을 데이터 프레임의 형태로 ex4_1_1 객체에 할당함
(ex4_1_1 <- data.frame(X=c(0, 1, 2, 3), prob=c(1/8, 3/8, 3/8, 1/8)))
  X  prob
1 0 0.125
2 1 0.375
3 2 0.375
4 3 0.125
# 기댓값을 구함
(E_ex4_1_1 <- sum(ex4_1_1$X*ex4_1_1$prob))
[1] 1.5
# as.fractions()를 활용하여 E_ex4_1_1을 분수로 나타냄
as.fractions(E_ex4_1_1)
[1] 3/2
```

예제 1에서의 기댓값 1.5는 확률변수 X의 관찰 가능한 값은 아니다. 기댓값 1.5의 의미는 동일한 조건하에서 동전을 세 번 던지는 실험을 무한히 반복하였을 때 관찰되는 X값들의 산술평균이 1.5에 한없이 접근해갈 것으로 기대할 수 있다는 의미로, X의 확률분포에 대한 중심 위치를 가리키는 값이 1.5라는 것이다.

예제 2 확률변수X의 확률밀도함수 f가

$$f(x)=\begin{cases}2x, & 0<x<1\\ 0, & \text{기타}\end{cases}$$

라고 할 때 X의 기댓값을 구하여라.

풀이

$$E(X)=\int_{-\infty}^{\infty}xf(x)dx=\int_{0}^{1}2x^2dx=\frac{2}{3}$$

이다. ■

R-풀이

```
# 확률밀도함수에 x를 곱하여 ex4_1_2 객체에 할당함
ex4_1_2 <- function(x)  x*2*x
# integrate()를 이용하여 기댓값을 구함
E_ex4_1_2 <- integrate(ex4_1_2, 0, 1)
0.6666667 with absolute error < 7.4e-15
# str()을 이용하여 E_ex4_1_2의 구조를 살펴봄
str(E_ex4_1_2)
List of 5
 $ value        : num 0.667
 $ abs.error    : num 7.4e-15
 $ subdivisions: int 1
 $ message      : chr "OK"
 $ call         : language integrate(f = ex4_1_2, lower = 0, upper = 1)
 - attr(*, "class")= chr "integrate"
# as.fractions()를 활용하여 E_ex4_1_2를 분수로 나타냄
as.fractions(E_ex4_1_2)
[1] 2/3
```

확률변수 X가 취할 수 있는 값은 어떤 실험에서 발생할 수 있는 사건들의 결과를 특징적으로 나타내는 숫자이다. 이와 같은 각 사건들의 특징을 필요에 따라 변형시킬 수 있다. 물론 이 경우 변형된 숫자와 본래 숫자와는 수리적인 연관성을 갖는 것이 일반적이다. 바꾸어 말하면 본래 숫자를 변형시킬 때 우리는 확률변수의 함수식을 이용하는 것이다. 예를 들어 확률변수 X가 두 주사위를 던져서 나타난 점들의 합을 나타내고 이러한 실험의 결과에 따라 일정한 상금을 줄 수 있다고 하자. 만일 이들 점의 합에 100을 곱한 만큼의 상금을 준다면 상금을 나타내기 가장 간편한 식은 $100X$가 될 것이다. 상금액수를 Y라는 변수로 표시한다면 $Y = 100X$의 관계식이 성립하며 Y는 X와 일차함수 관계에 있음을 알 수 있다. 또한 본래 확률변수의 함수로 정의된 Y도 새로운 확률변수가 됨을 알 수 있다. 이것은 Y가 이 실험에서 받을 수 있는 상금액수를 대변하고 있으며, 각종 상금액을 받을 수 있는 확률이 동시에 정의되기 때문이다. 이와 같은 사실을 이용하여 다음과 같은 성질을 얻을 수 있다.

성질 1

X가 확률변수일 때 X의 함수로 표현되는 모든 $r(X)$도 확률변수가 된다.

위의 성질을 수학적으로 증명하는 번거로움을 피하면서도 우리는 이 성질이 지니는 의미를 쉽게 이해할 수 있을 것이다. 즉 X가 실험의 결과를 나타내는 일련의 숫자들이라 보고 X의 함수 $r(X)$는 이들 결과에 따른 상금액수라고 파악하되, 상금 결정방법에 따라 $r(X)$는 $100X$, X^2, $\log X$ 등이 될 수 있다고 보면 되는 것이다. 단 여기서 중요한 것은 상금액을 나타내는 $r(X)$의 값이 X의 값과는 달라지지만, $r(X)$의 개별값이 발생할 확률은 본래 확률변수 X가 발생할 확률과 동일하다는 것이다. 이 사실은 다음의 예에서 확인할 수 있다.

예제 3 X의 확률함수 f가 다음과 같다고 하자.

| 표 1 |

x	-1	0	1
$f(x)$	0.3	0.4	0.3

이때 $Y=X^2$의 확률함수를 구하여라.

풀이 $Y=X^2$이므로 $X=-1, 1$일 때 $Y=1$이고 $X=0$일 때 $Y=0$이다. 그러므로 Y의 확률함수 g는

$$g(0)=P(Y=0)=P(X=0)=0.4,$$
$$g(1)=P(Y=1)=P(X=-1)+P(X=1)=0.6$$

이다. ■

우리는 확률변수 $r(X)$의 기댓값을 다음과 같이 정의한다.

정리 1

확률변수 X가 확률함수 또는 확률밀도함수가 f라 하고 $Y=r(X)$라고 하자. 또한 이산형인 경우 $\sum_x |r(x)|f(x)<\infty$가 성립하고 연속형인 경우

$$\int_{-\infty}^{\infty}|r(x)|f(x)dx<\infty$$

가 성립한다고 하자. 이 경우 확률변수 $Y=r(X)$의 기댓값은

$$E[r(X)] = \begin{cases} \sum_x r(x)f(x), & \text{이산형 분포} \\ \int_{-\infty}^{\infty} r(x)f(x)dx, & \text{연속형 분포} \end{cases}$$

이다.

예제 4 확률변수 X는 두 주사위 눈의 합이라 하고 $Y=r(X)=100X$라 하면, Y는 상금액수를 의미한다고 할 수 있다. 이때 평균적으로 기대할 수 있는 상금액수를 구하여라.

풀이

$$\begin{aligned} E[r(X)] &= \sum_x 100xP(X=x) \\ &= 100(2)\frac{1}{36} + 100(3)\frac{2}{36} + 100(4)\frac{3}{36} + \cdots + 100(12)\frac{1}{36} \\ &= 700 \end{aligned}$$

이다. ■

R-풀이

```
# library()를 이용하여 'prob'을 로딩함
library(prob)
# rolldie()를 이용하여 표본공간을 구함
(ex4_1_4 <- rolldie(2, makespace=TRUE))
        X1      X2      probs
1       1       1       0.02777778
2       2       1       0.02777778
⋮       ⋮       ⋮       ⋮
35      5       6       0.02777778
36      6       6       0.02777778
# addrv()을 이용하여 두 주사위 눈의 합에 100을 곱한 변수를 첨가함
(S <- addrv(ex4_1_4, x_sum=(X1 + X2)*100 ))
        X1      X2      x_sum     probs
1       1       1       200       0.02777778
2       2       1       300       0.02777778
⋮       ⋮       ⋮       ⋮         ⋮
```

```
35        5        6        1100        0.02777778
36        6        6        1200        0.02777778
# 기댓값을 구함
(E_ex4_1_4 <- sum(S$x_sum*S$probs))
[1] 700
```

정리 1은 두 개의 확률변수로 일반화시킬 수 있다. 확률변수 X, Y의 결합확률밀도함수가 f이고 $Z=r(X, Y)$라고 하자. 이때 Z의 기댓값은

$$E(Z)=E[r(X,Y)]=\begin{cases}\sum_x\sum_y r(x, y)f(x, y), & \text{이산형}\\ \int\int r(x, y)f(x, y)dxdy, & \text{연속형}\end{cases}$$

이다.

예제 5 확률변수 X와 Y의 결합확률밀도함수가 다음과 같다고 하자.

$$f(x, y)=\begin{cases}x+y, & 0<x<1,\ 0<y<1\\ 0, & \text{기타}\end{cases}$$

$E(X)$, $E(Y)$, $E(XY^2)$을 구하여라.

풀이 $E(X)=\int_0^1\int_0^1 xf(x, y)dxdy=\int_0^1\int_0^1 x(x+y)dxdy=\frac{7}{12}$ 이고, 마찬가지 방법으로

$$E(Y)=\int_0^1\int_0^1 y(x+y)dxdy=\frac{7}{12}$$

이다. 한편

$$E(XY^2)=\int_0^1\int_0^1 xy^2(x+y)dxdy=\frac{17}{72}$$

이다. ■

R-풀이

```
# integrate()를 이용하여 이중적분을 계산할 수 있는 함수를 정의함
integrate(function(y) {
    sapply(y, function(y) {
```

```
        integrate(function(x) ex4_1_5(x,y), 0, 1)$value
    })
  }, 0, 1)
# X의 평균을 구함
ex4_1_5 <- function(x,y) {x*(x + y)}
0.5833333 with absolute error < 6.5e-15
# as.fractions()을 이용하여 분수로 나타냄
as.fractions(0.5833333)
[1] 7/12
# Y의 평균을 구함
ex4_1_5 <- function(x,y) {y*(x + y)}
0.5833333 with absolute error < 6.5e-15
# as.fractions()을 이용하여 분수로 나타냄
as.fractions(0.5833333)
[1] 7/12
# XY^2의 평균을 구함
ex4_1_5 <- function(x,y) {x*y^2*(x + y)}
0.2361111 with absolute error < 2.6e-15
# as.fractions()을 이용하여 분수로 나타냄
as.fractions(0.2361111)
[1] 17/72
```

예제 5에서 X와 Y의 주변확률밀도함수 f_1과 f_2에 대해

$$E(X) = \int_0^1 x f_1(x)dx, \quad E(Y) = \int_0^1 y f_2(y)dy$$

임에 유의하여라.

4.1 연습문제

1 50명의 학생으로 구성된 한 반에서 나이 i인 학생 수 n_i는 다음과 같다.

나이	학생 수
18	20
19	22
20	4
21	3
25	1

이 반에서 한 학생을 무작위로 추출했을 때, 학생의 나이 기댓값은 얼마인가?

2 주사위 한 개를 던져서 나오는 눈의 수를 확률변수 X라고 할 때 $E[(X-3)^2]$을 구하여라.

3 X와 Y의 결합확률함수가 다음과 같다고 하자.

$$f(x,\ y)=\begin{cases}\dfrac{1}{3}, & (x,\ y)=(0,\ 0),\ (0,\ 1),\ (1,\ 1)\\ 0, & \text{기타}\end{cases}$$

이때 $E\left[\left(X-\dfrac{1}{3}\right)\left(Y-\dfrac{2}{3}\right)\right]$를 구하여라.

4 X과 Y의 결합확률밀도함수가 다음과 같다고 하자.

$$f(x,\ y)=\begin{cases}2, & 0<x<y,\ 0<y<1\\ 0, & \text{기타}\end{cases}$$

$E(X)E(Y)=E(XY)$가 성립하는지를 조사하여라.

5 확률변수 X의 확률함수가 다음과 같다고 하자.

$$f(x)=\begin{cases}\dfrac{|x-2|}{7}, & x=-1,\ 0,\ 1,\ 3\\ 0, & \text{기타}\end{cases}$$

이때 $E(X)$와 $E(X^2)$을 구하여라.

4.2 기댓값의 성질

분포가 연속형이든지 또는 이산형이든지 확률변수가 취할 수 있는 값들이 많아지고, 또한 확률변수의 함수로 정의되는 새로운 확률변수의 기댓값을 구하고자 할 때 우리는 계산의 간편화를 위한 몇 가지 성질을 학습할 필요가 있다.

성질 1

$Y = aX + b(a,\ b:$ 상수)이면

$$E(Y) = aE(X) + b.$$

X가 확률밀도함수가 f인 연속형 분포를 갖는다고 가정하자. 그러면

$$\begin{aligned} E(Y) = E(aX+b) &= \int_{-\infty}^{\infty}(ax+b)f(x)dx \\ &= a\int_{-\infty}^{\infty}xf(x)dx + b\int_{-\infty}^{\infty}f(x)dx \\ &= aE(X) + b \end{aligned}$$

이다. 이산형 분포에 대해서도 유사한 방법으로 증명된다.

성질 2

확률변수 $X,\ Y$를 각각의 기댓값이 존재하는 확률변수라고 하면

$$E(X+Y) = E(X) + E(Y)$$

가 성립한다.

두 확률변수의 합이나 차의 기댓값은 각 변수의 기댓값들의 합이나 차와 같아진다는 것으로, 이는 다음과 같이 쉽게 증명된다. X와 Y는 결합확률밀도함수가 f인 연속형 결합분포를 가진다고 하자. 그러면

$$E(X+Y)=\int_{-\infty}^{\infty}\int_{-\infty}^{\infty}(x+y)f(x,\ y)dxdy$$
$$=\int_{-\infty}^{\infty}\int_{-\infty}^{\infty}xf(x,\ y)dxdy+\int_{-\infty}^{\infty}\int_{-\infty}^{\infty}yf(x,\ y)dxdy$$
$$=E(X)+E(Y)$$

가 성립한다. 이산형 분포에 대해서도 유사하게 증명된다.

성질 1은 다음과 같이 일반화될 수 있다. 임의의 상수 $a_1,\ a_2,\ \cdots,\ a_n$ 과 b에 대하여

$$E(a_1X_1+a_2X_2+\cdots+a_nX_n+b)=a_1E(X_1)+a_2E(X_2)+\cdots+a_nE(X_n)+b$$

가 성립한다.

예제 1 빨간 공과 파란 공이 들어 있는 상자에서 빨간 공의 비율이 $p(0\leq p\leq 1)$라고 하자. 이 상자에서 n개의 공을 무작위로 복원추출(with replacement)한다고 가정하고, 확률변수 X를 추출된 빨간 공의 개수라고 하자. 이때 X의 기댓값을 구하여라.

풀이 이 분포는 5장에서 이야기할 이항분포의 한 예이다. 먼저 n개의 확률변수 $X_1,\ X_2,\ \cdots,\ X_n$ 을 다음과 같이 정의하자.

$$X_i=\begin{cases}1, & \text{추출된 } i\text{번째 공이 빨간색}\\ 0, & \text{추출된 } i\text{번째 공이 파란색}\end{cases}\quad (i=1,\ 2,\ \cdots,\ n)$$

n개의 공이 복원으로 추출되기 때문에 확률변수 $X_1,\ X_2,\ \cdots,\ X_n$ 은 독립이다. 우리는 모든 공들이 무작위 순서에 의해 상자 속에 배열되어 있으며, 이러한 배열에서 n개의 공이 추출된다고 생각할 수 있다. 그러므로 $i=1,\ 2,\ \cdots,\ n$ 에 대하여

$$P(X_i=1)=p,\ \ P(X_i=0)=1-p$$

이고, 따라서 $E(X_i)=1\cdot p+0\cdot(1-p)=p$이다. $X_1,\ X_2,\ \cdots,\ X_n$ 의 정의에 의해 $X_1+X_2+\cdots+X_n$은 추출된 빨간 공의 총 개수이므로

$$X=X_1+X_2+\cdots+X_n$$

이며, 성질 2에 의해

$$E(X)=E(X_1)+E(X_2)+\cdots+E(X_n)=np$$

이다. ■

성질 3

확률변수 X, Y를 각각의 기댓값이 존재하는 독립인 확률변수라고 하면

$$E(X \cdot Y) = E(X) \cdot E(Y)$$

가 성립한다.

X, Y가 결합확률밀도함수가 f인 연속형 결합분포를 가진다고 가정하자. 확률변수 X, Y가 독립이므로

$$f(x, y) = f_1(x) f_2(y)$$

가 성립한다. 그러므로

$$\begin{aligned} E(X \cdot Y) &= \int_{-\infty}^{\infty}\int_{-\infty}^{\infty}(xy)f(x, y)dxdy \\ &= \left(\int_{-\infty}^{\infty} xf_1(x)dx\right)\left(\int_{-\infty}^{\infty} yf_2(y)dy\right) = E(X) \cdot E(Y) \end{aligned}$$

이다. 이산형 분포에 대해서도 유사하게 증명된다.

만일 각각의 기댓값이 존재한다면 성질 2에 의해 확률변수들의 합의 기댓값은 항상 그들 각각의 기댓값의 합과 같게 된다. 그러나 곱의 기댓값은 항상 각각의 기댓값의 곱과 같지는 않게 된다. 그들은 독립인 경우에만 항상 같게 된다.

한편 성질 3의 역은 성립하지 않는다. 즉 확률변수들의 곱의 기댓값이 그들 각각의 기댓값의 곱과 같다고 해서 그들 확률변수들이 항상 독립인 것은 아니다.

예제 3 X_1과 X_2의 결합확률함수가 다음과 같다고 하자.

$$f(x, y) = \begin{cases} \frac{1}{4}, & (x, y) = (1, 0), (0, 1), (-1, 0), (0, -1) \\ 0, & \text{기타} \end{cases}$$

성질 3의 역이 성립하지 않음을 보여라.

풀이 $E(X) = E(Y) = 0$이고 $XY = 0$이므로 $E(XY) = 0$이다. 그러므로

$$E(XY) = E(X)E(Y)$$

가 성립한다. 그러나

$$0 = P(X=0, Y=0) \neq P(X=0)P(Y=0) = \left(\frac{1}{2}\right)\left(\frac{1}{2}\right)$$

이므로 X과 Y는 독립이 아니다. ■

R-풀이

```
# data.frame()을 이용하여 결합함수를 데이터 프레임의 형태로 ex4_2_2 객체에 할당함
(ex4_2_2 <- data.frame(id=c(1, 2, 3, 4), X=c(1, 0, -1, 0), Y=c(0, 1, 0, -1),
prob=c(1/4, 1/4, 1/4, 1/4)))
    id   X   Y   prob
1    1   1   0   0.25
2    2   0   1   0.25
3    3  -1   0   0.25
4    4   0  -1   0.25
# X와 Y의 평균을 각각 구함
(Ex <- sum(ex4_2_2$X*ex4_2_2$prob))
0
(Ey <- sum(ex4_2_2$Y*ex4_2_2$prob))
0
# XY의 평균을 구함
(Exy <- sum(ex4_2_2$X*ex4_2_2$Y*ex4_2_2$prob))
0
```

4.2
연습문제

1 3개의 확률변수 X_1, X_2, X_3가 독립이고 $i=1,\ 2,\ 3$에 대하여

$$E(X_i)=0, \quad E(X_i^2)=1$$

이라고 하자. 이때 $E[X_1^2(X_2-4X_3)^2]$의 값은 얼마인가?

2 확률변수 X와 Y의 결합확률밀도함수가 다음과 같다.

$$f(x,y)=\begin{cases}2, & x+y<1,\ x,\ y>0 \\ 0, & \text{기타}\end{cases}$$

(1) X와 Y는 독립인가?

(2) $E(X)$, $E(Y)$, $E(XY)$를 구하여라.

3 X의 확률밀도함수가 다음과 같다고 하자.

$$f(x)=\begin{cases}2(1-x), & 0<x<1 \\ 0, & \text{기타}\end{cases}$$

이때 $E(6X+3X^2)$을 구하여라.

4 당첨제비가 3개 들어 있는 10개의 제비 중에서 3개의 제비를 뽑는다고 하자. 이때 확률변수 X는 뽑힌 당첨제비의 개수를 나타낸다. 이때 X의 기댓값을 구하여라.

5 어떤 공장에서 생산되는 인형은 10개 중 1개의 비율로 불량품이고, 이 인형을 포장하는 상자는 111개 중 1개가 불량품이다. 1개의 상자에 인형 1개씩 넣어 포장한 상품 111개 중 불량품이 아닌 상품의 개수를 X라 할 때, X의 기댓값을 구하여라.

4.3 분산

확률변수 X의 기댓값으로는 단지 분포의 중심 위치에 대한 정보만을 얻을 수 있으며, 분포의 흩어진 정도를 판별할 수는 없다. 실제로 평균, 즉 분포의 중심 위치는 같으면서도 분포 모습이 서로 다른 경우들이 많이 있기 때문에 확률분포가 중심위치 주변에 어느 정도로 밀집되어 있는가를 파악할 수 있는 적절한 측도가 필요하다. 따라서 우리는 확률분포의 **산포도**(dispersion)에 대하여 알아보기로 한다.

정의 1

X를 평균 $\mu = E(X)$를 갖는 확률변수라고 하자. 이때 $(X-\mu)^2$의 기댓값

$$E[(X-\mu)^2]$$

이 존재하면 이 값을 X의 **분산**(variance) 또는 X 분포의 분산이라 하고 $Var(X)$ 또는 σ^2으로 표시한다. 또한 분산의 음이 아닌 제곱근을 확률변수의 **표준편차**(standard deviation)라 부르고 σ로 표시한다.

$Var(X)$는 $(X-\mu)^2$의 기댓값이므로 $Var(X) \ge 0$이다.

한 분포의 분산은 그 분포의 평균 주위에서 분포의 흩어진 정도를 나타낸다. 작은 분산값은 확률분포가 평균 주위에 집중적으로 분포되어 있음을 나타내며, 큰 분산값은 확률분포가 평균 주위에 넓게 퍼져 있음을 나타낸다.

예제 1 확률변수 X가 두 주사위의 눈의 합을 나타낸다고 할 때 X의 분산을 구하여라.

풀이 $E(X) = 7$이므로,

$$\begin{aligned} Var(X) &= \sum_x (x-7)^2 P(X=x) \\ &= (2-7)^2 \frac{1}{36} + (3-7)^2 \frac{2}{36} + \cdots + (12-7)^2 \frac{1}{36} \\ &= \frac{210}{36} = \frac{35}{6} \end{aligned}$$

이 된다.

R-풀이

```
# library()를 이용하여 'prob'을 로딩함
library(prob)
# rolldie()를 이용하여 표본공간을 구하고, ex4_3_1 객체에 할당함
(ex4_3_1 <- rolldie(2, makespace=TRUE))
   X1 X2      probs
1   1  1 0.02777778
2   2  1 0.02777778
⋮   ⋮  ⋮     ⋮
35  5  6 0.02777778
36  6  6 0.02777778
# addrv()을 이용하여  두 주사위 눈의 합을 구하는 변수를 첨가함
S <- addrv(ex4_3_1, x_sum=X1 + X2)
# marginal()을 이용하여 주변확률분포표를 구함
(marginal(S, var="x_sum"))
   x_sum      probs
1      2 0.02777778
2      3 0.05555556
⋮      ⋮      ⋮
10    11 0.05555556
11    12 0.02777778
# 평균을 구함
(ES <- sum(S$x_sum*S$probs))
 7
# 표본분산을 구함
(VX <- sum(S$x_sum^2*S$probs) - ES^2)
 5.833333
# as.fractions()을 이용하여 분수로 나타냄
as.fractions(5.833333)
[1] 35/6
```

예제 2 X와 Y의 확률밀도함수가 각각 다음과 같다고 하자.

$$f(x)=\begin{cases}\dfrac{1}{2a}, & -a<x<a \\ 0, & \text{기타}\end{cases},\quad g(y)=\begin{cases}\dfrac{1}{4a}, & -2a<y<2a \\ 0, & \text{기타}\end{cases}$$

X와 Y의 분산을 구하여라.

풀이 X의 평균 μ_X는

$$\mu_X=E(X)=\int_{-a}^{a}x\frac{1}{2a}dx=0$$

이므로

$$Var(X)=E[(X-\mu)^2]=\int_{-a}^{a}x^2\frac{1}{2a}dx=\frac{a^2}{3}$$

이다.
Y의 평균 μ_Y도

$$\mu_Y=E(Y)=\int_{-2a}^{2a}y\frac{1}{4a}dy=0$$

이므로

$$Var(Y)=E[(Y-\mu)^2]=\int_{-2a}^{2a}y^2\frac{1}{4a}dy=\frac{4a^2}{3}$$

이다. 그러므로 Y의 확률분포가 X의 확률분포에 비하여 평균 0을 중심으로 더 넓게 퍼져 있음을 의미한다. ■

다양한 분포에 대해 분산값을 구하기 위해서는 분산의 성질에 대하여 알아볼 필요가 있다.

> **성질 1**
> $Var(X)=0$이기 위한 필요충분조건은 $P(X=c)=1$을 만족하는 상수 c가 존재하는 것이다.

성질 2

분산은 음이 될 수 없으므로 분산이 0이라는 것은 가장 작은 분산값이 되며, 이 경우 분포는 한 점에 집중되어 있음을 의미한다.
임의의 상수 a, b에 대하여

$$Var(aX+b) = a^2 Var(X)$$

가 성립한다.

만일 $E(X) = \mu$라고 하면 $E(aX+b) = a\mu + b$이고, 따라서

$$\begin{aligned} Var(aX+b) &= E[(aX+b-a\mu-b)^2] = E[(aX-a\mu)^2] \\ &= a^2 E[(X-\mu)^2] = a^2 Var(X) \end{aligned}$$

가 성립한다.

X의 분포를 실직선상을 따라 b만큼 이동하면 b만큼 분포의 평균은 변하지만 그 평균 주위에서의 분포의 산포에는 영향을 미치지 않으므로 분산은 변화가 없을 것이다. 또한 실직선상의 원점에 관하여 X의 분포를 대칭이동하면 원래 분포의 거울상인 분포가 생길 것이며 이 분포는 평균은 변하겠지만 평균 주위의 산포 정도는 변하지 않을 것이다.

성질 3

만일 $E(X) = \mu$라고 하면 $Var(X) = E(X^2) - [E(X)]^2$.

$$\begin{aligned} Var(X) &= E[(X-\mu)^2] = E(X^2 - 2\mu X + \mu^2) \\ &= E(X^2) - 2\mu E(X) + \mu^2 = E(X^2) - \mu^2 \end{aligned}$$

성질 4

확률변수 X와 Y가 독립이면

$$Var(X+Y) = Var(X) + Var(Y)$$

가 성립한다.

성질 4를 보이기 위하여 $E(X) = \mu_1$, $E(Y) = \mu_2$라고 하면

$$E(X+Y)=\mu_1+\mu_2$$

이다. 그러므로

$$\begin{aligned}Var(X+Y)&=E[(X+Y-\mu_1-\mu_2)^2]\\&=E[(X-\mu_1)^2+(Y-\mu_2)^2+2(X-\mu_1)(Y-\mu_2)]\\&=Var(X)+Var(Y)+2E[(X-\mu_1)(Y-\mu_2)]\end{aligned}$$

이고 X와 Y는 독립이므로

$$E[(X-\mu_1)(Y-\mu_2)]=E(X-\mu_1)E(Y-\mu_2)=0$$

이다. 따라서

$$Var(X+Y)=Var(X)+Var(Y)$$

가 성립한다.

4.2절에서 우리는 기댓값이 존재하는 경우 확률변수들의 합에 대한 기댓값이 각각의 기댓값의 합과 항상 같음을 보았다. 그러나 4.3절의 성질 4에 의하면 유사한 성질이 분산에 대해 성립하기 위해서는 독립이라는 조건이 있어야 함을 알 수 있다. 독립이 아닌 확률변수들의 합의 분산은 후에 논의할 것이다.

예제 3 확률변수 X의 값에서 평균 μ를 뺀 값을 표준편차 σ로 나눈 값을 Z라고 하면 $Z=\dfrac{X-\mu}{\sigma}$는 X의 일차함수로서 새로운 확률변수가 된다. 이제 Z의 평균과 분산을 구하여라.

풀이 $E(Z)=E\left(\dfrac{X-\mu}{\sigma}\right)=E\left(-\dfrac{\mu}{\sigma}+\dfrac{1}{\sigma}X\right)=-\dfrac{\mu}{\sigma}+\dfrac{1}{\sigma}\mu=0$

$Var(Z)=Var\left(\dfrac{X-\mu}{\sigma}\right)=Var\left(-\dfrac{\mu}{\sigma}+\dfrac{1}{\sigma}X\right)=\dfrac{1}{\sigma^2}Var(X)=\dfrac{1}{\sigma^2}\sigma^2=1$

이상의 결과에서 $Z=\dfrac{X-\mu}{\sigma}$는 평균이 0, 분산이 1이 되는 특수한 변수가 된다. 이러한 특정을 갖도록 정의된 변수 Z를 표준화변수(standardized variable)라고 하는데, 후에 이 개념은 중요하게 활용된다. ■

4.3 연습문제

1 4.2절의 예제 1에서 X의 분산을 구하여라.

2 $Z=\dfrac{X-\mu}{\sigma}$일 때 $T=10Z+50$의 분산을 구하여라.

3 한 개의 주사위를 4번 던지는 실험에서 주사위를 던져 나온 수에 따라 원점에서 출발하여 수직선 위를 움직이는 동점 P가 있다고 하자. 주사위를 던져서 나온 수가 1, 2, 3, 4이면 P가 양의 방향으로 1만큼 움직이고, 5, 6의 눈이 나오면 점 P는 움직이지 않으며 점 P의 좌표를 X라 하자. X의 기댓값과 분산을 구하여라.

4 확률변수 X와 Y의 확률밀도함수 $f(x)$와 $g(y)$가 다음과 같다고 하자.

$$f(x)=\begin{cases}\dfrac{1}{\pi}, & 0<x<\pi \\ 0, & \text{기타}\end{cases}, \quad g(y)=\begin{cases}\dfrac{1}{2}\sin y, & 0<y<\pi \\ 0, & \text{기타}\end{cases}$$

X와 Y 각각의 분산을 구하고 두 분산을 비교하여라.

5 X의 확률밀도함수가

$$f(x)=\lambda e^{-\lambda x},\ x>0$$

이라고 할 때 X의 분산을 구하여라.

6 확률변수 X와 Y의 결합확률밀도함수가 다음과 같다고 하자.

$$f(x,\ y)=\begin{cases}3e^{-3x}e^{-y}, & 0<x<\infty,\ 0<y<\infty \\ 0, & \text{기타}\end{cases}$$

X와 Y는 독립인가? $3X+Y$의 분산을 구하여라.

4.4 중앙값과 최빈값

4.4.1 중앙값

우리는 평균을 그 분포의 중심으로 공부하였다. 그러나 분포의 중심으로 간주할 수 있는 또 다른 특성값이 존재한다. 이것은 전체 확률을 동일한 두 부분으로 나누는 점으로 생각할 수 있는데, 이 점을 우리는 분포의 **중앙값**(median)이라고 부른다. 그러나 분포에 따라서는 전체 확률이 정확하게 같은 두 부분으로 나누어지는 점이 없을 수도 있고, 또는 그러한 점이 하나 이상 있을 수도 있다. 그러므로 중앙값의 공식적인 정의는 이러한 가능성을 모두 포함하는 충분히 일반적인 것이어야 할 것이다.

정의 1

임의의 확률변수 X에 대하여

$$P(X \leq m) \geq \frac{1}{2},\ \ P(X \geq m) \geq \frac{1}{2}$$

을 만족하는 점 m을 X의 **중앙값**(median)이라고 부른다.

모든 분포는 최소한 하나의 중앙값을 가지며, 어떤 분포에 대해서는 구간 내의 모든 점이 중앙값일 수 있다. 그리고 $P(X < m) = P(X > m)$인 점 m이 존재하면, 즉 점 m이 실질적으로 전체 확률을 동일한 두 부분으로 나눈다면 m은 당연하게 X의 중앙값이 될 것이다.

예제 1 X가 다음과 같은 이산형 분포를 가진다고 하자.

$$P(X=1) = 0.1,\ \ P(X=2) = 0.2,$$
$$P(X=3) = 0.3,\ \ P(X=4) = 0.4$$

X의 중앙값을 구하여라.

풀이 $$P(X \le 3) = 0.6 > \frac{1}{2},\ P(X \ge 3) = 0.7 > \frac{1}{2}$$

이므로 값 3은 이 분포의 유일한 중앙값이다. ■

예제 2 X가 다음과 같은 이산형 분포를 가진다고 하자.

$$P(X=1)=0.1,\ P(X=2)=0.4,$$
$$P(X=3)=0.3,\ P(X=4)=0.2$$

X의 중앙값을 구하여라.

풀이 $$P(X \le 2) = \frac{1}{2},\ P(X \ge 3) = \frac{1}{2}$$

이므로 $2 \le m \le 3$ 안의 모든 값 m은 이 분포의 중앙값이 될 것이다. ■

예제 3 X는 확률밀도함수가 다음과 같은 연속형 분포를 가진다고 가정하자.

$$f(x) = \begin{cases} 3x^2, & 0 < x < 1 \\ 0, & \text{기타} \end{cases}$$

X의 중앙값을 구하여라.

풀이 이 분포의 유일한 중앙값은

$$\int_0^m 3x^2 dx = \int_m^1 3x^2 dx = \frac{1}{2}$$

인 수 m이 될 것이다. 이 수는 $m = \sqrt[3]{\frac{1}{2}}$ 이다. ■

R-풀이

```
# 확률밀도함수를 ex4_4_3 객체에 할당함
ex4_4_3 <- function(x) 3*x^2
# integrate()를 이용하여 적분을 계산하고, 중앙값이 되는지 확인함
integrate(ex4_4_3, lower = 0, (1/2)^(1/3))
0.5 with absolute error < 5.6e-15
integrate(ex4_4_3, lower = (1/2)^(1/3), 1)
0.5 with absolute error < 5.6e-15
```

예제 4 X는 확률밀도함수가 다음과 같은 연속형 분포를 가진다고 가정하자.

$$f(x) = \begin{cases} \frac{1}{2}, & 0 \le x \le 1 \\ 1, & 2.5 \le x \le 3 \\ 0, & \text{기타} \end{cases}$$

X의 중앙값을 구하여라.

풀이 $1 \le m \le 2.5$ 내의 임의의 값 m에 대하여

$$P(X \le m) = P(X > m) = \frac{1}{2}$$

이다. 그러므로 $1 \le m \le 2.5$ 내의 모든 값 m이 이 분포의 중앙값이 된다. ■

앞에서 언급한 바와 같이 어떤 분포에서, 비록 작지만 양의 확률을 그 분포의 어느 부분으로부터 제거하여 충분히 큰 값에 이 확률을 할당함으로써 평균을 매우 크게 만들 수 있다. 그러나 중앙값은 확률의 유사한 변화에 의해 크게 영향을 받지 않는다. 만일 임의의 양의 확률이 중앙값보다 더 큰 값으로부터 제거되어 임의의 큰 값에 할당되어도 새로운 분포의 중앙값은 원래 분포의 중앙값과 같을 것이다.

예를 들어 어떤 지역의 가구당 연평균 수입이 2,000만 원이라고 가정하자. 이 경우 평균이 2,000만 원이라는 것은 그 지역 내의 불과 몇 가구만이 실제로 2,000만 원 정도의 수입을 갖고, 극히 일부 가구는 2,000만 원이 훨씬 넘는 수입을 가지고 있을 수도 있다. 그러나 그 지역의 가구당 수입의 중앙값이 2,000만 원이라면 적어도 그 가구의 반은 2,000만 원 또는 그 이상의 수입을 가지고 있음에 틀림없다.

4.4.2 최빈값

통계에서의 자료를 분석할 때 수집된 자료 가운데 가장 여러 번 측정된 값이나 항목, 즉 가장 빈도수가 많은 수치나 범위에 관심을 가질 수 있다. 예를 들어 서울시 지하철 공사에서 아르바이트 검표원을 효율적으로 배치하기 위해 하루 중에서 어느 시간대에 승객이 가장 많은가를 조사하여 본 결과, 대략 오전 8시 전후와 오후 7시 전후로 나타났다면 이 두 값이 가장 많은 빈도수를 갖는 값이 될 것이다. 이를 이용하여 우리는 다음과 같은 정의할 수 있다.

> **정의 2**
>
> 확률변수 X의 확률함수 또는 확률밀도함수 $f(x)$가 최댓값을 갖는 점 x를 그 분포의 **최빈값**(mode)이라고 한다.

예제 5 X의 확률함수가 다음과 같다고 하자.

$$f(x)=\begin{cases}\left(\frac{1}{2}\right)^x, & x=1,\ 2,\ 3,\ \cdots \\ 0, & \text{기타}\end{cases}$$

X의 최빈값을 구하여라.

풀이

$$f(1)>f(2)>\cdots>f(n)>\cdots$$

이므로 $x=1$이 이 분포의 유일한 최빈값이다. ■

예제 6 X의 확률밀도함수가 다음과 같다고 하자.

$$f(x)=\begin{cases}12x^2(1-x), & 0<x<1 \\ 0, & \text{기타}\end{cases}$$

X의 최빈값을 구하여라.

풀이 $f(x)$가 최대가 되는 점을 구하기 위해

$$f'(x)=24x-36x^2=12x(2-3x)=0$$

으로 하면 $x=\frac{2}{3}$에서 $f(x)$는 최대가 됨을 알 수 있다. 그러므로 $x=\frac{2}{3}$가 이 분포의 유일한 최빈값이 된다. ■

R-풀이

```
# expression()을 이용하여 미분할 함수를 ex4_4_6객체에 할당함
ex4_4_6 <- expression(x^2*12*(1 - x))
# D()를 이용하여 ex4_4_6를 미분함
D(ex4_4_6, "x")
2*x*12*(1 - x) - x^2*12
# polyroot()를 이용하여 위의 2차 방정식의 해를 구함. 단, 계수는 낮은 차수부터 차례대
로 기입함
olyroot(c(0, 24, -36))
```

```
[1] 0.0000000 + 0i 0.6666667 + 0i
# 또는 optimize()를 이용하여 최대가 되는 점을 구함
optimize(function(x) 12*x^2*(1 - x), lower=0, upper=1, maximum = TRUE)
$maximum
p[1] 0.6666795
$objective
[1] 1.777778
# x가 0.6666795일 때, f(x)는 1.777778일로 최대가 됨
```

4.4 연습문제

1 다음과 같은 확률함수 또는 확률밀도함수를 갖는 분포의 중앙값을 구하여라.

(1) $f(x) = \begin{cases} \binom{4}{x}\left(\frac{1}{4}\right)^x\left(\frac{3}{4}\right)^{4-x}, & x = 0,\ 1,\ 2,\ 3,\ 4 \\ 0, & \text{기타} \end{cases}$

(2) $f(x) = \begin{cases} e^{-x}, & x > 0 \\ 0, & \text{기타} \end{cases}$

(3) $f(x) = \dfrac{1}{\pi(1+x^2)}, \quad -\infty < x < \infty$

2 다음과 같은 확률밀도함수를 갖는 분포의 최빈값을 구하여라.

$$f(x) = \begin{cases} \frac{1}{2}x^2e^{-x}, & 0 < x < \infty \\ 0, & \text{기타} \end{cases}$$

3 다음과 같은 분포함수를 갖는 분포의 중앙값을 구하여라.

$$F(x) = \begin{cases} 0, & x < 0 \\ \frac{1}{8}x^3, & 0 \le x < 2 \\ 1, & x \ge 2 \end{cases}$$

4 $0 < p < 1$일 때 $P(X \le \xi_p) \ge p$, $P(X \ge \xi_p) \le 1-p$를 만족하는 수 ξ_p를 확률분포의 제p분위수($100p$ 퍼센트)라고 한다. 다음과 같은 확률밀도함수를 갖는 분포의 20% 값을 구하여라.

$$f(x) = \begin{cases} 4x^3, & 0 < x < 1 \\ 0, & \text{기타} \end{cases}$$

4.5 공분산과 상관계수

확률변수들의 평균, 중앙값, 분산 등은 분포에 대한 유용한 정보를 제공해주기는 하지만 두 변수들 간의 관계에 대한 어떤 정보도 제공해주지는 못한다. 예를 들면 평균이 각각 μ_X와 μ_Y인 두 확률변수 X와 Y에서, 만일 X값이 μ_X보다 커지면 Y값도 μ_Y보다 커지고, X값이 μ_X보다 작아질 때는 Y값도 μ_Y브다 작아지는 경향이 있다면 $(X-\mu_X)(Y-\mu_Y)$는 양의 큰 값으로 나타날 것이며, X값이 증가함에 따라 Y값이 감소하는 경향을 보인다면 $(X-\mu_X)(Y-\mu_Y)$는 음의 큰 값으로 나타날 것으로 예상된다. 그러므로 $(X-\mu_X)(Y-\mu_Y)$에 대한 기댓값은 확률변수 X의 증감에 따른 확률변수 Y의 증감에 대한 경향을 파악할 수 있는 특성값으로 사용할 수 있다.

X와 Y가 지정된 결합분포를 가지는 확률변수라 하고,

$$E(X)=\mu_X,\ E(Y)=\mu_Y,\ Var(X)=\sigma_X^2,\ Var(Y)=\sigma_Y^2$$

이라고 하자. 이때

$$E[(X-\mu_X)(Y-\mu_Y)]$$

를 X와 Y의 **공분산**(covariance)이라 하고 $Cov(X, Y)$로 표시한다. $Cov(X, Y)$의 값은 양, 음 또는 0일 수 있다.

한편 $0<\sigma_X^2<\infty$, $0<\sigma_Y^2<\infty$인 경우 값

$$\frac{Cov(X, Y)}{\sigma_X\sigma_Y}$$

를 X와 Y의 **상관계수**(correlation coefficient)라고 하며 $\rho(X, Y)$로 표시한다.

상관계수의 값은 $-1\le\rho(X, Y)\le 1$이며, 만일 $\rho(X, Y)>0$이면 X와 Y는 양(positive)의 상관관계가 있다 하고, $\rho(X, Y)<0$이면 음(negative)의 상관관계가 있다고 하며 $\rho(X, Y)=0$이면 상관관계가 없다고 한다.

이제 공분산과 상관계수의 성질에 대하여 알아보자.

성질 1

$\sigma_X^2 < \infty$, $\sigma_Y^2 < \infty$ 인 임의의 확률변수 X와 Y에 대하여

$$Cov(X,\ Y) = E(XY) - E(X)E(Y)\ .$$

성질 1은 다음과 같이 증명된다.

$$\begin{aligned} Cov(X,\ Y) &= E(XY - \mu_X Y - \mu_Y X + \mu_X \mu_Y) \\ &= E(XY) - \mu_X E(Y) - \mu_Y E(X) + \mu_X \mu_Y \\ &= E(XY) - \mu_X \mu_Y \end{aligned}$$

예제 1 다음 X, Y의 결합확률분포표를 이용하여 X, Y의 상관계수를 구하여라.

| 표 1 |

X \ Y	0	1	2	$f_1(x)$
0	3/28	9/28	3/28	15/28
1	3/14	3/14	0	6/14
2	1/28	0	0	1/28
$f_2(y)$	10/28	15/28	3/28	1

풀이 먼저 X와 Y의 분산을 구해보자.

$$E(X) = 1/2,\ \ E(X^2) = 4/7$$

이므로 $Var(X) = \dfrac{9}{28}$ 이다.

$$E(Y) = 3/4,\ \ E(Y^2) = 27/28$$

이므로 $Var(Y) = \dfrac{45}{112}$ 이다.

한편 $Cov(X,\ Y) = E(XY) - E(X)E(Y) = -9/56$ 이므로

$$\rho(X,\ Y) = \frac{-9/56}{\sqrt{\dfrac{9}{28}}\sqrt{\dfrac{45}{112}}} = -\frac{\sqrt{5}}{5} \approx -0.447$$

이다. ■

R-풀이

```
# data.frame()을 이용하여 표 1을 데이터 프레임의 형태로 ex4_5_1 객체에 할당함
(ex4_5_1 <- data.frame(id=c(1, 2, 3, 4, 5, 6, 7, 8, 9), X=c(0, 1, 2, 0, 1, 2, 0, 1, 2), Y=c(0, 0, 0, 1, 1, 1, 2, 2, 2), prob=c(3/28, 3/14, 1/28, 9/28, 3/14, 0, 3/28, 0, 0)))
  id X Y       prob
1  1 0 0 0.10714286
2  2 1 0 0.21428571
3  3 2 0 0.03571429
4  4 0 1 0.32142857
5  5 1 1 0.21428571
6  6 2 1 0.00000000
7  7 0 2 0.10714286
8  8 1 2 0.00000000
9  9 2 2 0.00000000
# X와 Y의 평균과 분산을 각각 구하고, as.fractions()를 이용하여 분수로 나타냄
Ex <- sum(ex4_5_1$X*ex4_5_1$prob); as.fractions(Ex)
[1] 1/2
Ey <- sum(ex4_5_1$Y*ex4_5_1$prob); as.fractions(Ey)
[1] 3/4
Vx <- sum((ex4_5_1$X)^2*ex4_5_1$prob) - (Ex)^2; as.fractions(Vx)
[1] 9/28
Vy <- sum((ex4_5_1$Y)^2*ex4_5_1$prob) - (Ey)^2; as.fractions(Vy)
[1] 45/112
# X와 Y의 공분산을 구하고, as.fractions()를 이용하여 분수로 나타냄
Cov_xy <- sum(ex4_5_1$X*ex4_5_1$Y*ex4_5_1$prob) - Ex*Ey
as.fractions(Cov_xy)
[1] -9/56
# X와 Y의 상관계수를 구함
(corr_xy <- Cov_xy/sqrt(Vx*Vy))
-0.4472136
```

예제 2 X, Y의 결합확률밀도함수가 다음과 같다.

$$f(x,\ y)=\begin{cases}3x, & 0\le y\le x\le 1\\ 0, & \text{기타}\end{cases}$$

X, Y의 상관계수를 구하여라.

풀이 X와 Y의 상관계수를 구하기 위해 $Cov(X,\ Y)$를 먼저 구하면

$$E(XY)=\int_0^1\int_0^x xy(3x)dydx=\frac{3}{10},$$
$$E(X)=\int_0^1\int_0^x x(3x)dydx=\frac{3}{4},$$
$$E(Y)=\int_0^1\int_0^x y(3x)dydx=\frac{3}{8}$$

이다. 그러므로

$$Cov(X,\ Y)=E(XY)-E(X)E(Y)=\frac{3}{160}=0.01875$$

이다. 한편 $E(X^2)=\frac{3}{5}$, $E(Y^2)=\frac{1}{5}$이므로

$$\rho(X,\ Y)=\frac{Cov(X,\ Y)}{\sigma_X\sigma_Y}=\frac{\frac{3}{10}-\frac{3}{4}\cdot\frac{3}{8}}{\sqrt{\frac{3}{5}-\left(\frac{3}{4}\right)^2}\sqrt{\frac{1}{5}-\left(\frac{3}{8}\right)^2}}=\frac{\sqrt{57}}{19}\approx 0.39736$$

이다. ■

R-풀이

```
# X의 기댓값을 구하고, as.fractions()를 이용하여 분수로 나타냄
X <- function(x, y) x*3*x
E_x <- integrate(function(x) {
    sapply(x, function(x) {
      integrate(function(y) {
        sapply(y, function(y) X(x, y)) }, 0, x)$value
    })
  } , 0, 1)
as.fractions(E_x$value)
[1] 3/4
# Y의 기댓값을 구하고, as.fractions()를 이용하여 분수로 나타냄
```

```
Y <- function(x, y) y*x*3
E_y <- integrate(function(x) {
    sapply(x, function(x) {
      integrate(function(y) {
        sapply(y, function(y) Y(x, y)) }, 0, x)$value
    })
  }, 0, 1)
as.fractions(E_y$value)
[1] 3/8
# XX의 기댓값을 구하고, as.fractions()를 이용하여 분수로 나타냄
XX <- function(x, y) x^2*3*x
E_xx <- integrate(function(x) {
  sapply(x, function(x) {
    integrate(function(y) {
      sapply(y, function(y) XX(x)) }, 0, x)$value
  })
} , 0, 1)
as.fractions(E_xx$value)
[1] 3/5
# YY의 기댓값을 구하고, as.fractions()를 이용하여 분수로 나타냄
YY <- function(x, y) y^2*x*3
E_yy <- integrate(function(x) {
  sapply(x, function(x) {
    integrate(function(y) {
      sapply(y, function(y) YY(x, y)) }, 0, x)$value
  })
}, 0, 1)
as.fractions(E_yy$value)
[1] 1/5
# X의 분산을 구하고, as.fractions()를 이용하여 분수로 나타냄
var_x <- E_xx$value - (E_x$value)^2; as.fractions(var_x)
[1] 3/80
# Y의 분산을 구하고, as.fractions()를 이용하여 분수로 나타냄
var_y <- E_yy$value - (E_y$value)^2; as.fractions(var_y)
[1] 19/320
```

```
# XY의 기댓값을 구하고, as.fractions()를 이용하여 분수로 나타냄
XY <- function(x, y) x*y*3*x
E_xy <- integrate(function(x) {
    sapply(x, function(x) {
      integrate(function(y) {
        sapply(y, function(y) XY(x, y)) }, 0, x)$value
    })
  }, 0, 1)
E_xy
[1] 3/10
# X와 Y의 공분산을 구하고, as.fractions()를 이용하여 분수로 나타냄
(cov_xy <- E_xy$value - E_x$value*E_y$value)
0.01875
as.fractions(0.01875)
[1] 3/160
# X와 Y의 상관계수를 구함
(corr_xy <- cov_xy/sqrt(var_x*var_y))
0.3973597
```

성질 2

X와 Y가 $0 < \sigma_X^2 < \infty$이고 $0 < \sigma_Y^2 < \infty$인 독립인 확률변수이면

$$Cov(X,\ Y) = \rho(X,\ Y) = 0$$

이 성립한다.

확률변수 X와 Y가 독립이면 $E(XY) = E(X)E(Y)$이므로 성질 1에 의해

$$Cov(X,\ Y) = \rho(X,\ Y) = 0$$

이 성립한다.

성질 2의 역은 일반적으로 참이 아니다. 즉 독립이 아닌 두 개의 확률변수들은 상관관계가 없을 수도 있다. 이에 대한 성질은 이미 4.2절에서 공부하였다. 이제 우리는 독립이 아닌 확률변수들의 합에 대한 분산을 구할 것이다.

성질 3

X와 Y가 $Var(X) < \infty$ 그리고 $Var(Y) < \infty$인 확률변수들이라면

$$Var(X+Y) = Var(X) + Var(Y) + 2Cov(X, Y)$$

가 성립한다.

$E(X+Y) = \mu_X + \mu_Y$이므로

$$\begin{aligned} Var(X+Y) &= E[(X+Y-\mu_X-\mu_Y)^2] \\ &= E[(X-\mu_X)^2 + (Y-\mu_Y)^2 + 2(X-\mu_X)(Y-\mu_Y)] \\ &= Var(X) + Var(Y) + 2Cov(X, Y) \end{aligned}$$

가 성립한다.

예제 3 X과 Y가 독립인 확률변수이고 X의 확률밀도함수 f_1과 Y의 확률밀도함수 f_2가 다음과 같다고 하자.

$$f_1(x) = \begin{cases} \frac{1}{2}, & -1 < x < 1 \\ 0, & \text{기타} \end{cases}, \quad f_2(y) = \begin{cases} 10, & 0 < y < \frac{1}{10} \\ 0, & \text{기타} \end{cases}$$

$Z = X^2 + Y$라고 할 때 X와 Z의 상관계수를 구하여라.

풀이 $E(X) = E(X^3) = 0$이고 X와 Y는 독립이므로

$$E(XY) = E(X)E(Y) = 0$$

이다. 그러므로 X과 Z의 공분산은

$$Cov(X, Z) = E[X(X^2+Y)] - E(X)E(X^2+Y) = 0$$

이고, 따라서 X과 Z의 상관계수도 0이다. ■

4.5 연습문제

1 확률변수 X의 결합확률밀도함수가 다음과 같다고 하자.

$$f(x,\ y)=\begin{cases}3, & 0\le x\le 1,\quad x^2\le y\le \sqrt{x}\\ 0, & \text{기타}\end{cases}$$

X와 Y의 공분산과 상관계수를 구하여라.

2 $X=aU+b,\ Y=cV+d$인 선형변환에서 $Cov(X,\ Y)$와 $\rho(X,\ Y)$를 구하여라.

3 A자동차 대리점에서 300일 동안 판매원 수 Y에 따라 자동차를 판매대수 X를 나타내는 분할표가 다음과 같다고 하자. 이때 두 확률변수 X와 Y의 공분산과 상관계수를 구하여라.

X \ Y	2	3	합계
0	24	36	60
1	30	60	90
2	51	99	150
합계	105	195	300(일)

4 두 확률변수 X와 Y는 다음의 성질을 가지는 것이 가능한가를 조사하여라.

$$E(X)=3,\ E(Y)=2,\ E(X^2)=10,\ E(Y^2)=29,\ E(XY)=0$$

5 $Var(X)=9,\ Var(Y)=4$ 그리고 $\rho(X,\ Y)=-\dfrac{1}{6}$이라고 할 때

$$Var(X-3Y+4)$$

의 값을 구하여라.

4.6 여러 가지 부등식

우리는 **마르코프 부등식**(Markov inequality)과 **체비세프 부등식**(Tchebychev inequality)에 대하여 공부할 것이다. 이 부등식들은 확률의 하한 또는 상한을 구하는 데 유용하게 이용되고 있는데, 이 한계값들은 정확한 확률에 가까운 값이라고 할 수는 없으나 이론적인 측면에서 유용하게 이용되고 있다.

마르코프 부등식

확률변수 X의 함수 $r(X)$에 대하여 $r(X) \geq 0$이고 $E[r(X)]$가 존재하면 임의의 수 $t > 0$에 대하여

$$P[r(X) \geq t] \leq \frac{E[r(X)]}{t}$$

가 성립한다.

증명 편의상 X는 확률밀도함수가 f인 연속형 분포를 가진다고 가정하고

$$A = \{x : r(x) \geq t\}$$

라고 하면

$$\begin{aligned} E[r(X)] &= \int_{-\infty}^{\infty} r(x)f(x)dx \\ &= \int_{A} r(x)f(x)dx + \int_{A^c} r(x)f(x)dx \end{aligned}$$

가 성립한다. $f(x) \geq 0$이고 집합 A상에서 $r(x) \geq t$이므로

$$E[r(X)] \geq \int_{A} r(x)f(x)dx \geq \int_{A} tf(x)dx = tP[r(X) \geq t]$$

가 성립한다. 이산형 분포의 경우에도 증명은 유사하다. ■

평균이 1인 음이 아닌 확률변수 X에 대하여 $P(X \geq 100)$의 가능한 최댓값이 0.01이라는 사실은 마르코프 부등식으로부터 알 수 있다.

체비세프 부등식

X를 분산이 존재하는 확률변수라고 하자. 그러면 임의의 주어진 수 $t > 0$에 대하여

$$P(|X - E(X)| \geq t) \leq \frac{Var(X)}{t^2}$$

가 성립한다.

증명 마르코프 부등식에서 $r(X) = [X - E(X)]^2$이라고 하자. 그러면 $r(X) \geq 0$이고 $E[r(X)] = Var(X)\ E[r(X)] = Var(X)$이다. 그러므로 마르코프 부등식에 의해

$$P(|X - E(X)| \geq t) = P(r(X) \geq t^2) \leq \frac{Var(X)}{t^2}$$

가 성립한다. ■

체비세프 부등식은 마르코프 부등식의 특수한 경우이다. 마르코프 부등식과 체비세프 부등식은 응용면에서 매우 중요하다. 예를 들어 $Var(X) = \sigma^2$ 그리고 $t = k\sigma$라고 하면 체비세프 부등식은

$$P(|X - E(X)| \geq k\sigma) \leq \frac{1}{k^2}$$

로 된다. 이 결과는 임의의 주어진 확률변수가 평균으로부터 표준편차의 k배 이상 떨어져 있을 확률은 $\frac{1}{k^2}$을 초과할 수 없음을 의미한다. 이 책에서 논의될 많은 확률변수와 분포들에 대하여 이 확률은 실제로 $\frac{1}{k^2}$보다는 훨씬 더 작을 것이다.

체비세프 부등식은 이 확률이 모든 분포에 대하여 틀림없이 $\frac{1}{k^2}$이든가 또는 더 작다는 사실 때문에 매우 유용하다.

예제 1 어떤 가게에서의 하루당 고객 수 X는 오랜 동안의 조사에 의하여 평균이 20명이고 표준편차가 2명인 분포를 따른다고 한다. 어느 날 고객 수가 16명보다 많고 24명보다 적을 확률은 적어도 얼마 이상인가를 구하여라.

풀이 구하고자 하는 확률은 $P(16 < X < 24)$이고 체비세프 부등식으로부터

$$P(|X-E(X)|<k\sigma) \geq 1-\frac{1}{k^2}$$

이 성립하는데 $E(X)=20$, $\sigma=2$이므로 $k=2$일 때

$$E(X)-k\sigma=16,\ E(X)+k\sigma=24$$

이다. 그러므로

$$P(16<X<24) \geq 1-\left(\frac{1}{2}\right)^2=\frac{3}{4}$$

이다. ■

R-풀이

```
# 하루당 고객 수가 정규분포를 따른다고 가정하고 정확한 확률을 얻기 위해
X ~ N(20, 4) 일 때, P(16 < X < 24)를 pnorm(값, 평균, 표준편차)을 이용하여 구함
pnorm(24, 20, 2) - pnorm(16, 20, 2)
0.9544997
# 정규분포를 따를 경우는 확률이 0.95로 체비세프 부등식으로 구한 0.75보다 큼
```

예제 2 평균이 40이고 표준편차가 5인 확률변수 X에 대하여

$$P(40-b<X<40+b) \geq 0.95$$

가 되는 b를 구하여라.

풀이 체비세프 부등식으로부터

$$P(|X-E(X)|<k\sigma) \geq 1-\frac{1}{k^2}$$

이므로 $b=k\sigma$, $1-\frac{1}{k^2}=0.95$로부터 $k=\sqrt{20}$이다. 그러므로

$$b=k\sigma=\sqrt{20}\times 5=10\sqrt{5}$$

이다. ■

4.6 연습문제

1 평균이 70인 확률변수 X가 $P(65 \le X \le 75) \ge 0.90$을 만족할 때 X의 표준편차를 구하여라.

2 평균이 100이고 표준편차가 10인 확률변수에 대해 체비세프 부등식을 사용하여 다음 확률의 값을 추정하여라.

(1) $P(X \le 120)$ (2) $P(X \ge 75)$

3 평균이 0.5이고 표준편차가 0.15인 확률변수 X에 대해 $P(0.2 < X < 0.8)$의 값을 추정하여라.

4 X가 $E(X) = 3$, $E(X^2) = 13$인 확률변수라고 하자. 이때 $P(-2 < X < 8)$의 하한을 구하여라.

5 냉장고를 생산하는 공장의 일주일간 생산량은 평균이 500인 확률변수 X를 따른다고 한다. 확률변수 X의 분산이 100일 때 이번 주 생산량이 400에서 600 사이가 되는 확률의 하한을 구하여라.

4.7
R을 이용한 빅데이터 분석

룰렛(roulette) 게임에서는 회전하고 있는 원형 Wheel(회전판)의 방향과 반대 방향으로 볼을 회전시킨 후 볼이 Wheel의 특정 번호에 떨어지면 그 번호 또는 구역에 베팅한 플레이어가 당첨된다. 룰렛의 어원은 프랑스의 '바퀴(route)'와 이탈리아어 '작다(ette)'가 합성된 단어로 '작은 바퀴'라는 의미이다.

예제 1 1에서 36까지의 숫자와 0, 00으로 동일하게 나누어진 룰렛판이 있다고 하자. 1에서 18까지는 빨간색이고, 19에서 36까지는 검은색이다. 그리고 0과 00은 녹색이다. 빨간색이 나오면 1,000원을 받고, 그렇지 않으면 1,000원을 잃는다. 이때의 확률변수 X를 상금이라고 하자. 이론적인 기댓값은

$$E(X) = (1)P(X=1) + (-1)P(X=-1)$$
$$= \frac{18}{38} - \frac{20}{38} = -0.0526$$

이고, n이 클 때

$$E(X) \approx \frac{X_1 + X_2 + \cdots + X_n}{n}$$

이다. 이러한 룰렛 게임의 결과를 1,000번 시행하는 시뮬레이션으로 확인하여라. ■

R-풀이

```
# sample()과 replicate()를 이용하여 시뮬레이션을 하고 roulette 객체에 넣음
rulette <- replicate(1000,
```

```
if (sample(1:38, 1) <= 18) 1000
else -1000)
rulette
 [1]  -1000 -1000 -1000 -1000  1000 -1000  1000  1000  1000 -1000
[11]  -1000  1000 -1000 -1000 -1000 -1000 -1000 -1000  1000  1000
[21]  -1000 -1000 -1000  1000 -1000  1000  1000 -1000 -1000 -1000
  ⋮                                 ⋮                                 ⋮
[971] -1000 -1000 -1000  1000 -1000 -1000  1000  1000  1000 -1000
[981] -1000 -1000 -1000  1000 -1000 -1000 -1000 -1000 -1000 -1000
[991] -1000  1000 -1000  1000 -1000 -1000 -1000  1000  1000 -1000
# mean()을 이용하여 기댓값을 구함
mean(rulette)
[1] -44
```

예제 2 X의 확률밀도함수가 다음과 같다고 하자.

$$f(x) = \begin{cases} 0.025x + 0.15\,, & 2 < x < 6 \\ 0, & \text{기타} \end{cases}$$

(1) X의 평균과 분산을 구하여라.

(2) 표본을 50개 추출하는 시뮬레이션을 통해 X의 평균과 분산을 구하여라. ■

R-풀이

```
(1) # function() 및 integrate()를 이용하여 평균을 구함
Efx <- function(x) ((0.025*x + 0.15)*x)
integrate(Efx, 2, 6)
4.133333 with absolute error < 4.6e-14
# function() 및 integrate()를 이용하여 분산을 구함
Vfx <- function(x) ((0.025*x + 0.15)*(x - 4.133333)^2))
integrate(Vfx, 2, 6)
1.315556 with absolute error < 1.5e-14
(2) # seq()와 plot()를 이용하여 주어진 구간에서 경험분포를 생성하여 그래프로 나타냄
x <- seq(2, 6, 0.001)
fx <- 0.025*x + 0.15
par(mfrow=c(1,2))
```

```
plot(x, fx, type ="l", xlim=c(2, 6), ylab="경험적 확률")
# curve()를 이용하여 실제 그래프를 그림
curve(0.025*x + 0.15, xlim=c(2, 6), ylab="이론적 확률")
# 아래 왼쪽의 실제 그래프와 오른쪽의 경험적 그래프가 비슷함을 확인함
```

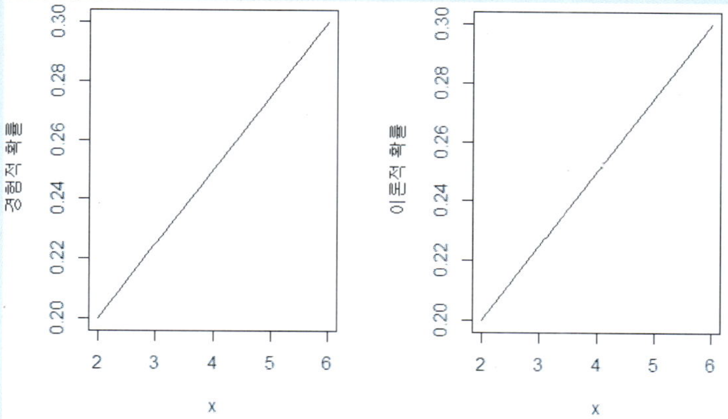


```
# sample()을 이용하여 주어진 구간에서 표본을 50개 추출함
(sampling <- sample(x, 50, replace=TRUE, prob=fx))
 [1] 2.931 5.440 3.456 5.332 4.070 3.702 2.936 3.810 5.408 2.425 2.889
[12] 3.142 2.618 5.744 5.035 5.510 5.644 4.988 5.889 5.025 5.475 4.578
[23] 3.874 3.027 5.142 3.347 2.417 5.967 3.640 3.173 5.145 3.466 2.331
[34] 2.225 4.709 5.172 4.737 5.351 5.485 4.839 4.078 4.828 3.730 3.485
[45] 4.662 2.373 5.087 3.610 5.783 4.037
# mean()과 var()을 이용하여 평균과 분산을 구함
mean(sampling); var(sampling)
[1] 4.23534
[1] 1.275922
# 경험분포에서 구한 평균과 분산은 실제 값인 평균 4.13과 분산 1.315와 비교하면 크
게 차이가 나지 않지만, 아래와 같이 표본을 더 많이 추출하여 시뮬레이션을 실행하면 실
제에 더 가까운 값을 얻을 수 있음
sampling <- sample(x, 10000, replace = TRUE, prob=fx)
# mean()과 var()을 이용하여 평균과 분산을 구함
mean(sampling); var(sampling)
[1] 4.151261
[1] 1.306676
```

4.7
연습문제

1 4.1절의 예제 1, 예제 3과 4.3절의 예제 1을 다음의 순서에 따라 구하여라.

(1) 'distrEX' 패키지를 설치하고, distrEX를 로딩한다.

(2) DiscreteDistribution(supp= , prob=)를 이용하여 확률분포를 정의한다. supp에는 확률변수 X가 취할 수 있는 값을, 그리고 prob에는 각 확률변수에 대응하는 확률을 정의한다.

(3) E(), var(), sd()는 각각 기댓값, 분산, 그리고 표준편차를 나타낸다.

2 'sample()'을 이용하여 아래 상황을 수행할 수 있는 명령어를 작성하여라.

(1) 공정한 주사위 3,000번을 던진다.

(2) 30부터 70까지 중 27개의 난수를 발생시킨다.

(3) 공정한 동전 1,000번을 던진다.

3 다음 그림의 검은색으로 표시된 점들은 인터넷에 있는 Baltimore camera 데이터 자료를 표시한 것이다. 다음의 순서에 따라 수치형으로 변환시킨 address 변수와 street 변수의 공분산과 상관계수를 구하여라.

(1) "https://catalog.data.gov/dataset/ fixed-speed-cameras-f24ca/resource/ 77fcdbeb-d0c2-46b4-a654-1daceb701cc2"페이지를 방문한다.

(2) URL인 "http://data.balti morecity.gov/api/views/dz54-2aru/rows.csv? accessType=DOWNLOAD"를 speed 객체에 할당한다.

(3) read.csv()를 이용하여 위의 speed 객체를 speedcam 객체에 할당한다.

(4) str()을 이용하여 speedcam의 구조를 확인한다.

(5) as.numeric()을 이용하여 factor형식의 address와 street를 수치형으로 변환한다.

(6) cov()와 cor()을 이용하여 address 변수와 street 변수의 공분산과 상관계수를 각각 구한다.

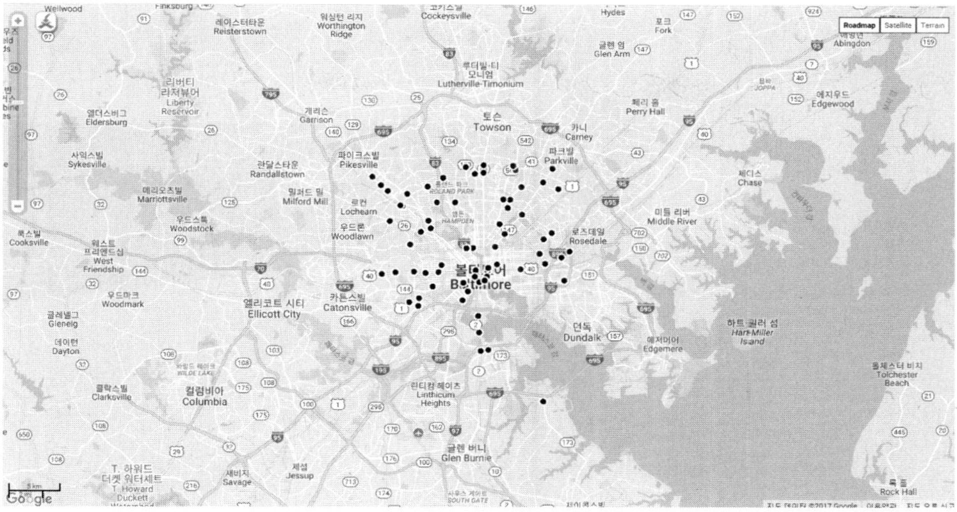
Roadmap
Satellite
Terrain
토슨
Towson
볼티모어
Baltimore
엘리코트 시티
Ellicott City
컬럼비아
Columbia
던독
Dundalk
글렌 버니
Glen Burnie
Google

3장에서는 확률변수 X가 결정되면 그 확률변수에 대한 확률함수 $f(x)$가 결정되고, 따라서 X의 확률분포가 결정된다는 사실을 다루었다. 이 장에서는 확률론이나 통계학에서 널리 사용되는 여러 가지 확률분포를 다룬다. 확률변수 X의 성질에 따라 X가 이산확률변수이면 그의 분포를 이산확률분포라 하고, 연속확률변수 X의 분포를 연속확률분포라 한다. 이산확률분포로는 이항분포, 초기하분포, 푸아송분포, 기하분포, 음이항분포 등이 있으며, 연속확률분포에는 정규분포를 비롯하여 균등분포, 지수분포, 코시 분포, 감마 분포, 베타 분포 등이 있는데, 이 장에는 중요한 몇가지 분포에 대하여 학습한다.

제5장 주요한 확률분포들

학습목표

- 실험의 결과가 두 가지 형태로 구분되는 이항분포와 기하분포에 대하여 학습한다.
- 단위시간에 무한히 많은 실험이 독립적으로 적용되는 경우에 사용되는 푸아송 분포에 대하여 학습한다.
- 어떤 사건이 발생하기 전까지 경과한 시간의 분포를 나타낼 경우에 사용되는 지수분포에 대하여 학습한다.
- 많은 실험의 결과들을 대표하는 정규분포에 대하여 학습한다.
- 중심극한 정리를 통하여 정규분포가 아닌 임의의 확률분포도 점근적으로 정규분포에 가까워진다는 사실을 학습한다.

5.1 베르누이 분포와 이항분포

일상생활에서 우리는 어느 실험의 결과가 두 가지 형태로 구분되는 경우를 쉽게 찾아볼 수 있다. 예를 들면 동전을 던지는 실험은 그 결과가 앞면이거나 뒷면이 된다. 대학입학시험을 비롯한 여러 시험의 결과는 합격 또는 불합격으로 결과를 생각할 수 있고, 생산제품은 우량품과 불량품으로 판정할 수 있다. 이 밖에도 한 집단을 남녀로 구분하거나 일정 기준연령 이상과 이하로 나눌 수도 있고, 상품가격이 오르거나 내리는 것으로 파악하는 등 많은 현상들이 이러한 유형에 속함을 알 수 있다. 이와 같이 두 가지 결과로 특정 지워지는 실험들을 설명하는 데 있어 가장 기본적이고 중요한 역할을 하는 것이 이항분포이다.

두 가지 실험결과만을 가지는 통계실험을 생각할 때 앞면이나 불량품 또는 성공의 가능성을 $p(0 \le p \le 1)$라 하고, 확률변수 X를 실험결과가 '성공'이면 $X=1$, '실패'이면 $X=0$이라 할 때, 성공과 실패 확률은 각각

$$\mathrm{P}(X=0)=1-p, \quad \mathrm{P}(X=1)=p$$

이다. 따라서 $q=1-p$라 하면 확률변수 X의 확률함수는

$$f(x:p)=\begin{cases} 1-p, & x=0\text{일 때} \\ p, & x=1\text{일 때} \end{cases}$$

또는

$$f(x:p)=\begin{cases} p^x q^{1-x}, & x=0,\ 1\ \text{일 때} \\ 0, & \text{다른 곳에서} \end{cases}$$

으로 표현이 가능하다. 이와 같이 확률변수 X가 위 식과 같이 주어지는 확률함수를 가지는 경우 X는 모수 p인 **베르누이**(Bernoulli) **확률분포**에 따른다 하고 $X \sim B(1,\ p)$로 나타낸다. 이때 확률변수 X가 모수 p인 베르누이 확률분포 $B(1,\ p)$에 따르는 경우 X의 기댓값과 $x=0$에 관한 2차 적률은 각각 다음과 같다.

$$E[X]=0 \cdot P(X=0)+1 \cdot P(X=1)=p,$$
$$E[X^2]=0^2 \cdot P(X=0)+1^2 \cdot P(X=1)=p$$

따라서 $X \sim B(1,\ p)$인 확률변수의 분산은

$$Var(X) = E[X^2] - E[X]^2 = p - p^2 = pq$$

이다.

한편 확률변수들 $X_1, \cdots, X_n$이 독립이고 각각의 $X_i\,(i=1, \cdots, n)$가 $B(1, p)$에 따를 경우 확률변수들 $X_1, \cdots, X_n$은 모수 p인 n개의 **베르누이 시행**(trial)에 따른다 하고, 확률변수열 $X_1, X_2, \cdots$가 독립이고 각각의 $X_i\,(i=1, 2, \cdots)$가 $B(1, p)$에 따를 경우 확률변수열 $X_1, X_2, \cdots$는 모수 p인 **베르누이 시행열**(sequence of Bernoulli trials)에 따른다고 한다.

예제 1 앞면이 나올 가능성이 1/3인 찌그러진 동전을 반복해서 세 번 던질 때 확률변수 X를 앞면이 나온 횟수라 하자. 이때 확률변수 X의 확률분포를 구하여라.

풀이 동전을 반복해서 세 번 던지는 경우의 표본공간과 확률변수가 취하는 값, 그리고 각 경우의 확률은 [표 1]과 같다.

| 표 1 |

표본공간	(TTT)	$(HTT)\,(THT)\,(TTH)$	$(HHT)\,(THH)\,(HTH)$	(HHH)
X값	0	1	2	3
각 표본점의 확률	$\left(\frac{2}{3}\right)^3$	$\left(\frac{2}{3}\right)^2\left(\frac{1}{3}\right)$	$\left(\frac{2}{3}\right)\left(\frac{1}{3}\right)^2$	$\left(\frac{1}{3}\right)^3$
$P(X=x)$	$\left(\frac{2}{3}\right)^3$	$3\left(\frac{2}{3}\right)^2\left(\frac{1}{3}\right)$	$3\left(\frac{2}{3}\right)\left(\frac{1}{3}\right)^2$	$\left(\frac{1}{3}\right)^3$

따라서 확률변수 X의 확률분포는 다음과 같은 확률함수를 갖는다.

$$f(x) = \begin{cases} \frac{8}{27}, & x=0 \\ \frac{4}{9}, & x=1 \\ \frac{2}{9}, & x=2 \\ \frac{1}{27}, & x=3 \\ 0, & \text{다른 곳에서} \end{cases}$$

R-풀이

```
# dbinom(성공 횟수, 시행 횟수, 성공 확률)을 이용하여 이항분포로부터 P(X = x)를 구함
```

```
(ex5_1_1 <- dbinom(0:3, 3, 1/3))
0.29629630 0.44444444 0.22222222 0.03703704
# names()를 이용하여 확률분포표의 형태로 나타냄
names(ex5_1_1) <- c("0", "1", "2", "3")
ex5_1_1
      0          1          2          3
0.29629630 0.44444444 0.22222222 0.03703704
# as.fractions()를 이용하여 소수를 분수로 표현함
frac_ex5_1_1 <- as.fractions(c(0.29629630, 0.44444444, 0.22222222,
0.03703704 ))
names(frac_ex5_1_1) <- c("0", "1", "2", "3")
frac_ex5_1_1
  0     1    2    3
8/27  4/9  2/9 1/27
```

위의 경우에 구한 확률 $P(X=x)$를 조합의 수

$$\binom{3}{0}=1,\quad \binom{3}{1}=3,\quad \binom{3}{2}=3,\quad \binom{3}{3}=1$$

을 이용하면 다음과 같이 간단히 나타낼 수 있다.

$$P(X=x)=\binom{3}{x}\left(\frac{1}{3}\right)^{x}\left(\frac{2}{3}\right)^{3-x},\quad x=0,\ 1,\ 2,\ 3$$

그리고 이미 언급한 바와 같이 확률 $P(X=x)$는 매 시행에서 성공률이 1/3인

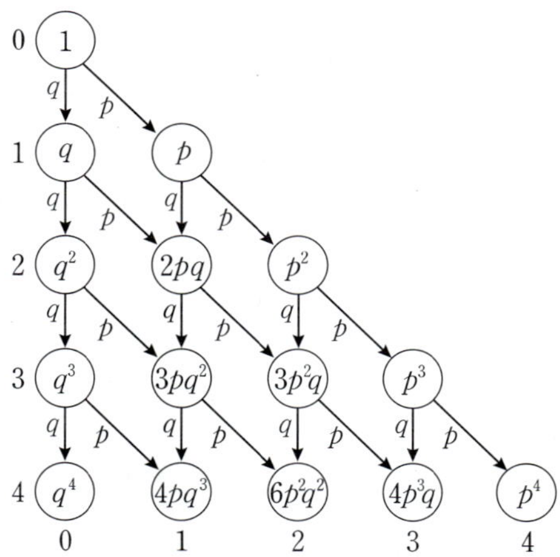

| 그림 1 |

베르누이 시행을 세 번 독립적으로 반복할 때 x번 성공할 확률을 나타낸다. 이와 같이 매 시행에서 성공률이 $p(0 < p < 1)$인 베르누이 시행을 n번 독립적으로 반복 시행할 때 성공한 횟수를 확률변수 X라 하면, X가 취할 수 있는 값은 0, 1, ⋯, n이고 x번 성공할 확률은

$$f(x: n,\ p) = P(X = x) = \binom{n}{x} p^x q^{n-x},\quad q = 1 - p,\quad x = 0,\ 1,\ \cdots,\ n$$

과 같이 유도할 수 있으며, 이 함수 $f(x: n,\ p)$는 확률함수의 조건을 만족한다. 그리고 이와 같은 확률함수를 가지는 경우 확률변수 X는 모수가 n, p인 **이항분포**(binomial distribution)를 이룬다 하고 $X \sim B(n,\ p)$로 나타낸다.

예제 2 한 개의 공정한 주사위를 4번 던질 때 1의 눈이 나타날 확률분포를 구하여라.

풀이 1의 눈이 나온 횟수를 X라 하면 X가 취할 수 있는 값은 0, 1, 2, 3, 4이고 매 시행에서 1의 눈이 나올 가능성은 1/6이므로 확률변수 X의 확률함수는

$$f(x: 4,\ 1/6) = \binom{4}{x}\left(\frac{1}{6}\right)^x\left(\frac{5}{6}\right)^{4-x},\quad x = 0,\ 1,\ 2,\ 3,\ 4$$

이다. 따라서 각 경우의 확률과 확률분포는 다음과 같다.

$$X = 0\text{인 경우}: f(0: 4,\ 1/6) = \binom{4}{0}\left(\frac{1}{6}\right)^0\left(\frac{5}{6}\right)^4 = 0.482$$

$$X = 1\text{인 경우}: f(1: 4,\ 1/6) = \binom{4}{1}\left(\frac{1}{6}\right)^1\left(\frac{5}{6}\right)^3 = 0.386$$

$$X = 2\text{인 경우}: f(2: 4,\ 1/6) = \binom{4}{2}\left(\frac{1}{6}\right)^2\left(\frac{5}{6}\right)^2 = 0.116$$

$$X = 3\text{인 경우}: f(3: 4,\ 1/6) = \binom{4}{3}\left(\frac{1}{6}\right)^3\left(\frac{5}{6}\right)^1 = 0.015$$

$$X = 4\text{인 경우}: f(4: 4,\ 1/6) = \binom{4}{4}\left(\frac{1}{6}\right)^4\left(\frac{5}{6}\right)^0 = 0.001$$

| 표 2 |

X값	0	1	2	3	4	합계
확률	0.482	0.386	0.116	0.015	0.001	1.000

R-풀이

```
# dbinom(성공 횟수, 시행 횟수, 성공 확률)을 이용하여 이항분포로부터 P(X = x)를 구함
(ex5_1_2 <- dbinom(0:4, 4, 1/6))
0.4822530864 0.3858024691 0.1157407407 0.0154320988 0.0007716049
# names()를 이용하여 확률분포표의 형태로 나타냄
names(ex5_1_2)=c("0", "1", "2", "3", "4")
# round()를 이용하여 확률분포표에 제시되는 확률을 소수 셋째까지 나타냄
round(ex5_1_2, 3)
    0     1     2     3     4
0.482 0.386 0.116 0.015 0.001
```

모수 p인 n개의 베르누이 시행열에 대하여 i번째 베르누이 시행이 성공이면 $X_i = 1$, 실패이면 $X_i = 0$이라 하고 새로운 확률변수 X를

$$X = \sum_{i=1}^{n} X_i$$

라 하자. 그러면 X는 n번의 베르누이 시행에서 성공한 횟수를 나타내고, 확률변수 X는 n번 모두 실패하는 경우인 $X = 0$에서부터 n번 모두 성공하는 경우인 $X = n$까지의 정수를 취할 수 있다. 이와 같이 독립적으로 반복되는 n번의 베르누이 시행에서 성공한 횟수 X에 관한 확률분포는 이항분포가 된다.

그러므로

$$\begin{aligned} E(X) &= E(X_1 + X_2 + \cdots + X_n) \\ &= E(X_1) + E(X_2) + \cdots + E(X_n) = np, \\ Var(X) &= Var(X_1 + X_2 + \cdots + X_n) \\ &= Var(X_1) + Var(X_2) + \cdots + Var(X_n) = np(1-p) \end{aligned}$$

가 된다.

4.2절의 예제 1은 이항분포의 평균을 구하는 방법을 자세하게 진술하고 있다.

예제 3 동전 1개를 5회 던질 때 앞면이 나오는 횟수를 확률변수 X라고 하자. X의 평균과 분산, $P(X \le 2)$을 구하여라.

풀이 이 경우 X는 이항분포를 따르므로

$$E(X) = np = 5\left(\frac{1}{2}\right) = \frac{5}{2},\ \ Var(X) = np(1-p) = 5\left(\frac{1}{2}\right)\left(\frac{1}{2}\right) = \frac{5}{4}$$

이다. 한편 부록의 이항분포표를 이용하면 $P(X \le 2) = \frac{1}{2}$임을 쉽게 알 수 있다. ■

R-풀이

```
# dbinom(성공 횟수, 표본 크기, 성공 확률)을 이용하여 이항분포로부터 P(X = x)를 구함
x <- c(0, 1, 2, 3, 4, 5)
(ex5_1_3 <- dbinom(0:5, 5, 0.5))
0.03125 0.15625 0.31250 0.31250 0.15625 0.03125
# 평균과 분산을 구하고, 분수로 나타냄
as.fractions(mean_ex5_1_3 <- sum(x*ex5_1_3))
[1] 5/2
as.fractions(var_ex5_1_3 <- sum((x - mean_ex5_1_3)^2*ex5_1_3))
[1] 5/4
# pbinom(분위수, 표본 크기, 성공 확률)을 이용하여 이항분포로부터 P(X ≤ 2)를 구함
as.fractions(pbinom(2, 5, 0.5))
[1] 1/2
# 또는 Binom(표본 크기, 성공 확률)으로 이항분포를 정의한 후, E(), 그리고 var()에 의해 평균과 분산을 구함
B_ex5_1_3 <- Binom(5, 0.5)
library(distrEx)
as.fractions(E(B_ex5_1_3))
[1] 5/2
as.fractions(var(B_ex5_1_3))
[1] 5/4
```

5.1 연습문제

1 확률변수 X가 평균이 20이고 표준편차가 4인 이항분포를 따른다고 할 때 n의 값을 구하여라.

2 이항분포 $B(3,\ p)$를 따르는 확률변수 X에 대하여 $P(X \geq 1) = \frac{19}{27}$일 때 이항분포 $B(5,\ 2p)$를 따르는 확률변수 Y에 대하여 $P(Y \geq 1)$을 구하여라.

3 확률변수 X가 이항분포 $B(5,\ 1/2)$를 따르고 확률변수 $aX+b$의 평균이 0, 분산이 1일 때 상수 a, b의 곱 ab를 구하여라. (단, $a > 0$)

4 한 개의 주사위를 6번 던질 때 6의 약수인 눈이 나오는 횟수의 제곱과 그 외의 눈이 나오는 횟수의 제곱의 차를 확률변수 Y라고 할 때 Y의 평균을 구하여라.

5 2000개의 확률변수 $X_1,\ X_2,\ \cdots,\ X_{2000}$ 각각이 확률밀도함수가

$$f(x) = \frac{1}{4},\ -1 < x < 3$$

인 실직선상에서 주어진 연속형 분포로부터 독립인 확률변수라고 하자. 이들 확률변수들이 0보다 커지게 되는 총 개수를 Y라고 할 때, Y의 분포와 $E(Y)$, $Var(Y)$를 구하여라.

5.2 푸아송 분포

이산확률분포 중 이항분포 다음으로 자주 이용되는 것으로 푸아송(Poisson) 분포가 있다. 이 분포는 창시자인 프랑스의 수학자 푸아송(S. D. Poisson)의 이름을 따서 명명한 것으로, 푸아송은 1837년 논문에서 여자와 어린이의 자살자 수는 물론 프러시아 군대에서 병사가 말에 깔려 죽을 확률을 비교적 정확하게 묘사할 수 있는 분포를 제시하였다. 그는 특히 프러시아 군대에서 1년마다 말에 채여 사망하는 병사의 수를 관찰한 바, 군대에서 위험에 노출된 병사의 수효가 많은 반면 이러한 원인으로 사망할 가능성은 매우 희박하다는 사실에 입각하여 본격적으로 연구되었다. 이와 같이 단위시간 또는 단위공간에 무한히 많은 실험이 독립적으로 적용되는 경우에 사용되는 분포가 푸아송 분포로, 사용되는 예로 다음과 같은 경우를 들 수 있다.

(1) 책의 한 쪽당 오자 수
(2) 한 지역에 살고 있는 연령 100세인 노인 수
(3) 하루 동안 잘못 걸려온 전화 수
(4) 어떤 방사능 물질의 지정된 시간 동안 방전된 알파입자 수

이상과 같은 문제에서 푸아송 분포는 네 가지 기본적인 가정이 충족되면 단위시간이나 넓이당 특정 사건의 발생확률을 결정하는 데 사용할 수 있다. 첫째, 단위기간(예를 들면 1시간)은 많은 수의 부분단위기간(예를 들면 1초)으로 나누어지며, 이 부분단위기간 내에서 특정 사건이 발생할 확률은 희박할 정도로 짧은 소 단위기간으로 분할될 수 있을 것, 둘째 소 단위기간 중 사건이 발생할 확률은 고려대상 전체기간 중 일정할 것, 셋째 각 소 단위기간 중 사건이 두 번 이상 발생할 확률이 무시될 정도로 적을 것, 그리고 마지막으로 각 기간에서의 사건발생은 서로 독립적일 것을 요구하고 있다.

이상의 조건들은 까다롭고 확인하기 힘든 것처럼 보이나, 앞에서 열거한 여러 예들은 대체적으로 이들 조건에서 크게 벗어나지 않는 상황에 속하는 문제들이다.

이제 푸아송 분포의 특성을 알기 위하여 다음과 같은 함수를 생각하자.

$$f(x:\lambda)=\begin{cases}\dfrac{\lambda^x}{x!}e^{-\lambda}, & x=0,\ 1,\ 2,\ \cdots,\ \lambda>0\\ 0, & \text{다른 곳에서}\end{cases}$$

확률변수 X가 주어진 확률함수를 가지는 경우 X는 모수 λ인 **푸아송 분포**를 이룬다 하고, 간단히 $X\sim P(\lambda)$로 나타낸다.

이 분포를 따르는 모집단을 특징 지우는 데 필요한 특성값, 즉 모수는 단위시간당 평균발생률을 의미한다. 따라서 모수 λ의 값은 특정 단위시간(예를 들면 1분, 1시간 등)당 사건의 평균발생건수로 정의된다.

$X\sim P(\lambda)$이면 모수 λ의 값은 단위시간당 평균사건발생률로서 정의되었으므로 모수 λ값 자체가 평균이 된다. 그러므로 X의 평균과 분산은 각각 다음과 같음을 알 수 있다.

$$E(X)=\lambda,\ \ Var(X)=\lambda$$

[그림 1]은 $X\sim P(0.5)$의 확률함수를 나타낸다.

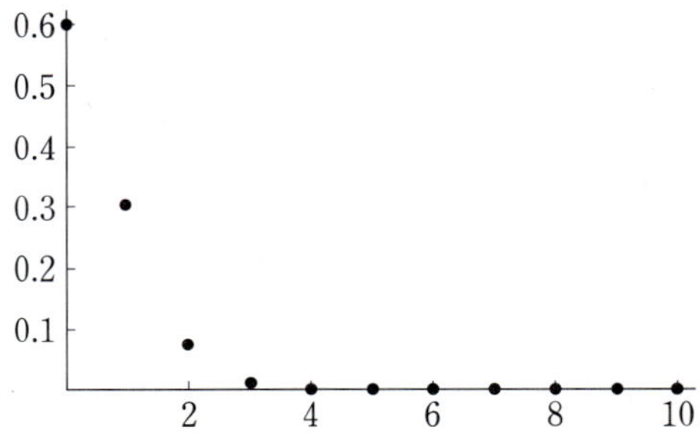

| 그림 1 | $X\sim P(0.5)$의 확률분포

예제 1 과거의 경험상 시내 어떤 은행에서는 매일 10시와 11시 사이에 고객이 평균 60명씩 몰려든다고 하자. 그러면 10시와 11시 사이에 1분당 2명이 도착할 확률을 구하여라.

풀이 1분당 평균도착률은 $\lambda=\dfrac{60}{60}=1$이므로 $X=2$가 될 확률은

$$P(X=2)=\frac{e^{-1}1^2}{2!}=0.5e^{-1}=0.1839$$

이다.

R-풀이

```
# dpois(발생 횟수, 평균)을 이용하여 푸아송 분포로부터 P(X = 2)를 구함
# 단, 1분당 평균도착률을 구하고, round()를 이용하여 소수 넷째자리까지 나타냄
round(dpois(2, 1), 4)
0.1839
```

푸아송 분포의 경우 확률계산은 계산하기에 번거로운 점이 있다. 따라서 이항분포의 경우처럼 여러 가지 상황 아래에서 푸아송 분포 확률표를 제공하고 있다.

한편 $\lambda = np$가 일정한 모수 n, p인 이항분포에서 $n \to \infty$이면 이항분포 $B(n,\ p)$는 점근적으로 모수 λ인 푸아송 분포에 가까워진다. 보편적으로 np가 일정하고 $n \geq 30$ 인 경우에 대하여 이항분포표를 이용하기보다는 근사적으로 푸아송 분포를 이용하여 확률계산하는 것이 편리하다. 또한 np가 일정하고 n이 충분히 크다면 p는 상대적으로 매우 작아진다. 따라서 푸아송 분포는 어떠한 사건이 발생하기 매우 어려운 상황에서 나타나는 확률모형임을 알 수 있다.

> $X \sim B(n,\ p)$이고 $\lambda = np$가 일정한 경우에 $n \to \infty$이면 근사적으로 $X \sim P(\lambda)$이다.

예를 들어 $X \sim B(200,\ 0.0025)$이고 $np = 0.5$로 일정하다면, 이 경우의 확률함수는 앞에서 살펴본 $X \sim P(0.5)$의 확률함수와 거의 일치함을 [그림 2]를 이용하여 알 수 있다.

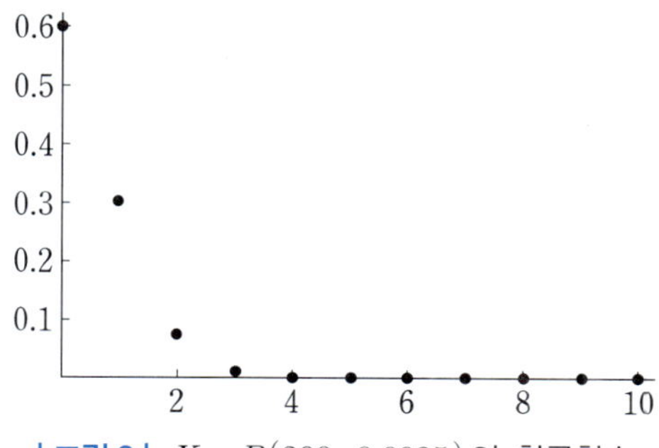

| 그림 2 | $X \sim B(200,\ 0.0025)$의 확률함수

예제 2 어떤 회사에서 생산된 반도체의 불량률은 0.0001이라 한다. 그 회사의 생산라인에서 50,000개를 임의로 추출하여 2개 이하의 불량품이 나올 확률을 구하여라.

풀이 임의로 추출된 반도체에 들어 있는 불량품 개수를 X라 하면, $X \sim B(50000, 0.0001)$인 이항분포를 이룬다. 따라서 확률변수 X는 $\lambda = np = 5$인 푸아송 분포에 근사적으로 따르므로 구하고자 하는 확률의 근삿값은 $P(X \le 2) = 0.1247$이다. ■

R-풀이

```
# ppois(분위수, 평균 발생 횟수)을 이용하여 푸아송 분포로부터 P(X ≤ 2)를 구함
# 단, 50,000개를 추출하였으므로, 평균은 불량률에 50,000을 곱하여 얻으며, round()
를 이용하여 소수 넷째자리까지 나타냄
round(ppois(2, 5), 4)
[1] 0.1247
# pbinom(분위수, 표본 크기, 성공 확률)을 이용하여 이항분포로부터 정확한 P(X ≤ 2)
를 구하고, round()를 이용하여 소수 넷째자리까지 나타냄
round(pbinom(2, 50000, 0.0001), 4)
[1] 0.1246
```

푸아송 분포는 물리, 생물, 천문학, 그리고 신경의학뿐 아니라 매우 많은 분야에 정확한 확률모형을 제시해주는 것으로, 어떤 정해진 시점 $t \ge 0$까지 특정한 관측이 발생한 횟수에 관심을 갖는다. 예를 들어 확률변수 X를 규정된 시간에 일정한 영역으로 들어오는 방사능 물질에 의하여 방출되는 알파입자 수라 하면 확률변수 X는 푸아송 분포에 따르는 것으로 알려져 있으며, 어떤 지정된 시간 동안 발생하는 교통사고 건수도 푸아송 분포로 설명된다. 이와 같이 고정된 시구간 또는 공간에서 어떤 관측건수에 대한 일련의 과정이 푸아송 분포를 이루는 경우 이러한 과정을 푸아송 과정이라 한다. 이제 임의의 어떤 시점에서 관측이 나타나고 양의 상수 λ에 대하여 다음의 세 가지 가정이 성립한다고 하자.

[가정 1] 짧은 시구간 h에서 꼭 한 개의 관측이 나타날 확률은 근사적으로 λh이다.

[가정 2] 짧은 시구간 h에서 2개 이상의 관측이 나타날 확률은 근사적으로 0이다.

[가정 3] 한 구간에서 발생한 관측이 중복되지 않는 다른 구간에서의 관측 발생에 아무런 영향을 미치지 않음을 나타낸다.

이제 이러한 가정들 아래서 시구간 $[0, t]$에서 발생한 관측 개수를 확률변수 $N(t)$라 하면, 충분히 큰 n에 대하여

$$P[N(t) = k] = e^{-\lambda t}\frac{(\lambda t)^k}{k!}, \quad k = 0, 1, \cdots$$

이다. 따라서 고정된 시구간 $[0, t]$에서 발생한 관측 수 $N(t)$는 모수 λt인 푸아송 분포에 따른다.

예제 3 우리나라 경부고속도로의 한 지역에서는 단위시간으로써 1년에 세 번 교통사고가 일어난다고 하자.

(1) 앞으로 2년간 적어도 세 번의 교통사고가 일어날 확률을 구하여라.

(2) 지금부터 다음 교통사고가 일어날 때까지 걸리는 시간의 확률분포를 구하여라.

풀이 (1) $[0, t]$에서 발생한 교통사고 수를 $N[t]$라 하면 발생비율이 $\lambda = 3$이므로, 확률변수 $N[t]$는

$$P[N(t) = k] = e^{-3t}\frac{(3t)^k}{k!}, \quad k = 0, 1, 2, \cdots$$

인 푸아송 분포를 이룬다. 따라서 앞으로 2년간 발생할 교통사고 수 $N[2]$는

$$P[N(2) = k] = e^{-6}\frac{6^k}{k!}, \quad k = 0, 1, 2, \cdots$$

이므로 구하고자 하는 확률은 다음과 같다.

$$\begin{aligned} P[N(2) \geq 3] &= 1 - (P[N(2) = 0] + P[N(2) = 1] + P[N(2) = 2]) \\ &= 1 - e^{-6}(1 + 6 + 18) \\ &= 1 - 25 \cdot e^{-6} = 0.938 \end{aligned}$$

(2) 다음 교통사고가 일어날 때까지 소요되는 시간을 T라 하면, $T > t$일 필요충분조건은 $[0, t]$에서 사고가 한 번도 발생하지 않는 것이다. 따라서

$$P(T > t) = P[N(t) = 0] = e^{-3t}$$

즉, T의 분포함수를 $F(t)$라 하면

$$F(t) = P(T \leq t) = 1 - P(T > t) = 1 - e^{-3t}$$

이다. ■

R-풀이

(1) # ppois(분위수, 평균 발생 횟수)을 이용하여 푸아송 분포로부터 $P(N \geq 3)$를 구함
단, 2년간 발생비율을 구하여야하므로 평균은 1년간 발생비율에 2를 곱하여 얻으며, round()를 사용하여 소수 셋째자리까지 나타냄

```
round(1 - ppois(2, 6), 3)
[1] 0.938
```

이와 같이 어떤 사건이 발생한 이후에 다음 사건이 발생할 때까지 기다리는 시간을 **대기시간**(waiting time)이라 하며, 대기시간 T의 확률분포는 5.5절에서 다룰 지수분포에 따른다는 것을 알 수 있다.

5.2 연습문제

1 어느 도시에서 하루 평균 네 건의 교통사고가 발생한다. 일일 교통사고 발생건수를 확률변수 X라고 할 때 다음을 구하여라.

(1) X의 확률함수

(2) $E(X)$와 $Var(X)$

(3) $P(X \le 1)$

(4) $P(X \ge 4)$

2 어느 볼트 제조회사에서 생산되는 제품의 불량률은 1%이다. 이 공장에서 납품한 볼트 10,000개 중에서 뽑은 200개의 볼트를 검사하여 불량품이 4개 이상이면 납품된 볼트 모두를 반품한다고 할 때 납품된 볼트 10,000개가 반품되지 않을 확률을 구하여라.

3 일정량의 방사성물질에서 1초당 1.5개의 비율로 방사성 입자가 방출된다고 할 때 2초 동안에 3개 이하의 입자가 방출될 확률을 구하여라.

4 우리나라 동남부 지역에서 단위시간으로써 1년에 세 번 지진이 일어난다고 하자.

(1) 앞으로 2년간 적어도 세 번의 지진이 일어날 확률을 구하여라.

(2) 지금부터 다음 지진이 일어날 때까지 걸리는 시간의 확률분포를 구하여라.

5.3 기하분포

반복시행되는 베르누이 실험에서 발생할 수 있는 실험결과가 성공과 실패 두 가지로 구분되는 상황을 고려해보자.

확률변수 X가 최초의 성공이 있을 때까지 나타난 시행횟수를 나타낸다고 하자. 이 경우 각 시행은 독립이므로 X의 확률함수는 다음과 같다.

$$f(x:1,\ p) = p(1-p)^{x-1},\quad x = 1,\ 2,\ 3,\ \cdots$$

확률변수 X가 위의 확률함수를 가지는 경우 모수 p인 **기하분포**(geometric distribution)를 이룬다 하고, 간단히 $X \sim G(p)$ 또는 $X \sim NB(1:p)$로 나타낸다. 처음 1의 눈이 나올 때까지 주사위를 던지는 통계실험에서 확률변수 X를 던진 횟수라 하면 $X \sim NB(1:1/6)$인 기하분포를 따른다.

한편 $X \sim NB(1:p)$이면 X의 기댓값과 분산은

$$E(X) = \frac{1}{p},\quad Var(X) = \frac{1-p}{p^2}$$

이다.

예제 1 1의 눈이 나올 때까지 주사위를 반복해서 던진다고 하자. 이때 주사위를 던진 횟수에 대한 확률함수를 구하고 평균과 표준편차를 구하여라.

풀이 주사위를 독립적으로 던지는 매 시행에서 1의 눈이 나올 가능성은 $p=1/6$이다. 따라서 1의 눈이 나올 때까지 던진 횟수를 확률변수 X라 하면 X는

$$f(x:1,\ 1/6) = \frac{1}{6}\left(\frac{5}{6}\right)^{x-1},\quad x = 1,\ 2,\ \cdots$$

인 기하분포에 따른다. 그리고 이 경우의 확률과 표준편차는 각각 다음과 같다.

$$E(X) = \frac{1}{p} = 6,\ \sigma = \sqrt{Var(X)} = \sqrt{q/p^2} = \sqrt{30} = 5.477$$ ■

R-풀이

```
# rgeom(난수의 개수, 성공 확률)을 이용하여 기하분포로부터 난수 100,000개를 발생시
켜서 평균과 분산을 구한 값과 위의 수식을 이용하여 구한 값을 비교함
ex5_3_1 <- rgeom(100000, 1/6) + 1
# mean()과 var()를 이용하여 각각 평균과 분산을 구함
mean(ex5_3_1); var(ex5_3_1)
[1] 6.00981
[1] 5.474769
```

예제 2 1회의 시행에서 A, B가 성공할 확률은 각각 1/3, 1/4이다. A, B가 각각 성공한다는 것은 서로 독립이고, 시행이 성공할 때까지 반복할 때 A가 B보다 빠른 횟수로 성공할 확률을 구하여라.

풀이 A가 r번째 성공할 확률은 $\frac{1}{3}\left(\frac{2}{3}\right)^{r-1}$ $(r=1, 2, 3, \cdots)$이고, B가 r번째 시행까지 성공하지 못할 확률은 $\left(\frac{3}{4}\right)^{r}$ $(r=1, 2, 3, \cdots)$이다. A, B의 성공은 독립이므로 A가 B보다 빨리 성공할 확률은

$$\frac{1}{3}\left(\frac{2}{3}\right)^{r-1}\left(\frac{3}{4}\right)^{r}=\frac{1}{4}\left(\frac{1}{2}\right)^{r-1}$$

이다. 그러므로 구하는 확률은

$$\sum_{r=1}^{\infty}\frac{1}{4}\left(\frac{1}{2}\right)^{r-1}=\frac{1}{4}\cdot\frac{1}{1-\frac{1}{2}}=\frac{1}{2}$$

이다. ■

이제 역시 성공률이 p인 베르누이 시행에서 처음 r번의 성공이 있기까지 시행한 횟수에 관한 분포를 알아보자. 처음 r번 성공이 X_1, X_2, $\cdots$, X_r 있기까지 시행한 횟수를 X라 하면 최소한 처음부터 연속해서 r번 성공하는 경우부터 생각할 수 있으므로 X가 취할 수 있는 값은 $\{r, r+1, \cdots\}$ 이다. 또한 매 시행이 독립적으로 이루어지며 x번째 시행에서 r번째 성공이 나타나기 위하여는 $x-1$번째까지 $r-1$번의 성공이 있어야 하므로 X의 확률함수는 다음과 같다.

$$f(x : r,\ p)=\binom{x-1}{r-1}p^{r}q^{x-r},\quad x=r,\ r+1,\ \cdots$$

이와 같은 확률함수를 가지는 이산분포를 **음이항분포**(negative binomial distribution) 또는 **파스칼 분포**(Pascal distribution)라 하고 간단히 $X \sim NB(r, p)$로 나타낸다.

확률변수 $X_1, X_2, \cdots, X_r$이 기하분포를 따르는 독립인 확률변수들이면 $X = X_1 + X_2 + \cdots + X_r$은 음 이항분포를 따른다. 그러므로

$$E(X) = \frac{r}{p}, \quad Var(X) = \frac{r(1-p)}{p^2}$$

이다.

예제 3 한 기계가 불량률 $p(0 < p < 1)$, 양호율 $q = 1 - p$로써 한 품목을 생산한다고 하고 이들에 관한 결과가 서로 독립이라고 가정하자.

그 기계에서 생산된 품목을 무작위로 뽑고 정확히 5개의 불량품을 얻을 때까지 한 번에 하나씩 검사한다고 가정하자. 또한 이들에 대한 결과는 서로 독립이라고 하자. 이때 5개의 불량품을 얻기 위하여 정확히 $n(n \ge 5)$개의 품목을 뽑을 확률 p_n을 구하여라.

풀이 5번째의 불량품이 검사를 받는 n번째 품목이 될 필요충분조건은 처음 $n-1$개의 품목 가운데 정확히 4개의 불량품이 있고 n번째 품목이 불량품인 것이다. 처음 $n-1$개의 품목 가운데 정확히 4개의 불량품과 $n-5$개의 양호품을 얻을 확률은 $\binom{n-1}{4}p^4q^{n-5}$임을 알 수 있다. 또한 n번째 품목이 불량품이 될 확률은 p이다.

첫 번째 사건은 단지 처음 $n-1$개의 품목에 관한 결과에 관련되어 있고 두 번째 사건은 단지 n번째 품목에 관한 결과에 관련되어 있으므로 이러한 두 사건은 독립이다. 그러므로 이러한 사건이 모두 일어날 확률은 그들의 확률의 곱과 같다. 즉 우리가 구하고자 하는 확률은

$$p_n = \binom{n-1}{4}p^4q^{n-5} \cdot p = \binom{n-1}{4}p^5q^{n-5}$$

이다. ■

예제 4 5전 3승이면 승리하는 경기를 생각하자. A팀과 B팀의 시합에서 A팀이 1회 게임을 이길 확률은 0.52이다. A팀이 이 시합에서 승리할 때까지의 시합횟수를 X라고 할 때 X의 분포와 평균, 분산을 구하여라.

풀이 이것은 $r = 3,\ p = 0.52$인 음 이항분포이므로, 확률함수는

$$f(x)=\binom{x-1}{r-1}p^r(1-p)^{x-r}=\binom{x-1}{3-1}(0.52)^3(0.48)^{x-3}$$

이다. 한편 평균과 분산은

$$E(X)=\frac{r}{p}=\frac{3}{0.52}=5.77,$$

$$Var(X)=\frac{r(1-p)}{p^2}=\frac{3\cdot 0.48}{0.52^2}=5.33$$

이다. ■

R-풀이

```
# rnbinom(난수의 개수, 목표 성공 횟수, 성공 확률)을 이용하여 음이항분포로부터 난수
100,000개를 발생시켜서 평균과 분산을 구한 값과 위의 수식을 이용하여 구한 값을 비
교함
ex5_3_4 <- rnbinom(100000, 3, 0.52) + 3
# mean()과 var()를 이용하여 각각 평균과 분산을 구함
mean(ex5_3_4); var(ex5_3_4)
[1] 5.76677
[1] 5.344287
```

5.3 연습문제

1 방문여론조사에서 인터뷰에 응하는 가정은 1/3이라고 하자. 100가구의 인터뷰를 하려면 평균 몇 가구를 방문해야 하는가?

2 주사위를 던지는 실험에서 관찰되는 주사위의 눈의 수가 3의 배수이면 그 실험은 끝난다고 하자. 세 번 던져서 실험이 끝날 확률을 구하여라.

3 프로야구 한국 시리즈는 7전 4선승제로 진행된다. A, B 두 야구단이 한국 시리즈를 진행할 때 A야구단이 이길 확률은 0.6이며 매 시합은 서로 독립적으로 진행된다고 한다. A구단이 정확히 6번째 시합에서 이길 확률을 구하여라.

4 X가 기하분포를 따를 때 임의의 두 양의 정수 a, b에 대하여

$$\mathrm{P}(X > a+b \mid X > b) = \mathrm{P}(X > a)$$

임을 보여라.

5 1부터 10까지의 번호가 붙여진 10개의 구슬이 들어 있는 주머니에서 복원추출하는 실험에서 각 번호가 한 번 이상 관찰되면 실험을 종료한다. 실험이 종료될 때까지의 시행횟수에 대한 기댓값을 구하여라.

6 어느 공장에서 생산되는 신제품의 불량률이 10%라고 한다. 이 공장에서는 신제품의 불량원인을 규명하기 위하여 5개의 불량품을 찾아내서 정밀조사를 실시하기로 하였다. 5개의 불량품을 찾아낼 때까지 검사해야 할 제품의 개수는 몇 개로 기대하는가? 또 5개의 불량품을 찾아낼 때까지 검사해야 할 제품의 개수가 25개보다 클 확률을 구하여라.

5.4 균등분포

구간 $S=[a, b]$의 부분구간에 확률변수 X가 놓일 확률이 그 부분구간의 길이에 비례하는 방법으로 선정되는 확률실험을 한다고 하자. 그러면 X는 구간 $[a, b]$에서 한 점이 무작위하게 또는 동등하게 선정되며 다른 구간에서는 점을 취할 수 없는 실험의 결과를 나타내고, 따라서 X의 확률밀도함수는 표본공간 $[a, b]$에서 일정하고 다른 구간에서는 0이다. 더욱이 임의의 확률밀도함수 $f(x)$에 대하여

$$\int_{-\infty}^{\infty} f(x)dx = \int_{a}^{b} f(x)dx = 1$$

이므로 $f(x)$는 구간 $[a, b]$에서 일정한 값 $1/(b-a)$을 취한다. 그러므로 이 경우 X의 확률밀도함수는

$$f(x) = \begin{cases} \dfrac{1}{b-a}, & a \le x \le b \\ 0, & \text{다른 곳에서} \end{cases}$$

이다. 이와 같은 확률변수는 구간 $[a, b]$에서 **균등분포**(uniform distribution)를 이룬다 하며 $X \sim U[a, b]$로 나타낸다.

그리고 $[a, b]$에서 균등분포를 이루는 확률변수의 기댓값과 분산은 각각 다음과 같이 됨을 쉽게 알 수 있다.

$$E(X) = \frac{a+b}{2}, \quad Var(X) = \frac{(b-a)^2}{12}$$

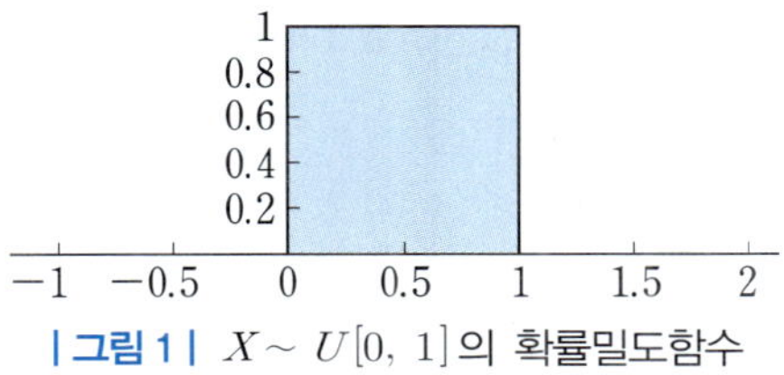

| 그림 1 | $X \sim U[0, 1]$의 확률밀도함수

예제 1 $f(x)=\frac{1}{10}(0 \le x \le 10)$ 로 정의되는 함수 $f(x)$ 의 평균과 분산을 구하여라.

풀이

$$E(X)=\int_0^{10} x f(x)dx = \int_0^{10} \frac{x}{10}dx$$
$$=\left[\frac{1}{20}x^2\right]_0^{10}=5,$$
$$E(X^2)=\int_0^{10} x^2 f(x)dx = \int_0^{10} \frac{x^2}{10}dx$$
$$=\left[\frac{1}{30}x^3\right]_0^{10}=\frac{100}{3}$$

이므로 평균은 $E(X)=5$ 이고 분산은

$$Var(X)=E(X^2)-E^2(X)=100/3-25=25/3$$

이다. ■

R-풀이

```
# integrate()를 이용하여 평균을 구함
ex5_4_1 <- 1/10
E_ex5_4_1 <- function(x) (ex5_4_1*x)
integrate(E_ex5_4_1, 0, 10)
5 with absolute error < 5.6e-14
# integrate()를 이용하여 분산을 구함
V_ex5_4_1 <- function(x)((ex5_4_1*(x - 5)^2))
integrate(V_ex5_4_1, 0, 10)
8.333333 with absolute error < 9.3e-14
# as.fractions()를 이용하여 분수로 나타냄
as.fractions(8.333333)
[1] 25/3
```

5.4 연습문제

1 어느 정류장에 버스가 도착하는 시각은 항상 8시에서 8시 10분 사이라고 한다. 한 사람이 8시 정각에 정류장에 도착하여 버스가 올 때까지 기다리는 시간에 대한 분포를 구하여라.

2 마트의 계산대에 도착하는 고객의 수는 푸아송 분포를 따른다. 한 고객이 주어진 30분 동안에 계산대에 도착하였다면 이 고객이 주어진 30분의 마지막 5분 동안에 계산대에 도착하였을 확률을 구하여라.

3 어느 상점에서 물건 값을 계산할 때 10원 미만에 대해서는 반올림을 한다. 어느 날 100명의 고객이 물건을 사갔다고 할 때 반올림으로 인하여 이 상점 주인이 100원 이상 손해 볼 확률의 상한을 구하여라.

5.5 지수분포

연속형 분포로서 중요한 분포 중 하나는 지수분포이다. 지수분포는 푸아송 분포와 연관되어 있는데, 예를 들어 어떤 사건이 단위시간당 발생건수가 λ인 푸아송 분포를 따른다면, t시간 동안에는 평균 λt로 사건이 발생하게 된다. t시간 동안의 발생건수를 확률변수 X라고 하면

$$P(X=x)=\frac{(\lambda t)^x e^{-\lambda t}}{x!},\quad x=0,\ 1,\ 2,\ \cdots$$

이다. 손님의 도착시간 간격을 t, $F(t)$를 시간 간격 t 이하에 손님이 도착할 누적확률이라고 하면, 시간 간격 t까지 한 사람도 도착하지 않을 확률은 $1-F(t)$이고,

$$1-F(t)=P(X=0)=e^{-\lambda t}$$

이다. 그러므로 $F(t)=1-e^{-\lambda t}$이고, 도착시간 간격 t의 확률밀도함수는

$$f(t)=\lambda e^{-\lambda t},\quad t>0$$

이다. $\lambda=1/\theta$로 놓으면, 확률밀도함수

$$f(x)=\frac{1}{\theta}e^{-x/\theta},\quad 0\le x<\infty$$

를 갖는 확률변수 X를 **지수분포**(exponential distribution)를 따른다고 하고 $X\sim\Gamma(1,\ \theta)$로 표시한다. 즉 푸아송 과정에서 첫 번째 변화가 일어날 때까지 걸리는 시간은 $\theta=1/\lambda$을 갖는 지수분포를 따른다.

그리고 이러한 지수분포는 어떤 사건이 발생하기 전까지 경과한 시간의 분포를 나타낼 경우에 사용한다. 예를 들어 기계가 고장 없이 작동할 시간이나 암환자가 사망하기까지의 시간 또는 어떤 서비스 기관에 도착한 손님의 서비스를 받기까지 기다리는 시간과 같이 어떤 사건이 발생할 때까지 걸리는 대기시간이나 연속적인 두 사건이 발생할 사이의 시간주기 등에서 지수분포를 사용한다.

만일 은행에 도착하는 고객 수가 푸아송 분포에 따라 설명된다면 한 고객과 다음 고객이 도착하는 사이에 경과되는 시간의 확률은 지수분포에 의해 설명된다. 어느 은행의 출납계에 매분당 1/2명이 평균적으로 도착한다고 가정하면 이것은 2분에 한

명꼴로 도착한다는 의미가 되므로 고객의 도착 사이에 소요되는 시간은 평균적으로 2분이 될 것이다. 즉 두 사건 사이의 경과시간을 나타내는 지수분포의 평균은 푸아송 분포의 평균의 역수인 $1/\lambda = 2$가 됨을 알 수 있다. 그러므로

$$E(X) = \theta, \quad Var(X) = \theta^2$$

이 성립한다.

예제 1 A사의 전구수명은 평균 1000시간의 지수분포를 따른다. 100개의 전구 가운데 1000시간 이상 사용할 수 있는 것의 평균개수를 구하여라.

풀이 전구수명을 확률변수 X라고 했을 때 $\lambda = \frac{1}{1000}$이다.

$$P(X \geq 1000) = 1 - P(X < 1000) = 1 - F(1000) = e^{-1} = 0.3679$$

이므로 구하고자 하는 평균은 100×0.368, 약 37개가 된다. ■

R-풀이

```
# pexp(값, 1/평균)를 이용하여 지수분포로부터 P(X ≥ 1000)를 구함
round(1 - pexp(1000, 1/1000), digits=3)
[1] 0.368
# 평균개수를 구하기 위해 100을 곱하고, round()를 이용하여 자연수로 나타냄
round(0.368*100, 0)
[1] 37
```

예제 2 실험용 퓨즈의 사용시간은 평균 100시간의 지수분포를 따른다고 하자. 이때 전구를 100시간 동안 아무런 문제없이 사용한 후 앞으로 50시간 이상 사용할 확률을 구하여라.

풀이

$$\begin{aligned} P(X > 150 \mid X > 100) &= P(X > 50) \\ &= \int_{50}^{\infty} \frac{1}{100} e^{-x/100} dx \\ &= e^{-0.5} = 0.6065 \end{aligned}$$

이 확률은 $P(X > 50)$과 같다. 지수분포에서는 어떤 시스템이 t시간 작동 후 적어도 s시간 이상 더 가동할 확률은 그 시스템이 최초부터 s시간 이상 가동할 확률과 같다. 그러므로 지수분포의 다음과 같은 성질

$$P(X > s+t \mid X > t) = P(X > s)$$

를 얻을 수 있는데, 이 성질을 지수분포의 '기억 없는 성질'(memoryless property)이라고 부른다. ■

R-풀이

```
# pexp(값, 1/평균)를 이용하여 지수분포로부터 P(X > 50)를 구함
round(1 - pexp(50, 1/100), digit=4)
[1] 0.6065
```

5.5 연습문제

1 실험용 전구의 사용시간은 평균 100인 지수분포를 따른다고 하자. 이때 전구를 100시간 동안 아무런 문제없이 사용한 후, 앞으로 50시간 이상 사용할 확률을 구하여라.

2 평균 3분에 1명꼴로 손님이 방문하는 푸아송 과정을 따르는 가게를 생각하자. 첫 번째 손님이 도착하기까지 5분 이상 기다릴 확률을 구하여라.

3 어느 자동차에 장착되어 있는 축전지의 수명은 주행거리를 기준으로 평균이 10,000마일인 지수분포를 따른다. 지금까지의 주행거리가 3,000마일인 이 자동차로 5,000마일 거리를 여행하려 할 때 축전지의 교환없이 여행을 끝낼 수 있을 확률을 구하여라.

4 어느 백화점에 오는 고객의 1인당 소비금액은 평균 1,200원의 지수분포를 따른다고 하자. 3,000원 이상의 물건을 사는 손님은 몇 퍼센트가 되는지 계산하여라.

5 어떤 시험을 10명의 학생들이 서로 독립적으로 치르고, 어떤 특별한 학생이 시험을 끝내는 데 소요되는 시간은 평균 80분인 지수분포를 따른다고 가정하자. 시험은 오전 9시에 시작한다고 했을 때 적어도 한 명의 학생이 오전 9시 40분 이전에 시험을 끝낼 확률을 구하여라.

5.6 정규분포

18세기 과학자들이 측정오차들의 값 또는 제조품 규격의 기준치와의 차이 등이 규칙성을 가지는 분포 형태를 형성한다는 사실을 발견하였다. 이러한 형태의 오차발생실험을 통하여 '오차의 정규분포곡선'으로 불리는 좌우대칭형의 분포를 도출하였는데, 이를 함수적으로 체계화한 것이 정규분포이다. 이 분포는 당시 초기 연구가의 한 사람인 가우스(Karl Gauss, 1777~1855)의 이름을 따서 **가우스 분포**라고도 불린다.

정규분포는 풍부한 수학적 성질을 갖고 있을 뿐만 아니라 많은 물리학적 또는 사회과학적 실험의 결과들이 정규분포에 근사하는 성질을 갖고 있다. 예를 들어 사람의 몸무게나 키 또는 곡식의 무게, 공정라인에서 생산되는 철의 강도 등은 점근적으로 정규분포에 근사한다. 특히 정리 1에서 다룰 중심극한정리에 의하여 임의의 확률분포로부터 얻어진 대 표본은 분포 자체가 정규분포는 아니라고 해도 점근적으로 정규분포에 가까워진다는 이유에서 정규분포를 자세히 살펴볼 필요가 있다.

정규분포는 음의 무한대와 양의 무한대 사이의 어떠한 값도 취할 수 있는 연속확률변수의 분포로 μ와 σ 두 개의 모수에 의해 특징지어진다.

확률밀도함수

$$f(x : \mu,\ \sigma) = \frac{1}{\sqrt{2\pi}\,\sigma} \exp\left[-\frac{(x-\mu)^2}{2\sigma^2}\right],\ -\infty < \mu < \infty,\ \sigma > 0$$

을 가지는 확률분포를 평균 μ와 분산 σ^2(또는 표준편차 σ)을 갖는 **정규분포**(normal distribution)라 하고, $X \sim N(\mu,\ \sigma^2)$으로 나타낸다. 특히 함수

$$f(x) = \frac{1}{\sqrt{2\pi}} \exp\left[-\frac{x^2}{2}\right]$$

을 가지는 확률분포를 **표준정규분포**(standard normal distribution)라 하고 $X \sim N(0,\ 1)$로 나타낸다.

μ와 분산 σ^2은 정규분포의 모수인 동시에 평균과 분산이 된다. 우리는 다른 분포를 따르는 확률변수의 평균과 분산을 표시하는 데 μ와 σ^2을 사용하고, 이는 원래 정규분포의 모수로 정규분포의 평균과 분산 자체가 바로 μ와 σ^2과 같아지는 데

연유한다. 통계학에서 가장 빈번히 사용되는 정규분포에 대한 일종의 특례적인 전통인 것이다.

정규함수는 다음 성질을 갖는 종모양의 곡선을 이루며 [그림 1]은 정규확률함수의 개형을 나타낸다.

(1) 정규함수 $f(x : \mu,\ \sigma)$ 는 $x = \mu$에서 최대이다. 즉 정규도집단으로부터 추출된 표본자료의 최빈값은 $x = \mu$이다.
(2) 정규함수 $f(x : \mu,\ \sigma)$ 는 $x = \mu$에 관하여 좌우대칭이다. 즉 정규모집단으로부터 추출된 표본자료의 중앙값은 $x = \mu$이다.
(3) 정규함수 $f(x : \mu,\ \sigma)$ 는 $x = \mu \pm \sigma$ 에서 변곡점을 갖는다.
(4) 정규함수 $f(x : \mu,\ \sigma)$ 는 $x = \mu \pm 3\sigma$ 에서 거의 축에 접한다.

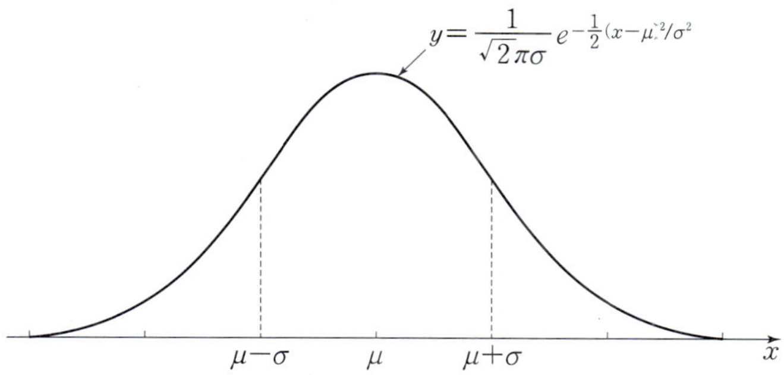

| 그림 1 | 정규곡선의 개형

정규분포 $N(\mu,\ \sigma^2)$에 대한 확률값은 x의 경계값과 x축 그리고 정규곡선 아래에 주어진 부분의 넓이로 나타난다. 예를 들어 확률 $P(a \le X \le b)$는 $x = a$, $x = b$와 x축 그리고 정규함수 $f(x : \mu,\ \sigma)$ 로 둘러싸인 부분의 넓이이고, 따라서 다음 적분으로 나타난다.

$$P(a \le X \le b) = \int_a^b \frac{1}{\sqrt{2\pi}\,\sigma} \exp\left[-\frac{(x-\mu)^2}{2\sigma^2}\right] dx$$

한편 이러한 확률값은 초등적분에 의하여 구할 수 없으며 부록에 제시된 정규확률표를 이용해야 한다. 그러나 어느 경우이든 정규확률표는 표준정규분포에 대한 확률값만이 제시되므로 정규분포 $N(\mu,\ \sigma^2)$과 표준정규분포 $N(0,\ 1)$ 사이의 관계를 알아야 한다. 확률변수 X에 대하여

$$Z = \frac{X-\mu}{\sigma}$$

를 X의 **표준화된 확률변수**(standardized random variable)라 하며, Z의 평균과 분

산은 각각 다음과 같다.

$$E(Z)=E\left(\frac{X-\mu}{\sigma}\right)=\frac{1}{\sigma}(E(X)-\mu)=0$$

$$Var(Z)=Var\left(\frac{X-\mu}{\sigma}\right)=\frac{1}{\sigma^2}Var(X)=1$$

따라서 $X \sim N(\mu,\ \sigma^2)$에 대하여 표준화된 확률변수 Z는 $Z \sim N(0,\ 1)$이다.

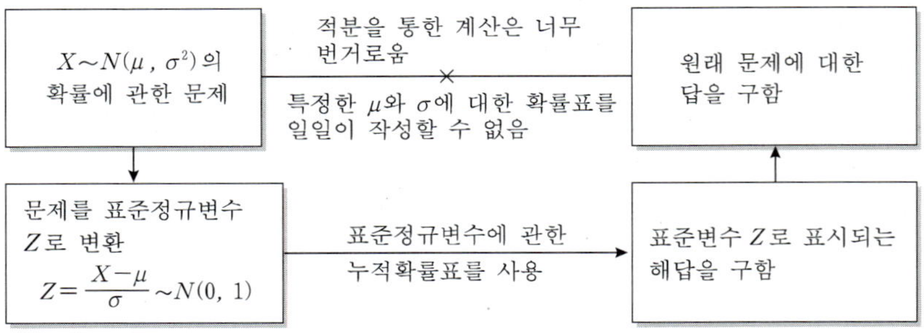

| 그림 2 | 표준정규분포를 이용한 확률계산절차

그러므로 우리는 다음과 같은 성질을 얻을 수 있다.

> $X \sim N(\mu,\ \sigma^2)$과 표준화된 확률변수 $Z=(X-\mu)/\sigma$ 사이에 다음 성질이 성립한다.
>
> $$P(\mu+a\sigma < X < \mu+b\sigma)=P(a < Z < b)$$

증명

$$P(\mu+a\sigma < X < \mu+b\sigma)=\int_{\mu+a\sigma}^{\mu+b\sigma}\frac{1}{\sqrt{2\pi}\,\sigma}\exp\left[-\frac{1}{2}\left(\frac{x-\mu}{\sigma}\right)^2\right]dx$$

($z=(x-\mu)/\sigma$라 하면 $dx=\sigma\, dz$이므로)

$$=\int_a^b\frac{1}{\sqrt{2\pi}}\exp\left[-\frac{z^2}{2}\right]dz$$

$$=P(a < Z < b)$$

■

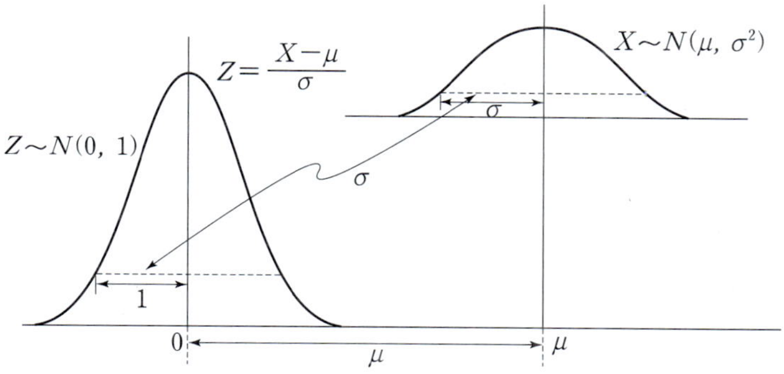

$$T : Z = \frac{X-\mu}{\sigma}$$

| 그림 3 | 정규분포와 표준정규분포의 비교

따라서 평균 μ와 표준편차 σ에 대하여 다음 확률값을 갖는다.

$$P(\mu-\sigma < X < \mu+\sigma) = 0.6826$$
$$P(\mu-2\sigma < X < \mu+2\sigma) = 0.9544$$
$$P(\mu-3\sigma < X < \mu+3\sigma) = 0.9973$$

위 성질에 의해 임의의 정규분포에 대한 확률계산을 표준정규분포로 변환하여 구하는 방법을 제시하므로 표준정규분포의 성질과 정규분포표를 이용한다면 확률계산을 더욱 쉽게 얻을 수 있다.

$Z \sim N(0,\ 1)$이면 Z의 확률밀도함수는 $z=0$에 관하여 좌우대칭이고, 따라서 다음과 같은 간단한 성질을 갖는다.

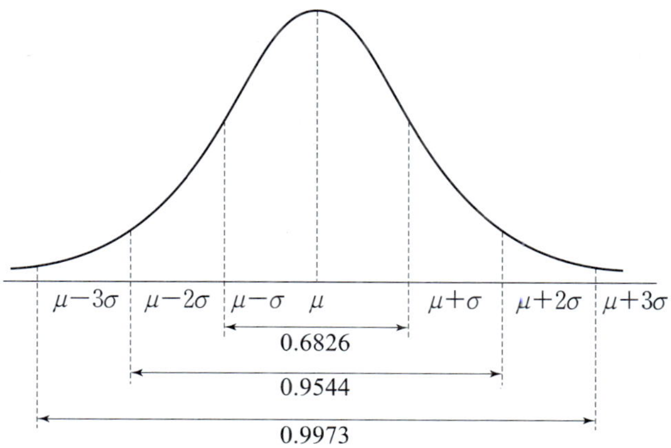

| 그림 4 | 정규분포의 특수확률들

(1) $P(Z \geq 0) = P(Z \leq 0) = 0.5$

(2) 임의의 양수 z에 대하여 다음이 성립한다.

$$P(Z \geq z) = 1 - P(Z \leq z),\ \ P(Z \leq z) = 1 - P(Z \geq z)$$
$$P(Z \geq z) = P(Z \leq -z) = 0.5 - P(0 \leq Z \leq z)$$
$$P(Z \leq z) = P(Z \geq -z) = 0.5 + P(0 \leq Z \leq z)$$
$$P(-z \leq Z \leq 0) = P(0 \leq Z \leq z)$$
$$P(-z \leq Z \leq z) = 2P(0 \leq Z \leq z)$$

예제 1 과거 수년간에 걸친 수학과 학생의 영어성적은 $N(75,\ 9)$인 정규분포에 따른다. 이때 어느 한 학생의 영어성적이 80점 이상일 확률을 구하여라.

풀이 학생 개개인의 영어성적을 확률변수 X라 하면 $X \sim N(75,\ 9)$이므로

$$\begin{aligned} P(X \geq 80) &= P\left(Z \geq \frac{80-75}{3}\right) \\ &\simeq P(Z \geq 1.67) = 1 - \Phi(1.67) \\ &= 1 - 0.9525 = 0.0475 \end{aligned}$$

이다. ■

R-풀이

```
# 주어진 정보를 이용하여 z값을 계산함
x <- 80; mean <- 75; sd <- 3; z <- round((z <- (x - mean)/sd), 2)
# cat()를 이용하여 평균, 표준편차, 그리고 z를 나타냄
cat("평균 = ",mean,",","표준편차 = ",sd,",","z =",z)
평균 = 75 , 표준편차 = 3 , z = 1.67
# pnorm(분위수)을 이용하여 정규분포로부터 P(X ≥ 80)을 구함. 단, 평균과 표준편차를 생략하면 표준정규분포로부터 계산함
round(1 - pnorm(z), digits=4)
[1] 0.0475
```

예제 2 확률변수 X가 $N(70,\ 100)$인 정규분포를 따른다고 할 때 $P(X \geq x_0) = 0.2$가 되는 x_0를 구하여라.

풀이 정규분포표에서 $P(Z \leq z_0) = 0.8$이 되는 $z_0 = 0.84$이므로

$$z_0 = \frac{x_0 - 70}{10} = 0.84$$

에서 $x_0 = 78.4$가 된다. ■

R-풀이

```
# qnorm(누적확률, 평균, 표준편차)를 이용하여 정규분포로부터 P(X > x0) = 0.2를 구함. 단, 평균과 표준편차를 생략하면 표준정규분포로부터 계산함
alpha <- 0.2; round(qnorm(1 - alpha), 2)
[1] 0.84
# 상수 c를 구함
(c <- round(70 + 10*qnorm(1 - alpha), 1))
[1] 78.4
```

다음은 유용한 정규분포의 성질들이다.

성질 1

$X \sim N(\mu, \sigma^2)$이면 임의의 상수 $a\,(a \neq 0)$와 b에 대하여 다음과 같다.

$$aX + b \sim N(a\mu + b,\ a^2\sigma^2)$$

위 성질은 기댓값과 분산에서 다루었던 성질과 관련하여 생각하면 쉽게 이해될 수 있다. 성질 1은 다음과 같이 일반화될 수 있다.

성질 2

$X_1, \cdots, X_n$이 독립이고 $X_i \sim N(\mu_i, \sigma_i^2)\ (i = 1, \cdots, n)$이면 임의의 상수 a_i와 $b_i\,(a_i \neq 0,\ i = 1, \cdots, n)$에 대하여 다음이 성립한다.

$$\sum_{i=1}^{n}(a_iX_i + b_i) \sim N\left(\sum_{i=1}^{n}(a_i\mu_i + b_i),\ \ \sum_{i=1}^{n}a_i^2\sigma_i^2\right)$$

한편 n개의 확률변수 $X_1, X_2, \cdots, X_n$이 평균이 μ이고 분산이 σ^2인 어떤 분포로부터 크기 n인 한 무작위 표본을 형성한다고 하자. 여기서 무작위 표본이라는 것은, 확률변수 $X_1, X_2, \cdots, X_n$은 독립이며 동일하게 분포되어 있고 각각은 평균 μ와 분산 σ^2을 가진다는 것을 의미한다. 이러한 표본에서 n개의 관측값들의 산술평균을 $\overline{X}_n$라고 하자. 즉

$$\overline{X}_n = \frac{1}{n}(X_1 + X_2 + \cdots + X_n)$$

인데, 이 확률변수 $\overline{X}_n$를 **표본평균**(sample mean)이라고 부른다.

표본평균에 대하여 다음과 같은 성질을 얻을 수 있다.

성질 3

$X_i \sim N(\mu, \sigma^2)\,(i = 1, \cdots, n)$이고 독립이면 표본평균 $\overline{X} = (1/n)\sum X_i$의 분포는 $\overline{X} \sim N(\mu, \sigma^2/n)$이다.

$\overline{X}_n$의 평균과 분산은 쉽게 계산할 수 있다. $\overline{X}_n$의 평균은 $\overline{X}_n$의 정의로부터

$$E(\overline{X}_n) = \frac{1}{n}\sum_{i=1}^{n} E(X_i) = \frac{1}{n} n\mu = \mu$$

이다. 또한 $X_1, X_2, \cdots, X_n$ 은 독립이므로

$$Var(\overline{X}_n) = \frac{1}{n^2} Var(\sum_{i=1}^{n} X_i) = \frac{1}{n^2}\sum_{i=1}^{n} Var(X_i) = \frac{1}{n^2} n\sigma^2 = \frac{\sigma^2}{n}$$

이 성립한다. 즉 $\overline{X}_n$의 평균은 추출된 무작위 표본의 평균과 동일하지만 $\overline{X}_n$의 분산은 무작위 표본 분포의 $\frac{1}{n}$이다. 그러므로 $\overline{X}_n$의 확률분포는 원래 분포보다 평균 μ 주위에 더욱 집중되어 있다는 것을 알 수 있다. 다시 말하면 표본평균 $\overline{X}_n$는 주어진 분포로부터의 단 하나의 관측값 X_i의 값보다 평균 μ에 더 가깝다고 할 수 있다.

예제 3 $N(60, 36)$을 따르는 무작위 표본 $X_1, X_2, \cdots, X_{25}$에 대하여 $P(\overline{X} > c) = 0.95$인 상수 c를 구하여라.

풀이 $X_i \sim N(60, 36)$ 이므로 $\overline{X} = (1/25)\sum X_i \sim N(60, 36/25)$이고 따라서 $Z = (\overline{X} - 60)/1.2 \sim N(0, 1)$이다. 그러므로

$$P(\overline{X} > c) = P\left(\frac{\overline{X}-60}{1.2} > \frac{c-60}{1.2}\right)$$
$$= P\left(Z > \frac{c-60}{1.2}\right) = 0.95.$$

즉 $P(Z \leq (c-60)/1.2) = 0.05$ 이다. 또한

$$P(Z \leq -Z_{0.05}) = P(Z \geq z_{0.05})$$
$$= 1 - P(Z < z_{0.05})$$
$$= 0.05$$

이므로 $P(Z < z_{0.05}) = 0.95$ 가 되는 절단점은 $z_{0.05} = 1.645$ 이다. 따라서 $\frac{c-60}{1.2} = -z_{0.05} = -1.645$ 로부터 $c = 60 + 1.2 \times (-1.645) = 58.026$ 이다. ■

R-풀이

```
# X̄의 평균과 분산을 구함
n <- 25; s_mean <- 60; var <- 36; s_sd <- sqrt(var/n)
# cat()를 이용하여 표본평균과 표본표준편차를 나타냄
cat("표본평균 =",s_mean,",","표본표준편차 =",s_sd)
표본평균 = 60 , 표본표준편차 = 1.2
# qnorm(누적확률, 평균, 표준편차)를 이용하여 정규분포로부터 P(X̄ > c) = 0.95를 구함. 단, 평균과 표준편차를 생략하면 표준정규분포로부터 계산함
alpha <- 0.95
qnorm(1 - alpha)
[1] -1.644854
# 상수 c를 구하고, round()를 이용하여 소수 셋째자리까지 나타냄
round(c <- s_mean + s_sd*qnorm(0.05, 0, 1), 3)
[1] 58.026
```

우리는 확률변수들 $X_1, \cdots, X_n$ 이 독립이고 정규분포 $N(\mu, \sigma^2)$에 따른다면 확률변수들의 평균 $\overline{X} = (1/n)\sum X_i$ 는 정규분포 $N(\mu, \sigma^2/n)$에 따른다는 사실을 알았다. 이제 우리들은 중심극한정리를 논의할 것이고, 이에 대한 간단한 설명은 다음과 같이 대략적으로 말할 수 있다.

크기 n인 무작위 표본이 평균 μ와 분산 σ^2인 어떤 분포로부터 추출된다 하더라

도 표본평균 $\overline{X}_n$는 평균 μ와 분산 $\frac{\sigma^2}{n}$을 가지는 근사적으로(approximately) 정규인 분포를 가질 것이다.

이 결과는 18세기 초 드무아브르(A. de Moivre)에 의해 베르누이 분포로부터의 무작위 표본에 대하여 확립되었다.

정리 1 | 중심극한정리(Central Limit Theorem)

만일 확률변수들 $X_1, \cdots, X_n$이 평균 μ와 분산 $\sigma^2(0 < \sigma^2 < \infty)$을 가지는 한 주어진 분포로부터의 크기 n인 무작위 표본을 형성한다면 어떤 고정된 수 x에 대하여

$$\lim_{n\to\infty} P\left[\frac{n^{\frac{1}{2}}(\overline{X}_n - \mu)}{\sigma} \le x\right] = \Phi(x).$$

정리 1의 식 해석은 다음과 같다. 만일 하나의 큰 무작위 표본이 평균 μ와 분산 σ^2을 가지는 어떤 분포로부터 추출된다면, 이 분포가 이산형이든 연속형이든 관계없이 확률변수 $\frac{n^{1/2}(\overline{X}_n - \mu)}{\sigma}$의 분포는 근사적으로 표준정규분포가 될 것이다.

그러므로 $\overline{X}_n$의 분포가 근사적으로 평균 μ와 분산 $\frac{\sigma^2}{n}$인 정규분포 또는 동등하게 합 $\sum_{i=1}^{n} X_i$의 분포가 근사적으로 평균 $n\mu$와 분산 $n\sigma^2$인 정규분포가 될 것이다.

예제 4 한 공정한 동전을 900번 던진다고 가정하자. 이때 앞면을 495번보다 더 얻을 확률을 구하여라.

풀이 $i=1, \cdots, 900$에 대하여 만일 i번째 던질 때 앞면이 얻어지면 $X_i=1$, 그렇지 않으면 $X_i=0$이라고 하자. 그러면 $E(X_i)=\frac{1}{2}$이고 $Var(X_i)=\frac{1}{4}$이다. 그러므로 값들 $X_1, \cdots, X_{900}$은 평균 $\frac{1}{2}$과 분산 $\frac{1}{4}$을 가지는 분포로부터의 크기 $n=900$인 무작위 표본을 형성한다. 중심극한정리로부터 총 앞면의 수 $H=\sum_{i=1}^{900} X_i$의 분포는 근사적으로 평균이 $(900)\left(\frac{1}{2}\right)=450$이고, 분산이 $(900)\left(\frac{1}{4}\right)=225$이며, 표준편차가 $(225)^{\frac{1}{2}}=15$인 정규분포가 됨을 알 수 있다. 그러므로 변수 $Z=\frac{(H-450)}{15}$은 근사적으로 표준정규분포를 가질 것이다. 따라서

$$P(H > 495) = P\left(\frac{H-450}{15} > \frac{495-450}{15}\right)$$
$$= P(Z > 3) = 1 - \Phi(3) = 0.0013.$$

R-풀이

```
# 주어진 정보를 입력하여 z값을 계산함
p <- 0.5; n <- 900; mean <- n*p; sd <- sqrt(n*p*(1 - p));
z <- (495 - mean)/sd
# cat()를 이용하여 평균, 표준편차, 그리고 z를 나타냄
cat("평균 =",mean,",","표준편차 =",sd,",","z =",z)
평균 = 450 , 표준편차 = 15 , z = 3
# pnorm(분위수, 평균, 표준편차)을 이용하여 정규분포로부터 P(H > 495)를 구하고,
round()를 이용하여 소수 넷째자리까지 나타냄. 단, 평균과 표준편차를 생략하면 표준정
규분포로부터 계산함
round((1 - pnorm(z)), 4)
[1] 0.0013
```

한편 이항분포를 다룰 때 시행 또는 관측횟수 n이 점점 커지면 확률은 이항확률 공식에 의해 계산하기 몹시 복잡해짐을 알 수 있다. 또한 n의 값이 커질수록 성공 확률 p가 1/2이 아닐지라도 분포 모양은 점차 좌우대칭 형태를 이루며 정규분포에 근접하게 된다.

따라서 p의 값이 극단적으로 작거나 또는 1에 가깝지 않을 때 n값이 일정 크기를 넘어서면 이항분포에 관한 확률계산을 정규분포를 이용하여 근삿값을 계산해낼 수 있게 된다. 이러한 근삿값은 p가 1/2에 가까울수록, 그리고 n의 값이 클수록 정확하다. 그러나 p값이 1/2에 얼마나 가까워야 한다거나 n의 크기가 적어도 얼마 이상이어야 한다든지 하는 기준이란 설정하기 쉽지 않다. 다만 $np(1-p) \geq 3$일 때 일반적으로 이러한 근삿값 계산은 훌륭한 결과를 얻을 수 있어 자주 이용되고 있다.

$X_n \sim B(n,\ p)$ 이고 $Z_n = (X_n - np)/\sqrt{npq}$ 라 하면 Z_n은 표준정규분포에 수렴하고, 따라서 $X_n \sim N(np,\ npq)$ 임을 알 수 있다. 그러므로

$$P(a \leq X_n \leq b) = P\left[\frac{a-np}{\sqrt{npq}} \leq \frac{x_{n-np}}{\sqrt{npq}} \leq \frac{b-np}{\sqrt{npq}}\right]$$
$$\fallingdotseq P\left[\frac{a-np}{\sqrt{npq}} \leq Z \leq \frac{b-np}{\sqrt{npq}}\right]$$

가 성립한다. 이러한 근사확률계산을 **이항분포의 정규근사**라 한다.

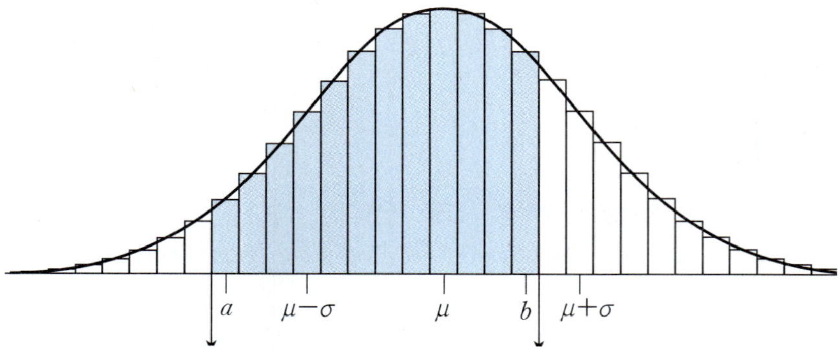

| 그림 6 | 이항분포의 연속성 수정 정규근사

그러나 이항분포는 이산형 분포이므로 확률변수는 정수값만을 취할 수 있는 것이어서

$$P(X \leq a)+P(X>a)=P(X \leq a)+P(X \geq a+1)=1$$

의 관계가 성립한다. 그러나 확률변수 X가 정규분포를 따른다면

$$P(X \leq a)+P(X \geq a+1) \neq 1$$

이 된다. 즉 a와 $a+1$ 사이의 넓이가 고려대상에서 제외되어 버린다. 이러한 문제를 해결하기 위하여 우리는 일반적으로 a부터 $a+1$까지의 구간을 이등분하여 양쪽에 포함시킨다.

즉 근사계산의 정밀도를 높이기 위하여 다음과 같이 수정한다.

$$P(a \leq X_n \leq b) \fallingdotseq P\left[\frac{a-0.5-np}{\sqrt{npq}} \leq Z \leq \frac{b+0.5-np}{\sqrt{npq}}\right]$$

그리고 이와 같은 근사계산을 **연속성 수정 정규근사**라 한다.

예제 5 어느 국회의원 입후보자의 모집단에서의 지지율이 0.64일 때 집단으로부터 100명을 임의로 추출하여 그 가운데 60명 이상 이 후보를 지지할 확률을 구하여라.

풀이 이항분포를 이용하여 확률계산을 할 경우 모집단 수가 크므로 계산이 힘들게 된다. 이 경우 $np(1-p)$가 3보다 크게 되므로 근삿값 계산이 합당하며

$$P(X \geq 60)=P(Z \geq \frac{60-\frac{1}{2}-np}{\sqrt{np(1-p)}})=P(Z \geq -0.94)=0.8264$$

를 얻는다.

이항분포를 이용한 참값은 0.8261이므로 정규분포에 의한 근삿값 계산은 매우 정확함을 알 수 있다. ■

R-풀이

```
# 주어진 정보를 입력하여 z값을 계산함
p <- 0.64; n <- 100; mean <- n*p; sd <- sqrt(n*p*(1 - p));
z <- (60 - 0.5 - mean)/sd
# cat()를 이용하여 평균, 표준편차, 그리고 z를 나타냄
cat("평균 =",mean,",","표준편차 =",sd,",","z =",z)
평균 = 64 , 표준편차 = 4.8 , z = -0.94
# pnorm(분위수, 평균, 표준편차)을 이용하여 정규분포로부터 P(X ≥ 60)을 구하고, round()를 이용하여 소수 넷째자리까지 나타냄. 단, 평균과 표준편차를 생략하면 표준정규분포로부터 계산함
round((1 - pnorm(z)), 4)
[1] 0.8257
# pbinom(분위수, 표본 크기, 성공 확률)을 이용하여 정확한 확률을 계산하고, round()를 이용하여 소수 넷째자리까지 나타냄
round(1 - pbinom(59, n, p), 4)
[1] 0.8261
```

5.6 연습문제

1 다음 그림은 정규분포의 그래프이다. 그림 1, 2, 3은 각각 (a), (b), (c)의 그래프라고 할 때 해당되는 것끼리 올바르게 짝지어라.

(a) $N(0,\ 0.5^2)$ (b) $N(0,\ 1^2)$ (c) $N(3,\ 15^2)$

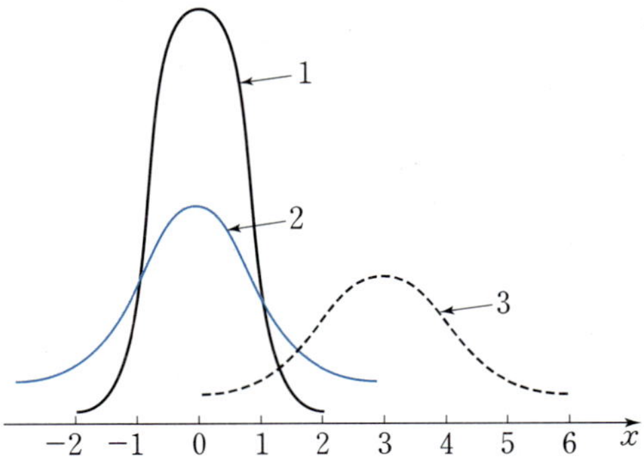

2 정규분포 $N(4,\ 4)$을 따르는 확률변수 X에 대하여 $P(2 \le X \le 6) = p_1$이고 $P(4 \le X \le 8) = p_2$일 때 $P(6 \le X \le 8)$을 $p_1,\ p_2$를 이용하여 나타내어라.

3 어느 해 대한민국, 미국, 일본의 대졸 신입사원의 월급은 평균이 각각 200만원, 4000달러, 21만엔이고 표준편차가 각각 30만원, 500달러, 1만엔인 정규분포를 따른다고 한다. 이 세 나라에서 임의로 한 명씩 뽑힌 대졸 신입사원 A, B, C의 월급이 각각 245만원, 4500달러, 24만엔이라고 할 때 각자의 나라에서 상대적으로 월급을 많이 받는 사람부터 순서대로 나열하여라.

4 어떤 커피 자동판매기에서는 컵에 평균 6온스의 커피가 채워진다고 한다. 컵에 채워지는 커피량은 정규분포를 따른다고 할 때 98%의 컵들에 적어도 5.85온스의 커피가 채워지기 위한 표준편차를 구하여라. 그리고 구한 표준편차에 대하여 컵의 최대 용량이 6.1온스일 때 컵이 넘칠 확률을 구하여라.

5.7 R을 이용한 빅데이터 분석

R에서는 특정 확률분포에 해당하는 이름이 있고, 그 이름에 따른 인수(argument)가 있다. 또한 각 확률분포의 이름 앞에 다음과 같은 첫 글자가 나타나면 특정 함수를 실행하게 된다. 확률분포마다 사용해야 할 분포명과 인수가 달라짐에 유의하여야 한다. 예를 들어, 시행횟수가 n이고 성공확률이 p인 이항확률분포에 대한 각 함수들에 대한 형식과 실행결과는 다음과 같다.

첫 글자	함수 형태	함수의 기능
d	d분포명(x, 인수)	확률 $P(X=x)$ 계산
p	p분포명(x, 인수)	누적확률 $P(X \leq x)$ 계산
q	q분포명(p, 인수)	백분위수 $p \times 100$분위수 계산
r	r분포명(n, 인수)	난수 n개를 생성

이산형과 연속형 확률분포로 분류하여 각각 구체적인 함수를 살펴보자. 함수 사용에서 필요한 인수를 입력하는 형태는 R 창에서 help(함수명) 등과 같이 입력하여 도움말을 활용할 수 있다. 먼저 R에서 제공하는 이산형 확률분포 관련 함수들은 다음과 같다.

분포	확률질량함수 $P(X=x)$	누적분포함수 $P(X \leq x)$	백분위수 함수	난수 생성
이항분포	dbinom	pbinom	qbinom	rbinom
기하분포	dgeom	pgeom	qgeom	rgeom
음이항분포	dnbinom	pnbinom	qnbinom	rnbinom
초기하분포	dhyper	phyper	qhyper	rhyper
푸아송 분포	dpois	ppois	qpois	rpois

다음으로 R에서 제공하는 연속형 확률분포 관련 함수들은 다음과 같다. 이산형 확률분포 관련 함수들과 마찬가지로 이 절에서 소개하지 않은 연속형 확률분포들도 함께 소개하기로 한다.

분포	확률밀도함수	누적분포함수	백분위수 함수	난수 생성
	$f(x)$	$P(X \le x)$		
균등분포	dunif	punif	qunif	runif
지수분포	dexp	pexp	qexp	rexp
감마분포	dgamma	pgamma	qgamma	rgamma
χ^2분포	dchisq	pchisq	qchisq	rchisq
정규분포	dnorm	pnorm	qnorm	rnorm
베타분포	dbeta	pbeta	qbeta	rbeta
t 분포	dt	pt	qt	rt
F 분포	df	pf	qf	rf

예제 1 2017년 미국자동차협회의 연구 자료에 따르면, 10대 청소년들의 교통사고 중 약 60퍼센트가 운전 중 부주의에 의해 발생한다고 밝혔다. 일반적으로 스마트폰을 비롯한 휴대폰 사용이 이러한 부주의의 가장 큰 원인으로 여겨지지만, 실제로 청소년들의 경우에는 함께 탑승한 친구들에 의해 더 많은 방해를 받는 것으로 나타났다고 한다. 10대 청소년들의 교통사고 3건을 조사하였을 때 확률변수 X를 운전 중 부주의로 인한 사건의 수라고 하면, X는 이항분포 $B(3, 0.6)$을 따른다.

(1) 이항분포 $B(3, 0.6)$에서 R이 내장하고 있는 이항분포 관련 함수들을 이용하여 $P(X=2)$, $P(X \le 2)$를 구하고, 난수 5개를 발생하여라.

(2) 이항분포 $B(3, 0.6)$에서 평균과 분산을 구하여라. 또한 이항분포 $B(3, 0.6)$에서 확률표본 10,000개를 생성할 때, 이 분포의 평균과 분산을 구하여라.

(3) 이항분포 $B(3, 0.6)$에서의 확률질량함수와 (2)에서 추출한 10,000개로 이루는 분포를 막대그래프로 작성하여라.

R-풀이

(1) # dbinom(성공 횟수, 표본 크기, 성공 확률)을 이용하여 확률을 계산함

```
dbinom(2, 3, 0.6)
[1] 0.432
```

pbinom(분위수, 표본 크기, 성공 확률)을 이용하여 누적확률을 계산함

```
pbinom(2, 3, 0.6)
[1] 0.784
```

rbinom(난수의 개수, 표본 크기, 성공 확률)을 이용하여 난수를 생성함

```
rbinom(5, 3, 0.6)
[1] 1 1 1 0 2
```

(2) # 시행횟수, 성공 확률, 확률변수 X가 가질 수 있는 값을 각각 n, p, x1 객체에 할당함

```
n <- 3; p <- 0.6; x1 <- 0:n
```

dbinom(성공 횟수, 표본 크기, 성공 확률)을 이용하여 각각의 확률을 계산하고, px 객체에 할당함

```
px <- dbinom(x1, n, p)
```

정의를 이용하여 이항분포의 평균을 구함

```
(mean_x <- sum(x1*px))
[1] 1.8
```

간편식을 적용하여 이항분포의 분산을 구함

```
(var_x <- sum(x1^2*px) - mean_x^2)
[1] 0.72
```

rbinom(난수의 개수, 표본 크기, 성공 확률)을 이용하여 난수를 생성하여 sample_1 객체에 할당함

```
sample_1 <- rbinom(10000, 3, 0.6)
```

mean()과 var()를 이용하여 sample_1의 평균과 분산을 각각 구함

```
mean(sample_1); var(sample_1)
[1] 1.7935
[1] 0.7197297
```

해석: 10,000개로 이루어진 분포의 평균 및 분산이 이항분포 $B(3, 0.6)$에서의 평균 및 분산과 유사함

(3) # par()에서 mfrow()를 이용하여 여러 개의 그래프를 나타냄

```
par(mfrow=c(1, 2))
```

barplot()을 이용하여 막대그래프를 작성함

```
barplot(table(sample_1), xlab="x", ylab="도수", col="skyblue", main="난수에 의한
```

```
막대그래프")
# c()를 이용하여 확률질량함수 그래프의 x축과 y축의 범위를 정함
x <- c(0:4); y <- dbinom(x, 3, 0.6)
# plot()을 이용하여 확률질량함수를 그래프로 나타냄
plot(x, y, type="h", xlab="x", ylab="확률", col="blue", ylim=c(0, 1))
title("확률질량함수")
```

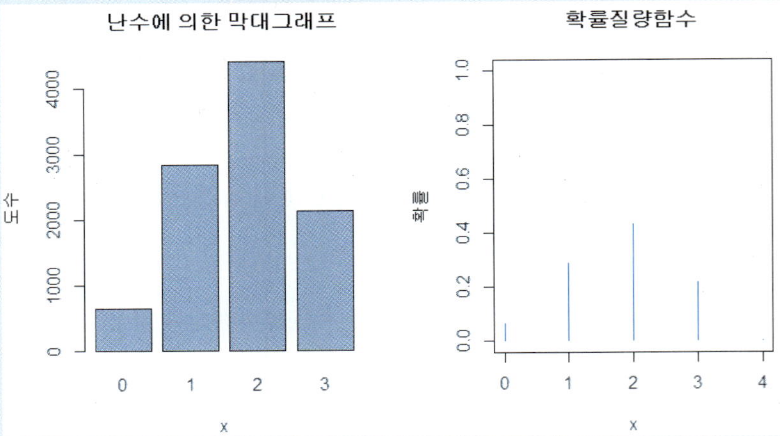

해석: 10,000개로 이루는 분포를 막대그래프로 작성한 것과 이항분포 $B(3 , 0.6)$에서의 확률질량함수와 비교하면 매우 유사함

19세기 러시아의 정치 경제학자 라디슬라우스 보르트키에비츠(Ladislaus Bortkiewitcz)는 기병대 병사들 중 자신의 말에 치여서 사망한 숫자를 조사하였다. 그는 280칸의 표를 만들었고 (14개 기병대×20년) 각각의 칸에 기병대마다 연간 사망자 수를 기록했다. 그는 절반 정도의 칸이 비어 있다는 것을 (정확히는 51%) 발견했다. 여기서 칸이 비어 있다는 것은 그 해에 말에 차여서 죽은 병사가 없다는 것을 의미한다. 보르트키에비츠는 표를 연구하며 우연 속에 어떠한 논리가 존재하는 것이 아닐까라는 추측을 하게 되었고, 이러한 발상은 프랑스의 수학자 푸아송(Siméon Denis Poisson)이 푸아송 분포를 발견하는데 기여했다. 또한 푸아송은 자신의 저서에 트럼프 카드 두 묶음을 놓고 가장 위에 있는 카드부터 순서대로 집었을 때 같은 숫자가 매칭되는 경우의 확률을 수학적으로 표현했다. 즉, 푸아송 분포는 불확실하며 자주 일어나지 않는 사건에 대해 예측을 할 수 있게 하며, 일례로 말이 자신의 주인에게 발길질을 하는 것이 바로 그런 사건에 해당한다.

예제 2 보르트키에비츠가 조사한 자료 중 20년간 프러시아(Prussia)의 10개 기병대 병사들 중 말에 치여서 사망한 수를 기록한 표는 다음과 같다. 이 자료를 이용하여 이항분포와 푸아송 분포로 확률을 구하고, 이항분포 $B(n, p)$가 n이 충분히 크고 p가 충분히 작을 때($\lambda = np$는 상수), 푸아송 분포 $P(\lambda)$로 근사되는 것을 확인하여라. 단, x는 한 개의 기병대에서 일 년 동안 말에 치여 사망한 병사의 숫자이다

사망자 수(x)	빈도(f)
0	109
1	65
2	22
3	3
4	1
>4	0
합	200

R-풀이

```
# 기병대 병사가 일 년간 말에 치여 사망할 평균 발생률을 추정함
(lambda <- (0*109 + 1*65 + 2*22 + 3*3 + 4*1)/200)
[1] 0.61
# dpois(발생 횟수, 평균)을 이용하여 푸아송 분포로 확률을 구한 것을 poi 객체에 넣음
x <- 0:4; (poi <- 200*dpois(x, 0.61))
[1] 108.6701738  66.2888060  20.2180858   4.1110108   0.6269291
# dbinom(성공 횟수, 표본 크기, 성공 확률)을 이용하여 이항분포로 확률을 구한 것을
binom 객체에 넣음
(binom <- 200*dbinom(x, 1000, 0.00061))
[1] 108.6499494  66.3169224  20.2187681   4.1054315   0.6245811
# 문제에 제시되어 있는 빈도를 freq 객체에 할당하고, data.frame()을 이용하여 빈도,
푸아송 분포, 그리고 이항분포의 값을 비교함
freq <- c(109, 65, 22, 3, 1)
(total <- data.frame(X=x, Freq=freq, Poisson=poi, Binomial=binom))
```

```
  X Freq     Poisson    Binomial
1 0  109 108.6701738 108.6499494
2 1   65  66.2888060  66.3169224
3 2   22  20.2180858  20.2187681
4 3    3   4.1110108   4.1054315
5 4    1   0.6269291   0.6245811
```

해석: n이 크고 p가 작기 때문에 이항분포와 푸아송 분포의 확률질량함수의 값이 같다는 것을 확인할 수 있음. 또한 세 분포의 확률분포를 그래프로 나타낸 경우에도 세 확률분포가 거의 완전히 겹치는 것으로 확인할 수 있음

```
par(mfrow=c(1,3))
plot(x, freq, type="h", ylab="빈도", col=4)
plot(x, poi, type="h", ylab="푸아송 분포에서의 확률", col=4)
plot(x, binom, type="h", ylab="이항분포에서의 확률", col=4)
```

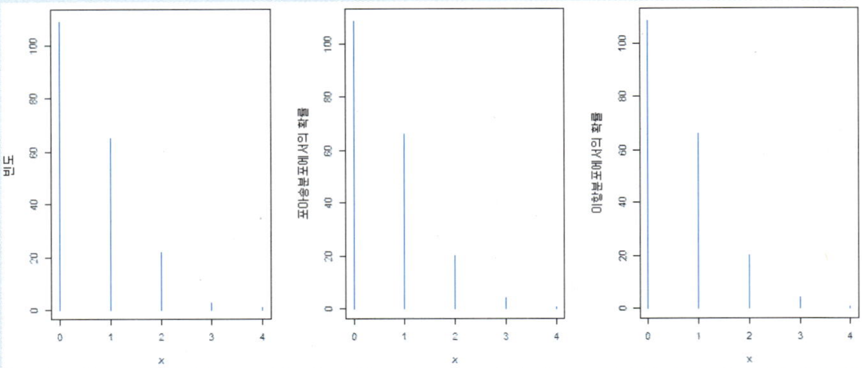

5.7 연습문제

1 정육면체 주사위를 10번 던져 2나 6이 나오는 횟수를 확률변수 X라고 할 때, $P(X=1)$과 $P(X \leq 4)$를 구하여라. 또한 확률변수 X가 취할 수 있는 난수 1,000개를 생성하여 평균과 분산을 구하여라. 단, 난수 값을 발생 시 set.seed() 함수를 이용한다. R에서는 난수를 발생시킬 때마다 다른 값들이 생성된다. 따라서 이전과 동일한 난수 값을 발생시키길 원하는 경우에는 시스템 내부의 초기 기준값(seed number)을 set.seed()에 지정하여 난수를 생성시키면 된다. 만일 이 함수를 사용하지 않았을 때는 디폴트로 시스템의 시간이 초기 기준값으로 사용되었다고 보면 된다.

2 확률밀도함수 $f(x)=\frac{1}{2}(1 \leq x \leq 3)$을 따르는 난수 10,000개를 역변환 방법이라고 알려진 아래의 순서에 따라 생성한 후, 평균과 분산을 구하여라. 또한 발생된 난수로 히스토그램을 그려서 이론적인 확률밀도함수와 비교하여라.

(1) $X \sim U[0, 1]$을 따르는 난수를 생성한다. 단, 난수 발생 시 set.seed() 함수를 이용한다.

(2) $X \sim U[1, 3]$의 누적분포함수인 $F(x)=\frac{x-1}{2}$의 역함수 $F^{-1}(x)=2x+1$를 이용하여 (1)에서 생성한 난수를 대입한다.

이 장에서는 확률분포를 어떤 상황에서 어떻게 이용하고, 이를 통해 어떠한 정보를 얻을 수 있는지에 대하여 학습한다. 이를 위해 모집단과 확률표본의 개념 및 다양한 통계량에 대하여 표본분포를 구하는 방법을 학습한다. 또한 다양한 표본분포를 다루는 데 반드시 필요한 카이제곱분포와 t 분포의 개념과 성질들에 대하여 학습한다.

제6장

표본분포

학습목표

- 모집단과 표본의 개념을 이해하고 다양한 통계량에 대하여 표본분포를 구하는 방법을 학습한다.
- 분산을 다루는 문제에 적용되는 카이제곱분포에 대하여 학습한다.
- 모분산 값이 알려져 있지 않을 경우 모분산에 대한 가장 좋은 추정값을 대신하여 얻어지는 t 분포에 대하여 학습한다.

6.1 표본분포

4장과 5장에서 여러 가지 확률분포와 그들의 성질을 살펴보았다. 이제부터는 확률분포를 어떤 상황에서 어떻게 이용하고, 어떠한 정보를 얻을 수 있는지에 대하여 살펴보기로 한다. 예를 들어 어느 자동차 회사에서 새 모델의 자동차 10,000대를 생산하였다고 하자. 그러면 새 모델에 대하여 소비자들은 과연 안전한가 하는 의문을 가질 것이고, 따라서 이 회사에서는 자동차의 안전성에 대한 사전 검증이 있어야 할 것이다. 그런데 안전도 시험을 위하여 10,000대의 자동차를 모두 이용한다면 실제로 판매할 자동차가 하나도 없고, 따라서 안전도 시험은 아무런 의미가 없을 것이다. 그러면 이 회사에서 생산한 자동차의 안전도를 어떻게 조사할 것이며 그 신빙성을 어느 정도 믿을 수 있는가 하는 문제가 남는다.

이러한 문제를 논리적으로 해결하는 것이 통계학의 묘미다. 이를 위하여 우선 생산된 자동차에서 100대를 임의 추출하여 안전도 시험을 실시한 결과, 그들의 안전도 $X_1,\ X_2,\ \cdots,\ X_{100}$을 측정하였다고 하자. 이와 같이 안전도와 같은 어떤 정보를 얻기 위하여 실험대상이 된 집단 전체를 **모집단**(population)이라 하며, 이 모집단의 대상들은 어떤 미지의 확률분포를 가질 것이다. 그리고 안전도를 조사하기 위하여 선정된 100대의 자동차 측정값, 즉 모집단 특성에 관한 정보를 알기 위하여 추출된 대상 또는 그 측정값을 **표본**(sample)이라 한다. 이때 안전도 $X_1,\ X_2,\ \cdots,\ X_{100}$이 어떻게 나타날 것인가는 서로간에 아무런 영향을 미치지 않으므로 그들은 서로 독립이라 할 수 있다.

한편 표본의 대상이 되는 확률변수들 $X_1,\ X_2,\ \cdots,\ X_{100}$은 모두 모집단으로부터 추출된 것이므로 모집단 분포와 동일한 분포를 형성하며, 이와 같이 서로 독립이고 동일한 확률분포를 가지는 확률변수들을 **확률표본**(random sample)이라 한다. 이러한 이유에서 모집단을 이루는 개개의 개체들은 평균 μ와 분산 σ^2인 확률분포 $f(x)$를 가지며 그들 개체들은 독립이라고 가정한다. 그리고 모집단의 특성을 나타내는 값을 **모수**(parameter)라 하며, 모수에는 모집단의 평균(모평균 μ), 모집단의 분산(모분산 σ^2), 그리고 모집단의 비율(모비율 p) 등이 널리 사용된다. 한편 모집단으로부터 추출된 크기 n인 확률표본 $\{X_1,\ \cdots,\ X_n\}$에 대하여 그들의 측정값을 $\{x_1,\ \cdots,\ x_n\}$이라 할 때 확률표본의 특성을 나타내는 수치, 즉 표본의 평균(표본

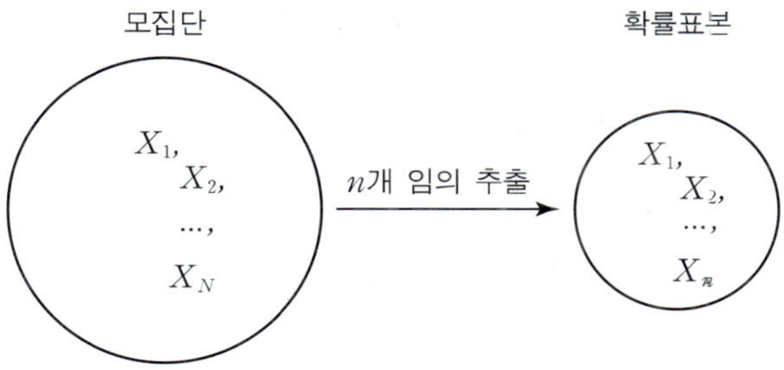

$X_i (i=1, \cdots, N)$ 는 독립이고, 동일한 분포 $f(x)$를 갖는다.
모평균 : $\mu = E(X_i)$
모분산 : $\sigma^2 = Var(X_i)$

$X_i (i=1, \cdots, n)$ 는 독립이고, 동일한 분포 $f(x)$를 갖는다.
표본평균 : $\overline{X} = \sum x_i / n$
표본분산 : $S^2 = \sum (x_i - \overline{x})^2 / n-1$

| 그림 1 | 모집단과 확률분포

평균 $\overline{X}$), 표본의 분산(표본분산 S^2), 그리고 표본의 비율(표본비율 $\hat{p}$) 등을 **통계량**(statistics)이라 한다. 그리고 이들은 역시 또 하나의 확률변수이며, 이들의 확률분포를 **표본분포**(sampling distribution)라 한다. 6장에서는 이러한 통계량과 그들의 표본분포에 대하여 살펴보기로 한다.

예제 1 확률분포가 $f(x) = 1/4 (x = 0, 1, 2, 3)$ 인 모집단과 크기 2인 확률표 $\{X_1, X_2\}$를 생각하자. 표본평균 $\overline{X} = (X_1 + X_2)/2$의 분포를 구하고, $\overline{X}$의 평균과 분산을 구하여라.

풀이 X_1, X_2가 취할 수 있는 값은 각각 0, 1, 2, 3이므로 $\overline{X}$의 관찰 가능한 값은 0, 0.5, 1, 1.5, 2, 2.5, 3이다. 먼저 표본평균 $\overline{X}$의 확률분포를 구하기 위하여 X_1, X_2의 결합분포를 생각한다. 그런데 X_1, X_2가 독립이므로 이들의 결합분포 $P(X_1 = x_1, X_2 = x_2) = P(X_1 = x_1)\, P(X_2 = x_2)$ 는 [표 1]과 같다.

| 표 1 |

X_1 \ X_2	0	1	2	3	$f_1(x)$
0	1/16	1/16	1/16	1/16	1/4
1	1/16	1/16	1/16	1/16	1/4
2	1/16	1/16	1/16	1/16	1/4
3	1/16	1/16	1/16	1/16	1/4
$f_2(x)$	1/4	1/4	1/4	1/4	1

한편 $\bar{x}=(x_1+x_2)/2\,(x_1,\ x_2=0,\ 1,\ 2,\ 3)$ 이므로 $\overline{X}$의 관찰 가능한 값과 $X_1,\ X_2$ 사이에는 다음과 같은 관계가 있다.

$$\begin{aligned}
\overline{X}&=0 \quad \Leftrightarrow (X_1,\ X_2)=(0,\ 0)\\
\overline{X}&=0.5 \Leftrightarrow (X_1,\ X_2)=(0,\ 1),\ (1,\ 0)\\
\overline{X}&=1.0 \Leftrightarrow (X_1,\ X_2)=(0,\ 2),\ (1,\ 1),\ (2,\ 0)\\
\overline{X}&=1.5 \Leftrightarrow (X_1,\ X_2)=(0,\ 3),\ (1,\ 2),\ (2,\ 1),\ (3,\ 0)\\
\overline{X}&=2.0 \Leftrightarrow (X_1,\ X_2)=(1,\ 3),\ (3,\ 1),\ (2,\ 2)\\
\overline{X}&=2.5 \Leftrightarrow (X_1,\ X_2)=(2,\ 3),\ (3,\ 2)\\
\overline{X}&=3.0 \Leftrightarrow (X_1,\ X_2)=(3,\ 3)
\end{aligned}$$

따라서 $\overline{X}$의 확률분포는 표 2와 같으며,

| 표 2 |

$\bar{x}$	0	0.5	1	1.5	2	2.5	3	계
$f(\bar{x})$	1/16	2/16	3/16	4/16	3/16	2/16	1/16	1

표본평균 $\overline{X}$의 평균과 분산을 구하고 모평균과 모분산을 구하여 이들을 비교하여보자. 우선 모평균 μ와 모분산 σ^2을 구하면

$$\text{모평균 : } \mu=E(X)=\sum xf(x)=3/2,$$
$$\text{모분산 : } \sigma^2=E(X^2)-E^2(X)=5/4$$

이고, 표본평균의 평균과 분산은

$$\overline{X}\text{의 평균 : } \mu_{\overline{X}}=E(\overline{X})=\sum \bar{x}f(\bar{x})=3/2,$$
$$\overline{X}\text{의 분산 : } Var(\overline{X})=E(\overline{X}^2)-E^2(\overline{X})=5/8$$

며, $\mu=\mu_{\overline{X}},\ \sigma^2=2\,Var(\overline{X})$ 인 관계가 있음을 알 수 있다. ■

R-풀이

```
# library()를 이용하여 'prob'을 로딩함
library(prob)
# iidspace()를 이용하여 표본공간을 구함
(ex6_1_1 <- iidspace(0:3, ntrials=2))
   X1 X2  probs
1   0  0 0.0625
```

```
2   1  0 0.0625
3   2  0 0.0625
        ⋮
14  1  3 0.0625
15  2  3 0.0625
16  3  3 0.0625
# addrv()을 이용하여 표본평균을 첨가함
S <- addrv(ex6_1_1, x_bar=(X1 + X2)/2)
# marginal()을 이용하여 표본평균에 대한 확률분포를 구함
(marginal(S, var="x_bar"))
  x_bar   probs
1   0.0  0.0625
2   0.5  0.1250
3   1.0  0.1875
4   1.5  0.2500
5   2.0  0.1875
6   2.5  0.1250
7   3.0  0.0625
# 표본평균을 구하고, as.fractions()를 사용하여 분수로 나타냄
(ES <- as.fractions(sum(S$x_bar*S$probs)))
[1] 3/2
# 표본분산을 구하고, as.fractions()를 사용하여 분수로 나타냄
(VX <- as.fractions(sum(S$x_bar^2*S$probs) - ES^2))
[1] 5/8
```

일반적으로 $X_1, X_2, \cdots, X_n$ 이 독립이고 동일한 분포를 이루므로 표본평균과 표본분산은 각각 다음과 같다.

$$\mu_{\overline{X}} = E(\overline{X}) = E\left(\frac{1}{n}\sum_{i=1}^{n} X_i\right) = \frac{1}{n}\sum_{i=1}^{n} E(X_i) = \frac{1}{n}\sum_{i=1}^{n}\mu = \mu,$$

$$Var(\overline{X}) = Var\left(\frac{1}{n}\sum_{i=1}^{n} X_i\right) = \frac{1}{n^2}Var\left(\sum_{i=1}^{n} X_i\right) = \frac{1}{n^2}\sum_{i=1}^{n} Var(X_i)$$

$$= \frac{1}{n^2}\sum_{i=1}^{n}\sigma^2 = \frac{\sigma^2}{n}$$

그러므로 다음과 같은 성질을 얻을 수 있다.

성질 1

모평균 μ와 모분산 σ^2인 모집단으로부터 크기 n인 확률표본을 복원추출하면 표본평균은 $\mu_{\overline{X}} = \mu$이고 표본분산은 $Var(\overline{X}) = \sigma^2/n$이다.

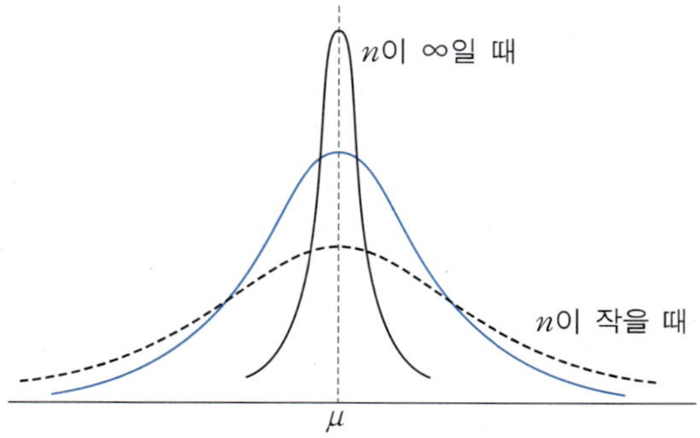

| 그림 2 |

예제 2 다음과 같은 확률분포를 갖는 모집단으로부터 크기 36인 확률표본을 추출할 때 표본평균의 평균과 분산, 그리고 $P(3.5 < \overline{X} \leq 4.5)$을 구하여라.

| 표 3 |

x	1	2	3	4	5	6
$f(x)$	0.3	0.1	0.1	0.1	0.3	0.1

풀이 모평균과 모분산은

$$\mu = E(X) = \sum x f(x) = 3.3 ,$$
$$\sigma^2 = E(X^2) - E^2(X) = 14.3 - 10.89 = 3.41$$

이므로 표본평균은 $\mu_{\overline{X}} = 3.3$이고 표본분산은 $Var(\overline{X}) = \sigma^2/36 = 0.095$이다.

한편 중심극한정리에 의하여 근사적으로 $\overline{X} \sim N(\mu, \sigma^2/n)$이므로 다음과 같은 확률을 구할 수 있다.

$$P(3.5 < \overline{X} \leq 4.5) \fallingdotseq P\left(\frac{3.5-3.3}{\frac{\sqrt{3.41}}{6}} < \overline{X} \leq \frac{4.5-3.3}{\frac{\sqrt{3.41}}{6}}\right)$$
$$= P(0.649 < Z \leq 3.893)$$
$$= 1 - 0.7419 = 0.2581$$

■

R-풀이

```
# c()를 이용하여 데이터를 벡터 형태로 x와 f_x 객체에 할당하고, 모평균과 모분산을 구함
x <- c(1, 2, 3, 4, 5, 6)
f_x <- c(0.3, 0.1, 0.1, 0.1, 0.3, 0.1)
(mean <- sum(x*f_x)) ; (var <- sum(x^2*f_x) - mean^2)
[1] 3.3
[1] 3.41
# 모평균과 모분산을 이용하여 표본평균과 표본분산을 구함
(S_mean <- mean); (S_var <- round(var/36, 3))
[1] 3.3
[1] 0.095
# 위에서 구한 표본평균과 표본분산을 이용하여 z값을 계산함
(z_low <- round((3.5 - S_mean)/sqrt(S_var), 3))
[1] 0.649
(z_high <- round((4.5 - S_mean)/sqrt(S_var), 3))
[1] 3.893
# pnorm(분위수, 평균, 표준편차)을 이용하여 정규분포로부터 P(3.5 < X̄ ≤ 4.5)를 구함. 단, 평균과 표준편차를 생략하면 표준정규분포로부터 계산함. 단, 평균과 표준편차를 생략하면 표준정규분포로부터 계산함
round(pnorm(z_high) - pnorm(z_low), 4)
[1] 0.2581
```

지금까지 배운 것들과 중심극한정리를 이용하면 [표 4]를 설명할 수 있다.

[표 4]에서 보면 첫째 행에서 4개의 서로 다른 모집단의 표본 형태를, 그리고 나머지 행에서는 표본크기가 2, 5, 그리고 30일 때 $\overline{X}$의 분포 형태를 보여주고 있다. 첫째 예는 모집단이 정규분포를 따를 때 이로부터 추출한 표본평균 $\overline{X}$도 정규분포를 따른다는 것으로 바로 앞 항에서 밝힌 내용을 보여주고 있다. 둘째 예는 **균등분포**(uniform distribution), 셋째 예는 이산확률분포 형태의 한 예로서 **쌍봉분포**(bimodal distribution), 그리고 마지막 예에서는 **지수분포**(exponential distribution)를 갖는 모집단에서 추출된 평균이 표본크기가 점점 커짐에 따라 좌우대칭의 정규분포화해가는 과정을 보여준다.

이제 표본분산 S^2에 관한 표본분포는 다음 절에서 살펴보기로 하고 이 절의 끝으로 표본비율에 대하여 알아본다. N명이 수강하는 통계학 수업의 결석률이 p라 하고 수업에 결석한 학생 수를 X라 하면 결석률은 $p = X/N$이고 $X \sim B(N,\ p)$인 이항분포를 이룬다. 따라서 X는 서로 독립이고 베르누이 분포 $B(1,\ p)$에 따르는 확률변수들 $X_1,\ \cdots,\ X_N$에 대하여

$$X = X_1 + X_2 + \cdots + X_N$$

으로 나타낼 수 있으며 이 결석률, 즉 모집단의 어떤 특성을 갖는 개체수에 대한 비율 p를 **모비율**(population proportion)이라 한다. 이때 크기 n인 표본을 택하여

$$Y = X_1 + X_2 + \cdots + X_n$$

이라 하면 Y는 표본의 결석자 수를 나타내며 $Y \sim B(n,\ p)$인 분포를 이룬다. 따라서 표본크기 n이 충분히 클 경우 중심극한정리에 의하여 Y는 정규분포

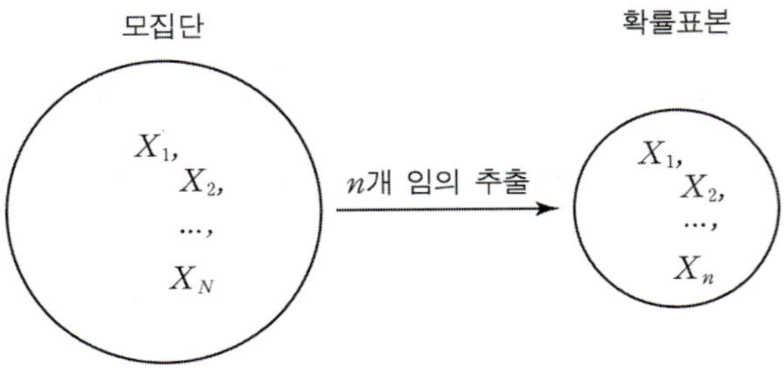

$X_i \sim B(1,\ p)$, $i = 1,\ \cdots,\ N$ | $X_i \sim B(1,\ p)$, $i = 1,\ \cdots,\ n$

결석자 수 : $X \sim B(N,\ p)$ | 결석자 수 : $Y \sim B(n,\ p)$

모비율(결석률) : $p = X/N$ | 표본비율(결석률) : $\hat{p} = Y/n$

| 그림 3 | 모비율과 표본비율

$N(np,\ np(1-p))$에 근사한다. 그러므로 표본의 결석률 $\hat{p} = Y/n$는 $N(p,\ pq/n)$, $q = 1 - p$에 근사하며, 이와 같이 확률표본에서 어떤 특성을 갖는 개체수에 대한 비율을 **표본비율**(sample proportion)이라 한다.

예제 3 모비율 0.6인 모집단으로부터 크기 36인 표본을 취했을 때 표본비율 $\hat{p}$가 0.5와 0.7 사이일 확률을 구하여라.

풀이 모비율 $\hat{p}$는 근사적으로 $N(0.6,\ (0.6 \times 0.4)/36)$인 정규분포를 이루므로

$$P(0.5 < \hat{p} < 0.7) = P\left(\frac{0.5 - 0.6}{\sqrt{0.6 \times 0.4/36}} < \frac{\hat{p} - 0.6}{\sqrt{0.6 \times 0.4/36}} < \frac{0.7 - 0.6}{\sqrt{0.6 \times 0.4/36}}\right)$$
$$\fallingdotseq P(-1.25 < Z < 1.25)$$

|표 4| 여러 형태의 모집단으로부터 추출된 표본평균이 갖는 분포

		정규분포	균등분포	쌍봉분포	지수분포
모집단(X)		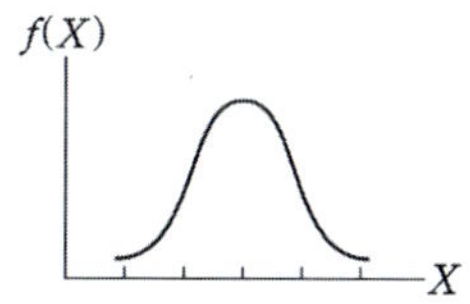	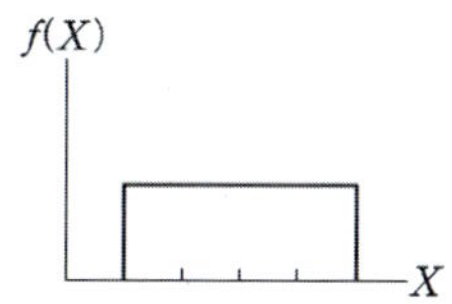	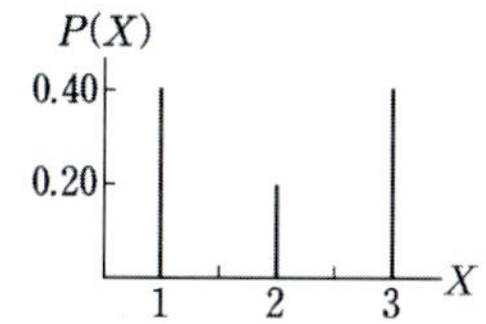	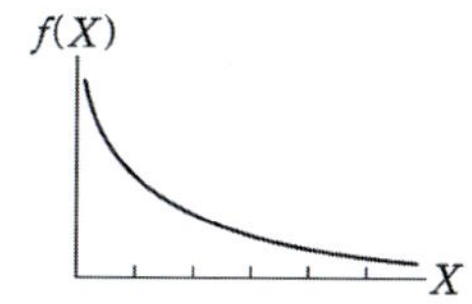
표본평균 ($\overline{X}$)	$n=2$	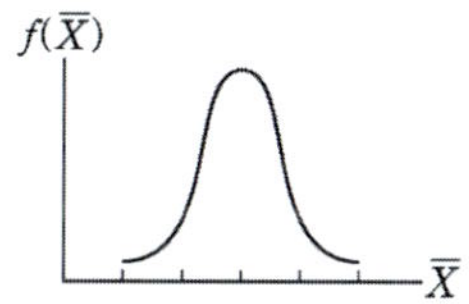	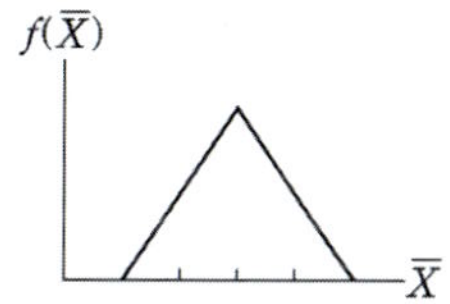	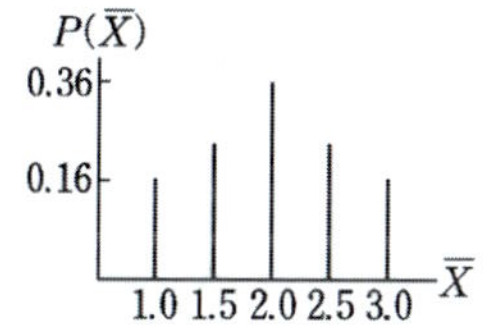	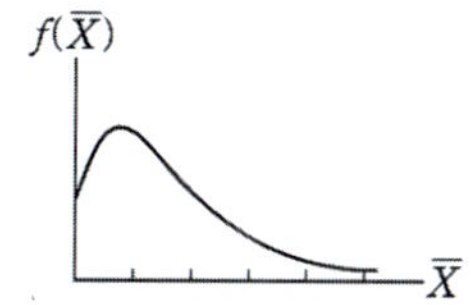
	$n=5$	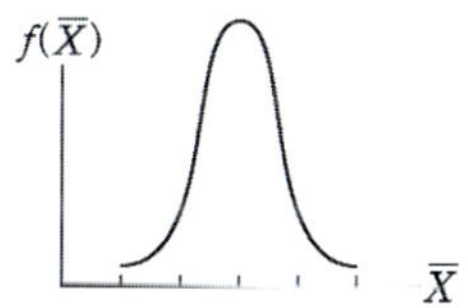	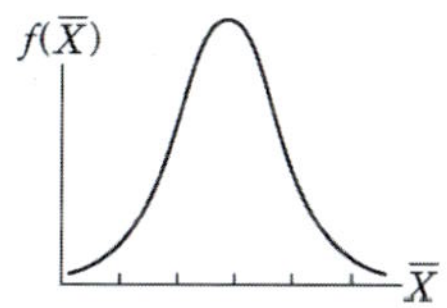	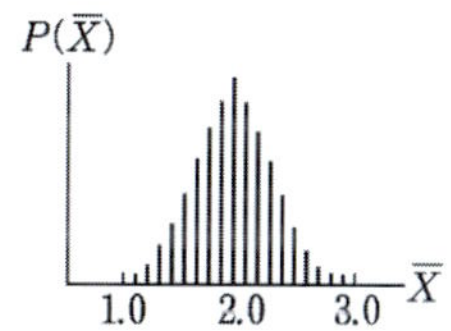	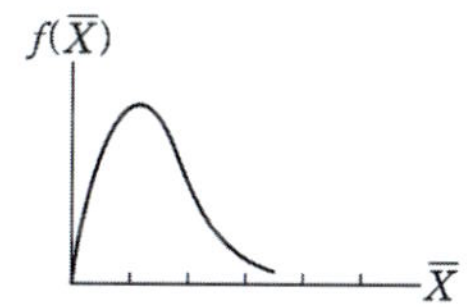
	$n=30$	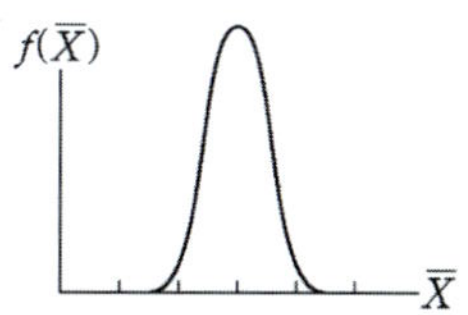	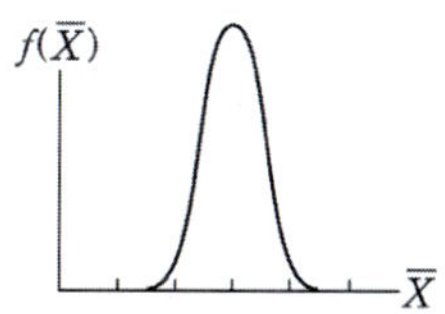	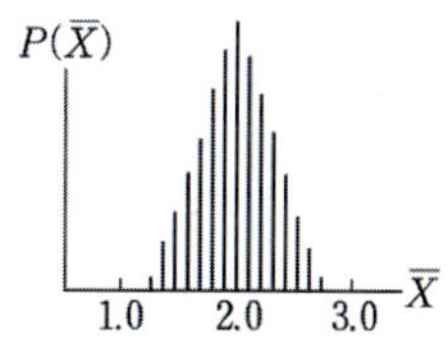	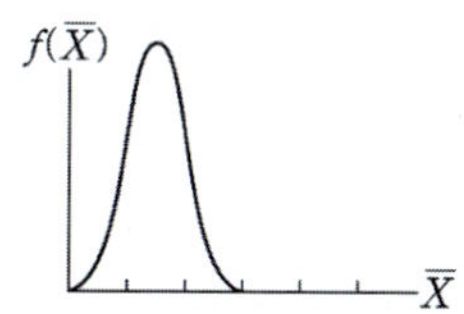

$$= 2P(Z < 1.25) - 1 = 0.7887$$

이다. ■

R-풀이

```
# 주어진 정보를 입력하여 z값을 계산함
p <- 0.6; n <- 36; (sd <- round(sqrt(p*(1 - p)/n), 2))
[1] 0.08
(z_low <- (0.5 - p)/sd) ; (z_high <- (0.7 - p)/sd)
[1] -1.25
[1] 1.25
# pnorm(분위수, 평균, 표준편차)을 이용하여 정규분포로부터 P(-1.25 < Z < 1.25)를
구함. 단, 평균과 표준편차를 생략하면 표준정규분포로부터 계산함
round(pnorm(z_high) - pnorm(z_low), 4)
[1] 0.7887
```

6.1 연습문제

1 표준편차가 1.8인 모집단에서 크기가 n인 표본을 복원추출할 때 표본평균 $\overline{X}$의 표준편차가 0.6 이하가 되도록 하는 n의 최솟값을 구하여라.

2 확률변수 X의 분포가 표와 같은 모집단에서 크기가 2인 표본을 복원 추출할 때 상수 a와 $E(\overline{X})$를 구하여라.

X	1	3	5	7	합계
$f(x)$	$4a$	$3a$	$2a$	a	1

3 모평균이 μ인 모집단에서 추출한 각각의 크기가 n인 k개의 표본을 각각 X_1, X_2, $\cdots$, X_k라 하고, 각 표본의 표본평균을 $\overline{X_1}$, $\overline{X_2}$, $\overline{X_3}$, $\cdots$, $\overline{X_k}$라 할 때 $E(X_1)+E(X_2)+\cdots E(X_k)$를 구하여라.

4 확률변수 X의 확률분포가 표와 같은 모집단에서 크기가 3인 표본을 복원 추출하여 표본평균을 $\overline{X}$라고 할 때 $E(\overline{X^2})$을 구하여라.

X	-1	0	1	2	합계
$f(x)$	1/8	3/8	3/8	1/8	1

5 어떤 회사에서 생산하는 음료수에 들어있는 a성분의 무게는 평균 160mg, 표준편차 5mg인 정규분포를 따른다. 이 회사에서 생산한 음료수 중에서 임의 추출한 100개의 음료수에 들어있는 a성분 무게의 평균을 $\overline{X}$라고 할 때 $P(\overline{X}\geq 320-5k)\leq 0.98$을 만족하는 자연수 k의 최댓값을 구하여라.

6 다음은 어느 고등학교 전교생 1200명의 여가활동에 대한 설문조사 결과이다.

구분	인터넷	휴식	영화 감상	음악 감상	독서	여행	기타	합계
	432	252	228	168	84	12	24	1200

이 고등학교 학생 중 100명을 임의 추출하였을 때 여가활동으로 인터넷을 하는 학생의 비율이 36% 이상, 42% 이하일 확률을 구하여라.

6.2 카이제곱분포

이 절에서는 많은 실제 문제에서 σ^2의 추론에 유용하게 사용되는 표본분산 $S^2 = \frac{1}{n-1}\sum_{i=1}^{n}(X_i - \overline{X})^2$의 분포에 관해 살펴보자. S^2의 표본분포는 무작위 표본에서 변이성에 관심이 있는 문제에 특히 중요하다. 예를 들면, 전화회사는 통화 길이의 평균만큼 분산에도 관심이 있고, 또한 강철빔 제조업자는 강철빔의 평균장력만큼 장력의 변이성에 관해 알기를 원할 것이다.

정규모집단에서 추출된 확률표본에 관련된 확률분포이면서 통계학의 여러 면에서 응용되는 확률분포의 하나로, 확률밀도함수

$$f(x) = \frac{1}{\Gamma(n/2)2^{n/2}} x^{\frac{n}{2}-1} e^{-x/2}, \quad x > 0 \ *$$

를 **자유도**(d.f.; degree of freedom) n인 **카이제곱(χ^2)분포**(chi-square distribution)라 하며, $X \sim \chi^2(n)$ 으로 나타낸다.

자유도란 독립적인 변수의 개수 또는 값을 자유로이 취할 수 있는 변수의 총수를 나타내며, 카이제곱분포를 정의하는 과정에서 합산한 원래 확률변수의 총수가

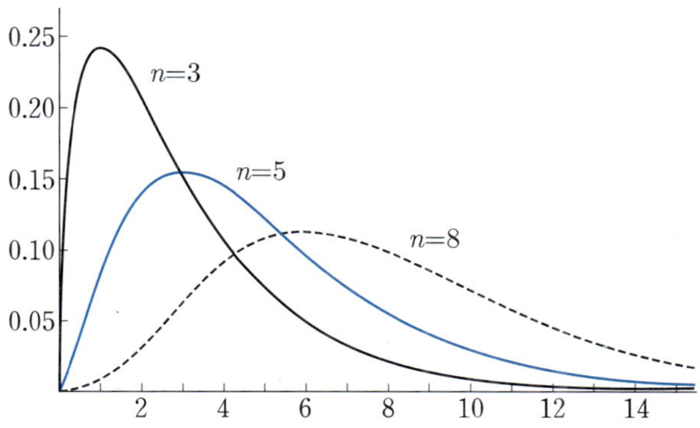

| 그림 1 | $\chi^2(n)$ 확률밀도함수

---

* $\Gamma(n) = \int_0^\infty x^{n-1}e^{-x}dx$ 는 감마함수를 의미한다.

자유도가 될 것이다. 합산과정에서 활용된 원래 확률변수가 모두 독립적인 관계에 있기 때문이다. 카이제곱분포의 평균과 분산은 다음과 같다.

$$E(X) = n\ ,\ \ Var(X) = 2n$$

다음 성질은 정규분포와 카이제곱분포와의 관계를 알려준다.

성질 1

$Z \sim N(0,\ 1)$이면 $Z^2 \sim \chi^2(1)$이다.

$Y = Z^2$의 분포함수를 $F(y)$라고 하고, 표준정규분포의 분포함수를 $\Phi(x)$라고 하면

$$\begin{aligned} F(y) = P(Y \le y) = P(Z^2 \le y) &= P(-\sqrt{y} \le Z \le \sqrt{y}) \\ &= \Phi(\sqrt{y}) - \Phi(-\sqrt{y}) \end{aligned}$$

가 성립한다. 표준정규분포의 확률밀도함수를 f라고 하면 Y의 확률 밀도함수는

$$\begin{aligned} g(y) = \frac{dF}{dy} &= f(\sqrt{y})\left(\frac{1}{2\sqrt{y}}\right) + f(-\sqrt{y})\left(\frac{1}{2\sqrt{y}}\right) \\ &= \frac{1}{\sqrt{2\pi}} y^{-1/2} e^{-\frac{y}{2}} = \frac{1}{\Gamma\left(\frac{1}{2}\right) 2^{\frac{1}{2}}} y^{\frac{1}{2}-1} e^{-\frac{y}{2}} \ * \end{aligned}$$

이므로 $Z^2 \sim \chi^2(1)$ 이다.

한편 다음과 같은 성질도 얻을 수 있다.

성질 2

$X_i \sim \chi^2(n_i)$ $(i = 1,\ \cdots,\ \alpha)$ 이고 독립이면

$$S_n = X_1 + \cdots + X_\alpha \sim \chi^2(n_1 + \cdots + n_\alpha)$$

이다.

* $\Gamma\left(\frac{1}{2}\right) = \sqrt{\pi}$

성질 1에서 만들어진 변수의 개수를 n으로 표시하면 n개의 표준화된 정규변수 $\frac{X_1-\mu_1}{\sigma_1}$, $\frac{X_2-\mu_2}{\sigma_2}$, $\cdots$, $\frac{X_n-\mu_n}{\sigma_n}$가 정의되는데, 이들을 제곱한 뒤 전부 합한 값은 성질 2에 의해 자유도 n인 카이제곱분포가 된다. 즉 다음과 같은 성질을 얻을 수 있다.

> **성질 3**
>
> $X_i \sim N(\mu_i,\ \sigma_i^2)\ (i=1,\ \cdots,\ n)$ 이고 독립이면
>
> $$\sum_{i=1}^{n}\left(\frac{X_i-\mu_i}{\sigma_i}\right)^2 \sim \chi^2(n)$$
>
> 이다. 특히 $X_i\ (i=1,\ \cdots,\ n)$ 를 $N(\mu,\ \sigma^2)$ 에서 추출한 확률표본이면
>
> $$\sum_{i=1}^{n}\frac{(X_i-\mu)^2}{\sigma^2} \sim \chi^2(n),\quad \frac{n(\overline{X}-\mu)^2}{\sigma^2} \sim \chi^2(1)$$
>
> 이 성립한다.

이상과 같이 정의되는 카이제곱분포는 여러 상황에서 중요한 의미를 갖는다. 예를 들어 Z_i가 어떤 제품 길이의 평균으로부터의 거리 또는 편차를 나타낸다면 Z_i^2은 이들 편차의 제곱이 된다. 그리고 이들을 n개 합한 것은 n개의 서로 다른 기계가 생산한 제품 길이의 평균으로부터의 편차를 제곱한 것의 합이 된다. 그러므로 카이제곱분포는 분산을 다루는 문제에 주로 적용된다.

예제 1 $Z \sim N(0,\ 1)$일 때,

(1) 표준정규분포의 누적분포함수표를 이용하여 $P(Z^2<3.841)$을 구하여라.

(2) 카이제곱 누적분포함수표를 이용하여 $P(Z^2<3.841)$을 구하여라.

풀이 (1)
$$\begin{aligned} P(Z^2<3.841) &= P(-\sqrt{3.841}<Z<\sqrt{3.841}) \\ &= P(-1.9598<Z<1.9598) \\ &\fallingdotseq 2\Phi(1.96)-1 \\ &= 2\times 0.975-1=0.95 \end{aligned}$$

(2) $P(Z^2<3.841)=P[\chi^2(1)<3.841]=0.95$ ■

R-풀이

(1) # pnorm(분위수, 평균, 표준편차)를 이용하여 정규분포로부터 $P(-\sqrt{3.841} < Z < \sqrt{3.841})$를 구함. 단, 평균과 표준편차를 생략하면 표준정규분포로부터 계산함

```
round(pnorm(sqrt(3.841)) - pnorm(-sqrt(3.841)), 2)
[1] 0.95
```

(2) # pchisq(분위수, 자유도)를 이용하여 카이제곱분포로부터 $P[\chi^2(1) < 3.841]$를 구하고, round()를 이용하여 소수 둘째자리까지 나타냄

```
round(pchisq(3.841, 1), 2)
[1] 0.95
```

$N(\mu,\ \sigma^2)$인 정규모집단에서 임의 추출된 확률표본을 $\{X_i,\ \cdots,\ X_n\}$이라 하자. 그러면 7.1절에서 보듯이, 표본분산

$$S^2 = \frac{1}{n-1}\sum_{i=1}^{n}(X_i - \overline{X})^2$$

은 분산 σ^2의 일치추정량이라는 사실로부터 정규모집단의 분산 σ^2을 추정할 때 또는 σ^2을 모르는 경우 모평균 μ를 추정할 때 S^2을 이용하고 이러한 표본분산에 관련되는 분포가 카이제곱분포이다.

성질 4

$X_i \sim N(\mu,\ \sigma^2)\ (i = 1,\ \cdots,\ n)$이고 독립이라 하자. 그러면 표본분산 S^2에 대하여

$$\frac{(n-1)S^2}{\sigma^2} \sim \chi^2(n-1)$$

이다.

$V = \sum_{i=1}^{n}\left(\frac{X_i - \mu}{\sigma}\right)^2$이라 하면 성질 2에 의하여 $V \sim \chi^2(n)$이고, 또한

$$\begin{aligned} V &= \sum_{i=1}^{n}\left(\frac{X_i - \mu}{\sigma}\right)^2 \\ &= \frac{1}{\sigma^2}\sum_{i=1}^{n}[(X_i - \overline{X}) + (\overline{X} - \mu)]^2 \end{aligned}$$

$$= \sum_{i=1}^{n}\left(\frac{X_i - \overline{X}}{\sigma}\right)^2 + \left(\frac{\overline{X} - \mu}{\sigma/\sqrt{n}}\right)^2$$

이다. 한편

$$V_1 = \sum_{i=1}^{n}\left(\frac{X_i - \overline{X}}{\sigma}\right)^2,\ V_2 = \left(\frac{\overline{X} - \mu}{\sigma/\sqrt{n}}\right)^2$$

이라 하면 $\frac{\overline{X} - \mu}{\sigma/\sqrt{n}} \sim N(0,\ 1)$ 이므로 $V_2 \sim \chi^2(1)$ 이다. 그리고

$$V_1 = \sum_{i=1}^{n}\left(\frac{X_i - \overline{X}}{\sigma}\right)^2 = \frac{n-1}{\sigma^2} \cdot \frac{1}{n-1}\sum_{i=1}^{n}\left(\frac{X_i - \overline{X}}{\sigma}\right)^2 = \frac{(n-1)S^2}{\sigma^2}$$

이므로 성질 2에 의해 $V_1 \sim \chi^2(n-1)$ 이 성립한다.

예제 2 어떤 공장에서 생산되는 강철빔들의 장력은 분산 $\sigma^2 = 100$인 정규분포를 따른다고 가정하자. 11개의 강철빔들을 무작위로 추출할 때 그 장력의 표본분산 S^2이 205보다 클 확률을 구하여라.

풀이 $\chi^2 = (11-1)S^2/100$이라고 두면 χ^2은 자유도 10인 카이제곱분포를 따르므로

$$P(S^2 > 205) = P\left(\frac{(11-1)S^2}{100} > \frac{(11-1) \cdot 205}{100}\right)$$
$$= P(\chi^2 > 20.5) = 1 - P(\chi^2 \leq 20.5)$$

이다. 카이제곱 분포표로부터 $P(\chi^2 \leq 20.5) \doteq 0.975$이므로 $P(S^2 > 205) \doteq 0.025$이다. ■

R-풀이

```
# 주어진 정보를 입력하여 χ²값을 계산함
var <- 100; n <- 11; sam_var <- 205; (chi <- (n - 1)*sam_var/var)
[1] 20.5
# pchisq(분위수, 자유도)를 이용하여 카이제곱분포로부터 P(χ² > 20.5)를 구하고,
round()를 이용하여 소수 셋째자리까지 나타냄
round(1 - pchisq(20.5, n - 1), 3)
[1] 0.025
```

6.2 연습문제

1 정규모집단 $N(4,\ 121)$에서 추출한 크기 25인 독립인 확률표본의 표본평균 $\overline{X}$와 표본분산 S^2에 대하여 $P(0 < \overline{X} < 6,\ 100.8 < S^2 < 141.17)$을 구하여라.

2 $X_1,\ X_2,\ X_3,\ X_4$가 평균이 0이고 분산이 4인 독립인 확률변수일 때, $P\left(\sum_{i=1}^{4} X_i^2 < 2.84\right)$를 구하여라.

3 어떤 상품의 하루 매상고의 평균은 25인 카이제곱 분포를 따른다. 37.7 이상 팔리는 날은 100일 중 약 며칠로 기대되는가?

4 인구 50만의 한 도시에서 특정 정당에 대한 지지도를 조사하니 인구 절반이 지지하였다. 시민 400명을 임의로 추출하여 표본조사할 때 지지자 수가 200에서 40 이상의 편차를 가져올 확률의 근삿값을 구하여라.

6.3
t 분포

6.1절에서는 $\overline{X}$의 분포를 확인하는 과정에서 모집단의 분산이 알려져 있다고 가정하여 $\dfrac{\overline{X}-\mu}{\sigma/\sqrt{n}}$를 주로 이용하였다. 그러나 현실적으로 σ값이 알려져 있는 경우란 매우 드물다. 일반적으로 모분산 값 또한 우리가 추정하고자 하는 모집단의 모수인 것이다. 모분산 값이 알려져 있지 않을 경우 가장 합리적인 방법은 모분산에 대한 가장 좋은 추정값을 사용하는 것이다. 이때 사용하는 통계량이 표본분산 S^2이다. 즉 모분산을 모르는 경우 $\dfrac{\overline{X}-\mu}{\sigma/\sqrt{n}}$ 대신 $\dfrac{\overline{X}-\mu}{S/\sqrt{n}}$를 사용하게 되는데, 이렇게 표준화된 확률변수가 취하는 분포를 **t 분포**라고 한다.

확률밀도함수

$$f(t)=\frac{\Gamma((n+1)/2)}{\sqrt{\pi n}\,\Gamma(n/2)}\left(1+\frac{t^2}{n}\right)^{-(n+1)/2},\quad -\infty<t<\infty$$

를 자유도 n인 **스튜던트 t 분포**라 하고 $t\sim t(n)$으로 나타낸다. 여기서 $\Gamma(n)$은 **감마 함수**를 의미한다.

t 분포의 확률밀도함수는 매우 복잡하여 우리는 t 분포의 형태 및 성질만을 논하기로 한다. t 분포의 확률밀도함수는 $t=0$에 대하여 좌우대칭이고, 일반적인 모양은 표준정규곡선과 비슷하고 $t\to\infty$이면 $f(t)\to 0$이지만 꼬리부분이 표준정규곡선보다 좀 더 두텁다. 따라서 $Z\sim N(0,\,1)$과 비교하여 꼬리확률은 t분포가 크다.

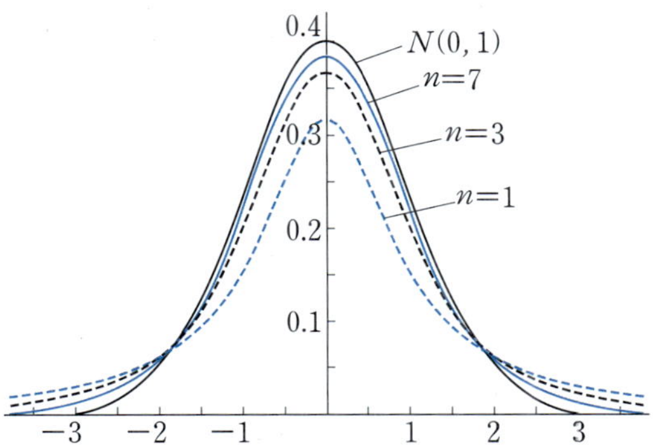

| 그림 1 | t 분포와 표준정규분포의 확률밀도함수

그리고 σ 대신 S를 사용하였기 때문에, 즉 S를 통하여 σ를 추정한 것이므로 오차가 발생할 수 있으며, 따라서 불확실성의 요소가 덧붙여진다. 그러므로 t 분포는 표준정규분포보다 분산 값이 커질 것이라는 가능성을 갖게 되는 것이 하나의 차이점이다.

일반적으로 t 분포의 평균과 분산은 다음과 같다.

$$E(T)=0,\ \ Var(T)=n/(n-2),\ n>2$$

표본크기 n이 매우 커진다면 t값은 σ와 거의 같아지게 되고, 따라서 t 분포는 표준정규분포와 거의 동일한 형태를 취하게 된다. 한편 앞에서 이야기하였던 것처럼 t 분포는 다음과 같은 중요한 성질을 갖게 된다.

성질 1

$X_1,\ \cdots,\ X_n \sim N(\mu,\ \sigma^2)$ 이고 독립이면 $\dfrac{\overline{X}-\mu}{S/\sqrt{n}} \sim t(n-1)$이다.

이 경우 자유도가 $n-1$이 되는 이유는 미지의 σ 대신 S를 사용하는 과정에서 자유도를 1만큼 상실하였기 때문이다. 만일 $n=2$라면 한 관측값을 기준으로 다른 관측값의 변화 정도를 측정할 수 있게 되므로 자유로운 변수 개수는 1이 되는 것이다.

예제 1 어느 고등학교에서 학생들의 I.Q.는 평균 120인 정규분포를 따른다고 가정하자. 25명의 학생들을 무작위로 추출했을 때 I.Q.의 표준편차는 $S=6$이었다. 이때 표본평균 $\overline{X}$가 117보다 크지 않을 확률을 구하여라.

풀이 모집단의 분포는 σ가 미지인 정규분포이므로 t 분포를 이용할 수 있다. 그러므로

$$P(\overline{X}\leq 117)=P\left(\frac{\overline{X}-120}{6/\sqrt{25}}\leq\frac{117-120}{6/\sqrt{25}}\right)=P(T(24)\leq -2.5)$$

이다. t 분포의 좌우대칭성과 부록의 t 분포표로부터 위 값은 0.01이 됨을 알 수 있다. ■

R-풀이

```
# 주어진 정보를 입력하여 t값을 계산함
mean <- 120; sd <- 6; n <- 25; x <- 117; (t <- (x - mean)/(sd/sqrt(n)))
```

```
[1] -2.5
# pt(분위수, 자유도)를 이용하여 t분포로부터 P(t ≤ -2.5)를 구하고, round()를 이용하여 소수 둘째자리까지 나타냄
round(pt(t, n - 1), 2)
[1] 0.01
```

카이제곱분포는 물론 t 분포도 표본들이 정규모집단으로부터 추출되는 것을 가정하고 있다. 이러한 분포들을 포함하는 실제 문제에서 그러한 가정이 어느 정도 결정적인가 하는 것에 대한 의문이 생긴다. 이러한 점에서 중심극한정리에 의해 n이 클 때($n > 30$) $\overline{X}$의 분포는 근사적으로 정규분포가 된다. 그리고 만일 $\overline{X}$가 정규분포를 따르면 성질 1이 성립한다. n이 클 때 S가 σ의 좋은 근삿값이 되므로 $\dfrac{\overline{X}-\mu}{S/\sqrt{n}}$는 근사적으로 표준정규분포를 따르게 된다.

예제 2 예제 1에서 100명의 학생을 무작위로 추출하여 $S=5$를 얻었다고 하자. 이때 표본평균 $\overline{X}$가 119보다 크지 않을 확률을 구하여라.

풀이 확률 $P(\overline{X} \le 119)$는 표준정규분포를 사용함으로써 다음과 같이 근사될 수 있다.

$$P(\overline{X} \le 119) = P\left(\frac{\overline{X}-\mu}{S/\sqrt{n}} \le \frac{119-120}{5/\sqrt{100}}\right) = P(Z \le -2) = 0.0228$$ ■

R-풀이

```
# 주어진 정보를 입력하여 z값을 계산함
mean <- 120; sd <- 5; n <- 100; x <- 119; (z <- (x - mean)/(sd/sqrt(n)))
[1] -2
# pnorm(분위수, 평균, 표준편차)을 이용하여 정규분포로부터 P(X̄ ≤ 119)를 구하고, round()를 이용하여 소수 넷째자리까지 나타냄. 단, 평균과 표준편차를 생략하면 표준정규분포로부터 계산함
round(pnorm(z), 4)
[1] 0.0228
```

지금까지 학습한 내용을 정리하면 $\overline{X}$의 분포가 모집단의 분포 형태, 모분산이 알려져 있는지의 여부, 그리고 표본크기가 얼마인가에 따라 각각 어떠한 형태의 분포가 되는지를 알 수 있는데, 이를 정리하면 [그림 2]와 같다.

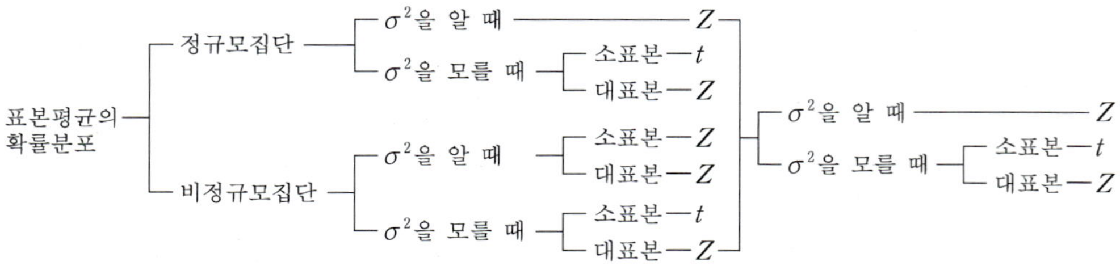

| 그림 2 | 표본평균의 확률분포 분류표

한편 5장과 6장에서 배운 분포들 사이의 관계를 정리하면 [그림 3]과 같다.

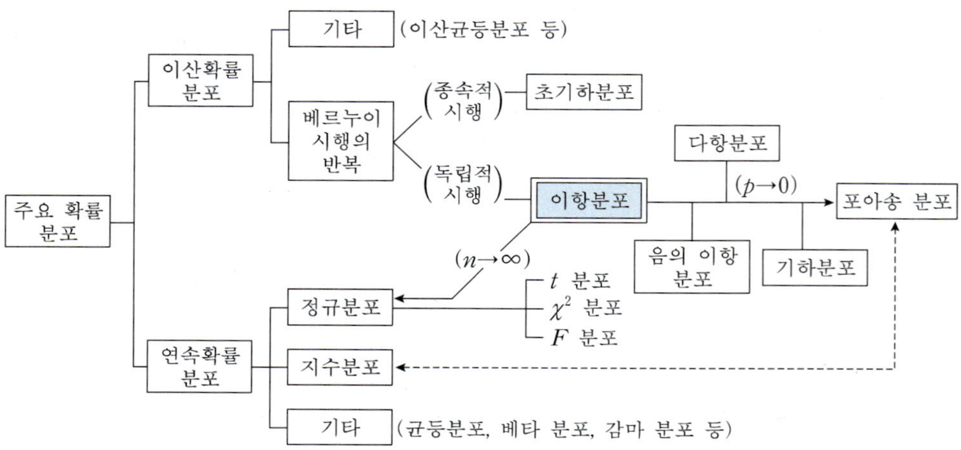

| 그림 3 | 주요 확률분포의 계보

6.3 연습문제

1 정규분포로부터 16개의 무작위 표본을 추출했을 때 $P(|\overline{X}-\mu|<1.6)$을 구하여라. 단 표본분산 $S^2=9$이다.

2 어떤 회사 종업원 가운데 임의로 5명을 선택하여 저축액을 조사한 결과 100만 원, 200만 원, 400만 원, 500만 원, 800만 원이었다. 전 종업원 저축액의 평균을 μ라고 할 때 $P(|\mu-400|\le 100)$을 구하여라. 단위는 만원이다.

3 K사의 승용차는 가솔린 1리터당 평균 주행거리가 14km라고 선전하고 있다. 이 사실을 확인하기 위하여 9대를 시험한 결과 1리터당 주행거리는 평균 12km, 표준편차가 2km이었다. K사가 선전하는 1리터당 주행거리가 14km라는 주장은 옳다고 볼 수 있는지를 조사하여라.

4 전구를 생산하는 제조업자는 그의 제품의 평균수명이 500시간이라고 주장하고 있다. 이 평균을 입증하기 위해서 매일 25개를 검사하고 만일 t 값을 계산하여 $-t_{0.05}$와 $t_{0.05}$ 사이에 있으면 그의 주장은 맞는다. 표본으로부터 얻은 값이 평균 $\overline{X}=518$시간이고 표준편차가 $S=40$시간이라면 그는 어떤 결정을 내려야 할까? 수명시간의 분포는 근사적으로 정규분포를 따른다고 가정하고 $P(T(n)\ge t_{0.05})=0.05$를 의미한다.

6.4
R을 이용한 빅데이터 분석

시뮬레이션을 통해 대표적인 정리들을 살펴보면 다음과 같다. 먼저 중심극한정리는 서로 독립이며 같은 분포를 가지는 확률변수의 합을 표준화하면 정규분포에 가까이 간다는 것을 말한다. 즉, 같은 분포를 가지며 독립인 n개의 확률변수의 합의 형태로 표현될 수 있는 것은 평균 0, 분산 1이 되도록 표준화하였을 때 표준정규분포에 수렴함을 알 수 있다. 이러한 사항은 모집단의 분포가 무엇이든 상관없이 성립하며, 연속형 확률분포가 아닌 경우에도 성립한다.

예제 1 서로 다른 정규분포 $N(3\ ,\ 1^2)$과 $N(170\ ,\ 6^2)$에서 4개의 표본 추출하여 평균을 구하는 것을 1,000번 실시한 후, 이 표본평균의 분포가 중심극한정리에 부합되는지 확인하여라.

R-풀이

```
# set.seed()를 활용하여 이 예제와 동일한 초깃값을 사용한다면 동일한 난수를 발생하
도록 함
set.seed(9)
# 표본 추출 횟수를 객체 n에 할당함
n <- 1000
# 모집단별로 구한 표본평균을 할당할 s1mean과 s2mean 객체를 준비함
s1mean <- rep(NA, n)
s2mean <- rep(NA, n)
# 1:1000으로 생성되는 벡터의 원소 수만큼 반복문을 만들어 모집단별로 rnorm(난수의
개수, 평균, 표준편차)를 사용하여 표본을 추출하고, 표본평균을 구하여 s1mean과
s2mean 객체에 할당함
for ( i in 1:n ) {
s1mean[i] <- mean(rnorm(4, mean <- 3, sd <- 1))
s2mean[i] <- mean(rnorm(4, mean <- 170, sd <- 6))
}
```

c()에서 mean()과 sd()를 이용하여 모집단으로부터 추출된 표본 크기가 4인 표본평균 분포의 평균과 표준편차를 출력함

```
c(mean(s1mean), sd(s1mean)); c(mean(s2mean), sd(s2mean))
[1] 3.0214130 0.5096442
[1] 170.032014   2.835282
```

par()에서 mfrow()를 이용하여 두 개의 그래프를 옆으로 나란히 그림

```
par(mfrow=c(1,2))
```

표본평균의 분포에 대한 히스토그램을 그리고, 그 위에 각 표본평균의 분포가 따를 것으로 생각되는 정규분포의 확률밀도함수를 dnorm()을 이용하여 그림

```
hist(s1mean, prob=TRUE, xlab="N(3, 1)으로부터 표본평균", ylab="확률", main="",
col="skyblue", border="blue")
x1 <- seq(min(s1mean), max(s1mean), length=1000)
y1 <- dnorm(x <- x1, mean <- 3, sd <- (1/sqrt(4)))
lines(x1, y1, lty=2, lwd=2, col="blue")
hist (s2mean, prob=TRUE, xlab="N(170, 36)으로부터 표본평균", ylab="확률",
main="", col="skyblue", border="blue")
x2 <- seq(min(s2mean), max(s2mean), length=1000)
y2 <- dnorm(x <- x2, mean <- 170, sd <- (6/sqrt(4)))
lines(x2, y2, lty=2, lwd=2, col="blue")
```

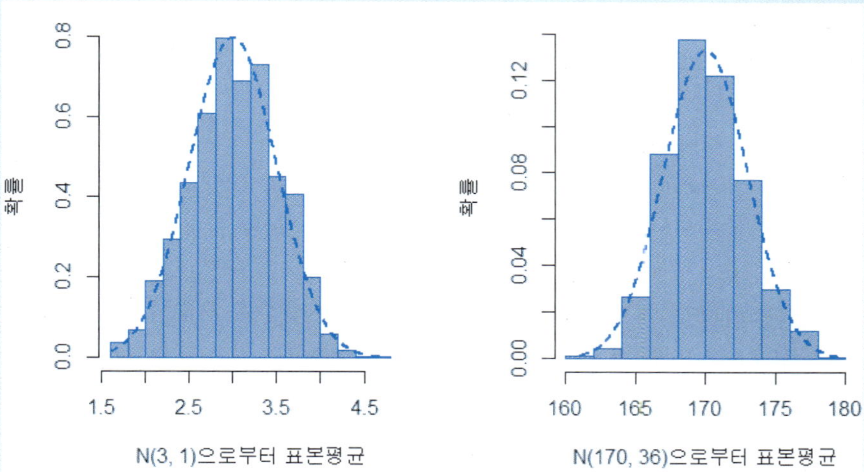

표본평균의 분포가 각각의 평균과 표준편차를 모수로 하는 정규분포와 유사함을 확인할 수 있음

위에서 모집단이 정규분포를 따를 경우 표본평균의 분포가 정규분포를 따름을 확인하였다. 이제 조건 하나를 제거하여 모집단의 분포가 정규분포가 아닌 경우를 살펴보자.

예제 2 평균이 3인 지수분포를 따르는 모집단에서 표본의 크기를 각각 10, 30, 150으로 변화시키면서 평균 구하는 것을 각각 1,000번 실시한 후, 이 표본평균의 분포가 중심극한정리에 부합되는지 확인하여라.

R-풀이

```
# set.seed()를 활용하여 이 예제와 동일한 초깃값을 사용한다면 동일한 난수를 발생하도록 함
set.seed(9)
# 분포의 모수와 표본 추출 횟수를 p와 n객체에 각각 할당함
p <- 1/3; n <- 1000
# 모집단별로 구한 표본평균을 할당할 e5mean, e30mean과 e50mean 객체를 준비함
e5mean <- rep(NA, n)
e30mean <- rep(NA, n)
e50mean <- rep(NA, n)
# 1:1000으로 생성되는 벡터의 원소 수만큼 반복문을 만들어 모집단별로 표본평균을 구하여 e5mean, e30mean과 e50mean 객체에 할당함
for ( i in 1:n ) {
  e5mean[i] <- mean(rexp(5, rate <- p ))
  e30mean[i] <- mean(rexp(30, rate <- p ))
  e50mean[i] <- mean(rexp(50, rate <- p ))
}
# options()에서 digit를 이용하여 출력물의 자릿수를 지정함
options(digits = 3)
# c()에서 mean()과 sd()를 이용하여 모집단으로부터 표본평균 분포의 평균과 표준편차를 출력함
c(mean(e5mean), sd(e5mean))
[1] 2.920216 1.277958
c(mean(e30mean), sd(e30mean))
[1] 3.0342100 0.5535405
c(mean(e50mean), sd(e50mean))
```

```
[1] 2.9776200 0.4347368
# par()에서 mfrow()를 이용하여 여러 개의 그래프를 작성함
par(mfrow=c(1,3))
# 표본평균의 분포에 대한 히스토그램을 그리고, 그 위에 각 표본평균의 분포가 따를 것으로 생각되는 정규분포의 확률밀도함수를 dnorm()을 이용하여 작성함
hist(e5mean, prob=TRUE, xlab="표본평균", ylab="확률", main="표본 크기:5", col="skyblue", border="blue")
x1 <- seq(min(e5mean), max(e5mean), length=1000)
y1 <- dnorm(x <- x1, mean <- 3, sd <- 3/sqrt(5))
lines(x1, y1, lty=2, lwd=2, col="blue")
hist (e30mean, prob=TRUE, xlab="표본평균", ylab="확률", main="표본 크기:30", col="skyblue", border="blue")
x2 <- seq(min(e30mean), max(e30mean), length=1000)
y2 <- dnorm(x <- x2, mean <- 3, sd <- 3/sqrt(30))
lines(x2, y2, lty=2, lwd=2, col="blue")
hist (e50mean, prob=TRUE, xlim=c(1,6), xlab="표본평균", ylab="확률", main="표본 크기:50", col="skyblue", border="blue")
x3 <- seq(min(e50mean), max(e50mean), length=1000)
y3 <- dnorm(x <- x3, mean <- 3, sd <- 3/sqrt(50))
lines(x3, y3, lty=2, lwd=2, col="blue")
```

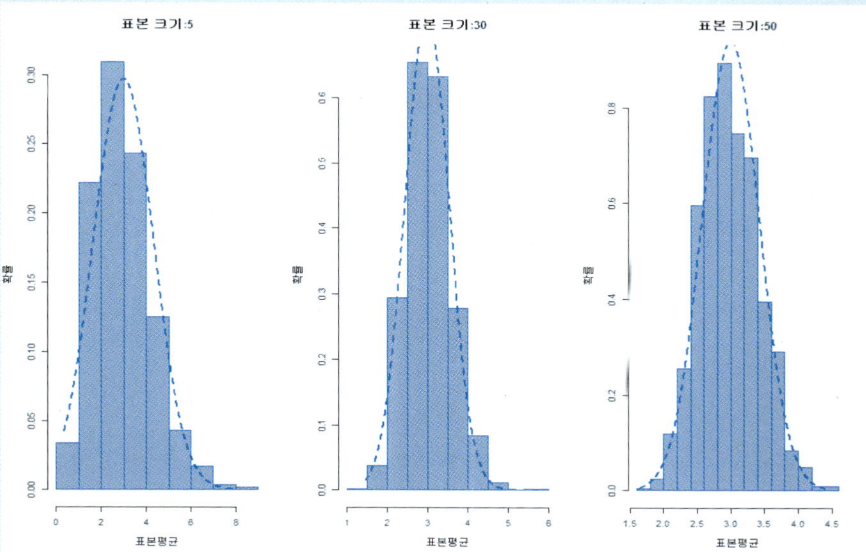

해석: 위의 (1)과 (2) 모두 표본 크기가 작은 경우는 정규분포와의 차이가 크며, 표본 크기가 중간일 때도 차이가 나지만, 작을 때보다는 그 차이가 적으며, 표본 크기가 가장 클 때는 약간의 차이를 보이지만, 앞의 두 경우보다 정규분포에 훨씬 가까움

다음으로 모집단에서 추출한 확률표본으로부터 다양한 통계량에 대한 표본분포를 시뮬레이션을 통해 확인하도록 한다. 즉, 정규분포 모집단에서 추출된 확률표본을 표준화한 후 제곱해서 더하면 카이제곱분포를 따르는지, 그리고 정규분포 모집단의 모분산을 모른다는 가정하에서 추출된 표본의 평균을 표준화한 분포는 t 분포를 따르는지 등을 시뮬레이션을 통해 살펴보자.

예제 3 정규분포 $N(100,\ 10^2)$인 모집단으로부터

(1) 10개씩 무작위로 표본을 추출하여 $\sum_{i=1}^{n} Z_i^2 = \sum_{i=1}^{n} \left(\frac{X_i - 100}{10} \right)^2$ 을 구하는 것을 10,000번 수행한 후, 이들의 분포가 자유도 10인 카이제곱분포를 따르는지 확인하여라.

(2) 모분산을 모른다는 가정하에서 표본평균들을 표준화한 분포가 t 분포를 따르는지 확인하여라.

R-풀이

(1) # set.seed()를 활용하여 이 예제와 동일한 초깃값을 사용한다면 동일한 난수를 발생하도록 함

```
set.seed(9)
```

분포의 모수와 표본 추출 횟수를 각 객체에 할당함

```
n <- 10; p_mean <- 100; p_sd <- 10; N <- 10000
```

Z_i^2을 구하고 합한 값을 할당할 z2_sum 객체를 준비함

```
z2_sum <- NULL
```

Z_i^2값을 구하여 합하는 함수를 z2 객체에 할당함

```
z2 <- function(n) sum((rnorm(n, p_mean, p_sd) - p_mean)^2/p_sd^2)
```

1:10000으로 생성되는 벡터의 원소 개수만큼 반복문을 만들어 Z_i^2값을 구하여 합한 후 z2_sum 객체에 할당함

```
for ( i in 1:N ) z2_sum <- c(z2_sum, z2(n))
```

# 자유도 n인 카이제곱분포함수를 정의하여 s_chi 객체에 할당함
s_chi <- function(x) dchisq(x, n)
# hist()를 이용하여 Z_i^2의 분포에 대한 히스토그램과 curve()를 이용하여 카이제곱분포의 확률밀도함수를 그리고, 동시에 두 그래프를 나타내기 위해 add=TRUE로 설정함
hist(z2_sum, breaks=30, prob=TRUE, xlab="z2_sum", ylab="확률", main="표준화 통계량 제곱합의 분포(자유도: 10 및 9)", col="skyblue", border="blue")
curve(s_chi, 0, ceiling(max(z2_sum)), lwd=2, col="blue", add=TRUE)
# dchisq()를 이용하여 자유도 n-1인 카이제곱분포함수를 정의함
s2_chi <- function(x) dchisq(x, n - 1)
# curve()와 add=TRUE를 이용하여 자유도 9인 카이제곱분포의 확률밀도함수를 겹쳐서 그림
curve(s2_chi, 0, ceiling(max(z2_sum)), lwd=2, col="red", add=TRUE)
# legend()를 이용하여 범례를 표시함
legend("topright", c("자유도:10", "자유도:9"), lwd=c(2,2), col=c("blue","red"))

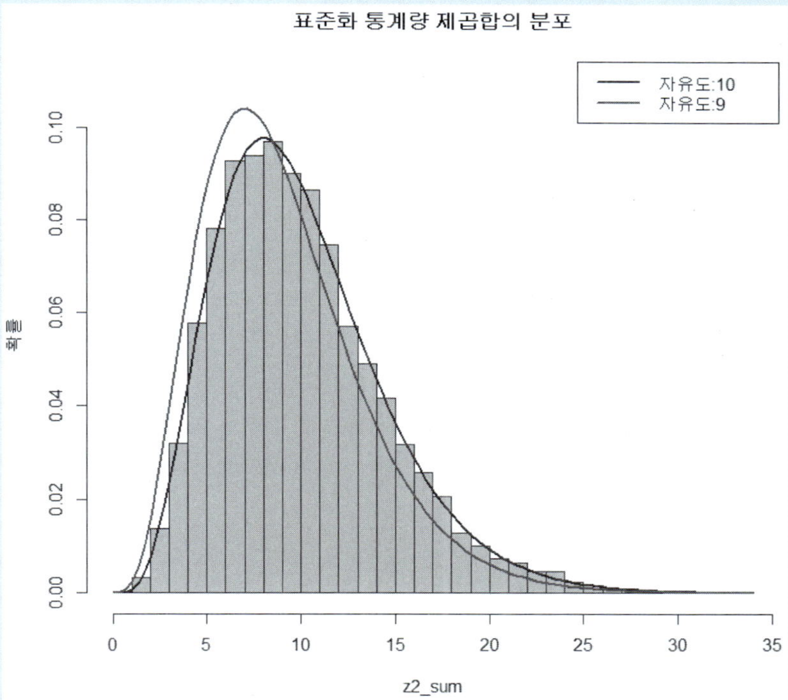

해석: 전반적으로 또한 그래프 x축의 값이 큰 부분을 보더라도 히스토그램과 자유도

10인 카이제곱분포의 확률밀도함수가 거의 일치하는 것을 알 수 있음. 또한 추가로 자유도 9인 카이제곱분포와 비교한 결과에서도 히스토그램은 자유도 10인 카이제곱분포와 더 유사함을 알 수 있음

(2) # 분포의 모수와 표본 추출 횟수를 각 객체에 할당함

```
n <- 10; p1_mean <- 100; p1_sd <- 10; N <- 10000
```

표본평균과 표본표준편차의 값을 할당할 t_mean과 t_sd 객체를 준비함

```
t_mean <- NULL; t_sd <- NULLL
```

1:10000으로 생성되는 벡터의 원소 수만큼 반복문을 만들어 표본평균과 표본표준편차 값을 구하여 각각 t_mean과 t_sd 객체에 할당함

```
for (i in 1:N) { s_mean <- rnorm(n, p1_mean, p1_sd)
t_mean <- c(t_mean, mean(s_mean))
t_sd <- c(t_sd, sd(s_mean))
}
```

표본평균을 표준화하여 z_mean 객체에 할당함

```
z_mean <- sqrt(n)*(t_mean - p1_mean)/t_sd
```

자유도 n-1인 t분포함수를 정의하여 t_n1 객체에 할당함

```
t_n1 <- function(x) dt(x, n - 1)
```

hist()를 이용하여 표준화 분포에 대한 히스토그램을 그림

```
hist(z_mean, breaks=30, prob=TRUE, xlim=c(-5, 5), ylim=c(0, 0.4), xlab="z_mean", ylab="확률", main="표준화 통계량의 분포", col="skyblue", border="blue")
```

curve()와 add=TRUE를 이용하여 겹쳐서 자유도 9인 t분포의 확률밀도함수를 그림

```
curve(t_n1, -5, 5,lwd=2, col="gray", add=TRUE)
```

curve()와 add=TRUE를 이용하여 겹쳐서 표준정규분포의 확률밀도함수를 그림

```
curve(dnorm, -5, 5,lwd=2, col="black", add=TRUE)
```

legend()를 이용하여 범례를 표시함

```
legend("topright",c("T(9)", "N(0, 1)"), lwd=c(2,2), col=c("gray","black"))
```

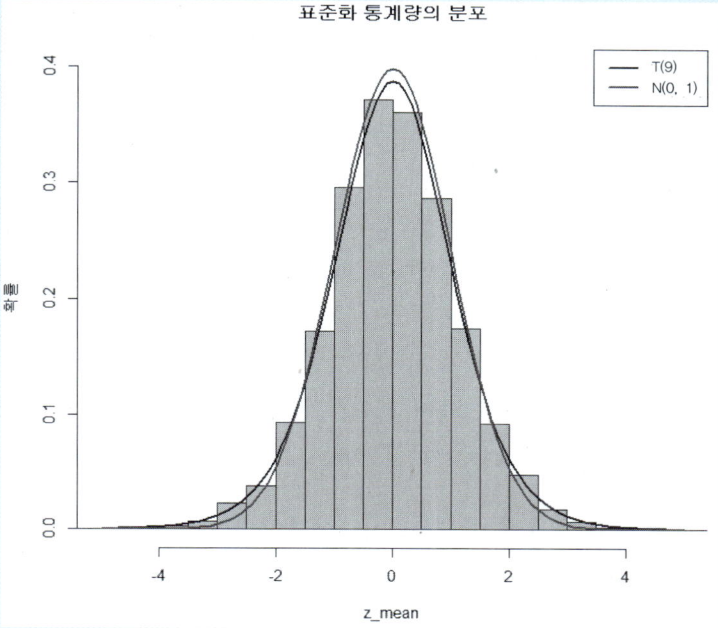

해석: 전반적으로 또한 그래프 x축의 값이 큰 부분을 보더라도 히스토그램과 자유도 9인 t분포의 확률밀도함수가 거의 일치하는 것을 알 수 있음. 또한 추가로 표준정규분포와 비교한 결과에서도 히스토그램은 자유도 9인 t분포와 더 유사함을 알 수 있음

6.4
연습문제

1 R 코드를 직접 작성하지 말고, "https://gallery.shinyapps.io/CLT_mean/"을 방문해서 $U(0, 1)$을 따르는 모집단으로부터 무작위로 각각 3개, 15개, 30개의 표본을 추출하여 평균 구하는 것을 1,000번 실시한 표본평균의 분포가 중심극한정리를 따르는지 확인하여라. 예를 들어, 6.1절 예제 1의 $N(3, 1^2)$에서 4개의 표본을 추출하여 평균 구하는 것을 1,000번 실시하는 절차와 일부 결과는 다음과 같다.

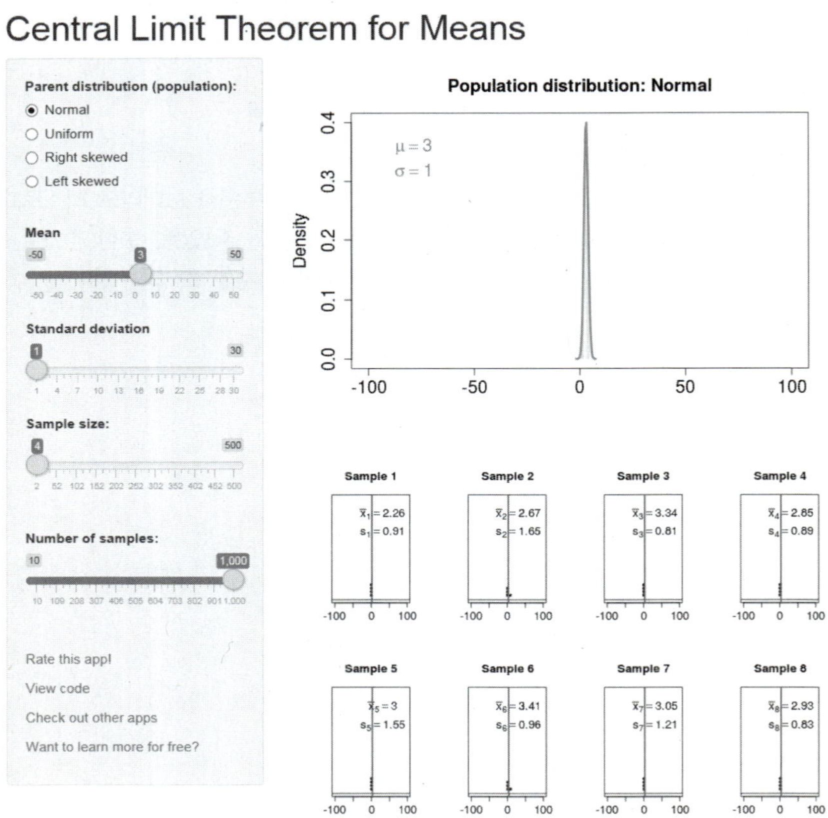

2 이항분포로부터 무작위로 200개의 표본을 추출하였을 때, 이 자료가 정규분포를 따르도록 근사되기 위해서 필요한 표본 크기를 구하여라. 단, 이항분포의 성공확률은 0.5로 고정하고, 표본의 크기를 5, 10, 15, 40개로 변화시키는 시뮬레이션을 통해 유추하여라.

3 정규분포 $N(100, 10^2)$인 모집단으로부터 10개씩 무작위로 표본을 추출하여 $\frac{(10-1)S^2}{100}$을 구하는 것을 10,000번 수행한 후, 이들의 분포가 자유도 9인 카이제곱분포를 따르는지 확인하여라. 단, 난수 발생 시 set.seed() 함수를 이용한다.

모집단의 특성을 나타내는 모수의 정확한 값을 모르는 경우 표본을 기초로 하여 모집단에 관한 정보를 얻으려고 하는 것을 통계적 추론(Statistical Inference)이라 하는데, 이 장에서는 미지의 모수들을 가능한 한 정확히 예측(추정)하고자 하는 방법에 대하여 학습한다. 추정에는 모집단으로부터 추출된 표본을 이용하여 하나의 값으로 모수를 추정하는 점추정(point estimation)과 모수가 속하는 구간을 추정하는 구간추정(interval estimation)으로 나눌 수 있는데 점추정으로는 최대우도추정이 많이 사용된다.

제7장 추정

학습목표

- 추정의 개념과 좋은 추정량이 가져야 될 성질들에 대하여 학습하다.
- 좋은 추정량이 되기 위한 기준들 중 많은 조건을 만족하는 추정량을 찾기 위한 방법으로 최대우도추정방법에 대하여 학습한다.
- 모평균과 모비율, 모분산의 신뢰구간을 구하는 방법을 학습한다.
- 정해진 오차한계를 만족시키는 표본의 크기를 결정하는 방법에 대하여 학습한다.

7.1 추정의 개념

모집단의 특성을 나타내는 모수의 정확한 값을 모르는 경우 표본을 기초로 하여 모집단에 관한 정보를 얻으려고 하는 것을 **통계적 추론**(Statistical Inference)이라 한다. 일반적으로 모집단의 규모란 방대한 것이어서 이들을 구성하는 요소 전부를 관측한다는 것은 시간이나 경비 문제상 어려움이 많게 된다. 따라서 모집단의 특성을 나타내는 모수값을 직접 계산하기 힘들며, 이러한 이유로 우리는 모집단으로부터 적절한 과정을 통해 추출한 표본을 대신 관찰함으로써 모수값을 취하게 된다.

통계적 추론에서 가장 중요한 부분은 추정과 검정이론을 들 수 있다. 이 장에서는 먼저 추정이론을 다루기로 한다.

앞 장에서 우리는 확률표본들의 특징들로부터 그 모집단의 특징을 알아왔다. 예를 들면 표본평균 $\overline{X}_n$는 모평균 μ를 알아보기 위해 사용했고, 표본분산 S^2은 모분산 σ^2을 알아보는 데 사용될 수 있다. 여기서 미지의 모평균, 모분산 등을 **모수**(parameter)라 하고 모수 θ의 모든 가능한 값의 집합 Ω를 **모수공간**(parameter space)이라 한다. 이 미지의 모수들을 가능한 한 정확히 예측(추정)하고자 하는 것이 우리의 주된 목적이다. 그러면 그런 모수를 어떤 도구로 어떻게 예측(추정)할 것인가?

모집단으로부터 추출된 표본을 이용하여 하나의 값으로 모수를 추정하는 것을 **점추정**(point estimation)이라 하고, 모수가 속하는 구간을 추정하는 것을 **구간추정**(interval estimation)이라 한다.

확률변수 X의 확률밀도함수는 알려져 있는 함수 형태로 임의의 값을 갖는 미지의 모수 θ에 의존한다고 하며 $f(x;\theta)$, $\theta \in \Omega$와 같이 표시하기로 하자. 이때 모수공간 전체에 대한 확률함수 또는 확률밀도함수들의 집합 $\{f(x;\theta) ; \theta \in \Omega\}$를 **분포족**(family of distributions)이라 한다. 우리는 때때로 이러한 분포족으로부터 확률변수의 확률함수 또는 확률밀도함수 하나를 정확하게 택해야 할 필요가 있다. 이때 모수 θ에 대한 점추정값, 즉 선택된 확률밀도함수에 대응하는 모수값이 필요한 것이다.

$X_1, X_2, \cdots, X_n$을 분포족 $\{f(x;\theta) ; \theta \in \Omega\}$의 하나의 원소인 확률함수 또는 확률밀도함수를 갖는 분포로부터 추출한 확률표본이라 하자. 이제 이 표본들의 관측값 $x_1, x_2, \cdots, x_n$을 이용하여 모수 θ의 값을 추정하려 하고, 모수 θ를 추정하

기 위해 사용되는 확률표본(random sample) $X_1, X_2, \cdots, X_n$ 들의 함수인 통계량 $Y=u(X_1, X_2, \cdots, X_n)$을 모수 θ의 **추정량**(estimator)이라 하고 $\hat{\theta}$로 표기한다. 그러면 이 추정량 $Y=u(X_1, X_2, \cdots, X_n)$이 모수 θ의 정확한 추정량이 되려면 어떤 성질들을 갖추어야 하겠는가?

추정량은 추출된 표본에 따라 변하는 통계량이고, 미지의 모수 θ에 대한 통계량은 여러 가지가 있을 수 있다. 따라서 어떤 추정량 $\hat{\theta}$가 좋고 나쁜지는 추정량의 표본분포가 모수 θ 주위에 어떤 형태로 분포되어 있는가에 달려 있다고 할 수 있다.

어떤 모수에 대한 점추정을 할 때 쓰는 점추정량으로는 표본평균, 중앙값, 최빈값 등 여러 가지가 있을 수 있는데, 이중 좋은 성질을 가지고 있는 추정량을 사용하는 것이 바람직하다. 좋은 추정량 $\hat{\theta}$가 갖는 성질로 다음과 같은 몇 가지의 성질을 생각할 수 있다.

(1) 추정량의 기댓값이 모수의 참값과 같아야 하는 불편성(unbiasedness)
(2) 추정량이 다른 추정량과 비교하여 상대적으로 작은 분산을 갖는 유효성(efficiency)
(3) 표본으로부터 이용가능한 정보를 사용하는 충분성(sufficiency)
(4) 표본의 크기가 매우 크다면 참값에 매우 가까운 추정량을 거의 항상 얻게 되는 일치성(consistency)

정의 1 | 불편추정량(Unbiased Estimator)

통계량 $\hat{\theta}=u(X_1, X_2, \cdots, X_n)$이 모수 θ의 추정량이라 하자.
만일 $E[u(X_1, X_2, \cdots, X_n)]=\theta$이면 통계량 $u(X_1, X_2, \cdots, X_n)$은 θ의 **불편추정량**(unbiased estimator)이라 한다. 그렇지 않으면 $\hat{\theta}$는 **편의**(偏倚, biased) 되었다고 하고 $\hat{\theta}$가 θ의 편의추정량이면 $b(\hat{\theta})=E(\hat{\theta})-\theta$를 편의라 한다.

예제 1 $X_1, X_2, \cdots, X_n$이 $B(1, p)$로부터의 확률표본이라 하자. $\overline{X}$는 모수 p의 불편추정량임을 보여라.

풀이 통계량 $Y=\sum_{i=1}^{n} X_i$는 $B(n, p)$를 따르며, 이때 통계량 $\overline{X}=Y/n$는

$$E\left[\frac{X_1+X_2+\cdots+X_n}{n}\right]=\frac{1}{n}E[X_1+X_2+\cdots+X_n]$$

$$= \frac{1}{n}(E[X_1]+E[X_2]+\cdots+E[X_n])$$

$$= \frac{1}{n}(p+p+\cdots+p) = \frac{1}{n}(np) = p$$

이므로 $\overline{X}$는 모수 p의 불편추정량이다. ■

우리는 $E(\overline{X}) = \mu$임을 알고 있다. 따라서 $\overline{X}$는 μ의 불편추정량이며, 이러한 이유 때문에 μ의 추정량으로 가장 많이 사용한다. 불편성의 약점은 좋은 추정량이 갖추어야 할 성질로서 θ에 얼마나 가까운 값을 갖느냐가 아니라 $\hat{\theta}$의 기댓값이 θ와 같은 것을 요구한다는 사실이다.

n개의 표본을 반복하여 추출할 때 추정량이 갖는 값들은 서로 근사한 값들을 가져야 한다. 다시 말하면 어떤 특별한 표본을 이용하여 얻은 추정값이 다른 표본을 이용하여 얻은 추정값과 많은 차이를 갖지 않는 추정량이 바람직하다. 이러한 성질은 추정량의 분산이 작아야 함을 요구하며 분산이 작으면 추정량의 분포가 널리 퍼져 있지 않다는 의미이다.

정의 2 | 유효추정량(efficient estimator)

모수 θ에 대한 두 불편추정량을 $\hat{\theta}_1$, $\hat{\theta}_2$라 하고, 각각의 분산을 $Var(\hat{\theta}_1)$, $Var(\hat{\theta}_2)$라 할 때 $Var(\hat{\theta}_1) < Var(\hat{\theta}_2)$이면 $\hat{\theta}_1$은 $\hat{\theta}_2$보다 더 **유효한 추정량**(more efficient estimator)이라 한다.

모수 θ의 가능한 모든 불편추정량 가운데 가장 작은 분산을 갖는 추정량을 **최량불편추정량**(best unbiased estimator) 또는 **최소분산불편추정량**(minimum variance unbiased estimator)이라 한다.

그림 1은 크기 n인 표본을 이용한 세 가지 추정량 $\widehat{\theta_1}$, $\widehat{\theta_2}$, $\widehat{\theta_3}$의 분포를 보여준다. 세 추정량 가운데 $\widehat{\theta_1}$과 $\widehat{\theta_2}$의 평균값은 모수 θ와 같으며 $E(\widehat{\theta_3}) > \theta$이므로 $\widehat{\theta_3}$는 양의 편의를 갖는다. $Var(\widehat{\theta_1}) > Var(\widehat{\theta_2}) > Var(\widehat{\theta_3})$이므로 $\widehat{\theta_3}$의 분산이 가장 작지만 $\widehat{\theta_3}$는 불편추정량이 아니므로 가장 유효한 추정량이 되지 못한다. 유효성은 θ의 불편추정량 가운데 분산이 가장 작은 추정량을 요구하므로 이 경우 $\widehat{\theta_2}$이 유효추정량이며 모든 불편추정량 가운데 가장 유효한 추정량을 증명하는 작업은 쉽지 않다.

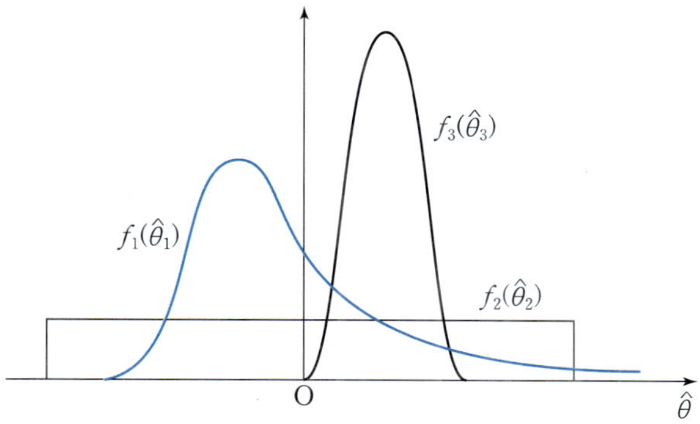

| 그림 1 |

예제 2 미지의 평균 μ와 미지의 분산 σ^2을 갖는 분포도에서 크기 3인 확률표본을 관측하였다. 이때 μ를 추정하기 위하여 추정량으로 $Y_1 = \overline{X}$와 $Y_2 = \dfrac{X_1 + 2X_2 + 2X_3}{5}$를 사용한다고 할 때, 더 유효한 추정량을 찾아라.

풀이

$$E(Y_1) = \frac{1}{3}E(X_1 + X_2 + X_3) = \frac{1}{3}(\mu + \mu + \mu) = \mu$$

이고

$$E(Y_2) = \frac{1}{5}E(X_1 + 2X_2 + 2X_3) = \frac{1}{5}(\mu + 2\mu + 2\mu) = \mu$$

이므로 모두 불편추정량이다. 그런데

$$Var(Y_1) = \left(\frac{1}{3}\right)^2\sigma^2 + \left(\frac{1}{3}\right)^2\sigma^2 + \left(\frac{1}{3}\right)^2\sigma^2 = \frac{\sigma^2}{3}$$

이고

$$Var(Y_2) = \left(\frac{1}{5}\right)^2\sigma^2 + \left(\frac{2}{5}\right)^2\sigma^2 + \left(\frac{2}{5}\right)^2\sigma^2 = \frac{9\sigma^2}{25}$$

이므로 $Var(Y_1) < Var(Y_2)$이다. 따라서 Y_1은 Y_2보다 더 유효한 추정량이다. ■

표본크기가 변하면 추정량의 분포도 변하기 때문에 $n \to \infty$일 때 추정량의 성질은 중요하다. 6장의 표 4에서 보듯이 균등분포에서 표본크기가 $n = 1$이면 $\overline{X}$의 분포는 모집단 분포와 동일한 균등분포이다. 표본크기가 $n = 2$이면 $\overline{X}$의 분포는 삼각형 모양의 분포이다. $n = 30$이면 $\overline{X}$의 분포는 점점 더 정규분포에 가까워짐을 알 수 있다. 추정량에 요구되는 또 다른 성질로서 표본크기가 매우 크다면 참값에 매우 가까운 값을 거의 항상 얻게 되기를 요구할 수 있다. 이러한 성질을 일치성이라고 한다.

정의 3 | 일치추정량(consistent estimator)

모수 θ의 추정량을 $\hat{\theta}_n$이라 할 때 임의의 양수 ε에 대하여 $\hat{\theta}_n$이 θ에 확률수렴하면, 즉

$$\lim_{n \to \infty} P(|\hat{\theta}_n - \theta| < \varepsilon) = 1 \quad \text{또는} \quad \lim_{n \to \infty} P(|\hat{\theta}_n - \theta| \geq \varepsilon) = 0$$

이 성립하면 $\hat{\theta}_n$을 θ의 **일치추정량**이라 한다.

다음 성질은 일치성을 만족하는 두 가지 충분조건을 제시한다.

성질 1

표본크기가 n이고 $\widehat{\theta_n}$을 θ의 한 추정량이라고 하자.

$$\lim_{n \to \infty} E(\widehat{\theta_n}) = \theta, \quad \lim_{n \to \infty} Var(\widehat{\theta_n}) = 0$$

이면 $\widehat{\theta_n}$은 θ의 일치추정량이다.

성질 1에 의하면 $\overline{X}_n$는 μ의 일치추정량이다. 이제 모집단의 대표적 모수인 모평균, 모분산과 모표준편차, 그리고 모비율에 대한 점추정에 대하여 살펴보자.

모평균 μ의 추정량으로 여러 가지 통계량이 사용될 수 있으며, 그 가운데 가장 대표적인 것이 표본평균이다. 모집단으로부터 추출한 크기 n인 임의의 표본을 $x_1, x_2, \cdots, x_n$이라 할 때 모평균의 추정량인 표본평균은 다음과 같이 정의한다.

$$\overline{X} = \frac{1}{n} \sum_{i=1}^{n} X_i$$

모평균이 μ이고 모분산이 σ^2인 무한모집단으로부터 크기 n인 표본을 복원추출할 때 표본평균 $\overline{X}$는 다음과 같은 성질을 갖는다.

$$E(\overline{X}) = \mu,$$

$$Var(\overline{X}) = \frac{\sigma^2}{n}$$

따라서 $\overline{X}$는 모평균 μ의 불편추정량이고, $\overline{X}$의 분산이 $\dfrac{\sigma^2}{n}$이므로 표준편차는 $\dfrac{\sigma}{\sqrt{n}}$이다. 모평균이 μ이고 모분산이 σ^2인 모집단으로부터 크기 n인 임의 표본을 $X_1, X_2, \cdots, X_n$ 이라 할 때 모분산의 추정량인 표본분산은 다음과 같이 정의한다.

$$S^2 = \frac{1}{n-1}\sum_{i=1}^{n}(X_i - \overline{X})^2$$

6.2절의 성질 4에 의하면 $\dfrac{(n-1)S^2}{\sigma^2} \sim \chi^2(n-1)$ 이므로 무한모집단으로부터 임의 표본을 추출하여 얻은 표본분산 S^2은 다음과 같은 성질을 갖는다.

$$E(S^2) = \sigma^2$$

따라서 S^2은 모분산 σ^2의 불편추정량임을 알 수 있다.

모비율(population proportion)은 어떤 정부 시책에 대한 국민 지지율이나 어떤 상품의 시장 점유율 또는 부품생산에 있어서 불량률 등과 같이 모집단에서 어떤 특정한 속성을 갖는 비율을 의미한다. 따라서 모비율의 추정은 여론조사, 시장조사, 품질관리분야에서 많이 요구되고 있다.

어떤 특정한 속성에 대한 모비율이 p인 무한모집단으로부터 n개의 임의 표본을 추출하였을 때, 특정한 속성을 가지고 있는 개체의 총수를 X라 하면 X는 이항분포 $B(n, p)$를 따른다. 이때 모비율의 추정량인 표본비율(sample proportion)은 다음과 같이 정의한다.

$$\hat{p} = \frac{X}{n}$$

X가 이항분포 $b(n, p)$를 따를 때

$$E(X) = np\ ,$$
$$Var(X) = np(1-p)$$

이 성립되므로, 표본비율 $\hat{p}$의 기댓값과 분산은 다음과 같다.

$$E(\hat{p}) = p,$$
$$Var(\hat{p}) = \frac{p(1-p)}{n}$$

그러므로 $\hat{p}$는 모비율 p의 불편추정량이면서 일치추정량이다.

예제 3 어떤 제품의 품질 특성을 조사하기 위하여 10개의 표본을 추출하여 측정한 결과 다음과 같은 값을 얻었다.

2.3	2.2	2.1	1.9	2.2	2.4	2.1	2.3	1.7	1.8

이 품질 특성값에 대한 모평균 μ와 모분산 σ^2, 그리고 모표준편차 σ를 추정하여라.

풀이 모평균의 추정값은 $\hat{\mu}=\overline{X}=\frac{1}{10}(2.3+2.2+\cdots+1.8)=2.1$이고 모분산의 추정값은

$$\hat{\sigma}^2=S^2=\frac{1}{10-1}[(2.3-2.1)^2+(2.2-2.1)^2+\cdots+(1.8-2.1)^2]$$
$$=0.0533$$

이다. 그리고 모표준편차의 추정값은

$$S=\sqrt{0.0533}=0.231$$

이다. ■

R-풀이

```
# c()를 이용하여 데이터를 벡터 형태로 ex7_1_3 객체에 할당함
ex7_1_3 <- c(2.3, 2.2, 2.1, 1.9, 2.2, 2.4, 2.1, 2.3, 1.7, 1.8)
# mean()을 이용하여 데이터의 표본평균을 구함
mean(ex7_1_3)
[1] 2.1
# var()을 이용하여 데이터의 모분산을 구하고, round()를 이용하여 소수 넷째자리까지 나타냄
round(var(ex7_1_3), 4)
[1] 0.0533
# sd()를 이용하여 데이터의 모표준편차를 구하고, round()를 이용하여 소수 셋째자리까지 나타냄
round(sd(ex7_1_3), 3)
[1] 0.231
```

표본 수가 작은 경우에는 추정량의 불편성과 유효성은 바람직한 성질들이지만 이

와 다른 추정량의 성질로서 충분성을 생각할 수 있다. 충분성이라는 의미는 표본이 제공하는 모수에 대한 모든 정보를 이용한 추정량이라는 의미이다. 즉 **충분통계량**이란 표본의 모든 관측값을 이용할 뿐 아니라 관측값들이 제공하는 정보도 이용하는 추정량인 것을 의미한다. 우리는 일반적으로 모수 θ를 추정하는 데 있어서 통계량 $\hat{\theta}$가 θ의 추정량으로 사용될 때, 통계량 $\hat{\theta}$가 표본에 포함되어 있는 θ에 관한 모든 정보를 갖고 있으면 통계량 $\hat{\theta}$를 θ의 충분통계량이라 한다. 이것은 충분통계량 값이 알려지면 다른 통계량들의 관찰값들도 모수에 대한 더 많은 정보를 갖지 않음을 의미한다. 따라서 $\hat{\theta}$를 모수 θ의 충분통계량이라 하면 $\hat{\theta}$의 값이 주어졌을 때 그 어떤 다른 통계량들의 조건부분포도 모수 θ를 포함하지 않는다. 이를 이용하면 표본의 중앙값은 관측값들의 순위만을 이용하고 관측값들이 제공하는 숫자적인 정보를 이용하지 않으므로 충분통계량이 아니다.

충분통계량의 정의와 성질은 기초통계학의 범위를 벗어나므로 생략한다.

7.1 연습문제

1 미지의 모평균 μ를 가지는 모집단으로부터 크기 3인 확률표본 X_1, X_2, X_3을 추출하여, 모평균에 대한 점추정량을 다음과 같이 정의하였다. 각 추정량의 편의를 구하고 3개 추정량 중 불편추정량과 편의추정량을 구하여라.

$$\widehat{\mu_1} = \frac{1}{3}(X_1 + X_2 + X_3), \quad \widehat{\mu_2} = \frac{1}{4}(X_1 + 2X_2 + X_3), \quad \widehat{\mu_3} = \frac{1}{5}(X_1 + 2X_2 + X_3)$$

2 모평균 μ와 모분산 σ^2을 갖는 모집단으로부터 크기 10인 확률표본을 다음과 같이 얻었다. 이 표본의 표본평균과 표본분산을 이용하여 모평균과 모분산의 불편추정값을 구하여라.

2.62	2.69	2.71	2.73	2.66	2.64	2.81	2.78	2.76	2.84

3 만일 X_1과 X_2가 모수 λ인 푸아송 분포로부터의 두 독립인 확률변수라면 X_1과 X_2의 평균은 λ의 불편추정량임을 보여라.

4 T_1과 T_2은 모수 θ에 대한 불편추정량이고, $Var(T_2) = 4\,Var(T_1)$라 한다. 이때, $aT_1 + bT_2$가 모수 θ에 대한 최소분산불편추정량이 되기 위한 a와 b를 구하여라.

5 상호대화식의 컴퓨터 시스템은 대단위 장치에서 사용이 가능하다. 시간당 수신된 신호 수 X는 모수 λ인 푸아송 분포에 따른다고 한다. 이때 수신된 신호 수에 대한 다음 표본에 대하여,

31	28	28	25	17	26	22	10	4	27

(1) 이 모수에 대한 불편추정량을 하나 제시하여라.

(2) 시간당 수신된 평균 신호 수에 대한 불편추정값을 구하여라.

(3) 30분당 수신된 평균 신호 수에 대한 불편추정값을 구하여라.

6 정규모집단에 대하여 표본분산 S^2은 σ^2에 대한 일치추정량임을 보여라.

7.2 최대우도추정

앞에서 소개한 바람직한 추정량의 조건 또는 특징들은 추정량이 훌륭한 것인지를 판단하는 기준을 제공하지만 이러한 조건들을 전부 또는 대부분 보유하는 추정량을 구하는 방법을 제시하지는 못하고 있기 때문에 이를 별도로 고려해볼 필요가 있다. 예를 들면 모평균의 추정량인 표본평균이나 모비율의 추정량인 표본비율의 경우처럼 앞에서 설명한 모든 조건을 갖춘 추정량이 있는 반면, 이처럼 모든 특성을 고루 갖춘 추정량의 발견이 가능치 못한 경우도 있다. 이러할 때에는 여러 특성 중 어느 것을 중요시하는가 하는 문제가 발생하는데, 이런 경우에는 적절한 추정량을 결정할 수 있는 일반적인 과정을 밟는 것이 중요하다. 이러한 과정에는 여러 가지가 있으며, 그중에서도 최대우도추정방법을 제일 많이 사용한다.

피셔(R. A. Fisher)는 좋은 추정량이 되기 위한 기준들의 상당히 많은 조건을 만족하는 추정량을 찾기 위한 방법으로 **최대우도추정방법**을 개발하였다. 그는 1920년대에 추정량을 구하는 최대우도추정방법을 제시하였는데 이 방법에 의한 추정량은 앞에서 연구한 좋은 추정량의 몇 가지 성질을 지닌다. 특히 이 방법은 추정량을 구하기가 용이하고 구한 추정량은 표본크기가 클 때 모수 근처에서 정규분포에 가까우므로 자주 사용된다. 최대우도추정방법은 주어진 표본이 추출될 가장 가능한 표본공간을 택하여 모수를 추정한다. 이 말은 다시 말하면 다른 표본공간에서 가장 빈번히 관측된 표본을 생성할 수 있는 표본공간이 선택된다는 의미이다.

예를 들어, 찌그러진 동전을 던지는 실험에서 앞면이 나온 평균비율이 $p=0.2$, 0.3 또는 0.8 가운데 하나라고 하자. 이때 동전을 두 번 던져서 관찰된 앞면의 수를 생각한다면, 모수공간이 $\Omega=\{0.2,\ 0.3,\ 0.8\}$인 베르누이 분포 $X\sim B(1,\ p)$로부터 크기 2인 확률표본 $\{X_1,\ X_2\}$로 생각할 수 있다. 그러면 모수 p에 대한 적률추정방법에 의한 추정량은 $\overline{X}$이며, $X_i=0$ 또는 $X_i=1$이므로 $\overline{X}$의 가능한 관찰값은 $\overline{x}=0,\ 0.5$, 그리고 1뿐이다. 한편 이러한 관찰값들은 모수공간에 들어 있지 않게 된다. 이제 $X_1,\ X_2$의 결합확률함수

$$f(x_1,\ x_2\,;p)=p^{x_1+x_2}(1-p)^{2-x_1-x_2},\ x_i=0,\ 1\,,\ i=1,\ 2$$

를 생각하자. 그러면 모수공간 안의 p에 따른 $X_1,\ X_2$의 결합확률은 [표 1]과 같으

며, 관찰값이 $(x_1, x_2)=(0, 0)$인 경우 가장 큰 확률을 가지는 경우는 $p=0.2$인 것을 알 수 있다. 또한 관찰값이 $(x_1, x_2)=(0, 1), (1, 0)$일 때 가장 큰 확률을 가지는 경우는 $p=0.3$, 그리고 $(x_1, x_2)=(1, 1)$인 경우 가장 큰 확률을 가지는 경우는 $p=0.8$이다. 그러므로 관찰된 (x_1, x_2)에 대하여 우도를 최대로 하는 추정량은

$$\hat{p}=\begin{cases}0.2, & (x_1, x_2)=(0, 0)\\ 0.3, & (x_1, x_2)=(0, 1), (1, 0)\\ 0.8, & (x_1, x_2)=(1, 1)\end{cases}$$

이다.

| 표 1 |

p \ (x_1, x_2)	(0, 0)	(0, 1)	(1, 0)	(1, 1)
0.2	0.64	0.16	0.16	0.04
0.3	0.49	0.21	0.21	0.09
0.8	0.04	0.16	0.16	0.64

이와 같이 가능한 모든 모수값을 갖는 모수공간 Ω를 갖는 모집단 분포로부터 확률표본 $X_1, X_2, \cdots, X_n$을 취할 때, 확률표본에서 관찰된 값 $x_1, x_2, \cdots, x_n$에 기초하여 통계량의 값 $u(x_1, x_2, \cdots, x_n)$이 모수 θ에 대한 좋은 추정값이 되도록 하는 추정량 $u(X_1, X_2, \cdots, X_n)$을 찾고자 한다. 이때 θ에 대한 좋은 추정량을 찾기 위한 타당한 방법 가운데 하나는 결합확률함수 또는 결합밀도함수를 θ의 함수로 생각하고, 이 함수를 최대로 하는 θ를 구하는 것이다. 다시 말해서 미지인 모수 θ를 갖는 모집단분포 $f(x;\theta)$로부터 크기 n인 확률표본 $X_1, X_2, \cdots, X_n$을 추출할 때, 결합확률함수

$$\begin{aligned} f(x_1, x_2, \cdots, x_n;\theta) &= f(x_1;\theta)f(x_2;\theta)\cdots f(x_n;\theta)\\ &=\prod_{i=1}^{n} f(x_i;\theta)\end{aligned}$$

를 모수 θ의 함수

$$\begin{aligned} L(\theta)=L(\theta;x_1, x_2, \cdots, x_n) &= f(x_1;\theta)f(x_2;\theta)\cdots f(x_n;\theta)\\ &=\prod_{i=1}^{n} f(x_i;\theta)\end{aligned}$$

로 생각할 수 있으며, 이 함수를 **우도함수**(likelihood function)라 부른다. 그리고 모수공간 Ω에서 우도함수 $L(\theta)$를 최대로 하는 $\theta=\hat{\theta}$가 존재한다면 $\hat{\theta}$를 모수 θ의

최대우도추정(MLE; maximum likelihood estimator)이라 한다. 이때 Ω가 개구간이고 우도함수 $L(\theta)$가 Ω에서 미분가능하고 최댓값을 갖는다면, 최대우도추정은

$$\frac{d}{d\theta}L(\theta)=0$$

을 만족하는 해가 되며, 이 방정식을 **우도방정식**(maximum likelihood equation)이라 한다. 한편 최대우도추정을 구할 때, 때때로 우도함수 자체를 최대로 하는 모수값을 구하는 것보다 우도함수에 자연로그를 취하여

$$\frac{d}{d\theta}\ln L(\theta)=0$$

을 최대로 하는 $\theta=\hat{\theta}$ 를 구하는 것이 쉬울 때가 있다.

예제 1 X가 모비율 p인 베르누이 모집단으로부터 n개의 임의 표본을 추출하였을 때, 어떤 특정한 속성을 가지고 있는 개체수가 x일 때 모비율 p의 최대우도추정량 $\hat{p}$를 구하여라.

풀이 우선 우도함수는

$$\begin{aligned}L(p)&=p^{x_1+x_2+\cdots+x_n}(1-p)^{n-(x_1+x_2+\cdots+x_n)}\\&=p^{x}(1-p)^{n-x}\end{aligned}$$

이므로 양변에 대수를 취하여 다음과 같이 로그 우도함수를 얻을 수 있다.

$$\ln L(p)=x\ln p+(n-x)\ln(1-p)$$

로그 우도함수를 p에 관하여 미분하여 0으로 놓으면

$$\frac{d\ln L(p)}{dp}=\frac{x}{p}-\frac{n-x}{1-p}=0$$

이므로 이를 p에 관해 풀면 다음과 같은 최대우도추정 $\hat{p}$를 얻을 수 있다.

$$\hat{p}=\frac{x}{n}$$

■

예제 2 $X_1, X_2, \cdots, X_n$ 을 확률밀도함수

$$f(x;\theta)=\frac{1}{\theta}e^{-x/\theta},\ 0<x<\infty,\ 0<\theta<\infty$$

를 갖는 분포의 확률표본이라 할 때 모수 θ의 최대우도추정량 $\hat{\theta}$를 구하여라.

풀이 우도함수는

$$L(\theta) = \prod_{i=1}^{n} f(x_i;\theta) = \frac{1}{\theta} e^{-x_1/\theta} \cdot \frac{1}{\theta} e^{-x_2/\theta} \cdots \frac{1}{\theta} e^{-x_n/\theta}$$

$$= \frac{1}{\theta^n} exp\left(-\frac{1}{\theta}\sum_{i=1}^{n} x_i\right),\ 0 < \theta < \infty$$

이고, 따라서 로그 우도함수는

$$\ln L(\theta) = -n \ln\theta - \frac{1}{\theta}\sum_{i=1}^{n} x_i,\ 0 < \theta < \infty$$

이다. 그러므로 우도방정식

$$\frac{d}{d\theta}\ln L(\theta) = -\frac{n}{\theta} + \frac{1}{\theta^2}\sum_{i=1}^{n} x_i = 0$$

이고, 이 방정식의 해를 구하면 $\hat{\theta} = \frac{1}{n}\sum_{i=1}^{n} x_i = \bar{x}$이다. ■

R-풀이

```
# θ = 1/2 이고, n이 1000일 때 자료를 생성하여 θ의 로그우도함수를 정의하고, 이것을 최대로 하는 θ의 값을 구한 후, 이 결과를 θ의 이론적인 최대우도추정량의 값과 비교함
n <- 1000; theta <- 1/2
# rexp(난수의 개수, 1/평균)을 이용하여 평균이 θ인 지수분포를 따르는 난수를 100개 생성하여 x 객체에 할당함
x <- rexp(n, 1/theta)
# function()을 이용하여 로그우도함수를 정의한 후 loglike 객체에 할당함
loglike <- function(theta) {
-n*log(theta) - (1/theta)*sum(x)}
# optimize()를 이용하여 함수 loglike를 주어진 interval에서 최대로 하는 θ̂를 theta_mle객체에 할당함
theta_mle <- optimize(loglike, interval=c(0, 3), maximum=TRUE)$maximum
# mean()을 이용하여 위에서 생성한 난수의 표본평균인 이론적인 mle를 구하고, theory_mle객체에 할당함
theory_mle <- mean(x)
# cbind()를 이용하여 (θ̂, x̄)를 열로 결합함
cbind(theta_mle, theory_mle)
      theta_mle   theory_mle
[1,]  0.5019964   0.5019804
# 해석: (θ̂, x̄) = (0.5019964, 0.5019804) 로 두 값이 거의 일치함을 확인할 수 있음
```

7.2 연습문제

1 $X_1,\ X_2,\ \cdots,\ X_n$을 다음 확률함수 또는 확률밀도함수를 갖는 분포로부터의 확률표본이라 할 때 모수 θ의 최대우도추정량 $\hat{\theta}$를 구하여라.

(1) $f(x\,;\theta)=\theta(1-\theta)^{x-1},\ x=1,\ 2,\ 3,\ \cdots,\ 0<\theta<1$

(2) $f(x\,;\theta)=\theta^{x}(1-\theta)^{1-x},\ x=0,\ 1,\ 0<\theta<1$

(3) $f(x\,;\theta)=\dfrac{1}{\theta}e^{-x/\theta},\ 0<x<\infty,\ 0<\theta<\infty$

2 $f(x;\theta)=\dfrac{1}{\theta}e^{-x/\theta},\ 0<x<\infty,\ 0<\theta<\infty$일 때, $P(X\geq 1)$의 최대우도추정량을 구하여라.

3 $X_1,\ X_2,\ \cdots,\ X_n$이 구간 $(0,\ \theta]$상의 균등분포로부터 추출된 확률표본이라고 하자. 모수 θ의 최대우도추정을 구하여라.

4 확률변수 X의 확률밀도함수가

$$f(x)=\begin{cases}\dfrac{1}{\theta}x^{\frac{1-\theta}{\theta}}, & 0<x<1,\ 0<\theta<\infty\\ 0, & \text{기타}\end{cases}$$

일 때

(1) θ의 최대우도추정이 $\hat{\theta}=-\dfrac{1}{n}\displaystyle\sum_{i=1}^{n}\ln X_i$임을 보여라.

(2) $\hat{\theta}$가 불편추정량임을 보여라.

7.3 모평균의 구간추정

구간추정이란 미지 모수 θ의 참값이 속할 것으로 기대되는 구간을 추정하는 것이다. 미지 모수 θ의 구간추정을 위하여 표본으로부터 계산한 추정량 $\hat{\theta}_1$, $\hat{\theta}_2$를 정하고 주어진 양수 $\alpha\,(0 < \alpha < 1)$에 대하여

$$P(\hat{\theta}_1 < \theta < \hat{\theta}_2) = 1 - \alpha$$

가 만족될 때 구간 $(\hat{\theta}_1, \hat{\theta}_2)$를 θ의 $(1-\alpha)100\%$ **신뢰구간**(confidence interval) 또는 구간추정량(interval estimator)이라 하고, $(1-\alpha)$를 **신뢰계수**(confidence coefficient) 또는 **신뢰도**(degree of confidence)라 한다. 그리고 $\hat{\theta}_1$과 $\hat{\theta}_2$를 **신뢰한계**(confidence limits)라 하며, $\hat{\theta}_1$을 **신뢰하한**(confidence lower limit), $\hat{\theta}_2$을 **신뢰상한**(confidence upper limit)이라 한다.

신뢰계수는 일반적으로 α가 0.1, 0.05, 0.01이 되는 90%, 95%, 99%를 주로 사용한다. 90% 신뢰도라 함은 표본으로부터 얻은 신뢰구간이 정확한 모수의 참값을 포함할 확률이 90%임을 나타내는 것이 아니고, 다음 그림과 같이 미지의 모수 θ를 갖는 모집단으로부터 확률표본 10개를 임의로 추출하였을 때, 각각의 표본으로부터 얻은 신뢰구간 10개 중에서 90%에 해당하는 9개의 구간이 모평균의 참값을 포함

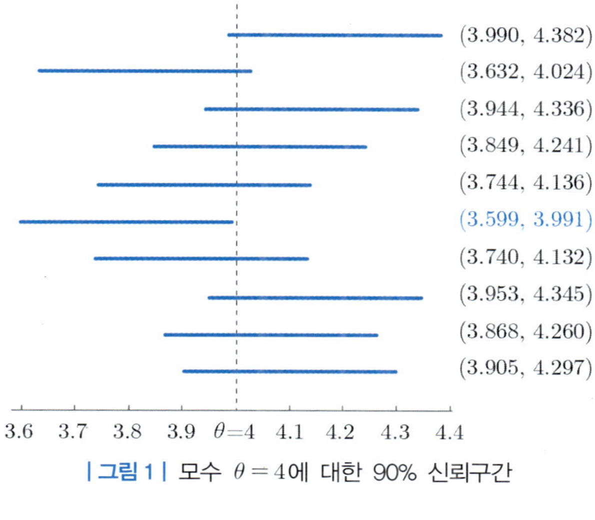

| 그림 1 | 모수 $\theta = 4$에 대한 90% 신뢰구간

하고, 나머지 10%에 해당하는 1개의 구간은 모수의 참값을 포함하지 않음을 의미한다.

모분산 σ^2을 아는 경우와 모르는 경우로 나누어서 모평균의 구간추정에 대하여 살펴보자.

7.3.1 모분산 σ^2을 아는 경우 모평균 μ의 구간추정

정규모집단 $N(\mu, \sigma^2)$에서 모분산 σ^2을 알고 있을 때 미지의 모평균 μ의 신뢰구간을 구해보자. 정규모집단으로부터 추출한 크기가 n인 임의 표본의 표본평균 $\overline{x}$는 정규분포 $N\left(\mu, \dfrac{\sigma^2}{n}\right)$을 따르므로 이것을 표준화한 Z 통계량

$$Z= \frac{\overline{X}-\mu}{\sigma/\sqrt{n}}$$

는 표준정규분포 $N(0, 1)$을 따른다.

따라서 표준정규분포의 성질로부터 임의의 양수 $\alpha\ (0<\alpha<1)$에 대하여

$$P(-z_{\alpha/2}<Z<z_{\alpha/2})=1-\alpha$$

가 성립한다. 여기서 $z_{\alpha/2}$는 표준정규분포 $N(0, 1)$에서 오른쪽 꼬리의 넓이가 $(\alpha/2)$인 점을 나타내며, 구간추정에서 $z_{\alpha/2}$값으로 $z_{0.05}=1.645$, $z_{0.025}=1.96$, $z_{0.005}=2.576$이 주로 사용된다.

위의 식에 Z 통계량을 대입하면

$$P\left(-z_{\alpha/2}<\frac{\overline{X}-\mu}{\sigma/\sqrt{n}}<z_{\alpha/2}\right)=1-\alpha$$

이므로, 좌변 항의 괄호 속 부등식을 μ에 관해 풀어 정리하면 다음과 같이 쓸 수 있다.

$$P\left(\overline{X}-z_{\alpha/2}\frac{\sigma}{\sqrt{n}}<\mu<\overline{X}+z_{\alpha/2}\frac{\sigma}{\sqrt{n}}\right)=1-\alpha$$

따라서 모평균 μ에 대한 $100(1-\alpha)\%$ 신뢰구간은 다음과 같다.

$$\left(\overline{X}-z_{\alpha/2}\frac{\sigma}{\sqrt{n}},\ \overline{X}+z_{\alpha/2}\frac{\sigma}{\sqrt{n}}\right)$$

이것은 모평균 μ가 위의 구간에 포함될 것을 $100(1-\alpha)\%$ 신뢰할 수 있음을 의미한다. 또한 모집단의 분포가 정규분포가 아닌 임의의 모집단에서 모분산 σ^2을 알

고 있을 때 미지의 모평균 μ의 신뢰구간은 n이 대표본일 경우 중심극한정리에 의해 위의 식을 그대로 사용한다.

예제 1 어느 회사에서 생산하는 비누 무게는 분산이 $\sigma^2 = 4(\text{g})$인 정규분포를 따른다고 한다. 25개의 비누를 임의 추출하였을 때 그 평균무게의 값은 $\overline{X} = 97(\text{g})$이었다. 실제 평균무게 μ에 대한 95% 신뢰구간을 구하여라.

풀이 $z_{\alpha/2} = z_{0.025} = 1.96$이고, $\sigma = 2, n = 25$이므로 μ에 대한 95% 신뢰구간 $97 - 1.96\frac{2}{\sqrt{25}} < \mu < 97 + 1.96\frac{2}{\sqrt{25}}$, 즉 $96.216 < \mu < 97.784$이다. ■

R-풀이

function()을 이용하여 표본개수, 표본평균, 표본표준편차, 유의수준을 인수로 하는 신뢰구간을 구하는 함수를 ex7_3_1로 정의함

qnorm(누적확률, 평균, 표준편차)을 이용하여 정규분포로부터 $P(Z > z_{\alpha/2}) = \frac{\alpha}{2}$가 되는 $z_{0.05/2}$의 값을 구함. 단, 평균과 표준편차를 생략하면 표준정규분포로부터 계산함

```
ex7_3_1 <- function(n, sam_mean, sam_sd, alpha) {
  err <- qnorm(1 - alpha/2)*sam_sd/sqrt(n)
  sam_mean + c(-err, err)
}
# 함수 ex7_3_1을 실행하고, round()를 이용하여 소수 셋째자리까지 나타냄
round(ex7_3_1(25, 97, 2, 0.05), 3)
[1] 96.216 97.784
```

7.3.2 모분산 σ^2을 모르는 경우 모평균 μ의 구간추정

정규모집단 $N(\mu, \sigma^2)$에서 모분산 σ^2을 모를 때 미지의 모평균 μ의 신뢰구간을 구해보자. 우선 정규모집단으로부터 추출한 표본크기 n이 대표본$(n \geq 30)$일 경우 모평균 μ에 대한 $100(1-\alpha)\%$ 신뢰구간은 모표준편차 σ 대신 표본표준편차 S를 대입하여 다음과 같이 구할 수 있다.

$$\left(\overline{X} - z_{\alpha/2}\frac{S}{\sqrt{n}},\ \overline{X} + z_{\alpha/2}\frac{S}{\sqrt{n}}\right)$$

또한 모집단의 분포가 정규분포가 아닌 임의의 모집단에서 n이 대표본일 경우 중심극한정리에 의해 $\overline{X}$는 근사적으로 정규분포를 따르므로, 모표준편차 σ는 표본표준편차 S로 추정될 수 있으므로 모평균 μ의 구간추정은 위의 식을 그대로 사용할 수 있다.

위의 식을 이용하여 신뢰구간을 구하는 경우 표본에 따라 $\overline{x}$와 S가 변하므로 신뢰구간도 변하게 된다. 따라서 신뢰구간을 반복적으로 구할 때, 신뢰구간 중에는 모평균 μ를 포함하지 않는 경우도 있지만 전체의 약 $100(1-\alpha)\%$ 정도는 모평균 μ를 포함할 것으로 기대할 수 있다.

그러나 표본크기 n이 소표본($n<30$)일 경우 모집단이 정규분포를 따를 때에도 σ 대신 S를 대입한 것이 정규분포와는 크게 다를 수 있으므로 이러한 경우 다른 분포가 필요하게 된다. 따라서 Z 통계량에서 σ 대신 S를 대입한 t 통계량은 다음과 같다.

$$t=\frac{\overline{X}-\mu}{S/\sqrt{n}}$$

이때 t 통계량은 자유도 $n-1$인 t 분포를 따른다.

그러므로 임의의 양수 $\alpha\,(0<\alpha<1)$에 대하여

$$P\left(-t_{(n-1,\,\alpha/2)}<\frac{\overline{X}-\mu}{S/\sqrt{n}}<t_{(n-1,\,\alpha/2)}\right)=1-\alpha$$

가 성립한다. 여기서 $t_{(n-1,\,\alpha/2)}$는 자유도 $n-1$인 t 분포의 오른쪽 꼬리의 넓이가 $(\alpha/2)$인 점을 나타내며, 구간추정에서 $t_{(n-1,\,\alpha/2)}$ 값으로 $t_{(10,\,0.025)}=2.228$, $t_{(20,\,0.025)}=2.086$, $t_{(\infty,\,0.025)}=1.96$이 주로 사용된다.

위 식의 좌변 항의 괄호 속 부등식을 μ에 관해 풀어서 정리하면 다음과 같이 쓸 수 있다.

$$P\left(\overline{X}-t_{(n-1,\,\alpha/2)}\frac{S}{\sqrt{n}}<\mu<\overline{X}+t_{(n-1,\,\alpha/2)}\frac{S}{\sqrt{n}}\right)=1-\alpha$$

따라서 $n<30$인 경우 모평균 μ에 대한 $(1-\alpha)100\%$ 신뢰구간은 다음과 같다.

$$\left(\overline{X}-t_{(n-1,\,\alpha/2)}\frac{S}{\sqrt{n}},\ \overline{X}+t_{(n-1,\,\alpha/2)}\frac{S}{\sqrt{n}}\right)$$

$t_{\left(n-1,\,\frac{\alpha}{2}\right)}$는 $t_{\frac{\alpha}{2}}(n-1)$로도 표시한다.

예제 2 정규모집단 $N(\mu, \sigma^2)$에서 크기 5인 표본을 추출한 결과 [2.9 2.5 3.7 3.0 2.8]을 얻었다. 이 결과를 이용하여 모평균 μ에 대한 95% 신뢰구간을 구하여라.

풀이 우선 표본평균과 표분분산을 먼저 구하면 각각 다음과 같다.

$$\bar{x} = \frac{1}{5}(2.9 + 2.5 + 3.7 + 3.0 + 2.8) = 2.98,$$

$$\begin{aligned} s^2 &= \frac{1}{4}\sum_{i=1}^{5}(x_i - 2.98)^2 \\ &= \frac{1}{4}(0.0064 + 0.2304 + 0.5184 + 0.0004 + 0.0324) \\ &= 0.197 \end{aligned}$$

따라서 표본표준편차는 $s = \sqrt{0.197} = 0.4438$이고, $1 - \alpha = 0.95$에 대하여 자유도 4인 t 분포표로부터 $t_{0.025}(4) = 2.776$을 얻는다. 그러면 95% 신뢰구간의 하한과 상한은 각각 다음과 같다.

$$\hat{\theta}_1 = \bar{x} - t_{0.025}(4) \cdot \frac{s}{\sqrt{5}} = 2.98 - 0.551 = 2.429,$$

$$\hat{\theta}_2 = \bar{x} + t_{0.025}(4) \cdot \frac{s}{\sqrt{5}} = 2.98 + 0.551 = 3.531$$

신뢰수준 95%에 대한 모평균 μ의 신뢰구간은 $(2.429, 3.531)$이다. ■

R-풀이

c()를 이용하여 데이터를 벡터 형태인 ex7_3_2 객체에 할당함

```
ex7_3_2 <- c(2.9, 2.5, 3.7, 3.0, 2.8)
```

function()을 이용하여 신뢰구간을 구하는 함수를 ex7_3_2CI로 정의함. qt(누적확률, 자유도)를 이용하여 t분포로부터 $P(T > t_{\alpha/2}) = \frac{\alpha}{2}$가 되는 $t_{0.05/2}$의 값을 활용함

```
ex7_3_2CI <- function(x, alpha=0.05) {
  n <- length(ex7_3_2)
  sam_mean <- mean(x)
  sam_sd <- sd(x)
  err <- qt(1 - alpha/2, n - 1)*sam_sd/sqrt(n)
  sam_mean + c(-err, err)
}
```

함수 ex7_3_2_CI를 실행하고, round()를 이용하여 소수 셋째자리까지 나타냄

```
round(ex7_3_2CI(ex7_3_2), 3)
[1] 2.429 3.531
# 또는 t.test()를 이용하여 신뢰구간을 구함
t.test(ex7_3_2)
One Sample t-test

data:  ex7_3_2
t = 15.013, df = 4, p-value = 0.0001147
alternative hypothesis: true mean is not equal to 0
95 percent confidence interval:
 2.428891 3.531109
sample estimates:
mean of x
     2.98
# 신뢰구간만 제시함
round(t.test(ex7_3_2)$conf, 3)
[1] 2.429 3.531
attr(,"conf.level")
[1] 0.95
```

7.3
연습문제

1 어느 대학교 학생들의 IQ는 평균이 μ이고 $\sigma = 5.4$인 정규분포를 따른다. μ를 추정하기 위하여 25명의 무작위 표본을 추출한 결과 $\overline{X} = 127$을 얻었다. μ에 대한 95% 신뢰구간을 구하여라.

2 어느 회사에서 생산하는 비누 무게는 정규분포를 따른다고 한다. 생산된 비누 중에서 25개를 임의로 추출하였을 때 그 평균 무게의 값은 $\overline{x} = 97$(g)이었다.

(1) 분산이 $\sigma^2 = 4$ (g)인 경우, 실제 평균 무게 μ에 대한 95% 신뢰구간을 구하여라.

(2) 표본분산이 $s^2 = 4.25$ (g)인 경우, 실제 평균 무게 μ에 대한 95% 신뢰구간을 구하여라.

3 다음 자료는 어느 직장에 근무하는 직원 20명에 대한 혈중 콜레스테롤 수치를 조사한 자료이다. 이 직장에 근무하는 직원들의 콜레스테롤 평균 수치에 대한 95% 신뢰구간을 구하여라.

193.27	193.88	253.26	237.15	188.83	200.56	274.31	230.36	212.08	222.19
198.48	202.50	215.35	218.95	233.16	222.23	218.53	204.64	206.72	199.37

(1) 콜레스테롤 수치가 정규분포 $N(\mu,\ 400)$에 따르는 경우

(2) 콜레스테롤 수치가 모분산을 모르는 정규분포에 따르는 경우

4 강의실 옆의 커피 자판기에서 컵 한 잔에 나오는 커피의 양을 조사하기 위하여 101잔을 조사한 결과 평균 0.3리터, 표준편차 0.06리터이었다. 이 자판기에서 나오는 커피 한 잔의 평균 양에 대한 95% 신뢰구간을 구하여라.

(1) 커피의 양은 정규분포를 따르며, 표준편차는 0.05리터로 알려져 있는 경우

(2) 커피의 양은 정규분포를 따르며, 표준편차를 모르는 경우

5 대학생들이 자기 학교 농구팀의 게임당 득점능력을 알고 싶어 한다. 득점은 $N(\mu,\ \sigma^2)$을 따르고 10회 시합에서 얻은 득점은 다음과 같다.

69, 81, 67, 80, 71, 70, 78, 68, 57, 59

이 표본을 이용하여 평균득점에 대한 99% 신뢰구간을 구하여라.

6 10년 전의 남학생의 키에 비하여 많이 성장하였는지 알아보기 위하여 다음과 같은 표본을 얻었다. 이 표본을 이용하여 우리나라 남학생의 평균키에 대한 90% 신뢰구간을 구하여라.

(단위 : cm)

160.0	176.2	160.5	180.5	167.4	164.8	175.5	168.8	173.6	179.3
170.0	189.1	185.2	163.7	178.4	167.7	161.5	169.4	178.2	171.1

7 2,000개의 제품 중에서 400개를 임의 추출하여 무게를 측정하였더니 평균 $\overline{x}=25.0$, 표준편차 $s=4.99$ 이었다. 이때, 모평균 μ의 95% 신뢰구간을 구하여라.

7.4 모비율의 구간추정

이항모집단의 모비율 p의 점추정량은

$$\hat{p} = \frac{X}{n}$$

이며, 여기서 X를 어떤 특정한 속성을 가지고 있는 개체의 총수라 하면 X는 이항분포 $B(n,\ p)$를 따른다. 또한 표본크기 n이 대표본일 때 X의 분포는 근사적으로 $N(np,\ np(1-p))$를 따른다. 이때 대표본의 기준은 흔히 $n\hat{p} > 5$ 이고 $n(1-\hat{p}) > 5$ 로 n이 충분히 큰 경우를 의미한다.

따라서

$$Z = \frac{X - np}{\sqrt{np(1-p)}} = \frac{\hat{p} - p}{\sqrt{\dfrac{\hat{p}(1-\hat{p})}{n}}}$$

는 근사적으로 표준정규분포를 따르므로 임의의 양수 $\alpha\ (0 < \alpha < 1)$에 대하여

$$P\left(-z_{\alpha/2} < \frac{\hat{p} - p}{\sqrt{\dfrac{\hat{p}(1-\hat{p})}{n}}} < z_{\alpha/2}\right) = 1 - \alpha$$

가 성립한다. 그러므로 좌변 항의 괄호 속 부등식을 p에 관해 풀어서 정리하면 다음과 같이 쓸 수 있다.

$$P\left(\hat{p} - z_{\alpha/2}\sqrt{\frac{\hat{p}(1-\hat{p})}{n}} < p < \hat{p} + z_{\alpha/2}\sqrt{\frac{\hat{p}(1-\hat{p})}{n}}\right) = 1 - \alpha$$

따라서 표본크기 n이 대표본일 때 모비율 p에 대한 $100(1-\alpha)\%$ 신뢰구간은 다음과 같다.

$$\left(\hat{p} - z_{\alpha/2}\sqrt{\frac{\hat{p}(1-\hat{p})}{n}},\ \hat{p} + z_{\alpha/2}\sqrt{\frac{\hat{p}(1-\hat{p})}{n}}\right)$$

예제 1 어떤 공정에서 제조된 최근의 로트로부터 100개의 표본을 취해서 검사해본 결과 2개의 불량품이 나왔다. 모불량률의 95% 신뢰구간을 구하여라.

풀이 $\hat{p} = \dfrac{2}{100} = 0.02$이고 $z_{\alpha/2} = z_{0.025} = 1.96$이므로 모불량률 95% 신뢰구간은 다음과 같다.

$$0.02 - 1.96\sqrt{\frac{0.02 \times 0.98}{100}} < p < 0.02 + 1.96\sqrt{\frac{0.02 \times 0.98}{100}}$$

즉 $0.02 - 0.02744 < p < 0.02 + 0.02744$ 이고, 따라서 $0 < p < 0.04744$이다.

R-풀이

function()을 이용하여 표본 크기, 성공 횟수, 유의수준을 인수로 하는 신뢰구간을 구하는 함수를 ex7_4_1로 정의함

qnorm(누적확률, 평균, 표준편차)을 이용하여 정규분포로부터 $P(Z > z_{\alpha/2}) = \dfrac{\alpha}{2}$가 되는 $z_{0.05/2}$의 값 구함. 단, 평균과 표준편차를 생략하면 표준정규분포로부터 계산함

```
ex7_4_1 <- function(n, event, alpha) {
  p <- event/n
  err <- qnorm(1 - alpha/2)*sqrt(p*(1 - p)/n)
  p + c(-err, err)
}
```

함수 ex7_4_1을 실행하고, round()를 이용하여 소수 셋째자리까지 나타냄

```
round(ex7_4_1(100, 2, 0.05), 3)
[1] -0.007  0.047
```

7.4 연습문제

1 어떤 제품을 생산하는 회사에서 제품 10,000개 가운데 불량품 비율을 알기 위하여 400개를 조사한 결과 9개의 불량품을 발견하였다. 모집단의 불량비 p에 대한 90% 신뢰구간을 구하여라.

2 프로야구팀의 선호도 조사에서 A팀을 좋아한다는 사람이 1500명 중 385명으로 나타났다. 이때, A팀을 좋아하는 사람의 비율에 대한 90% 신뢰구간을 구하여라.

3 전년도에 대학을 졸업한 여성의 취업현황을 알기 위하여 900명을 조사한 결과 244명이 정규직에 취업한 것으로 나타났다. 전년도에 대학을 졸업한 여성의 정규직 취업률에 대한 90% 신뢰구간을 구하여라.

4 현재의 정부를 지지하는 비율은 0.26이라는 여론조사의 결과가 임의로 추출된 2,500명의 유권자에서 얻어졌다. 유권자는 무한이라고 가정하여도 된다. 이 전체 유권자에 대한 현 정부의 지지율에 대한 95% 신뢰구간을 구하여라.

5 승용차를 2대 이상 가진 가구의 비율을 조사하기 위하여 144가구를 표본으로 추출한 결과 58가구가 승용차를 2대 이상 가진 것으로 조사되었다. 승용차를 2대 이상 가진 가구의 비율에 대한 95% 신뢰구간을 구하여라.

7.5 표본의 크기 결정

모수를 추정하기 위하여 표본을 추출하는데 이때 표본의 크기를 얼마로 하여야 할 것인가를 결정해야 한다. 일반적으로 표본의 크기가 너무 크면 시간과 노력이 많이 소비되는 반면 표본의 크기가 너무 작으면 오차가 큰 정보를 얻을 수 있다. 따라서 정해진 **오차한계**(limit of error)를 만족시키는 표본의 크기 결정이 필요하다.

7.5.1 모평균 추정에서의 표본의 크기 결정

모평균 μ를 추정하는 데 있어서 오차한계를 정해진 값 d보다 작게 하려면 표본의 크기를 얼마로 하면 좋은가를 결정해보자. 모분산 σ^2을 알고 있을 때 모평균 μ에 대한 $100(1-\alpha)\%$ 신뢰구간

$$\overline{X} \pm z_{\alpha/2}\frac{\sigma}{\sqrt{n}}$$

에서 $z_{\alpha/2}\frac{\sigma}{\sqrt{n}}$는 모수와 추정량 차이로서 오차가 이것보다 작을 가능성이 $100(1-\alpha)\%$임을 의미한다. 이때 $z_{\alpha/2}\frac{\sigma}{\sqrt{n}}$를 모평균 μ의 추정에서 오차의 한계라고 한다. 따라서 오차한계 $z_{\alpha/2}\frac{\sigma}{\sqrt{n}}$를 d와 같게 두고, n에 대해서 풀면 다음을 얻을 수 있다.

$$n = \left(z_{\alpha/2}\frac{\sigma}{d}\right)^2$$

위의 식은 모표준편차 σ를 알고 있는 경우에만 사용 가능하며, 실제로 σ를 모르는 경우가 대부분이므로 예비표본을 미리 추출하여 σ를 추정하여 표본의 크기 n을 구할 수 있다.

예제 1 어느 공장에서 생산되고 있는 제품은 평균 사용시간이 2,000(시간)이고, 표준편차는 200(시간)으로 품질관리를 하고 있다. 현재 생산되고 있는 제품의 평균 사용시간의 추정에서 95% 오차한계가 40시간 이내가 되기 위해서 필요한 표본의 크기를 구하여라.

풀이 $$n \geq \left(z_{0.025}\frac{\sigma}{d}\right)^2 = \left(1.96\times\frac{200}{40}\right)^2 = 96.04$$

이므로 필요한 표본의 크기는 $n = 97$ 이다. ■

R-풀이

```
# function()을 이용하여 오차한계, 유의수준, 표준편차를 인수로 하는 표본의 크기를 구하는 함수 ex7_5_1을 정의함
# qnorm(누적확률, 평균, 표준편차)을 이용하여 정규분포로부터 P(Z> z_{α/2}) = α/2가 되는 z_{0.05/2}의 값 구함. 단, 평균과 표준편차를 생략하면 표준정규분포로부터 계산함
ex7_5_1 <- function(error, alpha, sam_sd) {
  n <- qnorm(1 - alpha/2)^2*sam_sd^2/error^2
  c(round(n, 2), ceiling(n))
}
# 함수 ex7_5_1을 실행함
ex7_5_1(40, 0.05, 200)
[1] 96.04 97.00
```

7.5.2 모비율 추정에서의 표본의 크기 결정

모비율 p에 대한 $100(1-\alpha)\%$ 신뢰구간

$$\hat{p} \pm z_{\alpha/2}\sqrt{\frac{\hat{p}(1-\hat{p})}{n}}$$

에서 오차한계 $z_{\alpha/2}\sqrt{\frac{\hat{p}(1-\hat{p})}{n}}$ 를 d와 같게 두고 n에 대해서 풀면 다음과 같다.

$$n = \hat{p}(1-\hat{p})\left(\frac{z_{\alpha/2}}{d}\right)^2$$

위의 식은 $\hat{p}$가 사전조사나 과거 경험에 의해 추정된 p-값으로 알고 있는 경우에만 사용 가능하다. 그러나 p-값에 대한 사전정보가 전혀 없을 때는 $\hat{p}(1-\hat{p})$의 최대변동인 $\hat{p} = \frac{1}{2}$ 일 때 주로 사용하며, 이때 표본의 크기 n은 다음과 같다.

$$n = \frac{1}{4}\left(\frac{z_{\alpha/2}}{d}\right)^2$$

예제 2 어느 광고회사에서 새로 나온 신제품에 대한 불량률을 조사하고자 한다. 신제품에 대한 불량률의 95% 추정오차한계가 5% 이내가 되기 위해서 필요한 표본의 크기를 구하여라.

풀이 신제품이기 때문에 불량률에 대한 사전정보가 전혀 없으므로

$$n \geq \frac{1}{4}\left(\frac{z_{0.025}}{d}\right)^2 = \frac{1}{4}\left(\frac{1.96}{0.05}\right)^2 = 384.15$$

에서 필요한 표본의 크기는 $n = 385$ 이다. ■

R-풀이

```
# function()을 이용하여 오차한계, 유의수준, 비율추정치를 인수로 하는 함수 ex7_5_2
를 정의하여 표본의 크기를 구함
# qnorm(누적확률, 평균, 표준편차)을 이용하여 정규분포로부터 P(Z > z_{α/2}) = α/2 가 되
는 z_{0.05/2}의 값 구함. 단, 평균과 표준편차를 생략하면 표준정규분포로부터 계산함
ex7_5_2 <- function(error, alpha, prob = 0.5) {
  n <- qnorm(1 - alpha/2)^2*prob*(1 - prob)/error^2
  c(round(n, 2), ceiling(n))
}
# 함수 ex7_5_2를 실행시킴
ex7_5_2(0.05, 0.05, 0.5)
[1] 384.15 385.00
```

7.5 연습문제

1 여성용 화장품을 제조하는 회사에서 30~40대 여성을 상대로 신제품의 구매율을 조사하고자 한다. 신제품에 대한 구매율이 95% 신뢰구간의 길이가 4% 이내가 되기 위해서 필요한 표본의 크기를 구하여라.

2 페트병의 평균 두께에 대하여, 오차범위 0.5mm에서 95% 신뢰구간을 구하기 위하여 얼마나 큰 표본을 추출해야 하는가? 이때, 사전 조사에 의하면 플라스틱 판 두께의 표준편차가 2.0mm를 넘지 않는다고 한다.

3 어느 공장에서 생산되는 제품 가운데 불량품 비율을 표본에 의해 구할 때 95%의 신뢰를 갖고 추정오차가 0.02보다 작게 하려고 한다. 다음 각 경우에 필요한 표본의 크기를 구하여라.

(1) p에 대한 지식이 없는 경우

(2) 예비표본조사에서 $\hat{p} = 0.32$인 경우

4 모 일간지의 선호도에 대한 99% 신뢰구간을 구하기 위하여 얼마나 많은 사람을 대상으로 조사해야 하는가? 단, 최대오차한계는 3%이다.

(1) 3년 전의 조사에서 이 일간지에 대한 선호도는 32.5%라고 한다.

(2) 아무런 정보가 없다고 한다.

7.6 모분산의 구간추정

모평균 μ를 알 때와 모를 때로 나누어서 모분산의 구간추정에 대하여 살펴보자.

7.6.1 모평균 μ를 알 때의 모분산 σ^2의 구간추정

정규모집단 $N(\mu,\ \sigma^2)$에서 모평균 μ를 알고 있을 때 미지의 모분산 σ^2의 신뢰구간을 구해보자.

다음과 같이 정의되는 χ^2 통계량

$$\chi^2 = \frac{\sum_{i=1}^{n}(x_i - \mu)^2}{\sigma^2}$$

은 자유도가 n인 카이제곱분포를 한다.

따라서 임의의 양수 $\alpha\ (0 < \alpha < 1)$에 대하여 다음이 성립한다.

$$P\left(\chi^2_{(n,1-\alpha/2)} < \chi^2 < \chi^2_{(n,\alpha/2)}\right) = 1 - \alpha$$

여기서 $\chi^2_{(n,\ \alpha/2)}$는 $100(\alpha/2)\%$ 점이며, $\chi^2_{\alpha/2}(n)$으로도 표시한다.

위의 식에 χ^2 통계량을 대입하면

$$P\left(\chi^2_{(n,\ 1-\alpha/2)} < \frac{\sum_{i=1}^{n}(x_i - \mu)^2}{\sigma^2} < \chi^2_{(n,\ \alpha/2)}\right) = 1 - \alpha$$

이므로, 좌변 항의 괄호 속 부등식을 σ^2에 관해 풀어서 정리하면 다음과 같이 쓸 수 있다.

$$P\left(\frac{\sum_{i=1}^{n}(x_i - \mu)^2}{\chi^2_{(n,\ \alpha/2)}} < \sigma^2 < \frac{\sum_{i=1}^{n}(x_i - \mu)^2}{\chi^2_{(n,\ 1-\alpha/2)}}\right) = 1 - \alpha$$

따라서 모분산 σ^2에 대한 $100(1-\alpha)\%$ 신뢰구간은 다음과 같다.

$$\left(\frac{\sum_{i=1}^{n}(x_i-\mu)^2}{\chi^2_{(n,\ \alpha/2)}},\ \frac{\sum_{i=1}^{n}(x_i-\mu)^2}{\chi^2_{(n,\ 1-\alpha/2)}} \right)$$

또한 모집단의 분포가 정규분포가 아닌 임의의 모집단에서 모분산 σ^2을 알고 있을 때 미지의 모평균 μ의 신뢰구간은 n이 대표본일 경우 중심극한정리에 의해 위의 식을 그대로 사용한다.

7.6.2 모평균 μ를 모를 때의 모분산 σ^2의 구간추정

정규모집단 $N(\mu,\ \sigma^2)$에서 모평균 μ를 모를 때 미지의 모분산 σ^2의 신뢰구간을 구해보자. 다음과 같이 정의되는 χ^2 통계량

$$\chi^2 = \frac{(n-1)S^2}{\sigma^2}$$

은 자유도가 $n-1$인 카이제곱분포를 한다.

따라서 임의의 양수 $\alpha\ (0<\alpha<1)$ 에 대하여 다음이 성립한다.

$$P\left(\chi^2_{(n-1,\ 1-\alpha/2)} < \frac{(n-1)S^2}{\sigma^2} < \chi^2_{(n-1,\ \alpha/2)}\right) = 1-\alpha$$

위의 식에서 좌변 항의 괄호 속 부등식을 σ^2에 관해 풀어서 정리하면 다음과 같이 쓸 수 있다.

$$P\left(\frac{(n-1)S^2}{\chi^2_{(n-1,\ \alpha/2)}} < \sigma^2 < \frac{(n-1)S^2}{\chi^2_{(n-1,\ 1-\alpha/2)}}\right) = 1-\alpha$$

따라서 모분산 σ^2에 대한 $100(1-\alpha)\%$ 신뢰구간은 다음과 같다.

$$\left(\frac{(n-1)S^2}{\chi^2_{(n-1,\ \alpha/2)}},\ \frac{(n-1)S^2}{\chi^2_{(n-1,\ 1-\alpha/2)}}\right)$$

예제 1 정규모집단 $N(\mu,\ \sigma^2)$ 에서 크기 10인 표본을 추출한 결과 다음과 같다고 한다. 이때 모분산 σ^2에 대한 95% 신뢰구간을 구하여라.

2.9	2.5	3.4	3.0	2.8	2.9	3.1	2.8	2.8	2.9

풀이 표본평균 $\bar{x}=2.91$ 이므로 표본분산은

$$S^2=\frac{1}{9}\sum_{i=1}^{10}(x_i-2.91)^2=\frac{0.489}{9}=0.0543$$

이고, 크기 10인 표본을 추출하였으므로 $\chi^2_{0.025}(9)=19.02$, $\chi^2_{0.975}(9)=2.70$ 이다. 그러면 95% 신뢰구간의 하한과 상한은 각각 다음과 같다.

$$\frac{(n-1)s^2}{\chi^2_{\alpha/2}(n-1)}=\frac{9\cdot(0.0543)}{19.02}=0.0257,$$

$$\frac{(n-1)s^2}{\chi^2_{1-\alpha/2}(n-1)}=\frac{9\cdot(0.0543)}{2.7}=0.1811$$

따라서 모분산 σ^2에 대한 95% 신뢰구간은 (0.0257, 0.1811) 이고 모표준편차에 대한 95% 신뢰구간은 (0.1603, 0.4256) 이다. 일반적으로 모집단에 대한 정보를 알고 있는 경우에 비하여 정보가 부족한 경우 신뢰구간의 폭이 더 크게 된다. ■

R-풀이

```
# c()를 이용하여 데이터를 벡터형태인 ex7_6_1 객체에 할당함
ex7_6_1 <- c(2.9, 2.5, 3.4, 3.0, 2.8, 2.9, 3.1, 2.8, 2.8, 2.9)
# function()을 이용하여 데이터와 유의수준을 인수로 하는 함수 ex7_6_1_VCI를 정의하
여 신뢰구간을 구함. qchisq()를 이용하여 카이제곱분포로부터 χ²_{α/2}(n−1)과 χ²_{1−α/2}
(n−1)의 값을 활용함
ex7_6_1_VCI <- function(x, alpha=0.05) {
  n <- length(x)
  sam_var <- var(x)
  ci_low <- qchisq(alpha/2, n - 1)
  ci_high <- qchisq(1-alpha/2, n - 1)
  c((n - 1)*sam_var/ci_high, (n - 1)*sam_var/ci_low)
}
# 함수 ex7_6_1_VCI를 실행시킴
ex7_6_1_VCI(ex7_6_1, 0.05)
[1] 0.0257 0.1811
```

7.6 연습문제

1 크기 20인 표본의 표본분산이 4.0일 때 이 모집단의 분산에 대한 95% 신뢰구간을 구하여라.

2 다음은 평균이 8 이고 분산이 σ^2인 정규모집단으로부터 9개의 표본을 추출하여 얻은 값이다. 이때 σ^2에 대한 90% 신뢰구간을 구하여라.

8.6,	7.9,	8.3,	6.4,	8.4,	9.8,	7.2,	7.8,	7.5

3 다음은 어떤 제조회사에서 생산되는 음료수를 분석한 당분함량의 자료이다. 이 자료로부터 이 회사에서 생산되는 음료수의 당분함량에 대한 분산과 표준편차에 대한 95% 신뢰구간을 구하여라.

15.1	13.4	16.5	14.6	14.4	14.0	15.4	13.8	14.6	14.3

4 어느 생수회사에서 생산되는 25개의 생수병의 무게를 조사한 결과 표준편차 1.6g을 얻었다. 생수병의 무게에 대한 모분산에 대한 95% 신뢰구간을 구하여라.

5 다음 표본을 이용하여 모분산에 대한 95% 신뢰구간을 구하여라.

3.4	3.6	4.0	0.4	2.0	3.0	3.1	4.1	1.4	2.5
1.4	2.0	3.1	1.8	1.6	3.5	2.5	1.7	5.1	0.7

7.7 R을 이용한 빅데이터 분석

국민생활과 직결되는 공산품, 전기용품 등의 제품안전정책과 시험인증, 법정계량제도 정책을 수립 · 시행하고 있는 국가기술표준원(http://www. kats.go.kr)에서는 한국인 인체표준 정보 데이터베이스를 구축하고, 한국인이 쓰기에 편리한 제품개발과 생활공간 디자인에 필요한 인체표준정보를 제공하는 한국인 인체치수조사보급사업을 추진하고 있다. 이 사업은 1979년 1차 측정을 시작으로 2015년 7차 측정까지 5~7년 주기로 한국인의 인체치수 측정을 통해 도출된 한국인 인체표준정보를 구축하여 산업계에 보급하고 있다. 이 중 5차부터 7차 인체치수데이터를 한국인 인체치수조사 sizekorea(http://sizekorea.kr/)를 홈페이지에서 공개하고 있다.

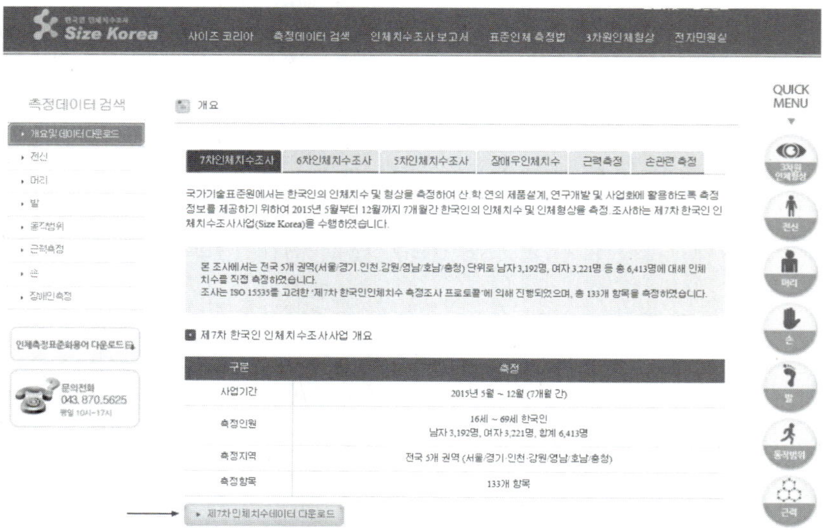

예제 1 제7차 인체치수데이터를 "http://sizekorea.kr/"에서 다운로드 받는다. 이 데이터는 전국 5개 권역(서울/경기, 인천, 강원/영남/호남/충청) 단위로 남자 3,192명, 여자 3,221명 등 총 6,413명에 대해 총 133개 항목을 측정하였다.

(1) sizekorea.csv 자료를 이용하여 체지방량 변수에서 15개의 확률표본을 추출하여라. 단, na.omit()를 이용하여 결측값이 들어있는 자료는 삭제한다.

(2) (1)에서 추출한 표본을 이용하여 평균 체지방량에 대한 95% 신뢰구간을 구하여라.

(3) sizekorea.csv 자료의 기초대사량평가 변수에서 표준은 1로, 나머지는 0으로 코딩했을 때, 정상 기초대사량 비율에 대한 95% 신뢰구간을 구하여라.

R-풀이

```
(1) # read.csv()를 이용하여 sizekorea.csv 데이터를 불러와서 sizekorea 객체에 할당함
sizekorea <- read.csv("sizekorea.csv")
# str()를 이용하여 데이터를 제대로 읽어왔는지 확인함
str(sizekorea)
'data.frame': 6421 obs. of  148 variables:
 $ ◎_02_성별          : Factor w/ 3 levels "","남","여": 2 2 2 2 2 2 2 2 2 2 ...
 $ ◎_06_나이_반올림 : int  25 28 19 20 22 23 24 24 27 26 ...
 $ ◎_12_골격근량     : num  33.2 44.5 36.5 35.2 40.4 41.5 50
         ⋮                   ⋮
 $ X._082_앉은엉덩이오금수평길이 : int 499 571 471 498 541 504 541 526 ...
 $ X._083_앉은엉덩이배두께        : int 236 308 218 198 241 227 248 223 ...
 $ X._084_위팔수직길이            : int 355 370 335 343 357 362 364 380 ...
# na.omit()를 이용하여 sizekorea에서 결측값이 들어 있는 행 전체를 제거해서 m_sizekorea 객체에 할당함
m_sizekorea <- na.omit(sizekorea)
# m_sizekorea에서 체지방량 변수만 선택하여 bmi 객체에 할당함
bmi <- m_sizekorea$◎_13_체지방량
# head()와 tail()를 통해 데이터의 앞부분과 뒷부분을 확인함
head(bmi); tail(bmi)
[1] 15.8 11.1 16.2  8.6 13.3 12.0
[1] 14.1 18.4 15.2 15.4 11.3 20.1
# set.seed()를 이용하여 이 예제와 동일한 초깃값을 사용한다면 동일한 결과를 발생하도록 함
set.seed(9)
# sample()을 이용하여 bmi에서 15개의 표본을 추출하여 s_bmi 객체에 할당함
(s_bmi <- sample(bmi, 15))
```

```
[1] 12.5 21.6 12.2 15.8 12.0 10.3 17.4 11.3 18.3 17.4 15.3 17.8  9.2 16.0
[15] 10.9
(2) # t.test()를 이용하여 평균 체지방량에 대한 95% 신뢰구간을 구함
t.test(s_bmi)$conf
[1] 12.53888 16.52779
attr(,"conf.level")
[1] 0.95
(3) # ifelse()를 이용하여 기초대사량평가 변수에서 표준은 1로 나머지는 0으로 값을 변
경하여 p_body 객체에 할당함
m_sizekorea$p_body <- ifelse(m_sizekorea$◎_22_기초대사량평가 == "표준",1,0)
# str()를 이용하여 데이터가 제대로 바뀌었는지, 그리고 전체 사례수를 확인함
str(m_sizekorea$p_body)
num [1:3187] 1 1 0 1 1 1 1 0 1 1 ...
# table()을 이용하여 도수를 구함
table(m_sizekorea$p_body)
   0    1
1548 1639
# prop.test()에서 기초대사량평가 변수에서 평균의 사례수와 전체 사례수를 인수로 넣어
모비율에 대한 신뢰구간을 구함
prop.test(1639, 3187)
1-sample proportions test with continuity correction
data:  1639 out of 3187, null probability 0.5
X-squared = 2.5416, df = 1, p-value = 0.1109
alternative hypothesis: true p is not equal to 0.5
95 percent confidence interval:
 0.4967611 0.5317577
sample estimates:
        p
0.5142767
# 해석: 기초대상량 비율에 대한 95%신뢰구간은 (0.4968, 0.5318)임
```

로그 우도함수를 최대로 하는 모수를 구하는 방법을 이용하여 최대우도추정량을 R에서 시뮬레이션을 통해 확인해보자. 실제 값과 추정 값을 비교하고 로그 우도함수를 그려서 살펴본다.

예제 2 $X_1, X_2, \cdots, X_n$은 평균이 $1/\lambda$인 지수분포로부터의 확률표본이다.

(1) $\lambda = 5$이고, n이 100일 때 자료를 생성하여 λ의 로그 우도함수를 정의하고, 이것을 최대로 하는 λ의 값을 구하라. 또한 이 결과를 λ의 이론적인 최대우도추정량의 값과 비교하여 0이 됨을 확인하여라.

(2) (1)의 경우에 대해 우도함수와 로그 우도함수의 그래프를 그려라.

R-풀이

```
(1) # 100을 n 객체에, 그리고 5를 λ 객체에 할당함
n <- 100; lambda <- 5
# rexp(난수의 개수, 1/평균)를 이용하여 평균이 1/λ인 지수분포를 따르는 난수 100개
를 생성하여 x 객체에 할당함
x <- rexp(n, lambda)
# function()을 이용하여 로그 우도함수를 정의함
loglike <- function(lambda){
            n*log(lambda) - lambda*sum(x)}
# optimize()를 이용하여 함수 loglike를 주어진 interval에서 최대로 하는 λ̂를 구함
(lambda_opt <- optimize(loglike, interval = c(0, 10), maximum=T))
$maximum
[1] 5.059806
$objective
[1] 621.3283
# lambda_opt에서 maximum만 lambda_mle 객체에 할당함. maximum은 정의된 우도
함수를 최대로 하는 인수의 값을 의미하며, objective는 함수의 최댓값을 의미함
(lambda_mle <- lambda_opt$maximum)
[1] 5.059806
# mean()을 이용하여 확률표본의 표본평균을 계산하여, 이론적인 최대우도추정량의 값을
theory 객체에 할당함
(theory <- 1/mean(x))
[1] 5.059807
# lambda_opt와 theory의 차를 구함
theory - lambda_mle
[1] 5.795541e-07
(2) # par()에서 mfrow()를 이용하여 여러 개의 그래프를 작성함
```

```
par(mfrow=c(1,2))
# 100을 n 객체에, 그리고 5를 truelambda 객체에 할당함
n <- 100; truelambda <- 5
# rexp(난수의 개수, 1/평균)를 이용하여 평균이 1/truelambda인 지수분포를 따르는 난수 100개를 생성하여 X 객체에 할당함
x <- rexp(n, truelambda)
# seq()를 이용하여 0부터 10까지 0.01씩 변화시켜서 lamgrid 객체에 할당함. 즉,
λ(1) = 0, λ(1) = 0.01, ⋯ , λ(999) = 9.99, λ(1000) = 10
lamgrid <- seq(0, 10, 0.01)
# 우도함수와 로그 우도함수의 초기값을 각각 0으로 할당함
likelihood <- 0; loglike <- 0
# for()을 이용하여 우도함수와 로그 우도함수의 값을 반복적으로 계산하여 각각 우도함수와 로그 우도함수의 I번째의 원소로 입력함
for (i in 1: length(lamgrid)){
    likelihood[i] <- (lamgrid[i]^n)*exp(-lamgrid[i]*sum(x))
    loglike[i] <- n*log(lamgrid[i]) - lamgrid[i]*sum(x)
}
# plot()을 이용하여 우도함수와 로그 우도함수를 그리고, abline()을 이용하여 λ = 5일 때의 수직선을 그림
plot(lamgrid, likelihood, col=2, type="l", lwd=2, main="우도함수")
abline(v=5.0)
plot(lamgrid, loglike, col=4, type="1" lwd=2, main="로그 우도함수")
abline(v=5.0)
```

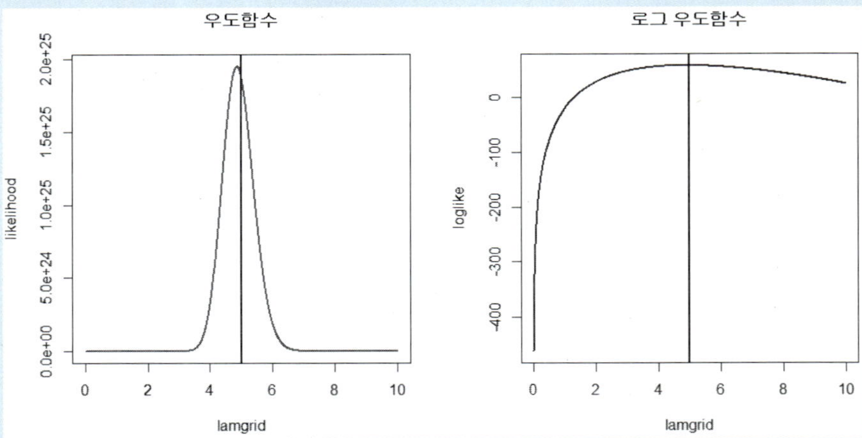

\# 해석: λ의 변화에 따른 우도함수 및 로그 우도함수의 형태를 확인할 수 있음. 두 함수 모두 $\lambda = 5$ 근방에서 최댓값을 가지는 것을 확인할 수 있음

신뢰구간을 잘못 해석하는 예는 "모수 θ가 신뢰구간 $[L, U]$에 포함될 확률은 $100(1-\alpha)$ 이다"라고 하는 것이다. 즉, 모평균, 모분산, 모비율 등 모수는 상수이므로 확률분포를 갖지 않으며, 따라서 확률도 정의되지 않는다. 다음 시뮬레이션을 통한 예를 통해서 신뢰구간에 대한 개념을 살펴보자.

예제 3 표준정규분포로부터 10개의 표본을 뽑아 95% 신뢰구간을 구하는 것을 100번 반복했을 때, 몇 개의 신뢰구간이 모평균 0을 포함하는지 확인하여라.

R-풀이

```
# set.seed()를 활용하여 이 예제와 동일한 초깃값을 사용한다면 동일한 난수를 발생하도록 함
set.seed(9)
# 표본의 크기, 표본추출 순서, 그리고 seq()를 이용하여 표준정규분포에서 대부분의 자료가 취할 수 있는 범위인 -3부터 3까지, 0.1씩 증가하는 벡터를 각 객체에 할당함
n <- 10; x <- 1:100; y <- seq(-3, 3, by=0.01)
# rnorm(난수의 개수, 평균, 표준편차)을 이용하여 정규분포로부터 10개의 표본을 100번 추출하는 1,000개의 난수를 100×10 행렬 형태의 samples 객체에 할당함. 단, 평균과 표준편차를 생략하면 표준정규분포로부터 계산함
samples <- matrix(rnorm(n*length(x)), ncol=n)
# apply()를 이용하여 각 표본추출로부터 행별로 평균을 구하여 xbar 객체에 할당함
xbar <- apply(samples, 1, mean)
# 표준오차, 유의수준을 se와 alpha 객체에 할당함
se <- 1/sqrt(10); alpha <- 0.05
# qnorm(누적확률, 평균, 표준편차)을 이용하여 정규분포로부터 P(Z> z_{α/2}) = α/2가 되는 z_{0.05/2}의 값 구함. 단, 평균과 표준편차를 생략하면 표준정규분포로부터 계산함
z <- qnorm( 1 - alpha/2)
# 신뢰구간의 하한과 상한을 lc와 uc 객체에 할당함
lc <- xbar - z * se; uc <- xbar + z*se
# plot()을 이용하여 100번의 표본추출별로 신뢰구간을 그림
plot(y, type="n", main = "모평균에 대한 95% 신뢰구간", xlim=c(1, 100), xlab="반복횟수", ylab="신뢰구간", ylim=c(-1.5, 1.5))
# abline()을 이용하여 모집단의 평균인 0에서 수평선을 그림
abline(h=0, col="red", lty=2)
```

각 신뢰구간이 평균인 0을 포함하면 하한과 상한의 곱이 음수가 되므로, 이 경우 회색으로 선을 그리고, 신뢰구간이 평균을 포함하지 않으면 검은색으로 선을 그림

```
lci <- rep(NA, length(x))
lci <- ifelse(lc*uc > 0, "black", "gray")
```

arrows()를 이용하여 화살표((x_0, y_0)는 시작점, (x_1, y_1)는 종점의 좌표)를 그리고, 시작점과 끝점 양쪽에 모두 화살표를 표시(code=3)하고, 이 화살표의 각을 90도로 회전(angle=90)하여 신뢰구간을 나타나게 함

```
arrows(1:length(x), lc, 1:length(x), uc, code=3, angle=90, length=0.02, col=lci, lwd=1.5)
```

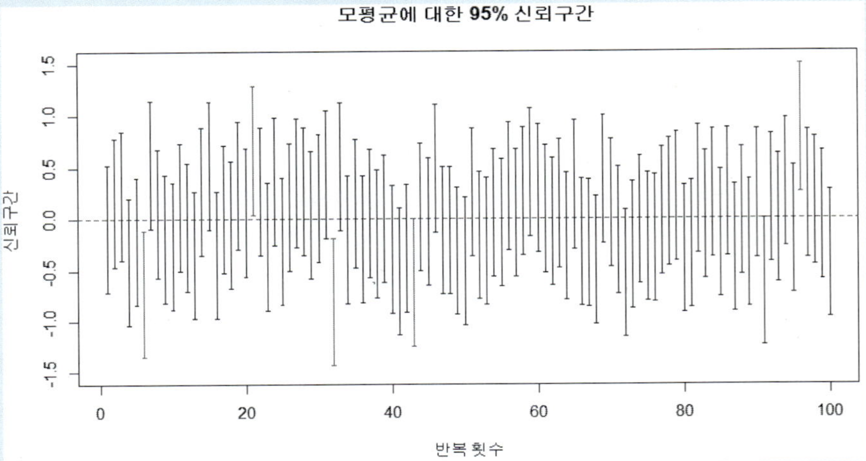

해석: 100번의 표본추출별로 구한 신뢰구간들을 나타낸 것으로, 100번의 서로 다른 표본추출에서 구한 신뢰구간 중 약 95번은 실제 모평균을 포함하고 5번 정도는 포함하지 않을 수 있음

arrows()의 옵션을 살펴보면 다음과 같음

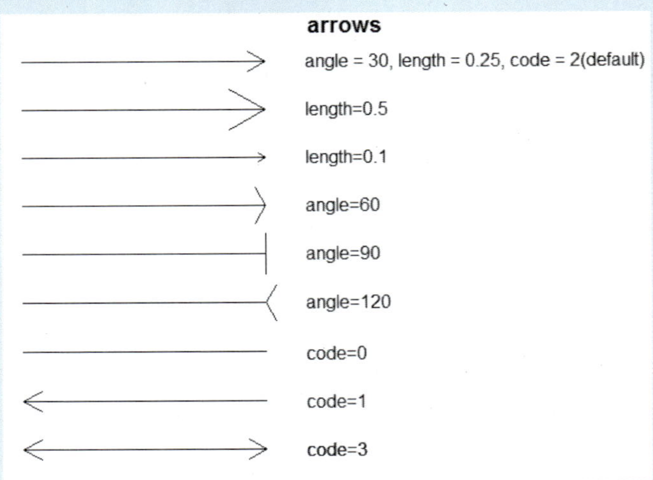

7.7 연습문제

1 $X_1, X_2, \cdots, X_n$은 모수가 $\lambda > 0$ 인 푸아송 분포로부터의 확률분포이다. λ가 3이고, n이 100, 1000, 그리고 10,000일 때 자료를 생성하여 λ의 로그 우도함수를 정의하고, 이것을 최대로 하는 λ의 값을 구하라. 또한 이 결과를 λ의 이론적인 최대우도추정량의 값과 비교하여라.

2 λ가 3인 푸아송 분포에서 30개의 난수를 생성하여 λ에 대한 95% 신뢰구간을 구하는 작업을 100번 반복하여라. 100개의 신뢰구간 가운데 참값이 3을 포함하고 있는 것의 비율을 구하여라.

3 아래의 경우에서 모비율에 대한 신뢰구간의 오차한계를 유지하기 위해 필요한 표본크기의 그래프를 작성하여라.

(1) $\hat{p} = 0.1$, $\alpha = 0.05$일 때, 오차한계 $\delta = 0.02 \sim 0.2$에서 변화

(2) $\hat{p} = 0.1$, $\delta = 0.02$일 때, 유의수준 $\alpha = 0.01 \sim 0.1$에서 변화

(3) $\alpha = 0.05$, $\delta = 0.02$일 때, 모비율 $p = 0.01 \sim 0.99$에서 변화

우리는 일상생활에서 어떤 모집단의 특징에 대하여 나름대로의 추측이나 주장을 하게 된다. 예를 들면 I대학과 S대학 학생들의 성적은 별 차이가 없다고 주장하거나, 당대 한국 최고의 기사 조훈현 씨가 국수위를 금년에도 방어할 수 있다고 예상하거나, 또는 모 회사 백열전구는 평균적으로 약 1,000시간밖에 쓸 수 없는 것 같다고 짐작하는 등 각종 모집단의 특성에 대한 주장 내지는 가정을 하곤 한다. 이러한 주장이 올바른 것일 수도 있고 그렇지 못한 것일 수도 있다. 이러한 주장의 진위를 가리기 위해서는 표본을 추출하여 조사함으로써 타당성 여부를 확인한다면, 이 과정이 바로 통계적 가설검정이라고 하는데 이 장에서는 가설검정의 기본원리와 검정방법에 대하여 학습한다.

제8장

가설검정

학습목표

- 모집단으로부터 추출된 표본에 근거하여 모집단에 관한 결정을 내리는 가설검정의 기본원리에 대하여 학습한다.
- 제1종 오류와 제2종 오류, 검정력 함수, 유의수준의 개념에 대하여 학습한다.
- 모평균과 모비율, 모분산의 검정방법에 대하여 학습한다.
- 범주형 자료에 적합한 검정방법인 적합도 검정과 독립성 검정방법에 대하여 학습한다.

8.1 가설검정의 기본 원리

모집단으로부터 추출된 표본에 근거하여 모집단에 관한 결정을 내리는 것을 **통계적 결정**(statistical decision)이라 한다. 통계적 결정은 우선 모집단에 대하여 서로 반대되는 두 개의 가설 가운데 하나를 채택하는 식으로 진행되며, 채택의 기준이 되는 것은 표본 관측치와 표본통계량의 확률분포이다. 통계적인 결정을 하기 위해 세우는 이러한 가설은 참(truth)일 수도 거짓(falsity)일 수도 있다. 가설을 부정할 때 그 가설을 **기각**(reject)한다고 하며, 부정하지 못할 때 그 가설을 **채택**(accept)한다고 한다.

예를 들어 어떤 회사에서 생산한 전자제품의 평균 사용시간이 10,000(시간)이라고 주장할 때, 이 주장이 타당성이 있는지 또는 어떤 업체로부터 들어온 부품 로트가 양품인지 불량품인지를 판단하기 위해서는 가설을 세워 검정을 해보아야 한다.

일반적으로 가설을 반증적인 방법으로 증명하기 위하여 기각할 것을 바라면서 가설을 세우게 되는데, 이러한 가설을 **귀무가설**(null hypothesis)이라 하며 H_0로 표시한다. 귀무가설이라는 용어는 원래 가설검정 연구의 초기단계에서 지어진 이름으로 연구자가 기각되기를 바라는 또는 무효가 되기를 희망하는 가설이라는 데에서 연유된 명칭이다. 귀무가설과 대립되거나 이를 부정하는 가설로서 강력한 증거에 의하여 입증하고자 하는 가설을 **대립가설**(alternative hypothesis)이라 하며, H_1으로 표시한다. 즉 귀무가설은 연구자가 모수의 참값이 아니라고 생각하는 값으로 정의하고 반대로 대립가설은 모수가 실제 취하리라고 예상하는 값으로 설정하여 관측된 표본자료를 이용하여 귀무가설을 기각하기를 희망한다고 하겠다.

따라서 자신이 입증하고자 하는 가설을 대립가설로 세우고 기각되기를 바라는 가설을 귀무가설로 세운다. 하나의 귀무가설과 대립가설을 설정하여 놓고 이의 참·거짓을 결정하려 할 때 그 판단의 기준으로 임의의 표본으로부터 얻은 표본통계량을 사용하게 된다.

이와 같이 귀무가설과 대립가설 중 어느 하나를 택하는 데 사용되는 표본통계량을 **검정통계량**(test statistic)이라 한다. 검정통계량의 값에 따라 귀무가설 H_0를 기각하든지 또는 채택하든지를 결정하게 되므로, H_0를 기각하게 되는 검정통계량값의 영역을 **기각역**(rejection region or critical region)이라 한다. 반대로 채택하게 되는 검정통계량값의 영역을 **채택역**(acceptance region)이라 한다.

가설의 기각역 또는 채택역은 유의수준을 어떻게 취하느냐에 따라 다르게 된다. 이상으로부터 통계적 가설검정(testing a statistical hypothesis)이란 모집단의 모수값이나 확률분포에 대하여 어떤 가설을 설정하고 이 가설의 참·거짓 여부를 표본통계량에 의해 확률적으로 확정하여 통계적 결정을 내리는 것이다.

8.1.1 제1종 오류와 제2종 오류

모수에 대한 추정과정과 마찬가지로 가정된 모수값의 참과 거짓을 판정하는 가설검정과정 또한 한정된 표본정보를 기초로 이루어지므로 그 결과는 항상 오류가 발생할 가능성을 안고 있다. 가설검정결과를 나누어보면 귀무가설이 참인 경우에 이를 채택하거나 기각하는 두 가지의 결정이 있고, 귀무가설이 거짓인 경우에 이를 채택하거나 기각하는 두 가지 결정이 있다. 따라서 가설검정에는 두 가지 오류를 범할 수 있는데, 귀무가설이 참임에도 불구하고 귀무가설을 기각함으로써 발생되는 오류를 **제1종 오류**(type I error)라 하고, 제1종 오류를 범할 확률의 최대허용한계를 **유의수준**(significance level) 또는 **위험률**(critical rate)이라 하며 α로 표시한다.

또한 귀무가설이 거짓임에도 불구하고 귀무가설을 채택함으로써 발생되는 오류를 제2종 오류(type II error)라 하며, 제2종 오류를 범할 확률을 β로 나타낸다.

제1종 오류와 제2종 오류를 동시에 줄이는 검정이 바람직한 검정법이지만 표본의 크기가 고정되어 있을 때 제1종 오류를 줄이면 제2종 오류가 커지게 되므로, 이런 경우 두 종류의 오류를 줄이기 위해서는 표본의 크기 n을 크게 해야 한다. 그러나 이 경우에는 동시에 증대되는 비용 문제가 고려되어야 하므로, 두 개의 오류 가운데 어느 것에 우선적인 배려를 해야 하는지에 관한 판단기준 설정이 필요하게 된다. 전통적으로 기각되기를 희망하는 가설을 귀무가설로 설정하고 이때 희망대로 기각할 수 있는 기각역을 선정하는 것이 고전적인 가설검정의 방법이며, 따라서 통계적 가설검정에서는 유의수준 α를 고정시키고, 제2종 오류를 범할 확률을 최소가 되도록 하는 것이 보통이다. 이 방법은 귀무가설이 실제로는 사실인데도 불구하고 이를 기각하게 될 위험수준을 중요시하여 제1종 오류수준을 먼저 임의 선정한 뒤 β의 크기를 고려한다는 것이다. 이러한 가설검정방법론은 귀무가설이 기각되기를 기대하는 의지를 대변하도록 하여 통상적으로 대립가설이 채택되기를 기대한 데서

| 표 1 |

실제 현상 / 검정결과	귀무가설이 참	귀무가설이 거짓
귀무가설 채택	옳은 결정	제2종 오류
귀무가설 기각	제1종 오류	옳은 결정

기인한다.

그러나 제1종 오류의 수준을 나타내는 α값은 연구자가 사실인 귀무가설을 부당하게 기각하는 가능성을 대변하는 것이며, 이 가능성은 상당히 중요한 의미를 가질 수도 있다. 예를 들어 "새로 개발된 암 치료약이 유해하다"는 귀무가설을 선정하였고, 또 그것이 사실임에도 불구하고 귀무가설이 기각되기를 기대하는 욕심에서 기각역을 넓게 선정하여 이를 기각했다고 하자. 이는 이 약이 실제로는 유해한 것인데도 불구하고 무해하다고 하고, 나아가서는 암 치료에 효능이 있다는 대립가설을 채택하였다는 의미가 된다. 이러한 결과가 인명에 미치는 가공할 만한 결과를 상상해보면 α수준의 중요성은 이해될 수 있을 것이다. 따라서 α수준은 일반적으로 5% 이하의 작은 값으로 설정되는 것이다.

그러면 α값이 먼저 선정되든 아니면 β와 동시에 고려되어 선정되든 α값이 저수준의 값을 갖게 되는 상황에서 어떻게 하면 β값을 최소화할 수 있는 기각역을 선정할 수 있을 것인가? 이 문제의 해결은 귀무가설이 허위일 때 이를 제대로 기각할 수 있는 힘을 측정할 수 있는 고위 검정력함수를 이용하여 달성할 수 있다. 일반적으로 대립가설은 복합가설이므로 대립가설이 참일 때는 하나의 확정된 β값이 존재하지 않으며, 따라서 β는 고정된 값이 아니다. β는 모수의 함수관계로 표시할 수 있으며, 특히 $(1-\beta)$를 **검정력함수**(power function)라 하고 γ로 표시한다. 여기서 POWER는 거짓인 귀무가설을 제대로 기각할 수 있는 능력이라는 의미를 갖는다. 검정력함수의 값을 **검정력**(power)이라 하는데, 이것은 귀무가설이 틀린 경우에 이를 기각하는 확률이 된다.

8.1.2 단측검정과 양측검정

일반적으로 모수 θ에 대한 가설을 다음과 같이 나타낼 수 있다.

모수 θ에 대한 일반적인 가설의 형태

① $H_0 : \theta = \theta_0$ (또는 $\theta \le \theta_0$)

$H_1 : \theta > \theta_0$

② $H_0 : \theta = \theta_0$ (또는 $\theta \ge \theta_0$)

$H_1 : \theta < \theta_0$

③ $H_0 : \theta = \theta_0$

$H_1 : \theta \neq \theta_0$

①, ②와 같이 귀무가설 H_0에 대해 대립가설 H_1이 단측(one-sided)으로 주어질 때의 통계적 가설검정을 **단측검정**(one-sided test) 또는 한쪽검정이라 하며, 특히 대립가설이 ①과 같은 형태를 취할 때는 우단측검정 또는 상단측검정, ②와 같을 때는 좌단측검정 또는 하단측검정이라 한다. 한편 대립가설이 ③과 같이 양측(two-sided)으로 주어질 때는 **양측검정**(two-sided test)이라 한다.

대립가설의 형태에 따라 기각역도 비슷한 형태를 취하게 되는데 우단측검정일 때는 검정통계량 분포의 우측에, 좌단측검정일 때에는 좌측에, 양측검정인 경우에는 양측에 기각역이 설정된다. 즉 유의수준을 α라 하고, $\hat{\theta}$를 가설의 검정통계량이라 할 때 각각의 기각역은 다음과 같다.

가설의 형태에 따른 기각역의 형태

① 우단측검정일 때의 기각역 : $\hat{\theta} > c_1$

② 좌단측검정일 때의 기각역 : $\hat{\theta} < c_2$

③ 양측검정일 때의 기각역 : $\hat{\theta} > c_3$ 또는 $\hat{\theta} < c_4$

여기서 c_1은 검정통계량 $\hat{\theta}$가 귀무가설하에서 우측확률을 α로 갖는 기각값이고, c_2는 $\hat{\theta}$가 귀무가설하에서 좌측확률을 α로 갖는 기각값이다. 또한 c_3는 우측확률을 $\alpha/2$로 갖는 기각값이며, c_4는 좌측확률을 $\alpha/2$로 갖는 기각값이다.

지금까지 설명한 것들을 정리하여 통계적 가설검정의 절차를 살펴보면 다음과 같다.

통계적 가설검정 절차

① 귀무가설과 대립가설을 세운다.

② 유의수준 α를 결정한다.

③ 검정통계량을 계산한다.

④ 기각역을 구한다.

⑤ 검정통계량이 기각역 안의 값을 가지면 H_0를 기각하고, 그렇지 않으면 H_0를 채택한다.

한편 앞에서 언급한 바와 같이, 동일한 표본의 동일한 관측값에 대하여 유의수준에 따라 기각역이 다르게 나타날 수 있으며, 따라서 귀무가설 H_0을 기각시키는가 하면 기각시키지 못하는 경우가 발생할 수 있다. 예를 들어, 유의수준 $\alpha = 0.05$에서 H_0을 기각하지만 $\alpha = 0.01$에서 H_0을 기각시키지 못하는 경우가 있다. 이러한 문제를 극복하기 위하여, 검정통계량의 관측값에 기초하여 귀무가설 H_0을 기각시킬 수 있는 가장 작은 유의수준을 정의한다. 이와 같이 정의된 유의수준을 p-값(p-value)이라 하며, 이러한 p-값을 이용한 검정방법은 이미 주어진 유의수준 α 대신에, 어떤 값보다 큰 임의의 유의수준 α에 대하여 귀무가설을 기각하고, 그 값보다 작은 임의의 유의수준 α에 대하여 귀무가설을 채택하게 되는 값을 이용한다. 따라서 p-값은 귀무가설이 사실이라는 전제 아래서 관찰된 표본으로부터 얻은 결과이기보다는 귀무가설에 대한 모순을 극복할 표본을 얻을 확률, 다시 말해서 표본으로부터 얻은 검정통계량의 값을 초과할 확률을 나타내며, 이 값이 작을수록 H_0에 대한 신빙성은 떨어진다. 그러나 p-값이 유의수준보다 크면 H_0에 대한 신빙성이 높아지고 귀무가설을 채택한다. 일반적으로 p-값이 유의수준보다 작으면 H_0에 대한 신빙성은 떨어지며, 따라서 대립가설 H_1에 대한 신빙성이 높아진다. 이와 같은 경우에 귀무가설 H_0을 기각하고 대립가설 H_1을 채택한다. 반면에 p-값이 유의수준보다 크면 H_0에 대한 신빙성이 매우 높게 나타나고, 대립가설 H_1에 대한 신빙성이 약하게 나타난다. 따라서 이 경우에는 H_0을 채택하고 H_1을 기각한다. 그러므로 p-값과 유의수준 α에 따른 귀무가설 H_0의 기각 및 채택은 다음과 같다.

p-값	$\alpha = 0.1$	$\alpha = 0.05$	$\alpha = 0.01$
$p \geq 0.1$	H_0을 채택	H_0을 채택	H_0을 채택
$0.05 \leq p < 0.1$	H_0을 기각	H_0을 채택	H_0을 채택
$0.01 \leq p < 0.05$	H_0을 기각	H_0을 기각	H_0을 채택
$p < 0.01$	H_0을 기각	H_0을 기각	H_0을 기각

대부분의 통계처리용 프로그램에서는 p값을 계산하여 출력하며, 이 값을 이용한 검정을 앞에서 설명한 방법과 더불어 자주 사용한다.

예제 1 $X_1,\ X_2,\ \cdots,\ X_{25}$를 $N(\mu_0,\ 16)$으로부터 얻은 확률표본이고, $H_0 : \mu_0 = 10$에 대하여 $H_1 : \mu_0 > 10$를 검정하기 위하여 표본의 관찰값을 조사한 결과 $\overline{x} = 11.4$를 얻었다고 하자. 그러면 $\overline{X} \sim N(\mu_0,\ 16/25)$이므로

$$\begin{aligned} p\text{-값} &= P(\overline{X} \geq 11.4 \mid \mu_0 = 10) = P(Z \geq 1.75) \\ &= 1 - 0.9599 = 0.0401 \end{aligned}$$

이다. 그러므로 $\alpha_1 = 0.01 < 0.0401 < \alpha_2 = 0.05$이므로 유의수준 0.05에서 H_0

을 기각시킬 수 있으나 유의수준 0.01에서 H_0을 기각시킬 수 없다. 그러나 이미 p-값이 알려져 있다면, 그 값을 이용하여 H_0의 기각 여부를 판정하는데 사용할 수 있다. ■

R-풀이

```
# p-값을 계산하기 위해 모평균, 표본표준편차, 표본 추출수, 표본평균을 각각의 객체에 할당함
mu <- 10; st_dev <- 4; n <- 25; x_bar <- 11.4
# pnorm(분위수, 평균, 표준편차)를 이용하여 정규분포로부터 F(X̄≥ 11.4)을 얻고, p-값을 구함. 단, 평균과 표준편차를 생략하면 표준정규분포로부터 계산됨
round(p_val <- pnorm(x_bar, mu, st_dev/sqrt(n), lower.tail=FALSE), 4)
[1] 0.0401
```

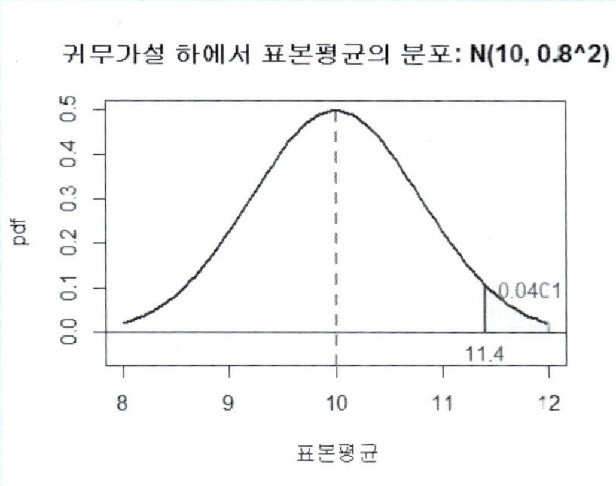

8.1 연습문제

1 통계학 평균점수가 62점이라는 담당교수의 주장에 대해 그 이상이라는 주장을 검정하기 위하여 58명을 임의로 조사한 결과, $\bar{x}=63.25$를 얻었다. $\bar{x}=63.25$에 대한 p-값을 구하여라. 그리고 유의수준 $\alpha_1=0.05$와 $\alpha_2=0.1$에서 담당교수의 주장에 대하여 검정하여라. 단 모표준편차는 $\sigma=10$으로 알려져 있다.

2 과거 어느 골퍼의 점수는 평균 90, 표준편차 3인 기록을 갖고 있다고 한다. 이 골퍼가 골프 레슨을 받은 후, 평균타수가 줄었다고 믿는다. 이때 $H_0: \mu=90$에 대한 $H_1: \mu<90$을 검정하기 위하여 16번의 게임에서 평균이 88.5 이하이면 귀무가설을 기각하고 대립가설을 채택한다. 이때 μ에 대한 검정력함수를 구하고, 레슨 후의 평균타수가 88일 때와 87일 때의 검정력을 비교하여라. 그리고 $\bar{x}=88.5$에 대한 p-값을 구하여라. 단 모표준편차는 계속하여 $\sigma=3$이라 한다.

3 어떤 화학반응에서 생성물에 대한 실제량은 정규분포 $N(\mu,\ 16)$에 따른다고 한다. 과거 경험에 따르면, 특정한 무기물질이 포함되면 $\mu=10$이고 포함되지 않으면 $\mu=11$이라고 한다. 이때 귀무가설 $H_0: \mu_0=10$에 대한 대립가설 $H_1: \mu_1=11$을 검정하고자 한다.

(1) 유의수준 $\alpha=0.05$, 표본의 크기 $n=25$일 때, $\mu=10$에 대한 기각역을 구하여라.

(2) (1)에 대한 제2종 오류 β를 구하여라.

8.2 모평균의 검정

모분산 σ^2을 아는 경우와 모르는 경우로 나누어서 모평균의 검정에 대하여 살펴보자.

8.2.1 모분산 σ^2을 아는 경우 모평균 μ의 검정

귀무가설 $H_0 : \mu = \mu_0$ (μ_0는 어떤 정하여진 값)를 검정한다고 할 때, 이 검정을 모평균의 검정이라고 한다.

모평균 μ의 검정에서는 표본평균 $\overline{X}$를 이용하는데, 이를 위해서는 $\overline{X}$의 분포를 알아야 한다. 모분산이 알려져 있는 정규모집단 $N(\mu, \sigma^2)$으로부터 추출한 크기가 n인 임의 표본의 표본평균 $\overline{X}$는 정규분포 $N\left(\mu, \dfrac{\sigma^2}{n}\right)$을 따르므로 이것을 표준화한 Z 통계량

$$Z = \frac{\overline{X} - \mu}{\sigma / \sqrt{n}}$$

는 표준정규분포 $N(0, 1)$을 따른다. 그러므로 귀무가설이 참이라 가설하여 얻은 검정통계량을 이용하여 모평균 μ에 대한 검정법을 요약하면 다음과 같다.

모분산이 알려진 경우 모평균 μ에 대한 검정법

① 귀무가설 설정 – $H_0 : \mu = \mu_0$

② 검정통계량 – $Z_0 = \dfrac{\overline{X} - \mu_0}{\sigma / \sqrt{n}}$

③ 가설검정 – $H_1 : \mu > \mu_0$ 일 때 $Z_0 \geq z_\alpha$이면 H_0를 기각한다.

$H_1 : \mu < \mu_0$ 일 때 $Z_0 \leq -z_\alpha$이면 H_0를 기각한다.

$H_1 : \mu \neq \mu_0$ 일 때 $|Z_0| \geq z_{\alpha/2}$ 이면 H_0를 기각한다.

이와 같이 검정하고자 하는 가설의 검정통계량이 정규분포를 따를 때 가설의 기각역은 정규분포를 이용하여 구하게 되는데, 이러한 검정을 **정규분포검정**이라 한다. 모집단의 분포가 정규분포이든 또는 임의의 분포이든 간에 표본의 크기 n이 큰 경우 모평균 μ에 대한 가설검정의 검정통계량과 이에 따른 기각역은 위에서 설명된 방법을 그대로 사용한다.

예제 2 포장할 때 사용하는 고무고리 개수가 한 상자당 평균 몇 개씩 들어 있는지를 조사하고자 할 때 모든 상자를 다 조사하는 것은 무리다. 공정이 관리하에 있을 때 각 상자에 들어 있는 고무고리 수는 평균이 1000이고 표준편차가 37.5인 정규분포를 따른다고 가정하자. $n=9$이고 유의수준 5%로 가정하여 가설을 세우고 기각역과 다양한 μ에 대한 제2종 오류와 검정력 함수를 구하여라.

풀이 이 경우 회사는 가설 $H_0: \mu=1000$ (공정이 관리상태), $H_1: \mu \neq 1000$(공정이 관리상태에 있지 않다)을 검정하고자 할 것이며, 이때 검정통계량은 $Z=\dfrac{(\overline{X}-\mu_0)}{\sigma/\sqrt{n}}$가 된다. 회사 측이 무작위로 $n=9$의 표본을 추출하였고 $\alpha=0.05$로 했을 때 채택역의 경계점은

$$\mu_0 \pm z_{\alpha/2} \cdot \frac{\sigma}{\sqrt{n}} = 1000 \pm 1.96\left(\frac{37.5}{3}\right) = 1000 \pm 24.5$$

가 되며 이는 [그림 1]과 같다.

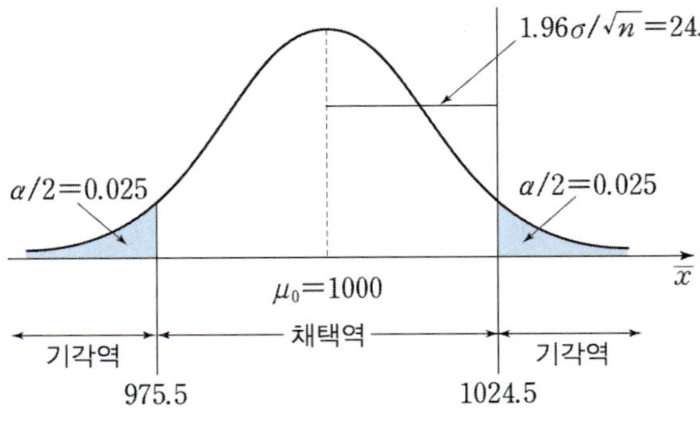

| 그림 1 | 가설 $H_0: \mu=1000$, $H_1: \mu \neq 1000$에 대한 기각역

이 문제에 대하여 C를 기각역이라고 하면 β는 다음과 같이 계산할 수 있다.

$$\beta(\mu) = P(H_0 \text{ 채택} \mid \mu \neq 1000) = 1 - P(Z \in C \mid \mu \neq 1000)$$

예를 들어 $\mu=990$, $\sigma=37.5$, $n=9$일 때

$$\beta(\mu) = P(975.5 \leq \overline{X} \leq 1024.5)$$

$$= P\left(\frac{975.5-990}{37.5/3} \le \frac{\overline{X}-\mu_0}{\sigma/\sqrt{n}} \le \frac{1024.5-990}{37.5/3}\right) = 0.8741.$$

즉 제2종 오류를 범할 확률은 0.8741이다. 이는 참값 $\mu=990$일 때 $H_0:\ \mu=1000$을 잘못 채택하는 오류를 범하는 경우가 87.41% 정도 된다는 의미이며, 이 검정의 검정력함수는 $\gamma(990)=0.1259$이다. 이는 이 검정이 거짓인 귀무가설을 제대로 판단하는 경우가 12.59% 정도 된다는 의미이다.

만약 참값이 $\mu=1010$이면 $\beta(\mu)$는 어떻게 될까? 계산해보면 역시 0.8741이 나온다. 즉

$$\beta(1000-10)=\beta(1000+10)$$

이 되며 $\mu=1000$일 때는 당연하게도 β의 값은 존재하지 않는다. 여러 가지 μ값에 대하여 검정력을 구해보면 [표 1]과 같고 [그림 2]는 검정력함수를 설명하고 있다.

| 표 1 | μ에 대한 검정력과 β

μ	β	$1-\beta$
950	0.0207	0.9793
970	0.3300	0.6700
980	0.6406	0.3594
990	0.8741	0.1259
1000	$1-\alpha=0.95$	$\alpha=0.05$
1010	0.8742	0.1259
1020	0.6406	0.3594
1030	0.3300	0.6700
1050	0.0207	0.9793

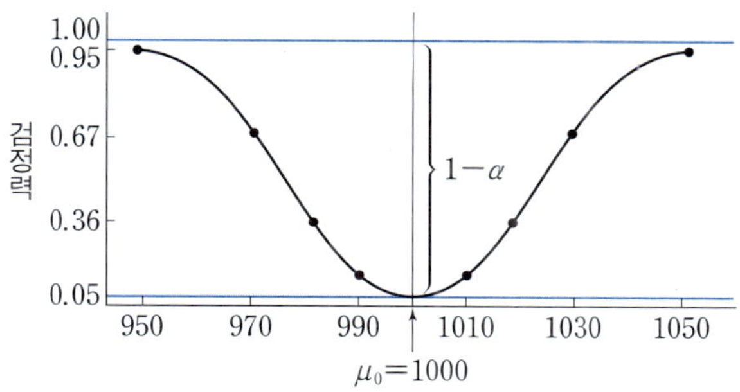

| 그림 2 | 검정력함수

예제 1에서 표본크기가 일정할 때 왜 α를 줄이면 β가 증가하게 되고 β를 줄이면 α가 증가하게 되는지를 알아보자.

α를 0.05에서 0.10으로 증가시키면 β를 줄일 수 있게 된다. 이 경우 $979.5 \le \overline{X} \le 1020.5$이면 귀무가설을 채택하게 되는데, 만약 참값을 $\mu = 970$이라고 하면 $\beta(970) = 0.2236$으로 $\alpha = 0.05$를 사용했을 때의 $\beta(970) = 0.3300$보다 작아졌다. 같은 방법으로 다른 μ값들에 대하여 조사해보면 같은 사실을 확인할 수 있다. 즉 α를 증가시킬수록 좁은 채택역을 갖게 되고 검정을 더욱 강력하게 할 수 있다. 그렇다고 α를 너무 크게 할 수는 없을 것이다.

이제 $\alpha = 0.05$로 다시 줄이고 참값이 $\mu = 970$일 때 n을 9에서 36으로 증가 시켜보면 β는 0.2236($\mu = 970$, $n = 0$, $\alpha = 0.05$)에서 0.0023($\mu = 970$, $n = 36$, $\alpha = 0.05$)으로 감소했다. 그러나 대부분의 경우 표본의 크기를 늘리면 많은 비용과 샘플링비용을 부담해야 하므로 잘못된 결정을 했을 때 드는 비용과 시간이 상쇄될 수 있는지 또는 어느 한쪽이 손실을 보게 되는지를 잘 고려해야 한다.

예제 3 어느 제조회사에서 생산되는 특별한 제품은 공정온도 100℃에서 만들어지며, 이때 제품 강도는 정규분포 $N(60,\ 4)$에 따른다고 알려져 있다(단위는 $\mathrm{Pa/cm^2}$이다). 한편 공정온도를 변화시키면서 생산하였더니, 강도의 표준편차는 변화가 없으나 평균 강도에 변화가 생겼다. 공정온도의 변화에 따라 평균 강도에 차이가 있는지 20개의 제품을 임의로 추출하여 측정한 결과 평균 강도가 61.1 $\mathrm{Pa/cm^2}$이었다. 공정온도가 변함에 따라 이 회사에서 생산되는 제품의 평균 강도가 달라지는지 유의수준 5%에서 검정하여라.

풀이 이를 알기 위하여 검정하는 순서에 따라 다음과 같이 검정을 수행한다.

① 귀무가설 $H_0: \mu = 60$ 에 대한 대립가설 $H_1: \mu \ne 60$ 을 설정한다.

② 모표준편차가 $\sigma = 2$이므로 모평균에 대한 검정통계량과 그의 분포는 다음과 같다.

$$Z = \frac{\overline{X} - 60}{2/\sqrt{20}} \sim N(0,\ 1)$$

③ 유의수준 $\alpha = 0.05$에 대한 양측검정의 임계값은 $z_{0.025} = 1.96$이고, 따라서 기각역은 $R: Z \le -1.96$ 또는 $R: Z \ge 1.96$이다.

④ 표본으로부터 얻은 표본평균이 $\overline{x}_0 = 61.1$ 이므로 검정통계량의 관찰값은

$$z_0 = \frac{61.1 - 60}{2/\sqrt{20}} = 2.46 > 1.96$$

이고, 이 관찰값은 기각역 안에 들어가므로 귀무가설을 기각한다. 따라서 유의수준 $\alpha = 0.05$에서 검정한 결과, 온도의 변화에 따라 평균 강도가 달라진다고 할 수 있다. 한편 H_0을 기각할 수 있는 최소한의 유의수준인 p-값은

$$2 \cdot P(Z > z_0) = 2 \cdot P(Z > 2.46) = 2 \cdot (0.0069) = 0.0138$$

인데 이 값은 유의수준 0.05보다 적으므로 귀무가설을 기각한다. ■

R-풀이

```
# 검정통계량의 관찰값을 z0_val 객체에 할당함
round(z0_val <- (61.1 - 60)/(2/sqrt(20)), 2)
[1] 2.46
# pnorm(분위수)을 이용하여 표준정규분포로부터 P(Z>2.46) 를 얻고, p-값을 구함
round(2*(1 - pnorm(z0_val)), 4)
[1] 0.0139
```

8.2.2 모분산 σ^2을 모르는 경우 모평균 μ의 검정

모분산 σ^2이 미지인 정규모집단 $N(\mu, \sigma^2)$에서 모평균 μ를 검정하려고 할 때 표본의 크기가 큰 경우에는 모표준편차 σ 대신 표본표준편차 S를 대입한 검정통계량을 사용하고, 이에 따른 기각역은 모분산 σ^2을 알 때와 동일하다.

$$Z_0 = \frac{\overline{X} - \mu_0}{S/\sqrt{n}}$$

또한 모집단의 분포가 정규분포가 아닌 임의의 모집단에서 n이 대표본일 경우 중심극한정리에 의해 $\overline{X}$는 근사적으로 정규분포를 따르므로 모평균 μ의 검정에 위의 식을 그대로 사용할 수 있다.

한편 모분산 σ^2이 미지인 정규모집단 $N(\mu, \sigma^2)$에서 표본의 크기 n이 소표본 $(n < 30)$일 경우 Z 통계량에서 σ 대신 S를 대입한 t 통계량

$$t_0 = \frac{\overline{X} - \mu_0}{S/\sqrt{n}}$$

는 자유도 $n-1$인 t 분포를 따른다. 그러므로 귀무가설이 참이라는 가설하에 얻은 검정통계량을 이용하여 모평균 μ에 대한 검정법을 요약하면 다음과 같다.

모분산이 알려지지 않은 경우 모평균 μ에 대한 검정법

① 귀무가설 설정 – $H_0:\ \mu = \mu_0$

② 검정통계량 – $t_0 = \dfrac{\overline{X} - \mu_0}{S/\sqrt{n}}$

③ 가설검정 – $H_1: \mu > \mu_0$ 일 때 $t_0 \ge t_\alpha(n-1)$이면 H_0를 기각한다.

$H_1: \mu < \mu_0$ 일 때 $t_0 \le -t_\alpha(n-1)$이면 H_0를 기각한다.

$H_1: \mu \ne \mu_0$ 일 때 $|t_0| \ge t_{\frac{\alpha}{2}}(n-1)$이면 H_0를 기각한다.

이와 같이 검정하고자 하는 가설의 검정통계량이 t 분포를 따를 때 가설의 기각역은 t 분포를 이용하여 구하게 되는데, 이러한 검정을 **t 분포 검정**이라 한다.

예제 4 어느 회사에서 수입한 제품의 부품을 구입하려고 한다. 납품서에 의하면 부품의 평균 지름이 12.5cm로 되어 있다. 부품의 지름이 납품서에 적혀 있는 수치와 같은지를 검사하기 위하여 10개의 부품을 임의로 추출하여 지름을 측정한 결과는 다음과 같다.

12.6, 12.7, 12.8, 12.6, 12.7, 12.4, 12.5, 12.6, 12.8, 12.3

부품의 지름이 정규분포 $N(\mu,\ \sigma^2)$을 따를 때, 부품의 지름이 납품서와 같다고 할 수 있는지를 유의수준 $\alpha = 0.05$ 로 검정하여라.

풀이 위의 검정법의 기본 원리에 따라 하면 다음과 같이 요약할 수 있다.

① $H_0:\ \mu = 12.5$

$H_1:\ \mu \ne 12.5$

② $\overline{X} = \dfrac{1}{10}(12.6 + 12.7 + \cdots + 12.3) = 12.6$

$$S^2 = \frac{1}{10-1}[(12.6-12.6)^2 + (12.7-12.6)^2 + \cdots + (12.3-12.6)^2]$$

$$= 0.0267$$

검정통계량 : $|t_0| = \left| \dfrac{12.6 - 12.5}{0.163/\sqrt{10}} \right| = 1.94$

③ $\alpha = 0.05$ 이고 자유도가 $10-1=9$ 이므로 $t_{0.025}(9) = 2.262$ 이다.

④ $|t_0| = 1.94 < t_{0.025}(9) = 2.262$이므로 H_0를 기각하지 못한다. 따라서 부품의 지름이 납품서와 다르다고 할 수 없다. ■

R-풀이

```
# c()를 이용하여 데이터를 벡터 형태로 ex8_2_3 객체에 할당함
ex8_2_3 <- c(12.6, 12.7, 12.8, 12.6, 12.7, 12.4, 12.5, 12.6, 12.8, 12.3)
# 검정통계량의 관찰값을 계산하여 t0 객체에 할당함
t0 <- sqrt(length(ex8_2_3))*abs(mean(ex8_2_3) - 12.5)/sd(ex8_2_3)
```

qt(누적확률, 자유도)를 이용하여 $t_{0.025}(9)$의 값에 해당되는 임계값을 구해 crit 객체에 할당함

```
crit <- qt(1 - 0.025, length(ex8_2_3) - 1)
# cbind()를 이용하여 검정통계량의 관찰값과 임계값을 결합하여 나타냄
cbind(t0, crit)
      [,1]  [,2]
[1,] 1.94 2.262
# 또는 t.test()를 이용하여 부품의 지름이 납품서와 같은지 검정할 수 있음
t.test(ex8_2_3, mu=12.5)
One Sample t-test
data:  ex8_2_3
t = 1.9365, df = 9, p-value = 0.08479
alternative hypothesis: true mean is not equal to 12.5
95 percent confidence interval:
 12.48318 12.71682
sample estimates:
mean of x
 12.6
```

8.2
연습문제

1 환한 곳에서 어두운 방에 들어갈 경우에 우리의 눈이 어두운 곳에 적응하는데 걸리는 시간을 측정한 실험이 있다. 지금까지의 실험 결과는 적응하는데 걸리는 시간은 평균 7.88초, 표준편차 0.15인 정규분포에 따른다고 한다. 이제 임의로 10명을 추출하여 새로운 방법에 의하여 실험한 결과 적응시간이 평균 7.8초였다. 새로운 실험 방법에 의하여 측정한 평균적응시간이 기존의 방법에 의한 시간과 차이가 있는지 유의수준 $\alpha = 0.05$에서 검정하여라.

2 어떤 제조공정에서 만든 제품의 치수에 대한 품질 특성은 과거 경험으로 $\mu = 60.2$ (mm), $\sigma = 3$ (mm)임을 알고 있다. 최근 공정의 일부가 변경되어 제품 치수가 변하지 않았는지를 알아보기 위해 $n = 9$인 표본을 추출하여 제품의 치수를 측정한 결과 $\overline{X} = 62.3$ (mm)를 얻었다. 공정의 변화에 따라 제품의 치수가 커지게 되었는지를 유의수준 $\alpha = 0.05$에서 검정하여라.

3 A 회사로부터 직경 60mm인 금속 베어링을 제작해줄 것을 문의받은 제조업체에서 생산한 베어링의 직경이 60mm에 미달한다고 주장한다. 이러한 주장에 대하여 베어링 제조회사에서는 정확하게 60mm이라고 주장하여, 50개의 베어링을 표본조사한 결과 다음과 같았다. 베어링 제조회사의 주장을 유의수준 5%에서 검정하여라.

(단위 : mm)

56.7	64.0	58.2	60.4	63.7	58.0	55.1	54.3	57.8	63.1
61.6	63.2	54.3	54.2	56.2	63.4	57.7	54.2	55.4	60.3
60.2	54.1	60.1	57.1	57.2	61.9	63.2	59.6	60.1	62.1
61.2	56.0	55.9	54.8	58.1	61.5	61.7	61.2	55.8	59.0
62.9	63.9	59.3	60.9	59.0	58.7	61.4	61.8	54.9	57.7

4 어느 진공관 제조 회사의 주장에 의하면, 이 회사에서 생산되는 진공관의 수명이 2550시간 이상 된다고 한다. 이를 확인하기 위하여 360개의 진공관을 임의로 추출하여 조사한 결과 평균 수명이 2516시간이고 표준편차가 132시간이었다. 이 회사의 주장이 타당한지 유의수준 $\alpha = 0.05$에서 검정하여라.

5 어느 회사 제품 전구의 표본 100개로부터 평균수명 1,570시간, 표준편차 120시간을 얻었다. 전구의 수명이 1,600시간이라고 하는 이 회사의 주장을 유의수준 0.05와 0.01에서 각각 검정하여라.

8.3 모비율의 검정

귀무가설 H_0: $p = p_0$(μ_0는 어떤 정하여진 값)를 검정한다고 할 때, 이 검정을 모비율의 검정이라고 한다. 모비율 p의 검정에서는 이항확률변수 X나 표본비율 $\hat{p}$를 이용하는데, 이를 위해서는 X나 $\hat{p}$의 분포를 알아야 한다.

8.3.1 소표본에서 모비율의 검정법

가설을 세울 때 관심대상 모수는 모비율(모불량율 p)이 되며, 확률변수 X를 특별한 속성을 가진 것들의 개수라고 하면 X는 이항분포 $B(n,\ p)$를 따른다. 이 경우 모비율 p의 합당한 추정량은 표본비율 $\hat{p} = \dfrac{X}{n}$가 되며 아래 사실이 성립한다.

$$E(\hat{p}) = p, \quad Var(\hat{p}) = \frac{p(1-p)}{n}$$

만일 p_0를 p의 가설화된 값이라고 하면 다음과 같은 가설들을 고려해볼 수 있다. 즉 귀무가설 $H_0 : p = p_0$에 대하여 대립가설

$$H_1 : p \neq p_0, \ H_1 : p < p_0 \quad \text{또는} \quad H_1 : p > p_0$$

를 생각해볼 수 있다. 유의수준 α에서 위의 가설들을 검정한다고 할 때 확률변수 X가 이산형이기 때문에 정확하게 유의수준이 α가 되는 기각값을 구할 수 없다.

예제 1 어떤 제품을 만드는 공정에서 제품의 불량률이 25%이면 공정의 일부만 조정하고 불량률이 25%($p = 0.25$) 이상이면 공정의 대폭조정이 불가피하다고 한다. 이 공정의 일부 또는 대폭 조정을 결정하기 위하여 크기 20인 무작위표본을 추출하여 검정하여라.

풀이 $\hat{p}$를 검정통계량으로 두고 검정하기 위해 가설을

$$H_0 : p = 0.25, \ H_1 : p > 0.25$$

로 세우고 $n = 20$, $\alpha = 0.05$라고 가정하자. 이 경우 제1종 오류를 범할 확률이 0.05를 넘지 않게 기각값을 정해야 하며, 부록의 이항확률표로부터 다음 사실을 알 수 있다.

$$P(X \geq 13 \mid p=0.25)=0.0002$$
$$P(X \geq 12 \mid p=0.25)=0.0010$$
$$\vdots$$
$$P(X \geq 9 \mid p=0.25)=0.0409$$
$$P(X \geq 8 \mid p=0.25)=0.1018$$

그러므로 $P(X \geq 9 \mid p=0.25) < 0.05 < P(X \geq 8 \mid p=0.25)$이고, 따라서 $C=\{X : X \geq 9\}$를 기각역으로 하는 것이 타당하다. 즉 20개의 임의 추출된 표본 가운데 불량품 개수가 9개 이상이면 불량률이 0.25보다 크다고 할 수 있다. 이 부분은 확률화된 검정을 이용할 수도 있으나 이론적인 측면이 강하므로 대부분의 실제 상황에서는 α를 특정한 값으로 주고 p-값(p-value)을 이용하여 검정한다. 이 문제에서 p-값은

불량품(X)이 9개 나왔다면 : p-값은 $P(X \geq 9 \mid p=0.25)=0.0409$
불량품(X)이 8개 나왔다면 : p-값은 $P(X \geq 8 \mid p=0.25)=0.1018$

가 되며, 이러한 p-값이 유의수준 α보다 작으면 귀무가설을 기각하게 되고, 유의수준보다 크면 대립가설을 기각하게 된다. ■

R-풀이

```
# 불량품 수, 표본 크기, 모비율을 각각의 객체에 할당함
x1 <- 8; x2 <- 8; n <- 20; p <- 0.25;
# binom.test()를 이용하여 귀무가설 하에서 P(X ≥ 8) 인 p-값을 구함
bin1 <- binom.test(x1, n, p, alt="greater")
[1] 0.1018
# binom.test()를 이용하여 귀무가설 하에서 P(X ≥ 9) 인 p-값을 구함
bin2 <- binom.test(9, 20, 0.25, alt="greater")
[1] 0.0409
# plot()을 이용하여 확률변수 x의 범위를 0부터 20까지 변화시켜가면서 귀무가설하에서
P(X ≥ x)인 p-값을 그래프로 나타냄
n <- 20; p <- 0.25; x <- 0:n
plot(x, dbinom(x, n, p), type="h", lwd=7, col=grey(0.7), ylim=c(0, 0.25),
main=paste0("B(20, ",p,") 분포에서 P(X>= 8) & P(X>= 9)"))
lines(8, dbinom(8, n, p), type="h", lwd=7, col=4)
lines(9:n, dbinom(9:n, n, p), type="h", lwd=7, col=2)
text(x, dbinom(x, n, p), round(dbinom(x, n, p), 3), col=c(rep(1, 8), 4, rep(2,
n-9)), pos=3, cex=0.8)
```

```
lab1 <- paste("P(X >= 8) =", round(1-pbinom(7, n, p),4))
lab2 <- paste("P(X >= 9) =", round(1-pbinom(8, n, p),4))
legend("topright", c(lab1, lab2), text.col=c(4, 2))
```

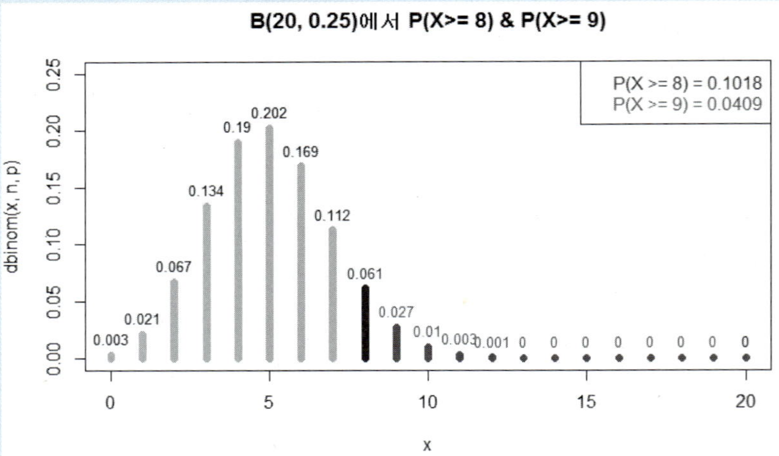

8.3.2 n이 클 때 정규근사를 이용한 검정

한편 표본의 크기 n이 충분히 크다면, 다시 말해서 $np_0 > 5$, $n(1-p_0) > 5$인 경우 표본비율 $\hat{p} = X/n$는 점근적으로

$$Z = \frac{\hat{p} - p}{\sqrt{\frac{p(1-p)}{n}}} \approx N(0, 1)$$

에 따르는 것을 이미 살펴보았다. 그러므로 귀무가설 $H_0 : p = p_0$가 참이라는 조건 아래서

$$Z = \frac{\hat{p} - p_0}{\sqrt{\frac{p_0(1-p_0)}{n}}} \approx N(0, 1)$$

이고, Z 검정통계량의 분모와 분자에 각각 n을 곱하면 관찰된 성공횟수에 대한 Z 통계량을 이용하여 다음과 같이 표현이 가능하다.

$$Z = \frac{X - np_0}{\sqrt{np_0(1-p_0)}} \approx N(0, 1)$$

따라서 모비율에 대한 귀무가설 $H_0 : p = p_0$에 대한 검정을 위하여 Z 검정통계량

$$Z = \frac{\hat{p} - p_0}{\sqrt{p_0(1-p_0)/n}} \quad \text{또는} \quad Z = \frac{X - np_0}{\sqrt{np_0(1-p_0)}}$$

를 이용한다. 그러므로 다음과 같은 순서에 따라 귀무가설을 검정한다.

① 귀무가설 $H_0 : p = p_0$ 를 설정한다.

② 유의수준 α를 정한다.

③ 검정통계량 $Z = \dfrac{\hat{p} - p_0}{\sqrt{\dfrac{p_0(1-p_0)}{n}}} \approx N(0,\ 1)$ 또는 $Z = \dfrac{X - np_0}{\sqrt{np_0(1-p_0)}} \approx$ $N(0,\ 1)$을 사용한다.

④ 검정통계량의 관찰값 $z_0 = \dfrac{\hat{p} - p_0}{\sqrt{p_0(1-p_0)/n}}$ 또는 $z_0 = \dfrac{x_0 - np_0}{\sqrt{np_0(1-p_0)}}$ 를 구한다.

⑤ 양측검정($H_1 : p \neq p_0$)인 경우 : $|z_0| \geq z_{\alpha/2}$이면 귀무가설 H_0를 기각한다.
하단측검정($H_1 : p < p_0$)인 경우 : $z_0 \leq -z_\alpha$이면 귀무가설 H_0를 기각한다.
상단측검정($H_1 : p > p_0$)인 경우 : $z_0 \geq z_\alpha$이면 귀무가설 H_0를 기각한다.

이때 양측검정에 대한 p-값은 검정통계량의 관찰값 z_0에 대하여

$$p\text{-값} = P(Z < -z_0) + P(Z > z_0) = 2(1 - \Phi(z_0))$$

이며, **하단측검정**인 경우 p-값은 검정통계량의 관찰값 $-z_0$에 대하여

$$p\text{-값} = P(Z < -z_0) = \Phi(-z_0).$$

그리고 **상단측검정**인 경우 p-값은

$$p\text{-값} = P(Z > z_0) = 1 - \Phi(z_0)$$

로 정의되며, p-값 $> \alpha$ 이면 H_0를 채택하고 p-값 $\leq \alpha$이면 H_0를 기각한다.

예제 2 예전 공정방법으로 생산된 제품의 불량률은 0.05이었다. 이제 새로운 공정방법을 도입하면 불량률이 줄어드는지 알아보고자 한다. 이를 위하여 새로운 공정방법으로 생산된 제품 가운데 100개를 임의로 추출한 결과 불량품 3개가 발견되었다. 새로운 공정방법에 의하여 불량률이 예전의 불량률과 같은지를 유의수준 5% 에서 검정하여라.

풀이 ① 귀무가설 $H_0: p_0 = 0.05$ 와 대립가설 $H_1: p_0 \neq 0.05$ 를 설정한다.

② 유의수준 0.05에서 양측검정을 하므로 임계값은 $z_{0.025} = 1.96$ 이고, 따라서 기각역은 $R: |Z| \geq 1.96$ 이다.

③ 검정통계량과 분포를 선정한다.

$$Z = \frac{X - np_0}{\sqrt{np_0(1-p_0)}} \approx N(0, 1)$$

④ $n = 100$, $x = 3$, 그리고 $p_0 = 0.05$ 이므로 Z 통계량의 관찰값은 다음과 같다.

$$z_0 = \frac{3 - 100 \cdot (0.05)}{\sqrt{100 \cdot (0.05) \cdot (0.95)}} = -0.9177 > -1.96$$

⑤ $z_0 = -0.9177 > -1.96$ 이므로 귀무가설 H_0를 기각할 수 없다. 즉 새로운 공정 방법에 의하여 불량률을 개선시켰다고 할 수 없다. ■

R-풀이

```
# 불량품 수, 표본 크기, 모비율, 유의수준을 각각의 객체에 할당함
n <- 100; p <- 0.05; x <- 3; alpha <- 0.05
# 검정통계량의 관찰값을 계산하여 z0 객체에 할당함
(z0_p <- round(z0 <- (x - n*p)/sqrt(n*p*(1 - p)), 4))
[1] -0.9177
# qnorm(누적확률)을 이용하여 |z_0.025|의 값에 해당되는 임계값을 구해 crit_z 객체에 할당함
(crit_z <- qnorm(0.025))
[1] -1.96
# cbind()를 이용하여 검정통계량의 관찰값과 임계값을 결합하여 나타냄
cbind(z0_p, crit_z)
       z0_p    crit_z
[1,] -0.9177   -1.96
```

8.3 연습문제

1 컴퓨터 시뮬레이션을 이용하여 숫자 '0'과 '1'을 임의로 5,000개를 생성한 결과, 2,566개의 숫자 '0'이 나왔다고 한다. 이때 숫자 '0'이 나올 가능성이 0.5이라는 주장에 대하여 p-값을 구하고, 유의수준 5%와 10%에서 양측검정하여라.

2 전동장치의 주요 결점은 외부적인 영향에 의한 일시적인 것으로 70%가 어떤 특정한 원인에 있다고 생각한다. 이것을 알아보기 위하여, 200개의 결점을 조사한 결과 151개의 결점이 특정한 원인에 의하여 생긴 것으로 판명되었다. 이때 특정한 원인에 의한 결점이 70%라는 주장에 대하여

(1) 유의수준 5%에서 양측검정하여라.

(2) p-값을 구하고, 유의수준 5%에서 양측검정을 하여라.

3 한국금연운동협의회에 따르면 전국의 20세 이상 성인 남자의 흡연율은 55.1%로 2001년 69.9%에 비해 14.8%포인트 감소했다고 주장하였다. 이러한 주장에 대한 진위 여부를 확인하기 위하여 850명의 20세 이상 성인 남자를 조사한 결과 503명이 흡연을 하는 것으로 조사되었다면, 흡연율이 55.1%이라는 주장에 타당성이 있는지 다음 방법에 의하여 유의수준 1%에서 검정하여라.

4 우리나라 남아의 출생율이 52.4%라는 주장이 공공연하게 제기되고 있다. 이에 이러한 주장을 증명하기 위하여 산부인과 병원에서 무작위로 선정한 25명의 신생아를 조사한 결과 14명이 남자아이였다. 다음 방법에 의하여 남아의 출생율이 52.4%라는 주장을 유의수준 5%에서 검정하여라.

5 어떤 특정한 국가 정책에 대한 여론의 반응을 알아보기 위하여 900명을 상대로 여론조사한 결과 510명이 이 정책을 찬성하였다. 이 결과를 이용하여 국민의 절반이 이 정책을 지지한다고 할 수 있는지 유의수준 5%에서 검정하여라.

6 문제 5에서 90명을 상대로 여론조사한 결과 51명이 이 정책을 찬성하였다면, 어떠한 결과가 나오는지 동일한 방법으로 검정하여라.

8.4 모분산의 검정

모평균 μ를 알 때와 모를 때로 나누어서 모분산의 검정에 대하여 살펴보자.

8.4.1 모평균 μ를 알 때의 모분산 σ^2의 검정

귀무가설 $H_0 : \sigma^2 = \sigma_0^2$ 을 검정한다고 할 때 이 검정을 모분산의 검정이라고 한다. 모분산 σ^2 검정에서는 추정량으로 χ^2 통계량을 이용하는데, 이를 위해서는 χ^2 통계량의 분포를 알아야 한다.

정규모집단 $N(\mu, \sigma^2)$에서 모평균 μ를 알고 있을 때, χ^2 통계량

$$\chi^2 = \frac{\sum_{i=1}^{n}(x_i - \mu)^2}{\sigma^2}$$

은 자유도가 n인 카이제곱분포를 한다. 그러므로 귀무가설이 참이라는 가설하에 얻은 검정통계량을 이용하여 모분산 σ^2에 대한 검정법을 요약하면 다음과 같다.

모평균이 알려진 경우 모분산 σ^2에 대한 검정법

① 귀무가설 설정 – $H_0 : \sigma^2 = \sigma_0^2$

② 검정통계량 – $\chi_0^2 = \frac{\sum_{i=1}^{n}(x_i - \mu)^2}{\sigma_0^2}$

③ 가설검정 – $H_1 : \sigma^2 > \sigma_0^2$일 때 $\chi_0^2 \geq \chi_\alpha^2(n)$이면 H_0를 기각한다.

$H_1 : \sigma^2 < \sigma_0^2$일 때 $\chi_0^2 \leq \chi_{1-\alpha}^2(n)$이면 H_0를 기각한다.

$H_1 : \sigma^2 \neq \sigma_0^2$일 때 $\chi_0^2 \geq \chi_{\frac{\alpha}{2}}^2(n)$이거나 $\chi_0^2 < \chi_{1-\frac{\alpha}{2}}^2(n)$이면 H_0를 기각한다.

8.4.2 모평균 μ를 모를 때의 모분산 σ^2의 검정

정규모집단 $N(\mu,\ \sigma^2)$에서 모평균 μ를 모를 때의 모분산 σ^2 검정에 이용되는 χ^2 통계량

$$\chi^2 = \frac{(n-1)S^2}{\sigma^2}$$

은 자유도가 $n-1$인 카이제곱분포를 한다. 그러므로 귀무가설이 참이라는 가설하에 얻은 검정통계량을 이용하여 모분산 σ^2에 대한 검정법을 요약하면 다음과 같다.

모평균이 알려지지 않은 경우 모분산 σ^2에 대한 검정법

① 귀무가설 설정 – $H_0 : \sigma^2 = \sigma_0^2$

② 검정통계량 – $\chi_0^2 = \dfrac{(n-1)S^2}{\sigma_0^2}$

③ 가설검정 – $H_1 : \sigma^2 > \sigma_0^2$일 때 $\chi_0^2 \geq \chi_\alpha^2(n-1)$이면 H_0를 기각한다.

$H_1 : \sigma^2 < \sigma_0^2$일 때 $\chi_0^2 \leq \chi_{1-\alpha}^2(n-1)$이면 H_0를 기각한다

$H_1 : \sigma^2 \neq \sigma_0^2$일 때 $\chi_0^2 \geq \chi_{\frac{\alpha}{2}}^2(n-1)$이거나

$\chi_0^2 \leq \chi_{1-\frac{\alpha}{2}}^2(n-1)$이면 H_0를 기각한다.

예제 1 어떤 품질 특성을 개선하기 위하여 시험품을 만들어 보았는데 분산이 변화하는 문제가 발생하였다. 시험품으로 만든 제품들 가운데 임의로 10개의 제품을 추출하여 특성값을 측정한 결과는 다음과 같다.

0.3	−0.1	−0.5	0.1	−0.3	0.2	0.4	−0.1	0.5	0.1

품질의 특성을 개선하기 이전의 모분산 $\sigma^2 = 0.03$과 차이가 있다고 할 수 있는지를 유의수준 5%에서 검정하여라.

풀이 위 검정의 기본 원리에 따라 하면 다음과 같이 요약할 수 있다.

① $H_0 : \sigma^2 = 0.03$

$H_1 : \sigma^2 \neq 0.03$

② $\overline{X} = \dfrac{1}{10}(0.3 - 0.1 + \cdots + 0.1) = 0.06$

$$S^2 = \frac{1}{10-1}[(0.3-0.06)^2 + (-0.1-0.06)^2 + \cdots + (0.1-0.06)^2]$$
$$= 0.1$$

검정통계량 : $\chi_0^2 = \frac{9 \times 0.1}{0.03} = 29.47$

③ $\alpha = 0.05$ 이므로 $\chi^2_{0.025}(9) = 19.02$ 이거나 $\chi^2_{0.975}(9) = 2.70$ 이다.

④ $\chi_0^2 = 29.47 > \chi^2_{0.025}(9) = 19.02$ 이므로 H_0를 기각한다. 따라서 시험품으로 만든 제품의 품질 특성은 개선하기 이전의 모분산과 차이가 있다고 할 수 있다. ■

R-풀이

```
# c()를 이용하여 데이터를 벡터 형태로 ex8_4_1 객체에 할당함
ex8_4_1 <- c(0.3, -0.1, -0.5, 0.1, -0.3, 0.2, 0.4, -0.1, 0.5, 0.1)
# 모분산, 유의수준, 표본 크기를 입력하고, 표본분산을 구하여 var_sam 객체에 할당함
var_pop <- 0.03; alpha <- 0.05; n <- 10; round((var_sam <- var(ex8_4_1)),
2)
[1] 0.1
# 검정통계량의 관찰값을 계산하여 chi0 객체에 할당함
round((chi0 <- (n - 1)*var_sam/var_pop), 2)
[1] 29.47
# qchisq(분위수, 자유도)를 이용하여 χ²0.025(9) 의 값에 해당되는 임계값을 구해 crit_chi
객체에 할당함
round((crit_chi <- qchisq(1 - alpha/2, n - 1)), 2)
[1] 19.02
# cbind()를 이용하여 검정통계량의 관찰값과 임계값을 결합하여 나타냄
cbind(chi0, crit_chi)
     chi0    crit_chi
[1,] 29.47     19.02
```

8.4 연습문제

1 정규모집단으로부터 크기 25인 표본을 추출하여 조사한 결과 표본분산 49를 얻었다. 모분산이 55라고 할 수 있는지 유의수준 $\alpha = 0.1$에서 검정하여라.

2 자동차 배터리 제조업자는 자신의 회사에서 생산된 배터리 수명은 표준편차가 0.9년이라고 주장한다. 이를 확인하기 위하여 임의로 배터리 10개를 수거하여 조사한 결과, 표준편차가 1.2년이라는 결론을 얻었다. 이 회사에서 생산된 배터리 수명의 표준편차가 0.9년 이상이라고 할 수 있는지 유의수준 5%에서 검정하여라.

3 집적회로의 수명을 조사하기 위해 표본 10개를 추출하여 조사한 결과 표준편차가 200시간이었고, 평균이 4,000시간이었다. 집적회로의 수명은 정규분포를 이룬다고 가정하고 표본이 추출되기 전 모집단의 표준편차가 150시간보다 적다고 가정할 때 1%의 유의수준에서 검정하여라.

4 전국 고3 남학생들의 집합을 모집단으로 하여 신장을 조사해보니 신장의 모분산이 36이었다. 어느 학교 고3 남학생 전체를 모집단으로 하여 이 학교 고3 남학생 가운데 임의로 12명을 추출하여 표본분산을 구해보니 16.48이었다. 이 학교 고3 남학생의 모분산도 36 정도라고 할 수 있는지를 유의수준 5%로 검정하여라.

5 전자상가에 있는 10곳의 캠코더 판매점을 둘러본 결과, 동일한 제품의 캠코더 가격이 다음과 같이 다르게 나타났다. 판매상에 의하면 전체 캠코더 판매액이 정규분포에 따른다고 한다.

(단위 : 천원)

938.8	952.0	946.8	958.8	948.4	950.0	953.8	928.8	947.5	936.2

(1) 표본평균과 표본분산을 구하여라.

(2) 모표준편차가 11.2천원인지 유의수준 5%에서 검정하여라.

6 정규모집단으로부터 크기 16인 표본을 추출하여 조사한 결과 표본분산 0.9를 얻었다.

(1) 모분산이 0.5보다 큰지를 검정하기 위한 귀무가설과 대립가설을 설정하여라.

(2) 유의수준 $\alpha = 0.01$을 이용하여 기각역을 구하여라.

(3) 점정통계량의 관측값을 구하여라.

(4) 1% 유의수준에서 (1)의 귀무가설을 채택할 것인지, 기각할 것인지 결정하여라.

7 어느 음료제조회사에서 생산되는 음료수 팩에 들어있는 순수 용량은 평균 1리터, 분산은 0.42리터 이하라고 한다. 이것을 확인하기 위하여 25개 상점에서 각각 1개씩 이 음료수를 임의로 수거하여 측정한 결과 분산 0.81리터인 것으로 조사되었다. 음료회사의 주장이 타당한지 유의수준 1%에서 검정하여라. 단, 이 회사에서 제조되는 음료수의 양은 정규분포에 따른다고 한다.

8.5 적합도검정

지금까지 양적 자료에 대한 가설을 검정하는 방법을 살펴보았다. 이제 설문조사 등에서 많이 사용하는 '예', '아니오' 또는 '모름' 등과 같은 답변을 유도하는 범주형 자료에 적합한 검정방법을 살펴본다. 예를 들어 유권자 1,000명을 대상으로 이번 선거에 투표를 하겠느냐는 질문에 '예' 또는 '아니오' 두 가지로 응답한다고 하자. 이때 '예'라고 응답하는 사건을 A, '아니오'라고 응답하는 사건을 B라 하고, $P(A)=p_1$, $P(B)=p_2$라 하자. 그러면 귀무가설 $H_0: p=0.675$에 대한 대립가설 $H_1: p \neq 0.675$에 대하여 검정하는 방법을 생각한다. 이 경우에 H_0가 참이라는 가정 아래 1,000명의 유권자를 대상으로 투표에 응하겠다는 유권자의 기댓값은 675명이라고 할 수 있다.

이와 같이 귀무가설이 참일 때 이론적으로 기대되는 도수를 **기대도수**(expected frequency)라 하며, 크기 n인 표본에 대하여 $H_0: p_1=p_{10}$이 참이라면 기대도수는 $e_1=np_{10}$이고, $H_1: p_1 \neq p_{10}$이 참이라면 기대도수는 $e_2=np_{20}(p_{20}=1-p_{10})$이다. 한편 1,000명 가운데 실제 투표를 실시한 유권자 수가 658명이라 하면 유권자 가운데 342명이 투표에 참여하지 않았으므로 '아니오'는 342명이 된다. 이와 같이 이론적인 기대도수에 대하여 실제로 실험이나 관측에 의해 얻은 도수를 **관측도수**(observed frequency)라 한다. 이때 실험 또는 관찰로부터 얻은 관측도수와 기대도수가 어느 정도로 일치하는가를 나타내는 값을 **적합도**(goodness of fit)라 하며, 관측값들이 어느 정도로 이론적인 분포에 따르고 있는지를 검정하는 것을 **적합도검정**(goodness-of-fit test)이라 한다. 이것을 [표 1]과 같이 요약할 수 있다.

| 표 1 |

가능한 응답	A	B	합계
기대확률	p_{10}	$p_{20}=1-p_{10}$	1
기대도수	$e_1=np_{10}$	$e_2=np_{20}$	n
관찰도수	$n_1=x$	$n_2=n-x$	n

그러면 이와 같은 경우 8.3절에서 소표본에 대해 이항분포를 이용하여 검정하였

고, 대표본에 대하여 정규분포를 이용하여 검정하는 방법을 살펴보았다. 그러나 이러한 적합도에 대한 검정은 두 가지 출현 결과를 갖는 하나의 표본뿐 아니라 여러 개의 출현 결과를 갖는 다표본의 경우로 일반화하여 카이제곱분포를 이용하여 근사적으로 검정할 수 있다. 특히 점근적으로 정규분포를 이루는 검정통계량의 제곱은 자유도 1인 카이제곱분포를 이루므로

$$\begin{aligned}\chi^2 &= \frac{(x-np_{10})^2}{np_{10}(1-p_{10})} = \frac{(x-np_{10})^2}{np_{10}} + \frac{(x-np_{10})^2}{n(1-p_{10})} \\ &= \frac{(x-np_{10})^2}{np_{10}} + \frac{[(n-x)-n(1-p_{10})]^2}{n(1-p_{10})} \\ &= \frac{(n_1-e_1)^2}{e_1} + \frac{(n_2-e_2)^2}{e_2}\end{aligned}$$

이다. 이때 χ^2 검정통계량은 H_0가 참이라는 조건 아래서 기대도수와 관측도수 사이의 불일치 정도를 나타내며, 또한 자유도는 항목 '예'와 '아니오'의 수보다 1만큼 작은 수가 되는 것을 알 수 있다. 한편 이항분포의 연속성을 수정하기 위하여

$$\chi^2 = \frac{(n_1-e_1-0.5)^2}{e_1} + \frac{(n_2-e_2-0.5)^2}{e_2}$$

을 사용하여 좀 더 정확한 결과를 얻을 수 있다. 이때 유의수준 α에 대하여 관찰값이 χ_0^2일 때 $\chi_0^2 > \chi_\alpha^2(1)$이면 귀무가설 $H_0: p_1 = p_{10}$을 기각한다.

이와 같은 χ^2 검정통계량은 k개의 범주를 갖는 다변량분포로 확장할 수 있으며, r 표본 이항분포로 일반화될 수도 있다. 우선 k개의 범주 $A_1, A_2, \cdots, A_k$에 대하여 $P(A_i) = p_i(p_1 + \cdots + p_k = 1)$라 하자. 그리고 [표 2]와 같이 크기 n인 표본에 대하여 범주 A_i의 관측도수를 n_i라 하면 $n_1 + \cdots + n_k = n$이다.

이때 귀무가설 $H_0: p_1 = p_{10}, p_2 = p_{20}, \cdots, p_k = p_{k0}$에 대한 귀무가설 '$H_1$: H_0

| 표 2 |

범주	도수	확률
1	n_1	p_1
2	n_2	p_2
⋮	⋮	⋮
k	n_k	p_k
합계	n	1

가 아니다'를 검정한다고 하자. 그러면 각 범주의 기대도수는 $e_i = np_{i0}$이고, 이 경우 귀무가설을 검정하기 위하여 사용되는 χ^2 검정통계량은

$$\chi^2 = \sum_{i=1}^{k} \frac{(n_i - e_i)^2}{e_i}$$

이다. 특히 귀무가설 H_0가 참이라 할 때 표본 수가 충분히 크면 χ^2 통계량은 범주의 수보다 1만큼 작은 자유도 $k-1$을 갖는 카이제곱분포를 이룬다. 그러므로 표본이 충분히 큰 경우에 귀무가설 H_0를 검정하기 위하여 자유도 $k-1$을 갖는 카이제곱분포에 따르는 χ^2 통계량을 사용하며, 유의수준 α에 대하여 관찰값이 χ_0^2일 때 $\chi_0^2 > \chi_\alpha^2(k-1)$ 이면 귀무가설 H_0를 기각한다. 그러므로 범주가 2개인 이항분포 또는 k개인 다변량분포에 대한 적합도검정을 실시하기 위하여 i번째 범주의 관측도수 o_i와 기대도수 e_i에 대하여 위와 같은 χ^2 통계량을 이용하며, 항상 상단측검정을 실시한다.

(1) 귀무가설 $H_0: p_1 = p_{10},\ p_2 = p_{20},\ \cdots,\ p_k = p_{k0}$ 와 대립가설 'H_1: H_0 가 아니다'를 설정한다.

(2) 검정통계량 $\chi^2 = \sum_{i=1}^{k} \frac{(n_i - e_i)^2}{e_i}$을 선택한다.

(3) 유의수준 α를 정한다.

(4) 확률분포와 유의수준 α에 대한 기각역 $\chi^2 > \chi_\alpha^2(k-1)$ 을 구한다.

(5) 표본으로부터 검정통계량의 관찰값 χ_0^2을 구하고, $\chi_0^2 > \chi_\alpha^2(k-1)$ 이면 H_0를 기각한다.

예제 1 주사위를 60번 던져서 [표 3]과 같은 결과를 얻었다. 이 결과로부터 (1) 2의 눈이 나올 가능성이 1/6이라 할 수 있는지 유의수준 0.05에서 검정하고, (2) 이 주사위가 공정하게 만들어졌는지 유의수준 0.05에서 검정하여라.

| 표 3 |

주사위의 눈	1	2	3	4	5	6	합
관찰도수	13	4	10	15	9	9	60

풀이 (1) 우선 2의 눈이 나올 가능성이 1/6이라 할 수 있는지 유의수준 0.05에서 검정하여 보자.

① 귀무가설 $H_0: p=1/6$ 과 대립가설 $H_1: p \neq 1/6$ 을 설정한다.

② χ^2 통계량: $\chi^2 = \dfrac{(n_1-e_1)^2}{e_1} + \dfrac{(n_2-e_2)^2}{e_2}$ 을 선택한다.

③ 유의수준 $\alpha=0.05$ 에 대한 기각역은 $\chi^2 > \chi^2_{0.05}(1)=3.84$ 이다.

④ χ^2 통계량의 관찰값은 다음 표와 같이 $\chi_0^2=4.32$ 이다.

| 표 4 |

범주	관찰도수 (n_i)	비율 (p_i)	기대도수 $(e_i=np_i)$	n_i-e_i	$(n_i-e_i)^2$	$\dfrac{(n_i-e_i)^2}{e_i}$
1	4	1/6	10	−6	36	3.6
2	56	5/6	50	6	36	0.72
합계	$n=60$	1.00	60	0		4.32

⑤ 관찰값이 $\chi_0^2=4.32>3.84$ 이므로 H_0를 기각한다. 즉 2의 눈이 나올 가능성이 1/6이라 할 수 없다.

(2) 이제 이 주사위가 공정하게 만들어졌는지, 다시 말해서 모든 눈이 나올 가능성이 1/6로 동일한지 검정해보자.

① 귀무가설과 대립가설을 설정한다.

$H_0: p_1=\dfrac{1}{6},\ p_2=\dfrac{1}{6},\ p_3=\dfrac{1}{6},\ p_4=\dfrac{1}{6},\ p_5=\dfrac{1}{6},\ p_6=\dfrac{1}{6}$

$H_1: H_0$ 가 아니다.

② χ^2 통계량 $\chi^2=\sum_{i=1}^{6}\dfrac{(n_i-e_i)^2}{e_i}$ 을 선택한다.

③ 주사위가 공정하게 만들어졌다면 각각의 눈이 나올 기대비율은 1/6이므로, 눈의 수 i가 나올 확률을 p_i라 하면 $p_i=1/6(i=1,\ 2,\ \cdots,\ 6)$이다. 또한 주사위를 60번 던지면 각각의 눈이 나올 기대도수는 각각 $e_i=10(i=1,\ 2,\ \cdots,\ 6)$이다. 또한 범주의 수가 6개이므로 자유도는 5이고, 따라서 유의수준 $\alpha=0.05$ 에 대한 기각역은 $\chi^2>\chi^2_{0.05}(5)=11.07$ 이다.

④ χ^2 통계량의 관찰값은 표 5와 같이 $\chi_0^2=7.2$ 이다.

| 표 5 |

범주	관찰도수 (n_i)	비율 (p_i)	기대도수 $(e_i = np_i)$	$n_i - e_i$	$(n_i - e_i)^2$	$\frac{(n_i - e_i)^2}{e_i}$
1	13	1/6	10	3	9	0.9
2	4	1/6	10	−6	36	3.6
3	10	1/6	10	0	0	0
4	15	1/6	10	5	25	2.5
5	9	1/6	10	−1	1	0.1
6	9	1/6	10	−1	1	0.1
합계	$n = 60$	1.00	60	0		7.2

⑤ 관찰값이 $\chi_0^2 = 7.2 < 11.07$ 이므로 귀무가설을 채택한다. 다시 말해서 실험결과로부터 공정한 주사위가 아니라는 근거가 없다. ■

R-풀이

```
(1) # c()를 이용하여 데이터를 벡터 형태로 ex8_5_1_1 객체에 할당함
ex8_5_1_1 <- c(4, 56)
# chisq.test()를 이용하여 적합도를 검정함. 단, 각 범주에 속할 확률이 다른 경우에는 옵션 'p= '을 사용하여 지정하며, 지정하지 않을 때는 각 범주에 속할 확률이 동일한 것으로 간주함.
chisq.test(ex8_5_1_1, p=c(1/6, 5/6))
Chi-squared test for given probabilities
data:  ex8_5_1_1
X-squared = 4.32, df = 1, p-value = 0.03767
(2) # c()를 이용하여 데이터를 벡터 형태로 ex8_5_1_2 객체에 할당함
ex8_5_1_2 <- c(13, 4 ,10, 15, 9, 9)
# chisq.test()를 이용하여 적합도를 검정함
chisq.test(ex8_5_1_2)
Chi-squared test for given probabilities
data:  ex8_5_1
X-squared = 7.2, df = 5, p-value = 0.2062
```

8.5 연습문제

1 52장의 카드에서 복원추출에 의하여 36장의 카드를 뽑은 결과 다음과 같았다. 카드의 종류가 나올 확률이 동일한지 유의수준 5%에서 검정하여라.

카드 종류	스페이드	하트	다이아몬드	클로버
관찰 횟수	6	8	9	13

2 전국적으로 발생하는 교통사고건수가 요일별로 동일한지를 살펴보기 위하여 지난해 1년 동안 발생한 교통사고건수를 조사한 결과 다음 표와 같았다. 유의수준 5%에서 요일별 사고건수가 동일한지에 대하여 검정하여라.

요일	월	화	수	목	금	합계
건수	86	56	51	55	72	320

3 15세 이상 24세 이하 청소년이 고민하는 문제에 대하여 2008년도 통계청 자료에 따르면 다음 표와 같다. 최근 300명의 청소년을 대상으로 결과에 대하여 청소년들의 고민하는 문제에 변화가 있는지 유의수준 1%에서 조사하여라.

분류	직업	공부	외모	가정환경	용돈부족	기타
통계청 조사결과(%)	24.1	38.5	12.7	5.1	5.2	14.4
최근 조사결과(명)	96	93	36	19	24	32

4 유전학에서 어떤 꽃은 빨간색과 노란색, 그리고 흰색인 꽃잎을 지며, 비율은 각각 1/4, 1/4, 1/2이라고 한다. 이것을 확인하기 위하여 40송이의 꽃을 조사한 결과 빨간색 5송이, 노란색 15송이, 그리고 흰색 20송이인 것을 확인하였다. 유의수준 10%에서 이러한 가설을 검정하여라. 한편 빨간색과 노란색, 그리고 흰색인 꽃잎의 비율이 2/8, 3/8, 3/8인지 유의수준 10%에서 검정하여라.

8.6 독립성검정

몸무게와 키의 경우와 같이 서로 다른 두 가지 속성 A와 B로 모집단이 각각 서로 배반인 k개의 범주 $A_1, A_2, \cdots, A_k$ 그리고 r개의 범주 $B_1, B_2, \cdots, B_r$ 인 범주로 구성되어 있다고 하자. 그리고 $A_i \cap B_j$의 확률을

$$p_{ij} = P(A_i \cap B_j),\ i = 1, 2, \cdots, k,\ j = 1, 2, \cdots, r$$

이라 하자. 그러면 두 종류의 속성에 대한 범주들의 공통부분 $A_i \cap B_j$에 대한 모비율은 다음과 같은 분할표를 이용하여 나타낼 수 있다.

| 표 1 |

$A \backslash B$	B_1	B_2	$\cdots$	B_r	합
A_1	p_{11}	p_{12}	$\cdots$	p_{1r}	$p_{1\cdot}$
A_2	p_{21}	p_{22}	$\cdots$	p_{2r}	$p_{2\cdot}$
$\vdots$	$\vdots$	$\vdots$	$\cdots$	$\vdots$	$\vdots$
A_k	p_{k1}	p_{k2}	$\cdots$	p_{kr}	$p_{k\cdot}$
합	$p_{\cdot 1}$	$p_{\cdot 2}$	$\cdots$	$p_{\cdot r}$	1

여기서 $p_{i\cdot} = P(A_i) = \sum_{j=1}^{r} p_{ij}$, $p_{\cdot j} = P(B_j) = \sum_{i=1}^{k} p_{ij}$ 이다. 이때 두 속성 A와 B가 독립인지 아닌지 검정하는 방법을 **독립성검정**(test of independence)이라 한다. 즉 귀무가설

$$H_0 : P(A_i \cap B_j) = P(A_i)P(B_j)\ ,\ i = 1, 2, \cdots, k,\ j = 1, 2, \cdots, r$$

또는

$$H_0 : p_{ij} = p_{i\cdot}\, p_{\cdot j},\ i = 1, 2, \cdots, k,\ j = 1, 2, \cdots, r$$

을 검정하는 것을 독립성검정이라 하고, 이때 대립가설은 'H_1: H_0 가 아니다'이다. 이제 귀무가설을 검정하기 위하여 통계실험을 n번 독립적으로 반복하여 [표 2]와 같은 관측도수를 얻었다고 하자.

| 표 2 |

A \ B	B_1	B_2	$\cdots$	B_r	합
A_1	n_{11}	n_{12}	$\cdots$	n_{1r}	$n_{1\cdot}$
A_2	n_{21}	n_{22}	$\cdots$	n_{2r}	$n_{2\cdot}$
$\vdots$	$\vdots$	$\vdots$	$\cdots$	$\vdots$	$\vdots$
A_k	n_{k1}	n_{k2}	$\cdots$	n_{kr}	$n_{k\cdot}$
합	$n_{\cdot 1}$	$n_{\cdot 2}$	$\cdots$	$n_{\cdot r}$	N

여기서 $n_{i\cdot}=\sum_{j=1}^{r} n_{ij}$, $n_{\cdot j}=\sum_{i=1}^{k} n_{ij}$ 이다. 그러면 귀무가설 H_0가 참이라고 할 때 $p_{i\cdot}$와 $p_{\cdot j}$에 대한 최대우도추정은 각각

$$\hat{p}_{i\cdot}=\frac{n_{i\cdot}}{N},\ \hat{p}_{\cdot j}=\frac{n_{\cdot j}}{N},\ i=1,\ 2,\ \cdots,\ k\ ,\ j=1,\ 2,\ \cdots,\ r$$

이고, 따라서 **합동표본비율** $\hat{p}_{ij}$는 다음과 같다.

$$\hat{p}_{ij}=\hat{p}_{i\cdot}\,\hat{p}_{\cdot j}=\frac{n_{i\cdot}}{N}\frac{n_{\cdot j}}{N},\ i=1,\ 2,\ \cdots,\ k\ ,\ j=1,\ 2,\ \cdots,\ r$$

그리고 이 경우에 $A_i \cap B_j$의 기대도수는 다음과 같이 추정된다.

$$\hat{e}_{ij}=N\hat{p}_{ij}=N\hat{p}_{i\cdot}\,\hat{p}_{\cdot j}=\frac{n_{i\cdot}\,n_{\cdot j}}{N}$$

그러면 적합도검정과 동일한 방법으로 귀무가설 H_0가 참이라는 조건 아래서 관찰도수 n_{ij}와 기대도수 $\hat{e}_{ij}$의 일치성을 측정하기 위한 χ^2 통계량을 사용하며, 이때 자유도 $(k-1)(r-1)$ 인 카이제곱분포를 사용한다. 그러므로 유의수준 α에 대한 기각역은 $\chi^2>\chi^2_{\alpha}[(k-1)(r-1)]$ 이고, 검정통계량은 다음과 같다.

$$\chi^2=\sum_{i=1}^{k}\sum_{j=1}^{r}\frac{(n_{ij}-\hat{e}_{ij})^2}{\hat{e}_{ij}}$$

예제 1 어떤 회사가 세 종류의 신상품 A, B, C를 개발하여 소비자들의 선호도를 파악하고자 한다. 이때 선호도가 남녀간에 상관관계가 있는지를 알아보기 위하여 200명을 임의로 추출하여 [표 3]을 얻었다. 이 자료로부터 신상품에 대한 선호도와 성별은 서로 독립이라고 할 수 있는지 유의수준 5%에서 검정하여라.

| 표 3 |

성별 \ 신상품	A	B	C	합
남	10	50	20	80
여	20	40	60	120
합	30	90	80	200

풀이 ① 귀무가설과 대립가설을 설정한다.

$H_0 : p_{ij} = p_i\, p_j$, $i=1, 2,$ $j=1, 2, 3,$ $H_1 : H_0$ 가 아니다.

② χ^2 통계량 $\chi^2 = \sum_{i=1}^{2}\sum_{j=1}^{3}\frac{(n_{ij}-\hat{e}_{ij})^2}{\hat{e}_{ij}}$을 선택한다.

③ $r=3,\ k=2$이므로 자유도는 $(3-1)(2-1)=2$이고, 따라서 유의수준 $\alpha=0.05$에 대한 기각역은 $\chi^2 > \chi^2_{0.05}(2) = 5.99$이다.

④ H_0가 참이라는 조건 아래서 추정기대도수를 구한다.

$$\hat{e}_{11} = \frac{n_{1.}\, n_{.1}}{N} = \frac{80 \cdot 30}{200} = 12,\quad \hat{e}_{12} = \frac{n_{1.}\, n_{.2}}{N} = \frac{80 \cdot 90}{200} = 36,$$

$$\hat{e}_{13} = \frac{n_{1.}\, n_{.3}}{N} = \frac{80 \cdot 80}{200} = 32,\quad \hat{e}_{21} = \frac{n_{2.}\, n_{.1}}{N} = \frac{120 \cdot 30}{200} = 18,$$

$$\hat{e}_{22} = \frac{n_{2.}\, n_{.2}}{N} = \frac{120 \cdot 90}{200} = 54,\quad \hat{e}_{23} = \frac{n_{2.}\, n_{.3}}{N} = \frac{120 \cdot 80}{200} = 48$$

| 표 4 | 괄호 안의 수는 관찰도수

추정기대도수 ($\hat{e}_{ij}$)	신상품 A	신상품 B	신상품 C
남자	12 (10)	36 (50)	32 (20)
여자	18 (20)	54 (40)	48 (60)

그러면 χ^2 통계량의 관찰값은 [표 5]와 같이 $\chi_0^2 = 17.12$이다.

| 표 5 |

표본	범주	관찰도수 (n_{ij})	기대도수 $(\hat{e}_{ij})$	$n_{ij}-\hat{e}_{ij}$	$(n_{ij}-\hat{e}_{ij})^2$	$\frac{(n_{ij}-\hat{e}_{ij})^2}{\hat{e}_{ij}}$
남자	A	10	12	−2	4	0.33
	B	50	36	14	196	5.44
	C	20	32	−12	144	4.50
여자	A	20	18	2	4	0.22
	B	40	54	−14	196	3.63
	C	60	48	12	144	3.00
합계		200				17.12

⑤ 관찰값이 $\chi_0^2 = 17.12 > 5.99$이므로 H_0를 기각한다. 즉 선호도와 성별은 독립이라고 할 수 없다. ■

R-풀이

```
# matrix()를 이용하여 데이터를 2×3 행렬 형태로 ex8_6_1 객체에 할당함
ex8_6_1 <- matrix(c(10, 50, 20, 20, 40, 60), nrow=2, byrow=TRUE)
# dimnames()을 이용하여 객체 내에 변수 이름을 붙임
dimnames(ex8_6_1) <- list(c("male", "female"), c("A", "B", "C"))
ex8_6_1
        A   B   C
male    10  50  20
female  20  40  60
# chisq.test()를 이용하여 독립성을 검정함
chisq.test(ex8_6_1)
Pearson's Chi-squared test
data:  ex8_6_1
X-squared = 17.13, df = 2, p-value = 0.0001907
# 검정통계량의 관찰값에 대한 수리적 풀이
# margin.table()에서 옵션 'margin=1'을 사용하여 행별 합계를 구함
(m_n <- margin.table(ex8_6_1, margin=1))
male female
 80    120
# margin.table()에서 옵션 'margin=2'을 사용하여 열별 합계를 구함
```

```
(f_n <- margin.table(ex8_6_1, margin=2))
 A   B   C
30  90  80
# prop.table()을 이용하여 성별 및 상품의 비율을 구함
(m_p <- m_n/margin.table(ex8_6_1)); (f_p <- f_n/margin.table(ex8_6_1))
male female
 0.4    0.6
 A    B    C
0.15 0.45 0.40
# margin.table()에서 전체합을 구하고, 성별과 상품의 행렬곱을 구함
(expected <- margin.table(ex8_6_1)*(m_p %*% t(f_p)))
        A   B   C
male    12  36  32
female  18  54  48
# sum()을 이용하여 검정통계량의 관찰값을 구함
round(chi_sq <- sum(((ex8_6_1 - expected)^2)/expected), 2)
[1] 17.13
```

8.6 연습문제

1 경제 사정에 따른 쇼핑 장소에 차이가 있는지를 살펴보기 위해 설문조사를 한 결과 다음과 같은 자료를 얻었다. 이때 경제 사정과 쇼핑 장소의 선택이 서로 독립인지를 유의수준 $\alpha = 0.05$ 에서 검정하여라.

쇼핑 장소 \ 경제 사정	상류층	중류층	하류층	합
백화점	30	20	10	60
대형할인매장	20	40	40	100
재래시장	10	10	20	40
합	60	70	70	200

2 혈액형과 눈의 색상 사이에 어떤 관련성이 있는지를 알아보기 위해 400명을 임의로 조사한 결과 다음과 같이 분류되었다. 이 자료를 이용하여 유의수준 5%에서 혈액형과 눈의 색상이 독립인지 검정하여라.

눈의 색상 \ 혈액형	A	B	O	AB	합
푸른색	95	40	80	25	240
갈색	65	50	40	5	160
합	160	90	120	30	400

3 어느 지역사회에서 360명을 임의로 선정하여 정치적 성향과 나이에 따라 분류한 결과 다음과 같았다. 정치적 성향과 나이가 독립이라는 가설을 유의수준 5%에서 검정하여라.

정치적 성향 \ 나이	20~35	35~50	51 이상	합
보수	10	40	10	60
중도	80	85	45	210
진보	45	25	20	90
합	135	150	75	360

8.7 R을 이용한 빅데이터 분석

통계청은 우리나라 중앙통계기관으로서 국가통계활동의 전반적인 기획 및 조정, 통계기준의 설정, 각종 경제 사회통계의 작성 및 분석, 통계정보의 처리 및 관리와 함께 신속한 서비스를 통해 각종 통계자료를 배포하고 있다. 통계청에서는 다음과 같은 서비스를 제공하고 있다.

서비스 이름	주소	설명
국가통계포털	http://kosis.kr/	국가승인통계를 한 번의 접속으로 이용하도록 원스톱(ONE-STOP) 서비스하는 이용자 중심의 국가통계포털
국가주요지표	http://www.index.go.kr/main.do	국정에 관한 주요통계지표를 알기 쉽게 분석 자료와 함께 제공
통계지리정보	https://sgis.kostat.go.kr/view/index	통계정보(숫자)와 지리정보(지도, 경계)를 융합하여 지도처럼 한눈에 보이도록 서비스하는 통계내비게이터
통계분류포털	http://kssc.kostat.go.kr/	산업, 직업, 질병·사인, 무역 등 한국표준분류에 대한 검색을 제공
마이크로데이터	https://mdis.kostat.go.kr/	이용자가 원하는 원시자료를 직접 가공해서 활용할 수 있는 시스템

통계청이 제공하는 서비스인 '마이크로데이터'로부터 '2014년 국민여가활동조사'의 자료 중 문1. 가장 많이 참여한 여가활동 유형_1순위, 문1. 가장 많이 참여한 여가활동 동반자_1순위, 교육정도, 그리고 혼인상태 변수를 다운로드 받아보자. 먼저

컴퓨터가 인터넷에 연결되어 있어야 하고, 통계청 One-ID에 가입되어 있어야 한다.

1) https://mdis.kostat.go.kr에 접속하여 마이크로데이터 통합서비스의 첫 화면에서 좌측에 있는 로그인을 클릭하고 통계청 통합 ID로 로그인한다.

2) 서비스 선택의 첫 번째에 있는 추출·다운로드를 클릭하고, 추출·다운로드 프로세스가 나오면 아래에 있는 서비스 이용을 클릭한다.

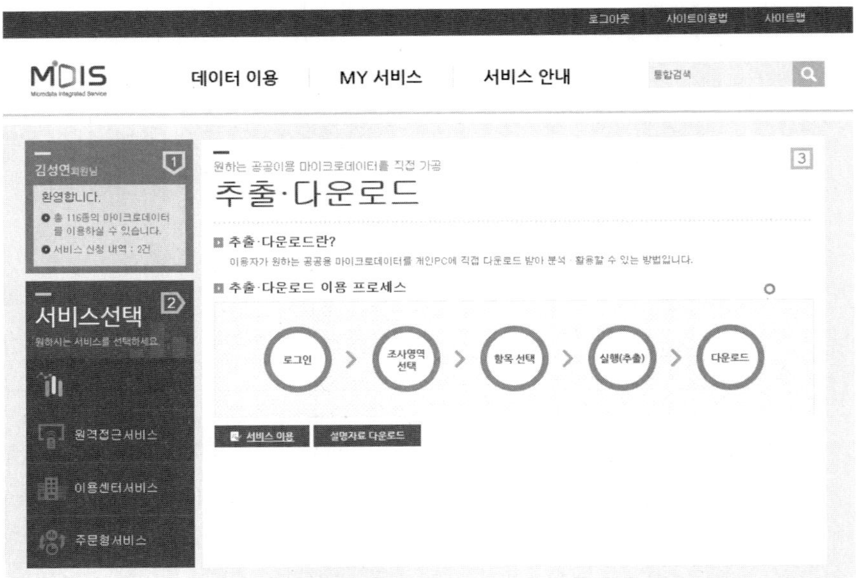

3) 원하는 데이터를 추출하기 위해 분야별 메뉴에서 교육·문화·과학을 클릭하고, 하위 분류에서 국민여가활동조사를 클릭하고, 조사년도에서 2014를 클릭하고, 항목조회를 클릭한다.

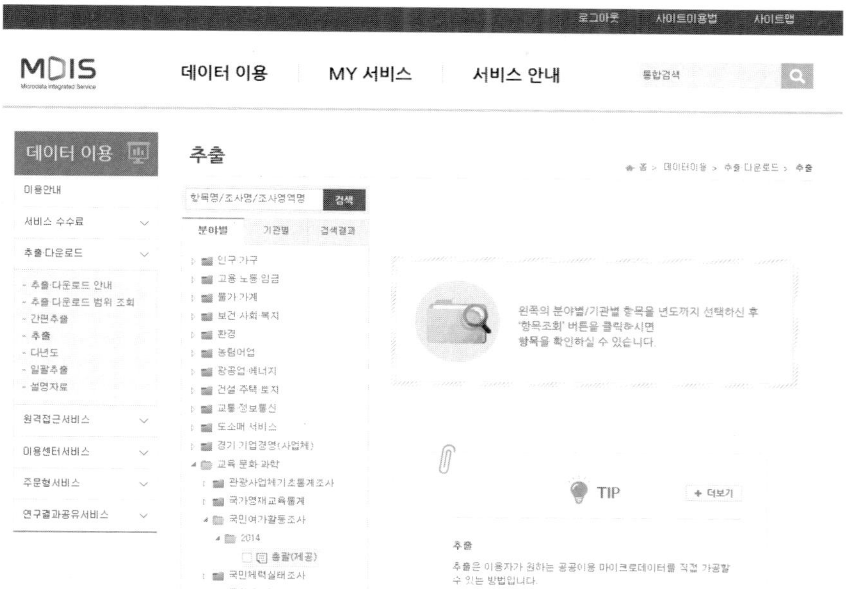

4) 설명자료에서 2014 국민여가활동조사_파일설계서.xls를 다운로드하고, 엑셀 파일을 열어 연번, 주석, 부호, 부호의미 및 단위를 참고하여 필요한 항목을 확인한다. 전체 항목 중 번호 1, 번호 2, 번호 134, 그리고 135를 클릭하여 문1. 가장 많이 참여한 여가활동 유형_1순위, 문1. 가장 많이 참여한 여가활동 동반자_1순위, 교육정도, 그리고 혼인상태 항목에 대해 데이터다운로드 실행을 클릭한다.

5) 데이터다운로드 실행에서 제목, 이용목적, 이용목적 내용을 적고, 데이터 구분자를 콤마로 선택한 후, 확인을 클릭한다. 이후에 몇 개의 확인창이 뜨면 모두 확인을 클릭한다.

6) 데이터 다운로드 및 이용현황에서 자료명을 확인하여 추출상태가 완료됨을 확인한다.

7) 다운로드한 파일은 압축파일의 형태로 저장되며, 이 파일의 압축을 풀어 엑셀에서 연다. 엑셀의 텍스트 마법사 – 3단계 중 1단계에서 구분 기호로 분리됨을 클릭하고, 다음을 선택한다.

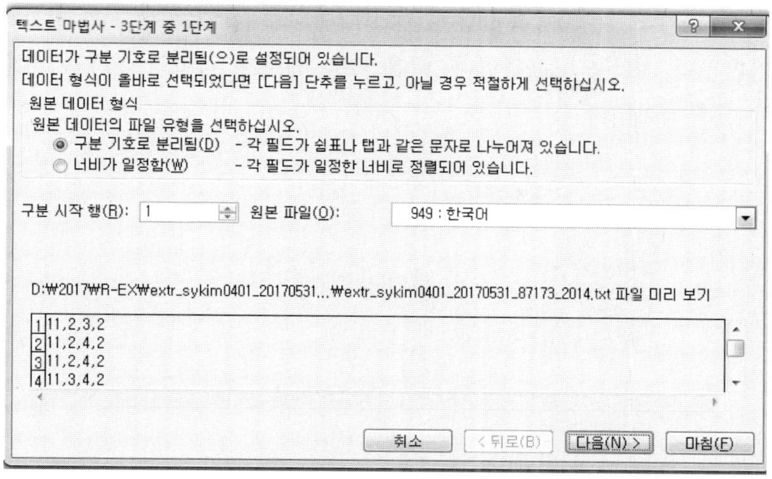

8) 텍스트 마법사 – 3단계 중 2단계에서 구분 기호를 쉼표를 클릭하고, 다음을 선택한다.

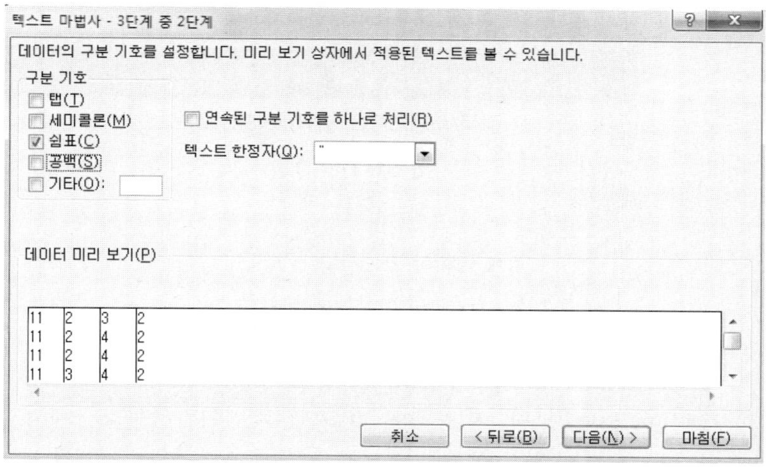

9) 텍스트 마법사 – 3단계 중 3단계에서 열 데이터 서식을 일반으로 선택하고 마침을 클릭한다.

10) 엑셀에서 파일을 다른 이름인 freetime.csv로 저장한다.

예제 1 문화체육관광부는 2012년 1순위 기준으로 우리나라 국민의 주 여가활동의 순위를 발표하였다. 다음 표는 적합도 검정의 이해를 위해 이 중 일부를 가공한 결과이다.

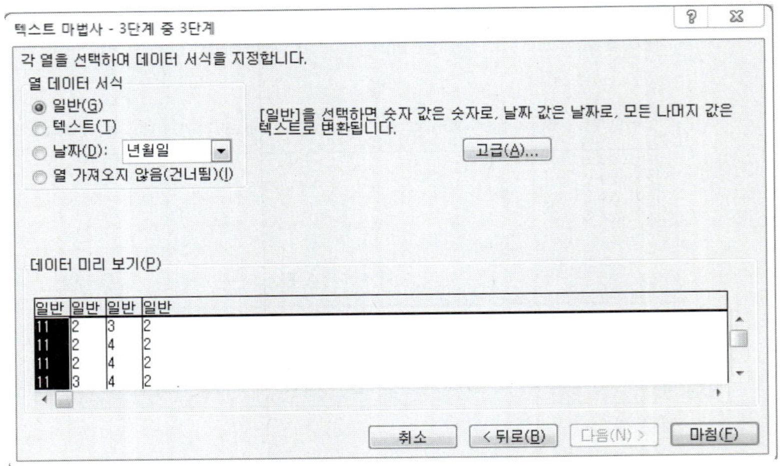

구분(부호)	%
인터넷 검색/채팅/UCC 제작/SNS(610)	43
산책(71)	20
게임(611)	15
잡담/통화하기/문자보내기(85)	12
헬스(보디빌딩)/에어로빅(410)	10

(1) freetime.csv 자료를 이용하여 2014년 국민여가활동조사에서 가장 많이 참여한 여가활동 유형 10개와 유형별 도수를 구하여라.

(2) 2014년의 유형별 여가활동 참여분포가 2012년의 참여분포를 따르는지를 유의수준 5%에서 검정하여라.

R-풀이

(1) # read.csv()를 이용하여 freetime.csv 데이터를 불러오고, colnames()를 이용하여 변수의 이름을 지정한 후 freetime 객체에 할당함

```
ex8_7_1 <- read.csv("freetime.csv", header=FALSE)
colnames(ex8_7_1) <- c('type','partner','education','marriage')
```

```
# str()를 이용하여 데이터를 제대로 읽어왔는지 확인함
str(ex8_7_1)
'data.frame':  10034 obs. of  4 variables:
 $ type      : int  11 11 11 11 11 11 11 12 12 12 ...
 $ partn er  : int  2 2 2 3 4 5 5 2 2 2 ...
 $ education: int  3 4 4 4 4 3 3 2 3 3 ...
 $ marriage  : int  2 2 2 2 2 2 2 2 2 2 ...
# table()을 이용하여 도수를 구하고 tab_ex8_7_1 객체에 할당함
(tab_ex8_7_1 <- table(ex8_7_1$type))
  11   12   13   14   15   16   17   18   22   23   24   25   26   27
   7    6    2    4    3    1  103    1    3   18   26    1   10    4
  31   32   33   34   41   42   43   44   45   46   47   48   51   52
  22   93    2   26   69   14   18   18   19   70    1    2    6    6
  53   54   56   57   58   59   61   62   63   64   65   66   67   68
   6   15    4    5    2    3    9   24   36   75    9    5  113   15
  69   71   72   73   74   75   76   77   78   81   82   83   84   85
  24  487   74  132 5481    5   90  213   95   13   67    3   14  256
  86   87   88   89  410  411  412  413  414  415  416  417  510  511
  13   45   80   10  215   63   83   52   13   14   53    3    3   12
 610  611  612  613  614  615  616  617  618  619
 931  341    6   23   18   32   62   91    8   33
# as.data.frame()을 이용하여 tab_ex8_7_1을 데이터 프레임의 형태로 act_ex8_7_1
객체에 할당함
(act_ex8_7_1 <- as.data.frame(tab_ex8_7_1))
   Var1 Freq
1    11    7
2    12    6
3    13    2
⋮    ⋮     ⋮
78  617   91
79  618    8
80  619   33
# order()를 이용하여 Freq 기준으로 내림차순으로 정렬하여 dec 객체에 할당함
(dec <- act_ex8_7_1[order(act_ex8_7_1$Freq, decreasing=TRUE), ])
```

```
   Var1 Freq
47   74 5481
71  610  931
44   71  487
 ⋮    ⋮    ⋮
 8   18    1
12   25    1
25   47    1
# Freq 기준으로 상위 10개의 자료를 top8 객체에 할당함
(top8 <- dec[1:10, ])
     Var1   Freq
47     74   5481
71    610    931
44     71    487
72    611    341
56     85    256
61    410    215
50     77    213
46     73    132
41     67    113
7      17    103
```

해석 : 2014년 국민여가활동조사에서 가장 많이 참여한 여가활동 유형으로 1위는 TV 시청(DMB/IPTV 포함), 2위는 인터넷 검색/채팅/UCC 제작/ SNS, 3위는 산책, 4위는 게임(인터넷, 닌텐도, PSP, PS3 등), 5위는 잡담/통화하기/문자보내기, 6위는 헬스(보디빌딩)/에어로빅, 7위는 음악감상, 8위는 낮잠, 9위는 등산, 그리고 10위는 영화보기로 도수는 각각 5481, 931, 487, 341, 256, 215, 213, 132, 113, 103임

```
(2) # (1)의 결과인 도수를 벡터 형태의 ex8_6_1_2 객체에 넣음
ex8_6_1_2 <- c(931, 487, 341, 256, 215)
# chisq.test()를 이용하여 적합도를 검정함
(freetime_chi <- chisq.test(ex8_6_1_2, p=c(0.43, 0.20, 0.15, 0.12, 0.10)))
Chi-squared test for given probabilities
data:  x
X-squared = 5.497, df = 4, p-value = 0.24
```

해석: 유의확률이 0.24로 유의수준 0.05보다 커서 귀무가설을 기각할 수 없으므로 2014년의 유형별 여가활동의 참여 분포는 2012년의 유형별 여가활동의 참여 분포를 따른다는 증거가 있음

예제 2 만 15세 이상의 남녀 10,000명을 조사한 2014년 국민여가활동조사 자료의 일부가 저장되어 있는 freetime.csv를 이용하자.

(1) 가장 많이 참여한 여가활동 동반자와 교육정도가 독립인지 유의수준 5%에서 검정하여라. 여기서 교육정도 변수의 1은 초졸 이하, 2는 중졸, 3은 고졸, 4는 대학교 졸업 이상을 나타내며, 여가활동 동반자 변수의 1은 혼자서, 2는 가족(친척 포함)과 함께, 3은 친구(연인 포함)이며, 분석에는 이 범주들만 포함시킨다.

(2) 결혼상태가 교육수준과 독립인지 유의수준 5%에서 검정하여라. 여기서 결혼상태 변수의 1은 미혼, 2는 배우자 있음, 그리고 3은 사별/이혼/기타를 나타낸다.

R-풀이

```
# (1) # read.csv()를 이용하여 freetime.csv 데이터를 불러오고, colnames()를 이용하여 변수의 이름을 지정한 후 freetime 객체에 할당함
ex8_7_2 <- read.csv("freetime.csv", header=FALSE)
colnames(ex8_7_2) <- c("type","partner","education","marriage")
# table()을 이용하여 동반자와 교육정도에 대한 분할표를 만듦
(ex8721_pe <- table(ex8_7_2$partner, ex8_7_2$education))
      1    2    3    4
  1  757  686 1810 2261
  2  405  345 1366 1269
  3  129  118  234  375
  4    1    3   43   60
  5    7   15   50   90
  6    1    0    0    1
  7    5    0    1    0
  11   0    0    0    1
  12   0    0    1    0
# as.matrix()를 이용하여 ex8721_pe를 행렬 형태의 ex8721_mpe 객체에 할당함
ex8721_mpe <- as.matrix(ex8721_pe)
# 분석에 포함되는 범주만 선택하여 ex8721_smpe 객체에 할당함
(ex8721_smpe <- ex8721_mpe[1:3, 1:4])
     1    2    3    4
  1 757  686 1810 2261
```

```
  2   405   345 1366 1269
  3   129   118   234   375
```
chisq.test()를 이용하여 독립성 검정을 수행함

```
chisq.test(ex8721_smpe)
Pearson's Chi-squared test
data:  sh_par_edu
X-squared = 78.956, df = 6, p-value = 5.87e-15
```
해석: 유의확률이 0으로 유의수준 0.05보다 작으므로 귀무가설을 기각하여 여가활동 동반자와 교육수준은 연관이 있다는 증거가 있으므로 교육수준에 따라 여가활동 동반자 유형이 다르게 나타난다고 해석함

(2) # table()을 이용하여 결혼상태와 교육정도에 대한 분할표를 만듦

```
(ex8722_me <- table(ex8_7_2$marriage, ex8_7_2$education))
     1     2     3     4
1  210   395   446 1396
2  602   609 2836 2595
3  493   163   223    66
```
해석: as.matrix()를 이용하여 marriage_edu를 행렬 형태의 m_marriage_edu 객체에 할당함

```
ex8722_mme <- as.matrix(ex8722_me)
```
chisq.test()를 이용하여 독립성 검정을 수행함

```
chisq.test(ex8722_mme)
Pearson's Chi-squared test
data:  m_marriage_edu
X-squared = 2110.3, df = 6, p-value < 2.2e-16
```
해석: 유의확률이 0으로 유의수준 0.05보다 작으므로 귀무가설을 기각하여 결혼상태와 교육수준은 연관이 있으므로 교육수준에 따라 결혼상태는 다르게 나타난다고 해석함

참고로 모자이크 플롯을 그리면 다음과 같음.

(1) # c()를 이용하여 여가활동 동반자(partner)와 교육정도(education)를 각각 a, b 객체에 할당함

```
a <- c("1", "2", "3")
b <- c("1", "2", "3", "4")
```
as.table()을 이용하여 행렬을 분할표 형태의 ex8721_smpe 객체에 할당함

```
ex8721_smpe <- as.table(ex8721_smpe)
```
list()와 dimnames()을 이용하여 동반자와 교육수준 변수의 각 범주를 지정함

```
dimnames(ex8721_smpe) <- list(partner=a, education=b)
```

```
# install.packages()와 library()를 이용하여 필요한 패키지를 설치하고 로딩함
install.packages("vcd")
library(vcd)
# mosaic()를 이용하여 모자이크 플롯을 실행함
mosaic(ex8721_smpe, shade=T, pop=F, main="동반자와 교육정도")
# (2) # list()와 dimnames()를 이용하여 결혼상태와 교육수준 변수의 각 범주를 지정함
dimnames(ex8722_mme) <- list(marriage=a, education=b)
# mosaic()를 이용하여 모자이크 플롯을 실행함
mosaic(ex8722_mme, shade=T, main="결혼상태와 교육정도")
```

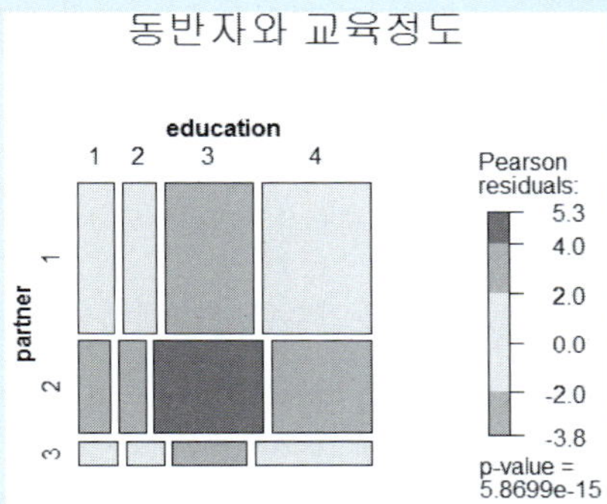

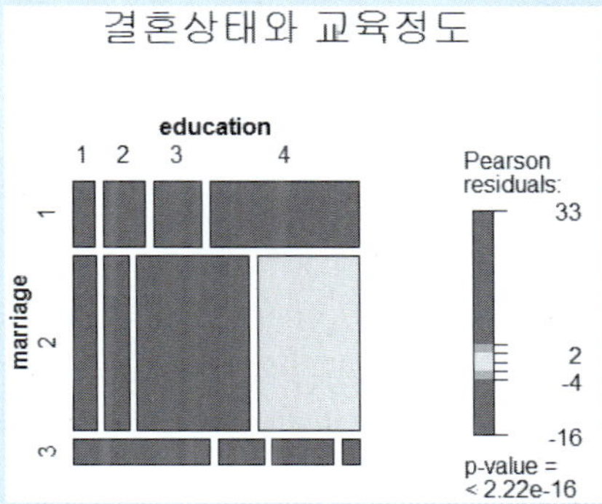

해석: 그림에서 셀의 면적은 관측도수를 나타내며, 모든 셀의 행과 열이 일치하면 독립성 가정에 문제가 없음을 보여줌. 그림의 색은 피어슨 잔차를 반영한 것으로 예상보다 매우 큰 경우에는 파란색으로, 예상보다 매우 작은 경우에는 붉은색으로 나타남

8.7
연습문제

1 한국노동패널조사의 홈페이지인 “https://www.kli.re.kr/klips/index.do”를 방문해서 한국노동패널 17차(2014년) 연도 자료의 SPSS버전 중 klips17p.sav를 다운로드 받는다. SPSS 자료를 다운로드 받기 위해서는 먼저 “foreign” 패키지를 설치해야 하며, “read.spss” 명령문을 사용한다. 이 자료로부터 아이디(pid), 성별(p170101), 월평균임금(p171642), 그리고 노동조합 가입여부(p172504) 변수를 추출한다. 단, na.omit()을 이용하여 결측값이 있는 행을 삭제한다.

(1) 월평균 임금이 200보다 높다고 할 수 있는지 유의수준 5%에서 검정하여라. 단, 월평균 임금의 단위는 만원이다.

(2) 성별과 노동조합 가입여부는 독립이라는 가설을 유의수준 5%에서 검정하여라.

2 모분산 25인 정규 모집단에서 가설 $H_0 : \mu = 100$, $H_1 : \mu > 100$ 에 대하여 유의수준 5%에서 검정하는 경우, 표본 크기 $n =$ 10, 30, 50, 100 각각에 대하여

(1) 모평균의 참값이 102일 때 귀무가설이 기각될 확률을 구하고,

(2) 검정력함수를 작성하고 해석하여라.

둘 또는 그 이상의 변량 사이에 존재하는 어떤 상호 종속적인 관계나 그 관계의 강도를 통계적으로 분석하는 방법을 상관분석(correlation analysis)이라 하는데 상관분석은 두 변수 사이에 상호의존적인 관계가 있는지에 대한 추론이 주된 목적이다. 한편 두 변수 사이의 관계를 함수관계식으로 나타내고, 이 관계식의 정확도 등을 비롯한 여러 가지 통계적인 사실을 검토하는 통계적 분석방법을 회귀분석(regression analysis)이라고 한다.

이 장에서는 상관분석의 개념과 상관계수의 추정 및 검정에 대하여 다루고, 회귀분석의 개념과 회귀계수의 추정 및 검정에 대한 내용을 살펴보고자 한다.

제9장

상관분석과 회귀분석

학습목표

- 둘 또는 그 이상의 변량 사이에 존재하는 어떤 상호 종속적인 관계나 그 관계의 강도를 통계적으로 분석하는 방법인 상관분석의 개념과 원리에 대하여 학습한다.
- 두 변수 사이의 관계를 함수관계식으로 나타내고, 이 관계식의 정확도 등을 비롯한 여러 가지 통계적인 사실을 검토하는 통계적 분석방법인 회귀분석의 개념과 원리에 대하여 학습한다.

9.1 상관분석

보편적으로 통계적으로 다루는 많은 자료들에 있어서 어떤 단일 변량을 다루기도 하지만 둘 또는 그 이상의 변량을 다루는 경우가 무수히 많다. 예를 들어 유류값 상승과 자동차 운행거리, IQ와 학업성취도, 흡연량과 폐암발병률 또는 인기 있는 연예인을 이용한 광고와 판매량 등이다. 그리고 이들 사이의 관계를 연구함으로써 가장 경제적이면서도 최고의 효과를 내는 경영을 유도한다든지 또는 어떠한 새로운 정책에 대한 국민의 호응도를 예측하기도 한다. 이와 같이 둘 또는 그 이상의 변량 사이에 존재하는 어떤 상호 종속적인 관계나 그 관계의 강도를 통계적으로 분석하는 방법을 **상관분석**(correlation analysis)이라 한다. 이러한 상관분석은 두 변수 사이에 상호의존적인 관계가 있는지에 대한 추론이 주된 목적이고, 그들 사이에 구체적인 어떤 함수관계가 있는가를 파악하고자 하는 것은 아니다.

우선 두 변량 사이의 관계를 가장 쉽게 알아보는 방법으로 서로 대응하는 자료들을 좌표평면 위의 점들로 나타내는 것을 생각할 수 있다. 대응하는 두 자료를 좌표평면 위에 점으로 나타냄으로써 두 변량 사이의 관계를 대략적으로 파악할 수 있으며, 이와 같은 좌표점에 의한 그래프를 **상관도**(correlation diagram) 또는 **산점도**(scatter diagram)라고 한다. 예를 들어 고등학교 3학년 학생들의 영어와 수학, 그리고 물리성적에 대한 다음 자료를 생각해보자.

영어	72	65	90	92	80	76	86	77	67	66
수학	93	86	59	69	77	94	75	84	88	97
물리	88	82	63	72	77	96	79	88	92	95

이제 영어점수와 수학점수 그리고 수학점수와 물리점수의 상호관계를 알아보기 위하여 다음과 같이 산점도를 그리면, 수학을 잘하는 학생은 물리를 잘 하지만 영어를 못한다.

이와 같이 서로 비교되는 두 자료를 좌표평면 위에 점으로 나타냄으로써 그들 사이의 관계를 분석한다. 그리고 좀 더 정밀한 분석을 하기 위해서는 상관관계를 하나의 수치로 나타내는 통계량이 필요하다. 상관도의 양상이 위의 [그림 2]와 같이 대체로 직선인 경우에는 **단순상관계수**(simple correlation coefficient)를 사용하며,

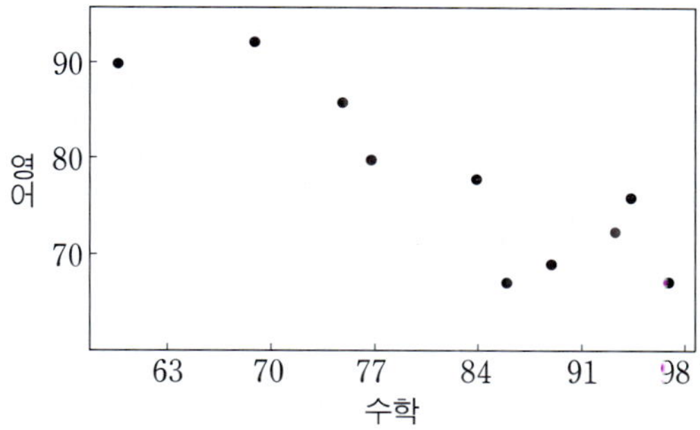

| 그림 1 | 영어와 수학점수의 산점도

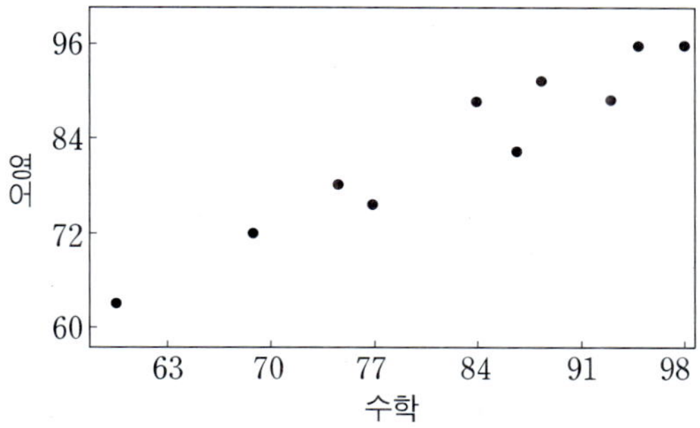

| 그림 2 | 물리와 수학점수의 산점도

상관도의 모양이 곡선인 경우에는 **상관비**를 사용한다. 그리고 3변량 또는 그 이상의 변량 간의 상관관계를 측정하기 위해서는 **편상관계수** 및 **중상관계수**를 계산하여야 한다. 이 절에서는 두 변량 사이에 직선적인 관계를 나타내는 단순상관계수만을 다루고자 한다.

9.1.1 표본상관계수

$\boldsymbol{X} = (X,\ Y)$를 확률벡터라 하고,

$$-\infty < x,\ y,\ \mu_X,\ \mu_Y < \infty,\ \sigma_X,\ \sigma_Y > 0,\ -1 < \rho < 1 \quad \text{와}$$

$$q = \frac{1}{1-\rho^2}\left[\left(\frac{x-\mu_X}{\sigma_X}\right)^2 - 2\rho\left(\frac{x-\mu_X}{\sigma_X}\right)\left(\frac{y-\mu_Y}{\sigma_Y}\right) + \left(\frac{y-\mu_Y}{\sigma_Y}\right)^2\right]$$

에 대하여 $X,\ Y$의 결합확률밀도함수가

$$f(x,\ y) = \frac{1}{2\pi\sigma_X\sigma_Y\sqrt{1-\rho^2}}exp\left(-\frac{q}{2}\right)$$

일 때, 확률벡터 $\boldsymbol{X} = (X,\ Y)$는 모수 μ_X, μ_Y, σ_X, σ_Y, ρ를 갖는 **이변량정규분포**(bivariate normal distribution)를 이룬다 하고, $\boldsymbol{X} \sim N(\mu_X,\ \mu_Y,\ \sigma_X^2,\ \sigma_Y^2,\ \rho)$로 나타낸다. 이때, 상수 ρ는 X, Y 사이의 상관계수를 나타낸다. **모상관계수**(population correlation coefficient)가 ρ인 이변량 모집단으로부터 얻은 크기 n의 확률표본을 $(X_1,\ Y_1)$, $(X_2,\ Y_2)$, $\cdots$, $(X_n,\ Y_n)$이라 할 때 X와 Y의 분산에 대한 불편추정량은 각각

$$S_X^2 = \frac{1}{n-1}\sum_{i=1}^{n}(X_i - \overline{X})^2, \quad S_Y^2 = \frac{1}{n-1}\sum_{i=1}^{n}(Y_i - \overline{Y})^2$$

이고 마찬가지로 X와 Y의 공분산에 대한 불편추정량은

$$S_{XY} = \frac{1}{n-1}\sum_{i=1}^{n}(X_i - \overline{X})(Y_i - \overline{Y})$$

이다. 또한 모상관계수는 모공분산 $\sigma_{XY} = Cov(X,\ Y)$와 모표준편차들 σ_X, σ_Y에 대하여 $\rho = \sigma_{XY}/\sigma_X\sigma_Y$이므로 ρ를 추정하기 위한 **표본상관계수**(sample correlation coefficient) r을 다음과 같이 정의한다.

$$r = \frac{S_{XY}}{S_X S_Y} = \frac{\sum_{i=1}^{n}(X_i - \overline{X})(Y_i - \overline{Y})}{\sqrt{\sum_{i=1}^{n}(X_i - \overline{X})^2}\sqrt{\sum_{i=1}^{n}(Y_i - \overline{Y})^2}}$$

여기서 S_{XY}는 표본으로부터 얻어진 X와 Y의 공분산이며, S_X는 X의 표본표준편차, S_Y는 Y의 표본표준편차이다.

표본상관계수는 다음과 같은 방법으로 유도된다.

(1) 두 변수의 편차를 곱해 본다. 두 변수 X, Y에 대해서, n개의 관측치들이 $(X_1,\ Y_1)$, $(X_2,\ Y_2)$, $\cdots$, $(X_n,\ Y_n)$와 같은 방식으로 주어져 있다고 하자. 그리고 X와 Y의 평균을 각각 $\overline{X}$, $\overline{Y}$라고 하자. 관측치를 하나 잡고 그 관측치의 두 편차를 곱하는 $(X_i - \overline{X})(Y_i - \overline{Y})$는 무엇을 의미할까?

다음 그림에서 중앙의 점은 평균점이다.

이 평균점을 원점으로 해서, 좌표평면처럼 사분면을 생각해보자.

1사분면의 점 (A)의 경우, X, Y 값이 둘 다 평균보다 크다. 다시 말해 X 편차와 Y 편차가 둘다 양수가 되므로, 편차의 곱도 양수가 된다. 3사분면의 점 (B)의 경우, X, Y 값이 둘다 평균보다 작다. 다시 말해 X 편차와 Y 편

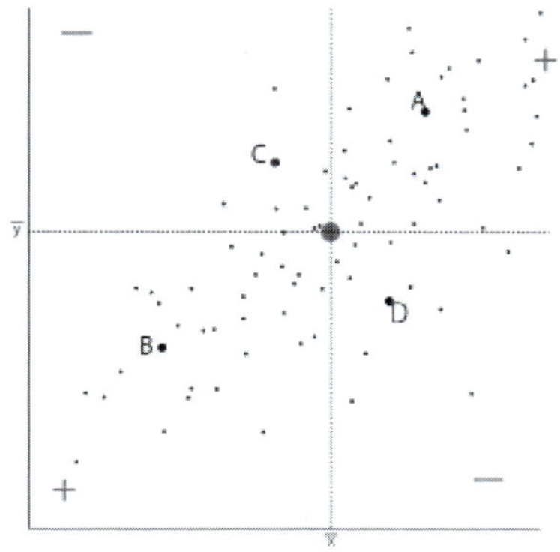

| 그림 3 |

차가 둘다 음수가 되므로, 편차의 곱은 양수가 된다. 2사분면의 점 (C)의 경우, X 값은 평균보다 작고 Y 값은 평균보다 크다. 곧 X 편차는 음수이고 Y 편차는 양수이므로, 편차의 곱은 음수가 된다. 4사분면의 점 (D)의 경우, X 값은 평균보다 크고 Y 값은 평균보다 작다. 곧 X 편차는 양수이고 Y 편차는 음수이므로, 편차의 곱은 음수가 된다.

(2) 모든 관측치에 대해 (1)번과 같이 편차들을 곱하고, 이들의 평균을 구한다.

$$\frac{\sum_{i=1}^{n}(X_i-\overline{X})(Y_i-\overline{Y})}{n-1}$$

수식으로 표현하면 위와 같다.

이 값은 평균점을 원점으로 한 사분면에서, 1, 3사분면에 있는 점이 2, 4사분면에 있는 점보다 충분히 많으면 양수가 될 것이고, 반대로 2, 4사분면에 점이 충분히 더 많으면 음수가 될 것이다. 그리고 1, 3사분면, 혹은 2, 4사분면 둘 중 한쪽이 우월하면 우월할수록 절대값은 더 커진다. 이렇게 구한 값을 '공분산'이라 한다. 공분산의 부호는 곧 두 변수간의 관계가 양의 관계인지 음의 관계인지를 바로 말해주고, 그 강도도 일단은 수치로 표현해준다. 그렇다면 의문이 생긴다. 공분산만으로 상관관계의 방향과 강도를 알 수 있다면, 상관계수는 무엇 때문에 만들었을까?

한번 키와 몸무게의 관계를 생각해보자.

관측치의 평균점이 키 170cm, 몸무게 65kg이고, 공분산을 계산해보니 대강 10으로 나타났다고 가정하자. 공분산이 양수이므로 키와 몸무게 간에는 양의 상관관계가 있다고 할 수 있다. 그런데 같은 관측치에 대해서 키를 mm 단위로, 몸무게를 g 단위로 바꿔보면, 각 관측치는 수치상으로 엄청나게 불어난다. 가령 평균점은 무려 키 1700mm, 몸무게 65,000g이다. 물론 그 관측치가 실제로 의미하는 바는 같지만, 공분산은 1만 배로 불어나게 된다. 똑같은 관측치인데 단위만 바꾸면 상관관계가 1만 배로 강해진다는 건 어불성설이다. 공분산을 그대로 사용할 수 없는 이유는 바로 여기 있다.

(3) (2)번에서 구한 값을, x와 y의 표준편차로 나누어준다.

$$\frac{\sum_{i=1}^{n}(X_i-\overline{X})(Y_i-\overline{Y})/n-1}{\sqrt{\sum_{i=1}^{n}(X_i-\overline{X})^2/n-1}\sqrt{\sum_{i=1}^{n}(Y_i-\overline{Y})^2/n-1}}$$

단위 때문에 아무리 수치가 커져도, 이렇게 x와 y의 표준편차로 나누어주면 이것이 훌륭하게 보정된다. 표준편차는 분산이 증가할 때 그 제곱근만큼 따라서 증가하기 때문이다.

이것으로 단위까지 보정되는 상관계수가 완성된다. 맨 처음에 제시되었던 계산식과 달라보이지만 분모와 분자의 $(n-1)$은 상쇄되어 없어지므로

$$r=\frac{\sum_{i=1}^{n}(X_i-\overline{X})(Y_i-\overline{Y})}{\sqrt{\sum_{i=1}^{n}(X_i-\overline{X})^2}\sqrt{\sum_{i=1}^{n}(Y_i-\overline{Y})^2}}$$

와 같다.

표본상관계수 r은 X와 Y 사이의 직선적인 관계가 어느 정도 있는가를 나타내는 특성값으로 $-1\le r\le 1$이다. 그리고 $r=0$이면 두 변량 X와 Y는 **무상관**이라 하고, $0<r<1$일 때 두 변량은 **양의 상관**이 있다고 한다. 또한 $-1<r<0$이면 두 변량은 **음의 상관**이 있다고 하고, 상관계수가 1에 가까울수록 깊은 양의 상관관계를 가지며, -1에 가까울수록 깊은 음의 상관관계를 갖는다. 특히 $r=1$이면 두 변량 X와 Y는 양의 완전상관이 있다고 하고 $r=-1$이면 음의 완전상관이라고 한다.

양의 상관 무상관 음의 상관

| 그림 4 |

예제 1 어떤 반응 실험에서 원료의 첨가량(X)과 흡수율(Y)의 관계 자료 10개를 임의로 추출하여 얻은 결과가 다음과 같다.

|표 1|

X	12	13	14	10	11	8	10	11	12	9
Y	45	50	55	40	40	35	45	45	60	45

이때 X와 Y의 상관관계를 알아보아라.

풀이 X와 Y의 합과 제곱합은 [표 2]와 같다.

$$\bar{x}=\frac{1}{10}\sum_{i=1}^{10}x_i=11$$

$$\bar{y}=\frac{1}{10}\sum_{i=1}^{10}y_i=46$$

$$S_{XY}=\frac{1}{9}\sum_{i=1}^{10}(X_i-\overline{X})(Y_i-\overline{Y})=\frac{90}{9}=10$$

$$S_X^2=\frac{1}{9}\sum_{i=1}^{10}(X_i-\overline{X})^2=\frac{30}{9}$$

$$S_Y^2=\frac{1}{9}\sum_{i=1}^{10}(Y_i-\overline{Y})^2=\frac{490}{9}$$

$$S_X=\frac{\sqrt{30}}{3},\quad S_Y=\frac{\sqrt{490}}{3}$$

그러므로 구하고자 하는 X와 Y의 표본상관계수는 다음과 같다.

|표 2|

번호	x	y	$x-\bar{x}$	$y-\bar{y}$	$(x-\bar{x})^2$	$(y-\bar{y})^2$	$(x-\bar{x})(y-\bar{y})$
1	12	45	1	−1	1	1	−1
2	13	50	2	4	4	16	8
3	14	55	3	9	9	81	27
4	10	40	−1	−6	1	36	6
5	11	40	0	−6	0	36	0
6	8	35	−3	−11	9	121	33
7	10	45	−1	−1	1	1	1
8	11	45	0	−1	0	1	0
9	12	60	1	14	1	196	14
10	9	45	−2	−1	4	1	2
합계	110	460	0	0	30	490	90

$$r = \frac{S_{XY}}{S_X S_Y} = \frac{90}{\sqrt{30}\,\sqrt{490}} = 0.742$$

그리고 이 결과로부터 X와 Y는 양의 상관관계가 있음을 알 수 있다. ■

R-풀이

```
# read.csv()를 이용하여 ex9_1_1.csv 데이터를 불러와 ex9_1_1 객체에 할당함
ex9_1_1 <- read.csv("ex9_1_1.csv")
# cor()를 이용하여 상관계수를 구함
(cor_xy <- cor(ex9_1_1$x, ex9_1_1$y))
[1] 0.742
# 또는 수리적 풀이
(cov_xy <- sum((ex9_1_1$x - mean(ex9_1_1$x))*(ex9_1_1$y - mean(ex9_1_1
$y)))/9)
[1] 90
round(cor_xy <- cov_xy/(sd(ex9_1_1$x)*sd(ex9_1_1$y)), 3)
[1] 1.322198
```

특히 앞에서 정의된 상관계수는 이미 살펴본 바와 같이 다음과 같은 성질을 갖는다.

성질 1

두 확률변수 X와 Y 사이의 상관계수 $\rho_{XY} = \rho(X,\ Y)$는 다음 성질을 만족한다.

(1) $\rho_{XY} = \rho_{YX}$

(2) $\rho(X,\ Y) = \begin{cases} \rho(aX+b,\ cY+d), & a,\ c\text{가 같은 부호} \\ -\rho(aX+b,\ cY+d), & a,\ c\text{가 다른 부호} \end{cases}$

(3) $\rho_{XY} = 1$ 일 필요충분조건은 $Y = aX + b\ (a \neq 0)$이다.

(4) $X,\ Y$가 독립이면 $\rho_{XY} = 0$ 이지만 역은 성립하지 않는다.

예제 2 예제 1에 주어진 자료에 대한 $\rho(X-10,\ 2Y+5)$를 구하여라.

풀이 $\rho_{XY}=0.742$ 이므로 $\rho(X-10,\ 2Y+5)=\rho_{XY}=0.742$ 이다. ■

9.1.2 상관계수의 추정

이제 이변량 정규분포의 모상관계수 ρ에 대하여 추론하는 방법을 살펴보자. 모상관계수 ρ를 추정하기 위하여 표본상관계수 r을 이용하며, 특히 $\rho=0$ 인 경우 표본상관계수 r의 분포곡선은 0에 대하여 대칭적이지만 정규분포는 아니다. 그러나 $\rho\neq 0$ 인 경우 표본상관계수 r의 분포는 표본크기 n이 클수록 대칭적이며 근사적으로 정규분포를 따른다. 즉 이변량 정규모집단으로부터 크기 n인 확률표본을 취하면 다음의 성질을 갖는다.

성질 2

모수 $(\mu_X,\ \mu_Y,\ \sigma_X^2,\ \sigma_Y^2,\ \rho)$인 이변량 정규모집단으로부터 확률표본 $(X_1,\ Y_1)$, $(X_2,\ Y_2)$, $\cdots$, $(X_n,\ Y_n)$ 을 취할 경우 $\rho_{XY}=0$ 이면 다음 통계량

$$T=\frac{r\sqrt{n-2}}{\sqrt{1-r^2}}$$

은 자유도 $n-2$인 t분포에 따른다.

성질 3

$\rho_0\neq 0$ 이 아닌 경우에 귀무가설

$$H_0:\rho=\rho_0$$

의 검정에서는 이변량 정규모집단으로부터 표본상관계수 r을 z 변환한 통계량 $Z_r=\frac{1}{2}\ln\left(\frac{1+r}{1-r}\right)$을 이용하며, 이 통계량 Z_r은 근사적으로 $N\left(\frac{1}{2}\ln\left(\frac{1+\rho_0}{1-\rho_0}\right),\ \frac{1}{n-3}\right)$에 따른다.

예제 3 어느 개인용 컴퓨터를 제작 판매하는 회사에서는 고장난 부품의 수와 수리하는 데 소요되는 시간에 대한 관계를 조사해보고자 한다. 고장난 수많은 컴퓨터 가운데 25대를 임의로 추출하여 고장난 부품 수(X)와 소요시간(Y)을 조사한 결과는 다음과 같다.

| 표 3 |

X	1	1	1	1	2	2	2	3	3	3	3	4	4
Y	5	4	5	6	10	11	9	14	15	20	23	13	19
X	4	4	5	5	5	5	6	6	7	7	8	8	
Y	18	17	24	26	25	25	31	29	33	38	40	40	

이때 고장난 부품 수와 그 소요시간에 대한 모상관계수 ρ의 95% 신뢰구간을 구하여라.

풀이 X와 Y의 합과 제곱합은 [표 4]와 같다.

| 표 4 |

번호	x	y	$x-\bar{x}$	$y-\bar{y}$	$(x-\bar{x})^2$	$(y-\bar{y})^2$	$(x-\bar{x})(y-\bar{y})$
1	1	5	−3	−15	9	225	45
2	1	4	−3	−16	9	256	48
3	1	5	−3	−15	9	225	45
4	1	6	−3	−14	9	196	42
5	2	10	−2	−10	4	100	20
6	2	11	−2	−9	4	81	18
7	2	9	−2	−11	4	121	22
8	3	14	−1	−6	1	36	6
9	3	15	−1	−5	1	25	5
10	3	20	−1	0	1	0	0
11	3	23	−1	3	1	9	−3
12	4	13	0	−7	0	49	0
13	4	19	0	−1	0	1	0
14	4	18	0	−2	0	4	0
15	4	17	0	−3	0	9	0
16	5	24	1	4	1	16	4
17	5	26	1	6	1	36	6
18	5	25	1	5	1	25	5
19	5	25	1	5	1	25	5

20	6	31	2	11	4	121	22
21	6	29	2	9	4	81	18
22	7	33	3	13	9	169	39
23	7	38	3	18	9	324	54
24	8	40	4	20	16	400	80
25	8	40	4	20	16	400	80
합계	100	500	0	0	114	2934	561

$$\overline{x} = \frac{1}{25}\sum_{i=1}^{25} x_i = 4$$

$$\overline{y} = \frac{1}{25}\sum_{i=1}^{25} y_i = 20$$

$$S_{XY} = \frac{1}{24}\sum_{i=1}^{10}(X_i - \overline{X})(Y_i - \overline{Y}) = \frac{561}{24}$$

$$S_X^2 = \frac{1}{24}\sum_{i=1}^{10}(X_i - \overline{X})^2 = \frac{114}{24}$$

$$S_Y^2 = \frac{1}{24}\sum_{i=1}^{10}(Y_i - \overline{Y})^2 = \frac{2934}{24}$$

$$S_X = \sqrt{\frac{114}{24}}, \quad S_Y = \sqrt{\frac{2934}{24}}$$

그러므로 구하고자 하는 X와 Y의 표본상관계수는 다음과 같다.

$$r = \frac{S_{XY}}{S_X S_Y} = \frac{2561}{\sqrt{114}\sqrt{2934}} = 0.97$$

따라서 이 상관계수 r을 z 변환한 통계량의 측정값은

$$\begin{aligned} Z_r &= \frac{1}{2}\ln\left(\frac{1+r}{1-r}\right) \\ &= \frac{1}{2}\ln\left(\frac{1+0.97}{1-0.97}\right) = 2.0922 \end{aligned}$$

이며, 95% 신뢰구간의 신뢰상·하한은 $\pm z_{\alpha/2} = \pm z_{0.025} = \pm 1.96$이다. 한편 Z_r의 분산은

$$Var(Z_r) = \frac{1}{n-3} = \frac{1}{22} = 0.045$$

이므로 Z_ρ의 신뢰구간은 다음과 같이 구해진다.

$$\left(Z_r - z_{0.025} \times \sqrt{Var}\,(Z_r),\ Z_r + z_{0.025} \times \sqrt{Var}\,(Z_r)\right)$$

$$= (2.0922 - 1.96 \times \sqrt{0.045}\ ,\ 2.0922 + 1.96 \times \sqrt{0.045}\ )$$
$$= (1.674,\ \ 2.51)$$

따라서

$$\frac{1}{2}\ln\left(\frac{1+\rho}{1-\rho}\right) = 1.674 \ \Rightarrow\ \frac{1+\rho}{1-\rho} = e^{2\times 1.674} \text{ 에서 } \rho = 0.93$$

이고,

$$\frac{1}{2}\ln\left(\frac{1+\rho}{1-\rho}\right) = 2.51 \ \Rightarrow\ \frac{1+\rho}{1-\rho} = e^{2\times 2.51} \text{ 에서 } \rho = 0.99$$

이므로 모상관계수 ρ의 95% 신뢰구간은 $(0.93,\ 0.99)$이다. ■

R-풀이

```
# read.csv()를 이용하여 ex9_1_3.csv 데이터를 불러와 ex9_1_3 객체에 할당함
ex9_1_3 <- read.csv("ex9_1_3.csv")
# cor.test()를 수행한 결과를 cor_913 객체에 할당함
(cor_913 <- cor.test(ex9_1_3$x, ex9_1_3$y))
Pearson's product-moment correlation
data:  ex9_1_3$x and ex9_1_3$y
t = 19.142, df = 23, p-value = 1.255e-15
alternative hypothesis: true correlation is not equal to 0
95 percent confidence interval:
 0.9321778 0.9868903
sample estimates:
      cor
0.9700193
# str()을 이용하여 cor_913 객체의 구조를 확인함
str(cor_913)
List of 9
 $ statistic  : Named num 19.1
  ..- attr(*, "names")= chr "t"
 $ parameter  : Named int 23
  ..- attr(*, "names")= chr "df"
 $ p.value    : num 1.25e-15
 $ estimate   : Named num 0.97
```

```
  ..- attr(*, "names")= chr "cor"
 $ null.value  : Named num 0
  ..- attr(*, "names")= chr "correlation"
 $ alternative: chr "two.sided"
 $ method      : chr "Pearson's product-moment correlation"
 $ data.name   : chr "ex9_1_3$x and ex9_1_3$y"
 $ conf.int    : atomic [1:2] 0.932 0.987
  ..- attr(*, "conf.level")= num 0.95
 - attr(*, "class")= chr "htest"
# 신뢰구간만 출력함
round(cor_913$conf.int, 2)
[1] 0.93 0.99
attr(,"conf.level")
[1] 0.95
```

9.1.3 상관계수의 검정

(1) 무상관 $\rho=0$의 검정

귀무가설 $H_0: \rho=0$을 검정한다고 할 때, 이 검정을 **무상관의 검정**(test of no correlation)이라고 한다. 무상관의 검정에는 Z 검정과 t 검정 그리고 χ^2 검정 이외에 백분위수를 이용한 검정 등이 있으며, 각각의 검정은 통계집단의 종류 및 그 크기에 따라서 달리 사용된다. 그러므로 여러 가지 경우에 대한 무상관의 검정을 다루도록 한다.

1) Z 검정

모상관계수 ρ의 검정에 대한 검정통계량으로 추정에서와 동일하게 표본상관계수 r을 이용하며, 특히 $\rho=0$인 이변량 정규모집단으로부터 얻은 임의의 표본에 대한 표본상관계수는

$$r=\frac{\sum_{i=1}^{n}(x_i-\overline{x})(y_i-\overline{y})}{\sqrt{\sum_{i=1}^{n}(x_i-\overline{x})^2}\sqrt{\sum_{i=1}^{n}(y_i-\overline{y})^2}}$$

와 같이 정의한다. 특히 표본크기 n이 크면 표본상관계수 r은 근사적으로 정규분

포 $N\left(0,\ \frac{1}{n-1}\right)$에 따른다. 따라서 이것을 표준화한 Z 통계량

$$Z = \frac{r}{1/\sqrt{n-1}}$$

은 근사적으로 $N(0,\ 1)$에 따른다. 그러므로 이미 8장에서 살펴본 바와 같이 귀무가설 $H_0 : \rho = 0$이 참이라는 가설에 대한 검정은 Z 검정방법에 따르며, 다음과 같은 순서로 검정을 실시한다.

정규분포를 이용한 상관관계에 대한 검정

① 귀무가설 설정 – $H_0 : \rho = 0$

② 검정통계량 – $Z_0 = \frac{r}{1/\sqrt{n-1}}$

③ 가설검정 – $H_1 : \rho > 0$일 때 $Z_0 \geq z_\alpha$이면 H_0를 기각한다.
$H_1 : \rho < 0$일 때 $Z_0 \leq -z_\alpha$이면 H_0를 기각한다.
$H_1 : \rho \neq 0$일 때 $|Z_0| \geq z_{\alpha/2}$이면 H_0를 기각한다.

예제 4 크기 37인 표본의 표본상관계수가 0.2일 때 모집단은 무상관이라 할 수 있는지 유의수준 5%에서 검정하여라.

풀이 위 검정방법을 따라 하면 다음과 같이 요약할 수 있다.

① 가설 설정 – $H_0 : \rho = 0,\ H_1 : \rho \neq 0$

② 검정통계량 – $Z_0 = \frac{0.2}{1/\sqrt{37-1}} = 1.2$

③ $\alpha = 0.05$ 이므로 $z_{0.025} = 1.96$이다.

④ $Z_0 = 1.2 < z_{0.025} = 1.96$ 이므로 H_0를 기각하지 못한다. 따라서 모집단이 무상관이라 할 수 있다. ■

2) 백분위수를 이용한 검정

모집단의 분포가 이변량 정규분포라는 가정 아래서 백분위수를 이용한 상관관계의 유무에 관한 가설검정을 요약하면 다음과 같다.

백분위수를 이용한 상관관계에 관한 검정법

① 귀무가설 설정 – H_0: $\rho = 0$

② 검정통계량 – $r_0 = \dfrac{\sum_{i=1}^{n}(x_i - \bar{x})(y_i - \bar{y})}{\sqrt{\sum_{i=1}^{n}(x_i - \bar{x})^2}\sqrt{\sum_{i=1}^{n}(y_i - \bar{y})^2}}$

③ 가설검정 – $H_1 : \rho > 0$ 일 때 $r_0 \geq r_\alpha(n-2)$이면 H_0를 기각한다.

$H_1 : \rho < 0$ 일 때 $r_0 \leq -r_\alpha(n-2)$이면 H_0를 기각한다.

$H_1 : \rho \neq 0$ 일 때 $|r_0| \geq r_{\alpha/2}(n-2)$이면 H_0를 기각한다.

여기서 $r_\alpha(n-2)$는 모상관계수 $\rho = 0$ 일 때 표본상관계수 r의 표본분포의 백분위수를 나타내며, 부록의 [표 9]에 주어져 있다.

3) t 검정

$\rho = 0$ 인 이변량 정규모집단으로부터 임의의 표본상관계수 r을 변환한 t 통계량

$$T = \frac{r\sqrt{n-2}}{\sqrt{1-r^2}}$$

는 표본크기 n에 관계없이 자유도가 $n-2$인 t 분포에 따른다. 그러므로 귀무가설 $H_0 : \rho = 0$이 참이라는 가설 아래서 T 검정통계량을 이용하여 무상관에 대한 검정을 요약하면 다음과 같다.

t 분포를 이용한 상관관계에 대한 검정법

① 귀무가설 설정 – H_0: $\rho = 0$

② 검정통계량 – $T_0 = \dfrac{r_0\sqrt{n-2}}{\sqrt{1-r_0^2}}$

③ 가설검정 – $H_1 : \rho > 0$ 일 때 $T_0 \geq t_\alpha(n-2)$이면 H_0를 기각한다.

$H_1 : \rho < 0$ 일 때 $T_0 \leq -t_\alpha(n-2)$이면 H_0를 기각한다.

$H_1 : \rho \neq 0$ 일 때 $|T_0| \geq t_{\alpha/2}(n-2)$이면 H_0를 기각한다.

예제 5 어느 대학에서 입학성적(X)과 졸업성적(Y) 사이의 상관관계를 분석하기 위하여 10명의 졸업생을 조사한 결과 다음의 자료를 얻었다. 표본상관계수

를 구하고, 귀무가설 $H_0 : \rho = 0$에 대하여 대립가설 $H_1 : \rho > 0$ 을 유의수준 5%에서 검정하여라.

| 표 5 |

졸업생번호	1	2	3	4	5	6	7	8	9	10
입학성적	510	520	530	540	550	560	570	580	590	600
졸업성적	2.6	2.9	2.5	3.3	3.0	3.5	2.7	3.4	3.7	3.9

풀이 X와 Y의 합과 제곱합은 [표 6]과 같다.

| 표 6 |

번호	x	y	$x-\bar{x}$	$y-\bar{y}$	$(x-\bar{x})^2$	$(y-\bar{y})^2$	$(x-\bar{x})(y-\bar{y})$
1	510	2.6	−45	−10.55	2025	0.3025	24.75
2	520	2.9	−35	−0.25	1225	0.0625	8.75
3	530	2.5	−25	−0.65	625	0.4225	16.25
4	540	3.3	−15	0.15	225	0.0225	−2.25
5	550	3.0	−5	−0.15	25	0.0225	0.75
6	560	3.5	5	0.35	25	0.1225	1.75
7	570	2.7	15	−0.45	225	0.2025	−6.75
8	580	3.4	25	0.25	625	0.0625	6.25
9	590	3.7	35	0.55	1225	0.3025	19.25
10	600	3.9	45	0.75	2025	0.5625	33.75
합계	5550	31.5	0	0	8250	2.0850	102.50

$$\bar{x} = \frac{1}{10}\sum_{i=1}^{10} x_i = 555$$

$$\bar{y} = \frac{1}{10}\sum_{i=1}^{10} y_i = 3.15$$

$$S_{XY} = \frac{1}{9}\sum_{i=1}^{10}(X_i - \overline{X})(Y_i - \overline{Y}) = \frac{102.5}{9}$$

$$S_X^2 = \frac{1}{9}\sum_{i=1}^{10}(X_i - \overline{X})^2 = \frac{8250}{9}$$

$$S_Y^2 = \frac{1}{9}\sum_{i=1}^{10}(Y_i - \overline{Y})^2 = \frac{2.085}{9}$$

$$S_X = \frac{\sqrt{8250}}{3}, \quad S_Y = \frac{\sqrt{2.085}}{3}$$

그러므로 구하고자 하는 X와 Y의 표본상관계수는 다음과 같다.

$$r_0 = \frac{S_{XY}}{S_X S_Y} = \frac{102.5}{\sqrt{8250}\ \sqrt{2.085}} = 0.782$$

따라서 T 통계량 값은

$$T_0 = \frac{0.782\sqrt{8}}{\sqrt{1-0.782^2}} = 3.54\ .$$

$T_0 = 3.58 \geq t_{0.05}(8) = 1.86$이므로 $H_0 : \rho = \rho_0$를 기각한다. ■

R-풀이

```
# read.csv()를 이용하여 ex9_1_5.csv 데이터를 불러와 ex9_1_5 객체에 할당함
ex9_1_5 <- read.csv("ex9_1_5.csv")
# cor.test()를 수행한 결과를 cor_915 객체에 할당함
(cor_915 <- cor.test(ex9_1_5$x, ex9_1_5$y))
Pearson's product-moment correlation
data:  ex9_1_5$x and ex9_1_5$y
t = 3.5432, df = 8, p-value = 0.007585
alternative hypothesis: true correlation is not equal to 0
95 percent confidence interval:
 0.2990578 0.9457688
sample estimates:
      cor
0.7815268
# str()을 이용하여 cor_915 객체의 구조를 확인함
List of 9
 $ statistic   : Named num 3.54
  ..- attr(*, "names")= chr "t"
 $ parameter   : Named int 8
      ⋮              ⋮
# cat()를 이용하여, 서식과 함께 여러 결과를 정리하여 출력함
cat("상관계수=", round(cor_915$est, 3), "₩tT-통계량 값=", round (cor_915$ stat, 2), "₩tp-값=", round(cor_915$p.val, 4))
상관계수= 0.782    T-통계량 값= 3.54    p-값= 0.0076
# t.test의 결과를 이용하여 그래프를 그림. 단, source()를 이용하여 함수가 있는 곳을 먼저 지정함
source("ttest-plot.txt")
```

```
ttest.plot(c_i$stat, c_i$para, prng=c(-5, 5), sided="two")
```

귀무가설 하에서 검정통계량의 분포: t(8)

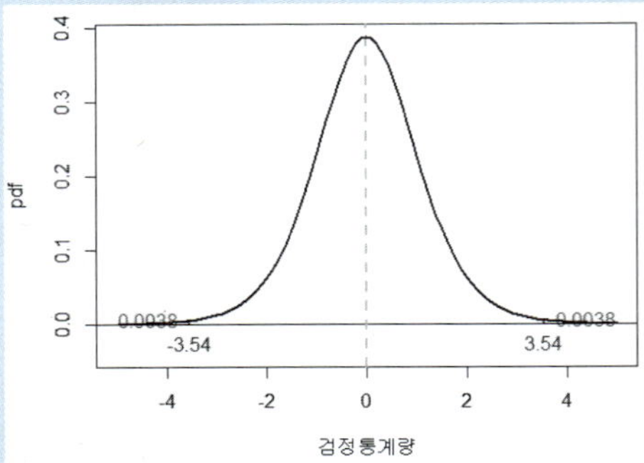

(2) 상관계수 $\rho=\rho_0$의 검정

$\rho_0 \neq 0$ 이 아닌 경우에 귀무가설

$$H_0 : \rho = \rho_0$$

의 검정방법을 살펴보자. 이때 상관계수 $\rho(\neq 0)$ 의 검정에서는 이변량 정규모집단으로부터 표본상관계수 r을 z 변환한 통계량 $Z_r = \frac{1}{2}\ln\left(\frac{1+r}{1-r}\right)$ 을 이용하며, 이 통계량 Z_r은 근사적으로 $N\left(\frac{1}{2}\ln\left(\frac{1+\rho_0}{1-\rho_0}\right),\ \frac{1}{n-3}\right)$에 따른다는 사실을 알고 있다. 따라서 이것을 표준화한 Z 통계량

$$Z= \sqrt{n-3}\left[\frac{1}{2}\ln\left(\frac{1+r}{1-r}\right)- \frac{1}{2}\ln\left(\frac{1+\rho_0}{1-\rho_0}\right)\right]$$

는 근사적으로 $N(0,\ 1)$에 따른다. 그러므로 귀무가설 $H_0 : \rho= \rho_0$가 참이라는 가설 아래서 얻은 검정통계량을 이용하여 상관계수의 검정을 요약하면 다음과 같다.

상관계수 $\rho= \rho_0$의 검정

① 귀무가설 설정 − $H_0 : \rho= \rho_0$

② 검정통계량 − $Z_0= \sqrt{n-3}\left[\frac{1}{2}\ln\frac{1+r}{1-r}- \frac{1}{2}\ln\frac{1+\rho_0}{1-\rho_0}\right]$

③ 가설검정 − $H_1 : \rho > \rho_0$일 때 $Z_0 \geq z_\alpha$이면 H_0를 기각한다.
$H_1 : \rho < \rho_0$일 때 $Z_0 \leq -z_\alpha$이면 H_0를 기각한다.
$H_1 : \rho \neq \rho_0$일 때 $|Z_0| \geq z_{\alpha/2}$이면 H_0를 기각한다.

예제 6 크기 39인 표본을 조사한 결과 표본상관계수가 0.6이었다. 이때 모상관계수가 $\rho=0.65$라 할 수 있는지 유의수준 5%에서 검정하여라.

풀이 우선 귀무가설 $H_0: \rho=0.65$에 대한 대립가설 $H_1: \rho\neq 0.65$를 설정한다. 그러면 $r=0.6$, $\rho_0=0.65$, 그리고 $n=39$이므로 검정통계량의 측정값은

$$\begin{aligned}Z_0&=\sqrt{n-3}\left[\frac{1}{2}\ln\left(\frac{1+r}{1-r}\right)-\frac{1}{2}\ln\left(\frac{1+\rho_0}{1-\rho_0}\right)\right]\\&=\sqrt{39-3}\left[\frac{1}{2}\ln\left(\frac{1+0.6}{1-0.6}\right)-\frac{1}{2}\ln\left(\frac{1+0.65}{1-0.65}\right)\right]\\&=6\left(\frac{1}{2}\ln 4-\frac{1}{2}\ln 4.71\right)\\&=-0.490181\end{aligned}$$

이고, $z_{0.025}=1.96$이므로 $|Z_0|=0.490181<z_{0.025}=1.96$ 이다. 따라서 귀무가설 H_0를 기각할 수 없다. ■

예제 7 쌍으로 이루어진 두 모집단에서 각각 크기 30, 36인 표본을 임의로 추출하여 각각의 상관계수를 구한 결과 0.35와 0.3을 얻었다. 두 모집단의 상관계수가 동일하다고 할 수 있는지 유의수준 5%에서 검정하여라.

풀이 우선 귀무가설 $H_0: \rho_1=\rho_2$에 대한 대립가설 $H_1: \rho_1\neq\rho_2$를 설정한다. 그러면 앞에서 살펴본 바와 같이 검정통계량 Z_r은 근사적으로

$$Z_r=\frac{1}{2}\ln\left(\frac{1+r}{1-r}\right)\approx N\left(\frac{1}{2}\ln\left(\frac{1+\rho_0}{1-\rho_0}\right),\ \frac{1}{n-3}\right)$$

이므로

$$Z_{r_1}=\frac{1}{2}\ln\left(\frac{1+r_1}{1-r_1}\right)\approx N\left(\frac{1}{2}\ln\left(\frac{1+\rho_0}{1-\rho_0}\right),\ \frac{1}{n_1-3}\right),$$
$$Z_{r_2}=\frac{1}{2}\ln\left(\frac{1+r_2}{1-r_2}\right)\approx N\left(\frac{1}{2}\ln\left(\frac{1+\rho_0}{1-\rho_0}\right),\ \frac{1}{n_2-3}\right)$$

이고 따라서

$$\begin{aligned}Z_{r_1}-Z_{r_2}&=\frac{1}{2}\ln\left(\frac{1+r_1}{1-r_1}\right)-\frac{1}{2}\ln\left(\frac{1+r_2}{1-r_2}\right)\\&\approx N\left(0,\ \frac{1}{n_1-3}+\frac{1}{n_2-3}\right)\end{aligned}$$

이 성립한다. 그러므로 이 통계량을 표준화하면

$$Z = \frac{\frac{1}{2}\ln\left(\frac{1+r_1}{1-r_1}\right) - \frac{1}{2}\ln\left(\frac{1+r_2}{1-r_2}\right)}{\sqrt{\frac{1}{n_1-3}+\frac{1}{n_2-3}}} \sim N(0,\ 1)$$

이다. 한편 $n_1 = 30$, $n_2 = 36$, $r_1 = 0.35$, $r_2 = 0.3$이므로 검정통계량의 관찰값은

$$Z_0 = \frac{\frac{1}{2}\ln\left(\frac{1+0.35}{1-0.35}\right) - \frac{1}{2}\ln\left(\frac{1+0.3}{1-0.3}\right)}{\sqrt{\frac{1}{30-3}+\frac{1}{36-3}}}$$

$$= -\frac{0.61943}{0.2595} = -2.387$$

이다. 따라서 $|Z_0| = 2.387 > z_{0.025} = 1.96$ 이므로 H_0를 기각한다. ■

9.1 연습문제

1 다음은 전체 100명의 학생에 대한 영어 점수(X)와 수학 점수(Y)를 나타낸 상관표이다. 영어 점수와 수학 점수 사이의 상관계수를 구하여라.

X \ Y	50	60	70	80	90	100	합
50	5	4	3				12
60	1	5	7	4			17
70		4	10	5	2		21
80			5	12	7		24
90			1	9	5	2	17
100				3	4	2	9
합	6	13	26	33	18	4	100

2 다음은 임의로 추출한 10명의 키와 몸무게에 대한 자료이다. 표본상관계수를 구하고, 귀무가설 $H_0 : \rho = 0$을 유의수준 5%에서 검정하여라.

키	180	177	167	170	171	163	165	164	168	185
몸무게	79	62	62	61	66	56	52	54	58	84

3 어떤 세탁공장에서 물 소비량(X)과 세탁량(Y) 사이에 상관관계가 존재하는지를 조사하기 위하여 임의 추출하여 얻은 자료는 다음과 같다.

(단위: 10톤)

X	20	30	25	40	35	50	70	60	65	55
Y	2.5	3.0	2.5	3.5	4.0	4.5	5.0	4.5	4.0	3.5

이때 공장 전체의 물 소비량과 세탁량은 이변량 정규분포를 따른다고 가정하자.

(1) 표본상관계수 r을 구하여라.

(2) 물 소비량과 세탁량 사이에 상관관계가 있는지를 유의수준 5%에서 검정하여라.

4 초등학생들의 키와 몸무게에 대한 상관관계가 없다는 주장을 확인하기 위하여 12명을 임의 추출하여 조사한 결과 표본상관계수 0.67을 얻었다. 키와 몸무게 사이에 아무런 상관이 없는지 유의수준 1%에서 검정하여라.

5 초등학생들의 키와 몸무게 사이에 $\rho = 0.8$인 관계가 있다는 보고서의 주장을 확인하기 위하여 12명을 임의 추출하여 조사한 결과 표본상관계수 0.836을 얻었다. 이 보고서의 주장을 유의수준 5%에서 검정하여라.

9.2 회귀분석

두 개 이상의 변수들 사이의 관련성을 우리가 얻은 자료를 통하여 알 수 있다면 한 변수의 변화에 따른 다른 변수의 변화를 예측할 수 있을 것이다. 이와 같이 두 변수 사이의 관계를 함수관계식으로 나타내고, 이 관계식의 정도(precision) 등을 비롯한 여러 가지 통계적인 사실을 검토하는 통계적 분석방법을 **회귀분석**(regression analysis)이라고 한다. 이때 두 변수들 가운데 다른 변수에 영향을 주는 변수를 **독립변수**(independent variable) 또는 **설명변수**(explanatory variable)라고 하며, 영향을 받는 변수를 **종속변수**(dependent variable) 또는 **반응변수**(response variable)라고 한다. 예를 들어 상품판매에서 광고액수(설명변수)에 따른 판매고(반응변수)의 변화 또는 숙성기간(설명변수)에 따른 포도주 질(반응변수)의 변화들을 생각할 수 있다.

이러한 설명변수와 반응변수 사이에 $y = g(x) + \varepsilon$ 와 같은 함수관계가 있으며, 여기서 변수 x는 설명변수, 함수 g는 설명변수 x의 영향을 나타낸다. 그리고 ε은 측정이 불가능하고 무작위하게 반응변수에 영향을 미치는 확률변수를 나타낸다. 예를 들어 광고액수를 늘려서 대대적으로 선전한다면 분명히 판매량이 늘어날 것으로 생각되지만 막대한 자금을 동원한 광고에 소비자들이 어떠한 반응을 보일지는 아무도 모르기 때문에 꼭 판매량이 늘어나는 것은 아니다. 이와 같이 ε은 설명변수와 반응변수 관계에 대한 오차를 나타내는 확률변수이다.

회귀분석이란 설명변수와 반응변수 사이에 성립하는 구체적인 함수 형태를 찾아내고, 그 함수관계로부터 설명변수에 대한 반응변수를 예측하는 데 그 목적이 있다. 따라서 회귀분석의 주요 내용은 설명변수 x와 그에 대한 반응변수 y로부터 얻은 관측값 (x_1, y_1), (x_2, y_2), $\cdots$, (x_n, y_n)을 관찰하여 함수 $g(x)$에 대한 추정과 검정을 다루는 것이다. 이와 같이 설명변수와 반응변수 사이에 나타나는 함수 관계를 **회귀식**(regression equation)이라 한다. 그리고 이 회귀식에 대한 그래프가 직선인 경우 이 직선을 **회귀직선**(regression straight line)이라 하며, 그래프가 곡선인 경우 이 곡선을 **회귀곡선**(regression curve) 또는 **회귀선**(regression line)이라 한다.

설명변수가 하나인 회귀분석을 **단순회귀분석**(simple regression analysis)이라 하며, 설명변수가 둘 이상인 회귀분석을 **중회귀분석**(multiple regression analysis)이라 한다. 회귀방정식의 미지량인 계수를 결정하고 구체적인 회귀선을 도출해내는 것을 회귀선의 추정이라 하며, 회귀선에서 미지계수를 회귀계수라고 한다. 이 절에서는 독립변수가 한 개이고 독립변수와 종속변수의 관계가 직선인 경우의 단순선형회귀 분석만을 다루고자 한다.

9.2.1 단순선형회귀모형

회귀분석을 하기 위한 좋은 방법으로 우선 설명변수 X와 반응변수 Y의 관계를 대략적으로 파악하기 위해 상관도를 그려본 후, 두 변수 사이의 관계를 설명할 수 있는 적절한 모형인 함수 $Y=g(X)+\varepsilon$을 설정한다. 특히 두 변수가 직선적인 경향을 가질 때 미지의 직선 관계를 $y=\alpha+\beta x$ 로 나타내고, 산포 정도를 σ^2으로 나타내면 설명변수 x에 대한 반응변수 y는

$$Y=\alpha+\beta x+\varepsilon, \quad \varepsilon \sim N(0,\ \sigma^2)$$

으로 정의되는 확률변수 Y의 관찰값으로 생각할 수 있으며, 여기서 ε은 평균이 0, 분산이 σ^2인 오차항을 나타내는 확률변수이다. 따라서 설명변수의 값 $x_1,\ x_2,\ \cdots,\ x_n$에 대응하는 확률변수 Y의 관찰값 $y_1,\ y_2,\ \cdots,\ y_n$ 은 다음과 같은 모형으로부터 관찰되며, 이러한 모형을 **단순선형회귀모형**(simple linear regression model) 또는 **단순회귀모형**(simple regression model)이라 한다.

$$y_i=\alpha+\beta x_i+\varepsilon_i,\ \varepsilon_i \sim N(0,\ \sigma^2),\ \ i=1,\ 2,\ \cdots,\ n$$

여기서 $\alpha,\ \beta$는 회귀직선의 절편과 기울기를 나타내는 **모회귀계수**(population regression coefficients)라 하고, 오차항을 나타내는 확률변수 ε_i와 서로 독립이라고 가정한다. 예를 들어 온도(설명변수)에 따른 반응속도(반응변수)를 측정한 다음 자료를 이용하여 단순회귀모형을 살펴보자.

| 표 1 |

x	10	15	20	25	30	35	40	45	50	55	60	65	70	75
y	24	29	50	60	55	68	70	80	77	81	90	104	120	112

온도에 따른 반응속도를 좌표점으로 나타내면

(10, 24), (15, 29), (20, 50), (25, 60), (30, 55), (35, 68), (40, 70), (45, 80), (50, 77), (55, 81), (60, 90), (65, 104), (70, 120), (75, 112)

이고, 따라서 이들 관찰값에 대한 상관도는 다음 그림과 같다.

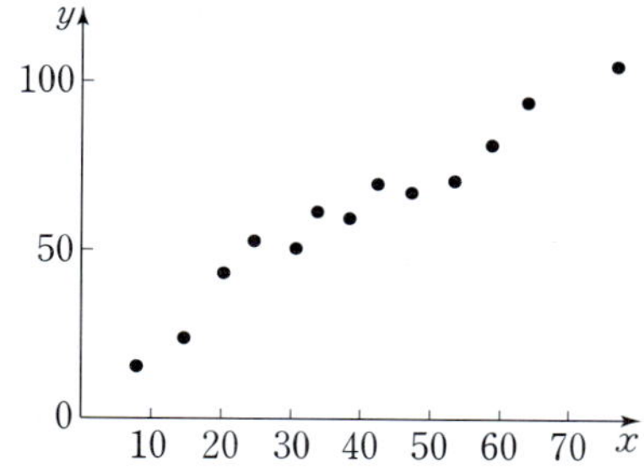

| 그림 1 | 관찰된 x, y에 대한 상관도

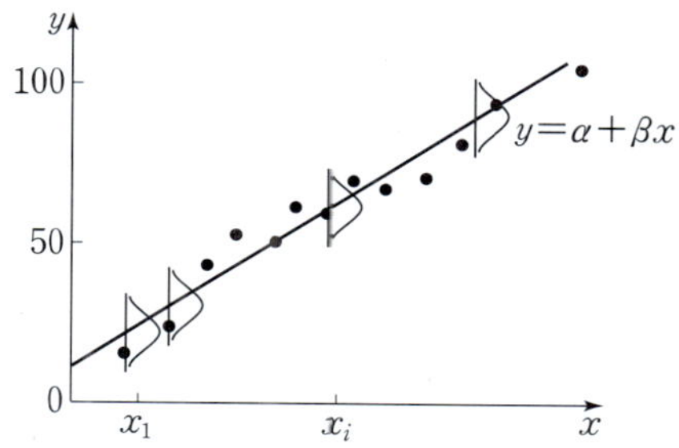

| 그림 2 | 상관도로부터 얻은 회귀직선

9.2.2 회귀직선의 추정

단순회귀모형 $Y = \alpha + \beta x + \varepsilon$에 대한 추론을 위해서 회귀계수 α, β를 추정하는 것이 최우선적인 순서이며, 이러한 회귀계수를 주어진 측정값으로부터 추정하는 방법으로는 여러 가지가 있으나 그 가운데 널리 사용하는 방법이 **최소제곱법**(least squares method)이다. 이로부터 얻어진 직선 $\hat{y} = \hat{\alpha} + \hat{\beta}x$를 **추정회귀직선**(estimated regression line) 또는 **최소제곱회귀직선**이라고 한다. 한편 최소제곱법이란 단순회귀모형 $Y_i = \alpha + \beta x_i + \varepsilon_i (i = 1, 2, \cdots, n)$에서 오차항의 제곱들의 합이 최소가 되도록 α와 β를 추정하는 방법을 말하며, 이 방법에 의한 추정량을 **최소제곱추정량**(least squares estimator)이라 한다. 이제부터 오차제곱합을 최소화하는 최소제곱법을 이용하여 추정회귀직선을 구체적으로 구해보기로 하자. 단순선형회귀모형에서 $y_i = \alpha + \beta x_i + \varepsilon_i$ 이므로 오차제곱합

$$S = \sum_{i=1}^{n} \varepsilon_i^2 = \sum_{i=1}^{n} (y_i - \alpha - \beta x_i)^2$$

을 최소로 하는 α와 β를 구하기 위하여 S를 α와 β로 각각 편미분하여 다음과 같은 결과를 얻는다.

$$\frac{\partial S}{\partial a} = -2\sum_{i=1}^{n} (y_i - \alpha - \beta x_i)$$

$$\frac{\partial S}{\partial b} = -2\sum_{i=1}^{n} x_i (y_i - \alpha - \beta x_i)$$

그리고 편미분한 값을 0으로 만드는 α와 β에 관한 방정식의 해를 구하여 각각 $\hat{\alpha}$와 $\hat{\beta}$로 나타낸다. 다시 말해서 $\partial S/\partial \alpha = 0$, $\partial S/\partial \beta = 0$을 만족하는 방정식을 정리하면

$$\sum_{i=1}^{n} y_i = n\alpha + \beta \sum_{i=1}^{n} x_i,$$

$$\sum_{i=1}^{n} x_i y_i = \alpha \sum_{i=1}^{n} x_i + \beta \sum_{i=1}^{n} x_i^2$$

이며, 이 방정식을 **정규방정식**(normal equation)이라고 한다.

이제 정규방정식으로 해 $\hat{\alpha}$와 $\hat{\beta}$를 구하면 다음 결과를 얻을 수 있다.

$$\hat{\beta} = \frac{\sum_{i=1}^{n}(x_i - \bar{x})(y_i - \bar{y})}{\sum_{i=1}^{n}(x_i - \bar{x})^2} = \frac{S_{XY}}{S_X^2},$$

$$\hat{\alpha} = \frac{1}{n}\sum_{i=1}^{n} y_i - \hat{\beta}\frac{1}{n}\sum_{i=1}^{n} x_i = \bar{y} - \hat{\beta}\,\bar{x}$$

따라서 최소제곱법에 의하여 얻은 최소제곱추정량을 이용하여 구한 추정회귀직선은 다음과 같이 표현되며, 이 직선을 X에 관한 Y의 **표본회귀직선**(regression line of Y on X) 또는 **최소제곱회귀직선**(least squares regression line)이라고 한다.

$$\hat{Y} = \hat{\alpha} + \hat{\beta}x = \bar{y} + \hat{\beta}(x - \bar{x})$$

같은 방법으로 Y에 관한 X의 표본회귀직선을 구하면 다음과 같다.

$$\hat{X} = \bar{x} + \hat{\beta}(y - \bar{y})$$

이때 $\hat{\beta} = \sum_{i=1}^{n}(x_i - \bar{x})(y_i - \bar{y}) / \sum_{i=1}^{n}(y_i - \bar{y})^2 = S_{XY}/S_Y^2$ 이다. 그리고 이러한 최소제곱추정량 $\hat{\alpha}$와 $\hat{\beta}$는 모든 불편추정량 가운데 최소분산을 갖는 **최량선형불편추정량**(BLUE; best linear unbiased estimator)이다.

이와 같은 내용을 요약하면 다음 정리로 나타낼 수 있다.

성질 1

단순회귀모형 $Y_i = \alpha + \beta x_i + \varepsilon_i (i = 1, 2, \cdots, n)$에 대한 α, β의 최소제곱추정량과 최소제곱회귀직선은

$$\hat{\beta} = \frac{\sum_{i=1}^{n}(x_i - \bar{x})(Y_i - \bar{Y})}{\sum_{i=1}^{n}(x_i - \bar{x})^2} = \frac{S_{XY}}{S_X^2}$$

$$\hat{\alpha} = \overline{Y} - \hat{\beta}\,\overline{x}$$

$$\hat{Y} = \overline{y} + \hat{\beta}\,(x - \overline{x})$$

이다.

예제 1 온도에 따른 반응속도를 측정한 다음 자료에 대하여 온도와 반응속도 사이에 선형적 관계가 있다는 조건 아래서 α와 β에 대한 최소제곱추정값과 최소제곱회귀직선을 구하여라.

| 표 2 |

x	10	15	20	25	30	35	40	45	50	55	60	65	70	75
y	24	29	50	60	55	68	70	80	77	81	90	104	120	112

풀이 우선 X와 Y의 평균과 분산, 그리고 공분산을 구하기 위하여 [표 3]을 작성한다.

$$\overline{x} = \frac{1}{14}\sum_{i=1}^{14} x_i = 42.5$$

| 표 3 |

번호	x	y	$x-\overline{x}$	$(x-\overline{x})^2$	$y-\overline{y}$	$(x-\overline{x})(y-\overline{y})$
1	10	24	−32.5	1056.25	−48.8571	1587.86
2	15	29	−27.5	756.25	−43.8571	1206.07
3	20	50	−22.5	506.25	−22.8571	514.29
4	25	60	−17.5	306.25	−12.8571	225.00
5	30	55	−12.5	156.25	−17.8571	223.21
6	35	68	−7.5	56.25	−4.8571	36.43
7	40	70	−2.5	6.25	−2.8571	7.14
8	45	80	2.5	6.25	7.1429	17.86
9	50	77	7.5	56.25	4.1429	31.07
10	55	81	12.5	156.25	8.1429	101.79
11	60	90	17.5	306.25	17.1429	300.00
12	65	104	22.5	506.25	31.1429	700.71
13	70	120	27.5	756.25	47.1429	1296.43
14	75	112	32.5	1056.25	39.1429	1272.14
합계	595	1020	0.0	5687.50	0.0	7520.0

$$\bar{y} = \frac{1}{14}\sum_{i=1}^{14} y_i = 72.857$$

$$S_{XY} = \frac{1}{13}\sum_{i=1}^{14}(x_i - \bar{x})(y_i - \bar{y}) = \frac{7520}{13} = 578.46$$

$$S_X^2 = \frac{1}{13}\sum_{i=1}^{14}(x_i - \bar{x})^2 = \frac{5687.5}{13} = 437.5$$

따라서 α와 β에 대한 최소제곱추정값은

$$\hat{\beta} = \frac{S_{XY}}{S_X^2} = \frac{578.46}{437.5} = 1.32,$$

$$\hat{\alpha} = \overline{Y} - \hat{\beta}\,\bar{x} = 72.857 - 1.32 \times 42.5 = 16.757$$

이고, 최소제곱회귀직선은

$$\widehat{Y} = \bar{y} + \hat{\beta}\,(x - \bar{x}) = 1.32x + 16.757$$

이다. 그러므로 직선의 방정식에 대한 추정방정식은

$$y = 1.32x + 16.757$$

이다. ■

R-풀이

```
# read.csv()를 이용하여 ex9_2_1.csv 데이터를 불러와 ex9_2_1 객체에 할당함
ex9_2_1 <- read.csv("ex9_2_1.csv")
# mean()을 이용하여 x와 y의 평균을 구하고 mean_x와 mean_y 객체에 할당함
(mean_x <- mean(ex9_2_1$x)); (mean_y <- round(mean(ex9_2_1$y), 3))
[1] 42.5
[1] 72.857
# cov()를 이용하여 x와 y의 공분산을 구하고 cov921 객체에 할당함
(cov921 <- round(cov(ex9_2_1$x, ex9_2_1$y), 2))
[1] 578.46
# var()를 이용하여 x의 분산을 구하고 varx 객체에 할당함
(varx <- (var(ex9_2_1$x)))
[1] 437.5
# 성질 1을 이용하여 회귀직선의 기울기를 beta 객체에 할당함
beta <- round((cov921/varx), 2)
```

```
[1] 1.32
# 성질 1을 이용하여 회귀직선의 절편을 alpha 객체에 할당함
alpha <- round((mean_y - beta*mean_x), 3)
[1] 16.757
# plot()을 이용하여 산점도를 그림
plot(y ~ x, data=ex9_2_1)
# abline()를 이용하여 산점도에 회귀직선을 표시함
abline(reg, col="red")
```

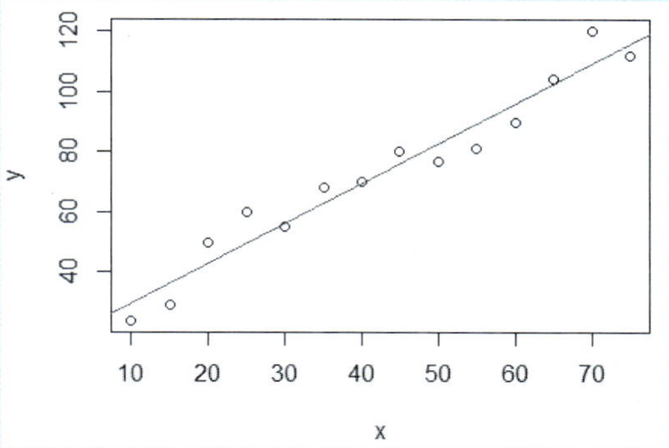


```
# 또는 lm()을 이용하여 회귀직선식을 구함
reg <- lm(y ~ x, data=ex9_2_1); reg
Call: lm(formula = y ~ x, data = ex9_2_1)
Coefficients:
(Intercept)          x
  16.664          1.322
# 절편이 16.757과 16.664로 차이가 나는 이유는 수리적 풀이에서 소수점 3번째 또는
4번째 자리에서 반올림한 값을 사용하였기 때문임
```

9.2 연습문제

1 어떤 화합물의 전기분해에 의한 제조시 첨가물의 양(X)과 그 흡수율(Y)에 대한 자료가 다음과 같다.

X	1	2	3	4	5
Y	2	5	3	7	8

단순선형회귀모형을 가정할 때 X에 대한 Y의 추정회귀직선을 구하여라.

2 다음 표로부터 X에 관한 Y의 회귀방정식을 구하고, $x=7$ 에 대응하는 y의 값을 구하여라.

X	2	4	6	8	10
Y	5	4	3	2	1

3 다음 표에 있는 자료를 이용하여 회귀직선 $y=ax+b$ 의 b값을 구하여라.

	평균	표준편차	상관계수
X	40	4	0.74
Y	30	3	

4 A반 학생의 키(X)와 체중(Y)을 조사하였더니 $\overline{x}=170$ (cm), $\overline{y}=60$ (kg), $S_x=5$ (cm), $S_y=4$ (kg), $r=0.7$을 얻었다면, 신장이 175 cm인 학생의 체중은 얼마인가?

5 10명의 고3 학생을 임의로 추출하여 그들의 영어와 수학점수를 조사한 결과 다음과 같다.

영어	72	65	90	92	80	76	86	77	67	66
수학	93	86	59	69	77	94	75	84	88	97

(1) α와 β의 최소제곱추정값을 구하여라.

(2) 추정회귀직선을 구하여라.

9.3
R을 이용한 빅데이터 분석

[골턴(1822–1911)]

밴더빌트 대학교, 앨라배마 대학교, 그리고 캘리포니아 대학교 등 외국의 여러 대학교의 수학 및 통계학부에서는 데이터의 출처를 밝히기만 하면 누구나 사용할 수 있는 자료들을 무료로 제공하고 있다. 이 자료들 중 일부를 이용하여 앞 절에서 다룬 내용들을 살펴보자. 상관분석과 하위분석은 찰스 다윈의 조카였던 19세기 영국의 과학자 골턴 경(Sir Francis Galton)이 인간특질들의 유전성을 검증하는 과정에서 발전하게 되었다. 그는 1885년에 〈Regression toward mediocrity in hereditary stature〉라는 논문에서 아버지의 키가 크면 아들의 키는 아들 또래집단의 평균 키보다는 크지만 아버지의 키보다는 작으며, 반대로 아버지의 키가 작으면 아들의 키는 또래집단의 평균 키보다는 작지만 아버지의 키보다는 크다는 것을 밝혔다. 결국 세대가 지날수록 자손의 키는 평균 키로 '회귀'하게 된다는 결론을 유도한 데서 '회귀'라는 용어를 사용하게 되었다. 골턴은 또한 회귀분석에서 일종의 부산물로 만들어진 상관계수를 소개하였고, 이것을 'co-relation'이라고 하였다. 골턴이 소개한 이 상관계수는 그 후, 그의 제자였던 피어슨(Karl Pearson)에 의해서 현재 많이 사용되는 형태로 발전하였고, 용어도 'correlation coefficient'로 바뀌었다. 골턴에 의해 개발된 회귀분석은 그 이후에 나타난 많은 분석기법들의 토대가 되었고, 모든 학문 분야를 통틀어 가장 널리 활용되는 자료 분석방법 중의 하나이다.

회귀분석에서 독립변수가 하나인 경우를 단순회귀분석이라고 한다. 단순회귀분석은 일반적으로 한 개의 종속변수와 한 개의 독립변수 사이의 선형관계를 파악하기 위해, 또는 한 개의 독립변수에 대해 주어진 값을 이용하여 종속변수의 측정값을 예측하기 위해 이용된다. 두 변수의 관계가 밀접하면 그 중 독립변수의 값으로 종속변수의 값을 정확하게 예측할 수 있고, 예측의 정확성이 높으면 그 두 변수는 밀접한 관계를 가진 것으로 정의된다. 따라서 단순회귀분석의 두 가지 목적은 서로 별개의 분석과정에 의해 구분되는 것이 아니라 동일한 분석의 결과를 놓고 연구자가 어떤 측면에 더 주목하는가에 의해 구분된다.

예제 1 앨라배마 대학교의 수리과학부에서는 204가족으로부터 898명의 부모와 자녀의 키를 조사한 Galton.csv 자료를 공개하고 있다. 변수로는 가족의 ID를 나타내는 Family, 아버지의 키(인치)를 나타내는 Father, 어머니의 키(인치)를 나타내는 Mother, 자녀의 성을 나타내는 Gender, 자녀의 키(인치)를 나타내는 Height, 그리고 가족의 자녀 수를 나타내는 Kids가 포함되어 있다.

(1) Galton.csv로부터 아버지와 아들의 키로 구성된 새로운 데이터를 생성하고, 아버지와 아들의 키에 대한 산점도를 그려라.

(2) (1)에서 생성한 자료를 이용하여 아버지의 키와 아들의 키 사이의 상관계수를 구하고, 상관관계가 있는지를 유의수준 5%에서 검정하여라.

(3) (1)에서 생성한 자료를 이용하여 단순선형회귀모형을 가정하고, 아들의 키에 대한 아버지의 키의 추정된 회귀직선을 구하여라.

(4) 회귀분석을 수행하기 위해서는 기본적인 가정들을 만족해야 한다. (3)의 결과를 이용하여 회귀모형을 진단하여라.

R-풀이

```
(1) # read.csv()를 이용하여 홈페이지로부터 Galton.csv 데이터를 불러와 ex9_3_1 객체에 할당함
ex9_3_1 <- read.csv("http://www.randomservices.org/random/data/Galton. txt", sep="₩t")
# str()를 이용하여 데이터의 구조를 확인함
str(ex9_3_1)
'data.frame': 898 obs. of  6 variables:
 $ Family: Factor w/ 197 levels "1","10","100",..: 1 1 1 1 108 108 108 108 123 123 ...
 $ Father: num  78.5 78.5 78.5 78.5 75.5 75.5 75.5 75.5 75 75 ...
 $ Mother: num  67 67 67 67 66.5 66.5 66.5 66.5 64 64 ...
 $ Gender: Factor w/ 2 levels "F","M": 2 1 1 1 2 2 1 1 2 1 ...
 $ Height: num  73.2 69.2 69 69 73.5 72.5 65.5 65.5 71 68 ...
 $ Kids  : int  4 4 4 4 4 4 4 4 2 2 ...
# ex9_3_1 중 자녀가 남자인 경우만 선택하여 son 객체에 저장함
son <- ex9_3_1[ex9_3_1$Gender == "M", ]
# head()를 이용하여 남자인 경우만 선택되었는지 확인함
head(son)
```

```
   Family Father Mother Gender Height Kids
1       1   78.5   67.0      M   73.2    4
5       2   75.5   66.5      M   73.5    4
6       2   75.5   66.5      M   72.5    4
9       3   75.0   64.0      M   71.0    2
11      4   75.0   64.0      M   70.5    5
12      4   75.0   64.0      M   68.5    5
# son 중 아버지의 키와 자녀의 키 변수만 선택하여 height 객체에 할당함
height <- son[, c(2,5)]
# head()를 이용하여 데이터가 제대로 추출되었는지 확인함
head(height)
   Father Height
1    78.5   73.2
5    75.5   73.5
6    75.5   72.5
9    75.0   71.0
11   75.0   70.5
12   75.0   68.5
# plot()를 이용하여 아버지의 키와 아들의 키에 대한 산점도를 그림
plot(Height ~ Father, data=height, col="blue", xlab="아버지의 키(inch)", ylab="아들의 키(inch)")
```

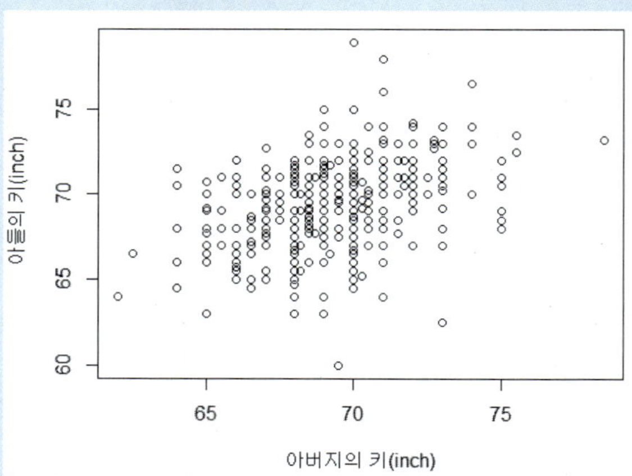


```
(2) # cor()를 이용하여 아버지의 키와 아들 키의 상관계수를 구함
cor(height$Father, height$Height)
[1] 0.3913174
# cor.test()를 이용하여 아버지의 키와 아들 키 사이에 상관관계를 검정함
```

```
(c_height <- cor.test(height$Father, height$Height))
Pearson's product-moment correlation
data:  height$Father and height$Height
t = 9.1498, df = 463, p-value < 2.2e-16
alternative hypothesis: true correlation is not equal to 0
95 percent confidence interval:
 0.3114667 0.4656805
sample estimates:
      cor
0.3913174
# cat()을 활용하여, 서식과 함께 여러 결과를 정리하여 출력함
cat("상관계수=", round(c_height$est, 4), "₩t t-통계량=", round(c_height$stat, 4),
"₩tp-값=", round(c_height$p.val, 4), "₩t95%신뢰구간=(",round(c_height $conf, 4),
")")
상관계수= 0.3913 t-통계량 = 9.1498  p-값= 0 95%신뢰구간=(0.3115 0.4657)
# 해석: 유의확률이 0으로 유의수준 0.05보다 작아 귀무가설을 기각하므로 아버지의 키
와 아들 키에는 상관관계가 있다는 증거가 있음
(3) # lm()을 이용하여 회귀직선 식을 구함
(reg <- lm(Height ~ Father, data=height))
Call:
lm(formula = Height ~ Father, data = height)
Coefficients:
(Intercept)       Father
    38.2589       0.4477
```

해석: 회귀직선의 추정 식은 $\widehat{Height} = 38.2589 + 0.4477 * Father$임

```
(4) # par()에서 mfrow()를 이용하여 여러 개의 그래프를 그림
par(mfrow=c(2, 2))
# plot()을 이용하여 회귀모형을 진단함
plot(reg)
```

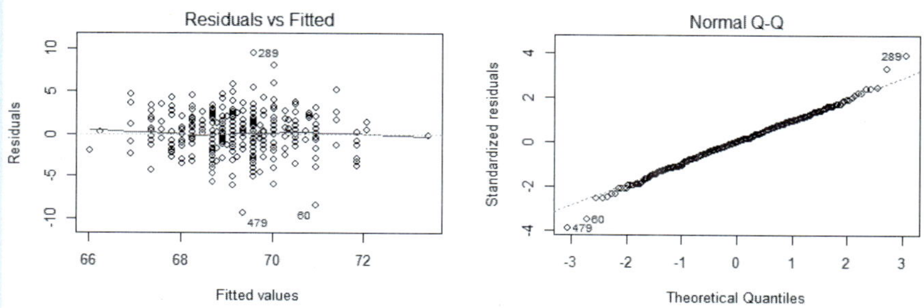

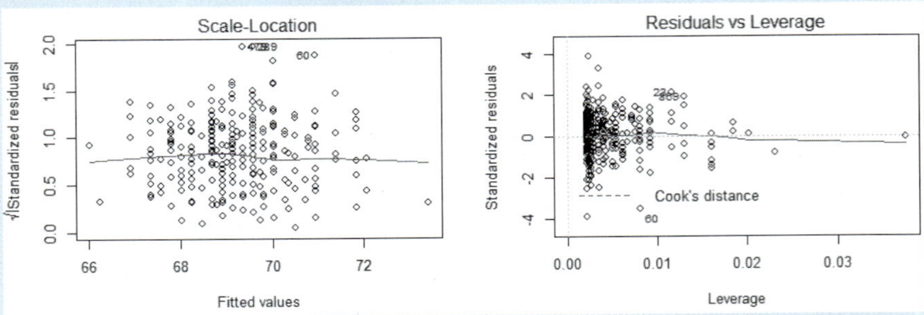

해석: 위에서 첫 번째 그림(Residuals vs Fitted)은 예측값에 대한 잔차 그림으로 0주변에서 특정한 패턴 없이 잔차들이 몰려있을 때 선형모형이 적절하다고 할 수 있음. 두 번째 그림(Normal Q–Q)은 잔차에 대한 정규확률그림으로 점들이 기울기가 1인 직선을 잘 따를 때 정규성 가정에 문제가 없다고 할 수 있음. 세 번째 그림(Sclae–Location)은 적합값에 따른 표준화 잔차 그림으로 y축의 표준화 잔차 제곱값이 중심에서 크게 이탈된 점들이 없을 때, 표준정규분포의 가정을 따른다고 할 수 있음. 네 번째 그림(Residual vs Leverage)은 지렛값에 대한 표준화 잔차의 그림으로 중심에서 크게 이탈된 점들이 없을 때 회귀선에 영향을 끼치는 점이 없다고 해석하며, 이상점들은 라벨과 함께 표시됨. 실제 첫 번째 그림의 경우에 일부 잔차가 10과 -10에 가까운 경우가 있으며, 두 번째 그림의 경우에 3과 -3 근처에서 조금 벌어져서 있으며, 세 번째 그림의 경우에는 중심에서 크게 이탈된 점들이 없으므로 대체로 등분산, 독립성, 정규성 가정에는 큰 문제가 없는 것으로 나타남. 그러나 네 번째 그림에서 회귀선에 영향을 끼치는 라벨이 붙은 3개의 점이 표시되어 있으므로 이 점에 대한 검토가 필요하지만, 이 책의 범위를 벗어나므로 여기서는 논하지 않기로 함

타이타닉호(RMS Titanic)는 영국의 화이트 스타 라인이 운영한 북대서양 횡단 여객선이다. 1912년 4월 10일 영국의 사우샘프턴을 떠나 미국의 뉴욕으로 향하던 첫 항해 중에 4월 15일 빙산과 충돌하여 침몰하였다. 타이타닉호의 침몰로 1,514명이 사망하였으며, 이는 평화시에 발생한 해난 사고 가운데 가장 큰 인명 피해 가운데 하나이다.

[타이타닉호(1912년 4월 10일)]

예제 2 밴더빌트 대학교의 의학통계학부에서는 1,309명의 타이타닉호의 승객에 대한 titanic3.csv 자료를 공개하고 있다. 변수로는 1, 2, 3등석 정보를 나타내는 pclass, 생존 여부를 나타내는 survived, 이름을 나타내는 name, 성별을 나타내는 female, 나이를 나타내는 age, 함께 탑승한 형제자매 또는 배우자의 수를 나타내는 sibsp, 함께 탑승한 부모 또는 자녀의 수를 나타내는 parch, 티켓 번호를 나타내는 ticket, 티켓 요금을 나타내는 fare, 선실 번호를 나타내는 cabin, 그리고 탑승한 곳을 나타내는 embarked 등이 포함되어 있다.

(1) titanic3.csv로부터 생존 여부, 성별, 나이, 함께 탑승한 형제자매 또는 배우자의 수, 함께 탑승한 부모 또는 자녀의 수, 그리고 티켓 요금으로 구성된 새로운 데이터를 생성하고, 나이, 함께 탑승한 형제자매 또는 배우자의 수, 함께 탑승한 부모 또는 자녀의 수, 그리고 티켓 요금에 대해 산점도를 작성하고 네 변수 간의 대략적인 관계를 설명하여라. 단, R에서 na.omit()를 이용하여 결측값이 있는 행을 삭제한다.

(2) (1)에서 산점도를 작성한 네 변수 간에 상관관계가 있다고 할 수 있는지를 유의수준 5%에서 검정하여라.

(3) (1)에서 생성한 자료 중 나이를 독립변수(X), 티켓 요금을 종속변수(Y)로 놓는다. 이 자료에 단순선형회귀모형을 가정하여 추정회귀직선을 구하여라.

(4) (3)에서 구한 추정회귀직선의 기울기와 절편이 각각 0과 다르다고 할 수 있는지 유의수준 5%에서 검정하여라.

R-풀이

```
(1) # read.csv()를 이용하여 홈페이지로부터 titanic3.csv 데이터를 불러와 ex9_3_2 객체에 할당함
ex9_3_2 <- read.csv("http://biostat.mc.vanderbilt.edu/wiki/pub/Main/DataSets/titanic3.csv")
# str()를 이용하여 데이터를 제대로 읽어왔는지 확인함
str(ex9_3_2)
'data.frame': 1309 obs. of  14 variables:
 $ pclass   : int  1 1 1 1 1 1 1 1 1 1 ...
 $ survived : int  1 1 0 0 0 1 1 0 1 0 ...
 $ name     : Factor w/ 1307 levels "Abbing, Mr. Anthony",..: 22 24 25 26 27 31 46 47 51 55 ...
```

```
 $ sex        : Factor w/ 2 levels "female","male": 1 2 1 2 1 2 1 2 1 2 ...
 $ age        : num  29 0.92 2 30 25 48 63 39 53 71 ...
 $ sibsp      : int  0 1 1 1 1 0 1 0 2 0 ...
 $ parch      : int  0 2 2 2 2 0 0 0 0 0 ...
 $ ticket : Factor w/ 929 levels "110152","110413",..: 188 50 50 50 50 125 93
16 77 826 ...
 $ fare : num  211 152 152 152 152 ...
 $ cabin  : Factor w/ 187 levels "","A10","A11",..: 45 81 81 81 81 151 147 17
63 1 ...
 $ embarked : Factor w/ 4 levels "","C","Q","S": 4 4 4 4 4 4 4 4 4 2 ...
 $ boat: Factor w/ 28 levels "","1","10","11",..: 13 4 1 1 1 14 3 1 28 1 ...
 $ body: int  NA NA NA 135 NA NA NA NA NA 22 ...
 $ home.dest: Factor w/ 370 levels "","?Havana, Cuba",..: 310 232 232 232
232 238 163 25 23 230 ...
# ex9_3_2 중 위에서 언급한 변수만 선택하여 ship 객체에 저장함
ship <- ex9_3_2[, c(2,4,5,6,7,9)]
# str()를 이용하여 데이터를 제대로 읽어왔는지 확인함
str(ship)
'data.frame': 1309 obs. of  6 variables:
 $ survived: int  1 1 0 0 0 1 1 0 1 0 ...
 $ sex     : Factor w/ 2 levels "female","male": 1 2 1 2 1 2 1 2 1 2 ...
 $ age     : num  29 0.92 2 30 25 48 63 39 53 71 ...
 $ sibsp   : int  0 1 1 1 1 0 1 0 2 0 ...
 $ parch   : int  0 2 2 2 2 0 0 0 0 0 ...
 $ fare    : num  211 152 152 152 152 ...
# na.omit()를 이용하여 결측값이 있는 행을 삭제한 후 com_ship 객체에 할당함
com_ship <- na.omit(ship)
# pairs()를 이용하여 네 변수 간의 산점도를 그리며, panel을 이용하여 산점도에 회귀선
을 표시함
pairs(~age + sibsp + parch + fare, data=com_ship, panel=function(x, y) {
        points(x, y, col="blue")
        abline(lm(y~x), col="red", lwd=2)})
```

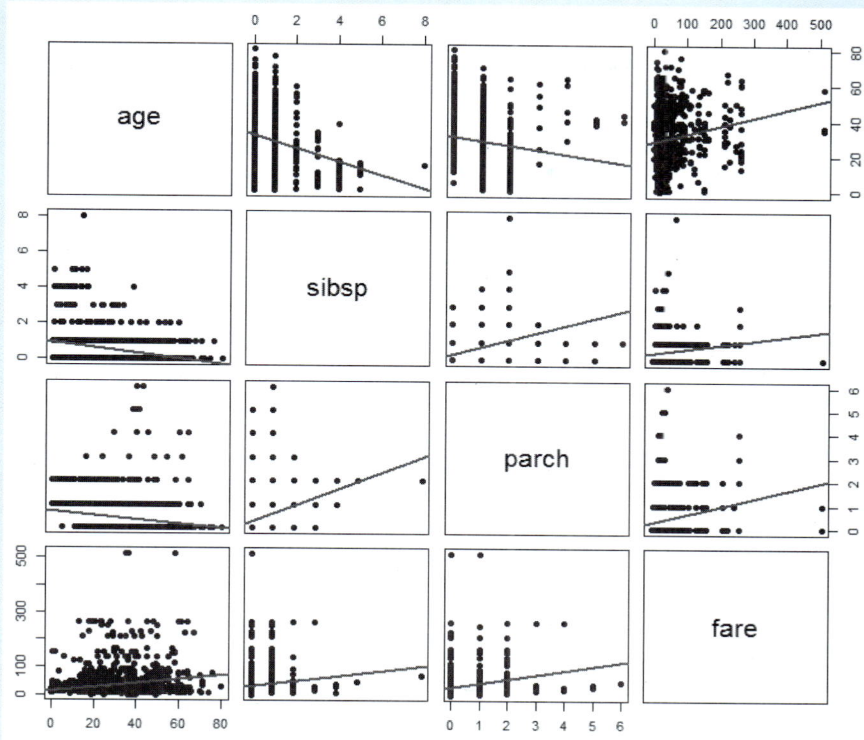

해석: 부적 상관관계를 보이는 변수들은 나이와 함께 탑승한 형제자매 또는 배우자의 수, 나이와 함께 탑승한 부모 또는 자녀의 수, 그리고 나머지 변수들의 상관관계는 정적인 것처럼 보임

(2) # 변수 이름을 v_name 객체에 할당함

```
v_name <- c("age", "sibsp", "parch", "fare")
```

반복문 for() 내에 cor.test()를 이용하여 두 변수 간의 상관관계를 검정하고, cat()를 이용하여 상관계수, 검정통계량의 값, 그리고 p-값을 출력함

```
for (i in 3:5) for(j in (i + 1): 6) {
  a <- cor.test(com_ship[[i]], com_ship[[j]])
  cat(v_name[i-2], v_name[j-2],  "₩t상관계수 =", round(a$est, 4),
  "₩t검정통계량 T=", round(a$stat, 4), "₩tp-값 = ", round(a$p.val, 4), "₩n"
)}
age sibsp      상관계수 = -0.2431   검정통계량 T = -8.0952   p-값 = 0
age parch      상관계수 = -0.1502   검정통계량 T = -4.9078   p-값 = 0
age fare       상관계수 = 0.1787    검정통계량 T = 5.867     p-값 = 0
sibsp parch    상관계수 = 0.3743    검정통계량 T = 13.0354   p-값 = 0
sibsp fare     상관계수 = 0.1412    검정통계량 T = 4.6057    p-값 = 0
```

```
parch fare      상관계수 = 0.2167      검정통계량 T = 7.1696      p-값 = 0
# 해석: 유의확률이 0으로 유의수준 0.05보다 작아 귀무가설을 기각하므로 모든 변수
간에는 상관관계가 있다는 증거가 있음
# (2)의 결과를 이용하여 그래프를 그림. 단, source()를 이용하여 함수가 있는 곳을 먼
저 지정함
source("ttest-plot.txt")
(corr_com_ship <- rcorr(as.matrix(com_ship[3:6])))
```

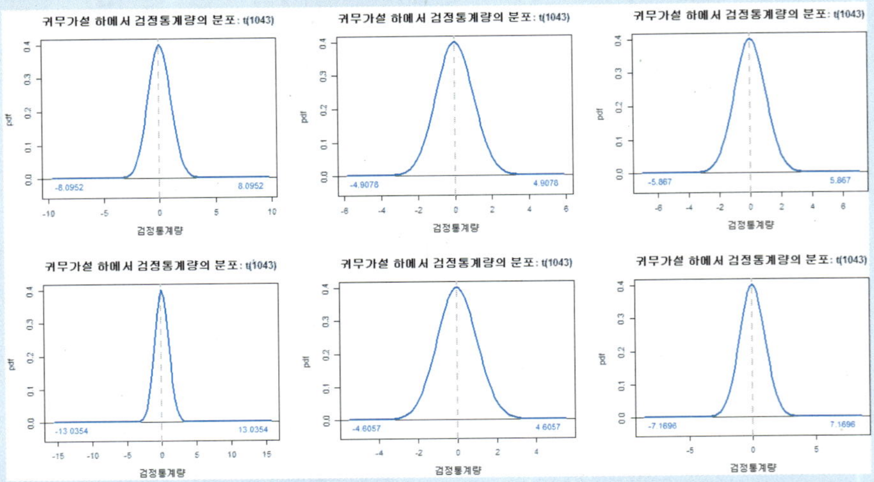

```
(3) # lm()을 이용하여 회귀분석을 수행함
(reg_at <- lm(com_ship$fare ~ com_ship$age))
Call:
lm(formula = com_ship$fare ~ com_ship$age)
Coefficients:
 (Intercept)   com_ship$age
      16.0197         0.6923
```

해석: 추정회귀직선은 $\hat{Y} = 16.0197 + 0.6923X$ 임

```
# 또한 sample()을 이용하여 (3)의 자료에서 무선으로 10개를 추출한 후 추정회귀직선을
구하고, 이 식을 산점도에 잔차와 함께 나타낼 수 있음
set.seed(4)
sam_ship <- com_ship[sample(nrow(com_ship), 10), ]
# plot()을 이용하여 산점도를 그림
plot(sam_ship$age, sam_ship$fare, xlab="age", ylab="ticket fare")
# lm()을 이용하여 회귀분석을 수행함
(reg_sm <- lm(sam_ship$fare ~ sam_ship$age))
Call:
```

```
lm(formula = sam_ship$fare ~ sam_ship$age)
Coefficients:
 (Intercept)  sam_ship$age
     15.6114        0.5886
# abline()을 이용하여 추정회귀직선을 나타냄
abline(reg_sm, col="red")
# text()를 이용하여 식을 적고, 이 식이 나타낼 위치를 지정함
text(60, 20, labels=paste0("Y= ", round(reg_sm$coef[[1]], 4), " + ",
    round(reg_sm$coef[[2]], 4), "X"), col="blue")
# segments()를 이용하여 각 점에서 회귀직선까지의 잔차를 점선으로 표시함
segments(sam_ship$age, sam_ship$fare, sam_ship$age, reg_sm$fit, lty=2, col=
"blue")
# text()의 expression 옵션을 이용하여 ϵ를 표시함
text(sam_ship$age, (sam_ship$fare + reg_sm$fit)/2, labels=expression (epsilon),
col="blue", pos=4)
```

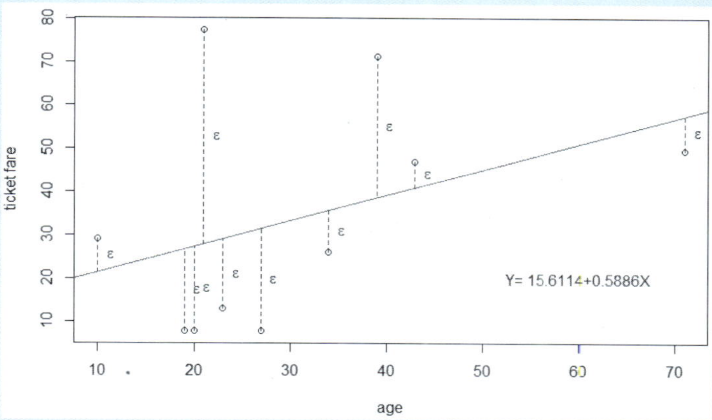


```
(4) # (3)을 먼저 수행한 후, summary()를 이용하여 검정통계량의 관찰값과 유의확률을
살펴봄
summary(reg_at, level=0.05)$coef
                Estimate  Std. Error  t value      Pr(>|t|)
(Intercept)    16.019683   3.9100050  4.097100  4.507814e-05
com_ship$age    0.692299   0.1179993  5.866974  5.954728e-09
# 해석: 절편에 대한 유의확률이 0으로 유의수준 0.05보다 작아 귀무가설을 기각하므로
절편이 0과 다르다고 할 수 있는 증거가 있으며, 기울기에 대한 유의확률도 0으로 유의
수준 0.05보다 작아 귀무가설을 기각하여 기울기가 0과 다르다고 할 수 있는 증거가 있
음
```

9.3 연습문제

1 한국교육종단연구의 "http://kels.kedi.re.kr/KelsIntro01.do"를 방문해서 아래 그림과 같은 절차를 거쳐 데이터를 송부받는다. 구체적으로 신청서 작성 → 신청서 제출 → 사용 승인 → 데이터 송부의 단계를 거쳐야 한다. "한국교육종단연구:2005"는 2005년 150개 중학교 1학년 학생 6,908명을 표본으로 하여, 만 30세까지 학생들의 성장과 발달, 학교 경험, 그리고 초기 직업의 획득 과정을 추적 조사하는 국가 수준의 종단적 조사 연구이다.

데이터를 송부받으면, "y1stu.sav"라는 학생 자료로부터 sid(학생ID), Y1S20_3_2 (수학과 공부시간), Y1KOR_S(1학년 국어 총점), Y1ENG _S(1학년 영어 총점), 그리고 Y1MAT_S(1학년 수학 총점) 변수를 추출한다.

(1) sid를 제외한 나머지 변수들 간의 산점도를 작성하고, 상관관계가 있는지를 유의수준 5%에서 검정하여라. 단, R에서 na.omit()를 이용하여 결측값이 있는 행을 삭제한다.

(2) 'Hmisc' 패키지를 설하고, 'Hmisc'와 'corrplot'을 로딩하여 한 번에 여러 변수 간의 상관관계가 유의한지 유의수준 5%에서 검정하고, 상관관계를 다양한 그래

프로 나타내어라. 또한 'PerformanceAnalytics'를 로딩하고, chart.Correlation()을 써서 히스토그램, 적합선, 상관계수, 그리고 유의확률을 모두 나타내어라.

(3) Y1MAT_S를 종속변수(Y), 나머지 변수들을 독립변수(X)로 놓고, 독립변수(X)별로 단순선형회귀모형을 가정하여 추정회귀직선을 구하여라.

(4) (2)에서 구한 추정회귀직선의 기울기와 절편이 각각 0과 다르다고 할 수 있는지 유의수준 5%에서 검정하여라.

2 한국아동패널연구의 "http://panel.kicce.re.kr/kor/publication/02.jsp"를 방문해서 아래 그림과 같은 절차를 거쳐 데이터를 송부받는다. 구체적으로 연구계획서 작성 → 신청서 작성 → 자료사용 승인 → 데이터 내려받기의 단계를 거쳐야 한다.
"한국아동패널"은 우리나라 아동의 성장·발달 과정을 출생부터 장기적으로 추적·조사함으로써, 각 시기에 발생하는 아동의 성장·발달 특성, 양육실태와 요구, 육아지원기관의 기능과 효과 및 지역사회와 육아정책의 영향에 관한 종단적 자료를 국가 수준에서 수집하여 제공하는 것을 목적으로 하고 있다. 2008년부터 확정된 한국아동패널의 표본설계와 연구방법을 바탕으로 1차년도 조사가 시작되었다.

데이터를 송부받으면, "한국아동패널_2009(2차년도)_데이터beta8.sav"라는 자료로부터 ID(패널ID), Ch09hlt12(아동 체중[( )kg]), Ch09hlt13(아동 신장[( )cm]), Ch09hlt14(아동 두위[( )cm]), 그리고 Ft09dmg06(부 연령[만( )세]) 변수를 추출한다.

(1) Ch09hlt12, Ch09hlt13, 그리고 Ch09hlt14 변수들 간의 산점도를 작성하고, 상관관계가 있는지를 유의수준 5%에서 검정하여라. 단, R에서 na.omit()를 이용하여 결측값이 있는 행을 삭제한다.

(2) Ch09hlt13을 종속변수(Y)로, Ft09dmg0를 독립변수(X)로 놓는다. 이 자료에 단순선형회귀모형을 가정하여 추정회귀직선을 구하여라. 또한 추정회귀직선의 기울기와 절편이 각각 0과 다르다고 할 수 있는지 유의수준 5%에서 검정하여라.

(3) Ch09hlt12을 종속변수(Y)로, Ch09hlt14를 독립변수(X)로 놓는다. 이 자료에 단순선형회귀모형을 가정하여 추정회귀직선을 구하고, 회귀모형을 진단하여라.

부록: 통계표

[표 1] 이항계수표

$\binom{n}{r} = \frac{n!}{r!(n-r)!} = \binom{n}{n-r}$

n	$\binom{n}{0}$	$\binom{n}{1}$	$\binom{n}{2}$	$\binom{n}{3}$	$\binom{n}{4}$	$\binom{n}{5}$	$\binom{n}{6}$	$\binom{n}{7}$	$\binom{n}{8}$	$\binom{n}{9}$	$\binom{n}{10}$	$\binom{n}{11}$	$\binom{n}{12}$	$\binom{n}{13}$
0	1													
1	1	1												
2	1	2	1											
3	1	3	3	1										
4	1	4	6	4	1									
5	1	5	10	10	5	1								
6	1	6	15	20	15	6	1							
7	1	7	21	35	35	21	7	1						
8	1	8	28	56	70	56	28	8	1					
9	1	9	36	84	126	126	84	36	9	1				
10	1	10	45	120	210	252	210	120	45	10	1			
11	1	11	55	165	330	462	462	330	165	55	11	1		
12	1	12	66	220	495	792	924	792	495	220	66	12	1	
13	1	13	78	286	715	1,287	1,716	1,716	1,287	715	286	78	13	1
14	1	14	91	364	1,001	2,002	3,003	3,432	3,003	2,002	1,001	364	91	14
15	1	15	105	455	1,365	3,003	5,005	6,435	6,435	5,005	3,003	1,365	455	105
16	1	16	120	560	1,820	4,368	8,008	11,440	12,870	11,440	8,008	4,368	1,820	560
17	1	17	136	680	2,380	6,188	12,376	19,448	24,310	24,310	19,448	12,376	6,188	2,380
18	1	18	153	816	3,060	8,568	18,564	31,824	43,758	48,620	43,758	31,824	18,564	8,568
19	1	19	171	969	3,876	11,628	27,132	50,388	75,582	92,378	92,378	75,582	50,388	27,132
20	1	20	190	1,140	4,845	15,504	38,760	77,520	125,970	167,960	184,756	167,960	125,970	77,520
21	1	21	210	1,330	5,985	20,349	54,264	116,280	203,490	293,930	352,716	352,716	293,930	203,490
22	1	22	231	1,540	7,315	26,334	74,613	170,544	319,770	497,420	646,646	705,432	646,646	497,420
23	1	23	253	1,771	8,855	33,649	100,947	245,157	490,314	817,190	1,144,066	1,352,078	1,352,078	1,144,066
24	1	24	276	2,024	10,626	42,504	134,596	346,104	735,471	1,307,504	1,961,256	2,496,144	2,704,156	2,496,144
25	1	25	300	2,300	12,650	53,130	177,100	480,700	1,081,575	2,042,975	3,268,760	4,457,400	5,200,300	5,200,300
26	1	26	325	2,600	14,950	65,780	230,230	657,800	1,562,275	3,124,550	5,311,735	7,726,160	9,657,700	10,400,600

$r > 13$인 경우 등식 $\binom{n}{r} = \binom{n}{n-r}$을 사용할 수 있다.

[표 2] 이항 누적분포함수 $B(x;n,p)=\sum_{k=0}^{x}\binom{n}{k}p^k(1-p)^{n-k}$

n	x	0.05	0.10	0.15	0.20	0.25	0.30	0.35	0.40	0.45
1	0	0.9500	0.9000	0.8500	0.8000	0.7500	0.7000	0.6500	0.6000	0.5500
2	0	0.9025	0.8100	0.7225	0.6400	0.5625	0.4900	0.4225	0.3600	0.3025
	1	0.9975	0.9900	0.9775	0.9600	0.9375	0.9100	0.8775	0.8400	0.7975
3	0	0.8574	0.7290	0.6141	0.5120	0.4219	0.3430	0.2746	0.2160	0.1664
	1	0.9928	0.9720	0.9393	0.8960	0.8438	0.7840	0.7182	0.6480	0.5748
	2	0.9999	0.9990	0.9967	0.9920	0.9844	0.9730	0.9571	0.9360	0.9089

n	x	0.50	0.55	0.60	0.65	0.70	0.75	0.80	0.85	0.90	0.95
1	0	0.5000	0.4500	0.4000	0.3500	0.3000	0.2500	0.2000	0.1500	0.1000	0.0500
2	0	0.2500	0.2025	0.1600	0.1225	0.0900	0.0625	0.0400	0.0225	0.0100	0.0025
	1	0.7500	0.6975	0.6400	0.5775	0.5100	0.4375	0.3600	0.2775	0.1900	0.0975
3	0	0.1250	0.0911	0.0640	0.0429	0.0270	0.0156	0.0080	0.0034	0.0010	0.0001
	1	0.5000	0.4252	0.3520	0.2818	0.2160	0.1406	0.1040	0.0608	0.0280	0.0072
	2	0.8750	0.8336	0.7840	0.7254	0.6570	0.5625	0.4880	0.3859	0.2710	0.1426

[표 2] 이항 누적분포함수(계속)

n	x	0.05	0.10	0.15	0.20	0.25	0.30	0.35	0.40	0.45
4	0	0.8145	0.6561	0.5220	0.4096	0.3164	0.2401	0.1785	0.1296	0.0915
	1	0.9860	0.9477	0.8905	0.8192	0.7383	0.6517	0.5630	0.4752	0.3910
	2	0.9995	0.9963	0.9880	0.9728	0.9492	0.9163	0.8735	0.8208	0.7585
	3	1.0000	0.9999	0.9995	0.9984	0.9961	0.9919	0.9850	0.9744	0.9590
5	0	0.7738	0.5905	0.4437	0.3277	0.2373	0.1681	0.1160	0.0778	0.0503
	1	0.9774	0.9185	0.8352	0.7373	0.6328	0.5282	0.4284	0.3370	0.2562
	2	0.9988	0.9914	0.9734	0.9421	0.8965	0.8369	0.7648	0.6826	0.5931
	3	1.0000	0.9995	0.9978	0.9933	0.9844	0.9692	0.9460	0.9130	0.8688
	4	1.0000	1.0000	0.9999	0.9997	0.9990	0.9976	0.9947	0.9898	0.9815
6	0	0.7351	0.5314	0.3771	0.2621	0.1780	0.1176	0.0754	0.0467	0.0277
	1	0.9672	0.8857	0.7765	0.6554	0.5339	0.4202	0.3191	0.2333	0.1636
	2	0.9978	0.9842	0.9527	0.9011	0.8306	0.7443	0.6471	0.5443	0.4415
	3	0.9999	0.9987	0.9941	0.9830	0.9624	0.9295	0.8826	0.8208	0.7447
	4	1.0000	0.9999	0.9996	0.9984	0.9954	0.9891	0.9777	0.9590	0.9308
	5	1.0000	1.0000	1.0000	0.9999	0.9998	0.9993	0.9982	0.9959	0.9917
7	0	0.6983	0.4783	0.3206	0.2097	0.1335	0.0824	0.0490	0.0280	0.0152
	1	0.9556	0.8503	0.7166	0.5767	0.4449	0.3294	0.2338	0.1586	0.1024
	2	0.9962	0.9743	0.9262	0.8520	0.7564	0.6471	0.5323	0.4199	0.3164
	3	0.9998	0.9973	0.9879	0.9667	0.9294	0.8740	0.8002	0.7102	0.6083
	4	1.0000	0.9998	0.9988	0.9953	0.9871	0.9712	0.9444	0.9037	0.8471
	5	1.0000	1.0000	0.9999	0.9996	0.9987	0.9962	0.9910	0.9812	0.9643
	6	1.0000	1.0000	1.0000	1.0000	0.9999	0.9998	0.9994	0.9984	0.9963

[표 2] 이항 누적분포함수(계속)

		p									
n	x	0.50	0.55	0.60	0.65	0.70	0.75	0.80	0.85	0.90	0.95
4	0	0.0625	0.0410	0.0256	0.0150	0.0081	0.0039	0.0016	0.0005	0.0001	0.0000
	1	0.3125	0.2415	0.1792	0.1265	0.0837	0.0508	0.0272	0.0120	0.0037	0.0005
	2	0.6875	0.6090	0.5248	0.4370	0.3483	0.2617	0.1808	0.1095	0.0523	0.0140
	3	0.9375	0.9085	0.8704	0.8215	0.7599	0.6836	0.5904	0.4780	0.3439	0.1855
5	0	0.0312	0.0185	0.0102	0.0053	0.0024	0.0010	0.0003	0.0001	0.0000	0.0000
	1	0.1875	0.1312	0.0870	0.0540	0.0308	0.0156	0.0067	0.0022	0.0005	0.0000
	2	0.5000	0.4069	0.3174	0.2352	0.1631	0.1035	0.0579	0.0266	0.0086	0.0012
	3	0.8125	0.7438	0.6630	0.5716	0.4718	0.3672	0.2627	0.1648	0.0815	0.0226
	4	0.9688	0.9497	0.9222	0.8840	0.8319	0.7627	0.6723	0.5563	0.4095	0.2262
6	0	0.0156	0.0083	0.0041	0.0018	0.0007	0.0002	0.0001	0.0000	0.0000	0.0000
	1	0.1094	0.0692	0.0410	0.0223	0.0109	0.0046	0.0016	0.0004	0.0001	0.0000
	2	0.3438	0.2553	0.1792	0.1174	0.0705	0.0376	0.0170	0.0059	0.0013	0.0001
	3	0.6562	0.5585	0.4557	0.3529	0.2557	0.1694	0.0989	0.0473	0.0158	0.0022
	4	0.8906	0.8364	0.7667	0.6809	0.5798	0.4661	0.3446	0.2235	0.1143	0.0328
	5	0.9844	0.9723	0.9533	0.9246	0.8824	0.8220	0.7379	0.6229	0.4686	0.2649
7	0	0.0078	0.0037	0.0016	0.0006	0.0002	0.0001	0.0000	0.0000	0.0000	0.0000
	1	0.0625	0.0357	0.0188	0.0090	0.0038	0.0013	0.0004	0.0001	0.0000	0.0000
	2	0.2266	0.1529	0.0963	0.0556	0.0288	0.0129	0.0047	0.0012	0.0002	0.0000
	3	0.5000	0.3917	0.2898	0.1998	0.1260	0.0706	0.0333	0.0121	0.0027	0.0002
	4	0.7734	0.6836	0.5801	0.4677	0.3529	0.2436	0.1480	0.0738	0.0257	0.0038
	5	0.9375	0.8976	0.8414	0.7662	0.6706	0.5551	0.4233	0.2834	0.1497	0.0444
	6	0.9922	0.9848	0.9720	0.9510	0.9176	0.8665	0.7903	0.6794	0.5217	0.3017

[표 2] 이항 누적분포함수(계속)

n	x	0.05	0.10	0.15	0.20	0.25	0.30	0.35	0.40	0.45
8	0	0.6634	0.4305	0.2725	0.1678	0.1001	0.0576	0.0319	0.0168	0.0084
	1	0.9428	0.8131	0.6572	0.5033	0.3671	0.2553	0.1691	0.1064	0.0632
	2	0.9942	0.9619	0.8948	0.7969	0.6785	0.5518	0.4278	0.3154	0.2201
	3	0.9996	0.9950	0.9786	0.9437	0.8862	0.8059	0.7064	0.5941	0.4770
	4	1.0000	0.9996	0.9971	0.9896	0.9727	0.9420	0.8939	0.8263	0.7396
	5	1.0000	1.0000	0.9998	0.9988	0.9958	0.9887	0.9747	0.9502	0.9115
	6	1.0000	1.0000	1.0000	0.9999	0.9996	0.9987	0.9964	0.9915	0.9819
	7	1.0000	1.0000	1.0000	1.0000	1.0000	0.9999	0.9998	0.9993	0.9983
9	0	0.6302	0.3874	0.2316	0.1342	0.0751	0.0404	0.0207	0.0101	0.0046
	1	0.9288	0.7748	0.5995	0.4362	0.3003	0.1960	0.1211	0.0705	0.0385
	2	0.9916	0.9470	0.8591	0.7382	0.6007	0.4628	0.3373	0.2318	0.1495
	3	0.9994	0.9917	0.9661	0.9144	0.8343	0.7297	0.6089	0.4826	0.3614
	4	1.0000	0.9991	0.9944	0.9804	0.9511	0.9012	0.8283	0.7334	0.6214
	5	1.0000	0.9999	0.9994	0.9969	0.9900	0.9747	0.9464	0.9006	0.8342
	6	1.0000	1.0000	1.0000	0.9997	0.9987	0.9957	0.9888	0.9750	0.9502
	7	1.0000	1.0000	1.0000	1.0000	0.9999	0.9996	0.9986	0.9962	0.9909
	8	1.0000	1.0000	1.0000	1.0000	1.0000	1.0000	0.9999	0.9997	0.9992
	0	0.5987	0.3487	0.1969	0.1074	0.0563	0.0282	0.0135	0.0060	0.0025
	1	0.9139	0.7361	0.5443	0.3758	0.2440	0.1493	0.0860	0.0464	0.0233
10	2	0.9885	0.9298	0.8202	0.6778	0.5256	0.3828	0.2616	0.1673	0.0996
	3	0.9990	0.9872	0.9500	0.8791	0.7759	0.6496	0.5138	0.3823	0.2660
	4	0.9999	0.9984	0.9901	0.9672	0.9219	0.8497	0.7515	0.6331	0.5044
	5	1.0000	0.9999	0.9986	0.9936	0.9803	0.9527	0.9051	0.8338	0.7384
	6	1.0000	1.0000	0.9999	0.9991	0.9965	0.9894	0.9740	0.9452	0.8980
	7	1.0000	1.0000	1.0000	0.9999	0.9996	0.9984	0.9952	0.9877	0.9726
	8	1.0000	1.0000	1.0000	1.0000	1.0000	0.9999	0.9995	0.9983	0.9955
	9	1.0000	1.0000	1.0000	1.0000	1.0000	1.0000	1.0000	0.9999	0.9997

[표 2] 이항 누적분포함수(계속)

		p									
n	x	0.50	0.55	0.60	0.65	0.70	0.75	0.80	0.85	0.90	0.95
8	0	0.0039	0.0017	0.0007	0.0002	0.0001	0.0000	0.0000	0.0000	0.0000	0.0000
	1	0.0352	0.0181	0.0085	0.0036	0.0013	0.0004	0.0001	0.0000	0.0000	0.0000
	2	0.1445	0.0885	0.0498	0.0253	0.0113	0.0042	0.0012	0.0002	0.0000	0.0000
	3	0.3633	0.2604	0.1737	0.1061	0.0580	0.0273	0.0104	0.0029	0.0004	0.0000
	4	0.6367	0.5230	0.4059	0.2936	0.1941	0.1138	0.0563	0.0214	0.0050	0.0004
	5	0.8555	0.7799	0.6846	0.5722	0.4482	0.3215	0.2031	0.1052	0.0381	0.0058
	6	0.9648	0.9368	0.8936	0.8309	0.7447	0.6329	0.4967	0.3428	0.1869	0.0572
	7	0.9961	0.9916	0.9832	0.9681	0.9424	0.8999	0.8322	0.7275	0.5695	0.3366
9	0	0.0020	0.0008	0.0003	0.0001	0.0000	0.0000	0.0000	0.0000	0.0000	0.0000
	1	0.0195	0.0091	0.0038	0.0014	0.0004	0.0001	0.0000	0.0000	0.0000	0.0000
	2	0.0898	0.0498	0.0250	0.0112	0.0043	0.0013	0.0003	0.0000	0.0000	0.0000
	3	0.2539	0.1658	0.0994	0.0536	0.0253	0.0100	0.0031	0.0006	0.0001	0.0000
	4	0.5000	0.3786	0.2666	0.1717	0.0988	0.0489	0.0196	0.0056	0.0009	0.0000
	5	0.7461	0.6386	0.5174	0.3911	0.2703	0.1657	0.0856	0.0339	0.0083	0.0006
	6	0.9102	0.8505	0.7682	0.6627	0.5372	0.3993	0.2618	0.1409	0.0530	0.0084
	7	0.9805	0.9615	0.9295	0.8789	0.8040	0.6997	0.5638	0.4005	0.2252	0.0712
	8	0.9980	0.9954	0.9899	0.9793	0.9596	0.9249	0.8658	0.7684	0.6126	0.3698
10	0	0.0010	0.0003	0.0001	0.0000	0.0000	0.0000	0.0000	0.0000	0.0000	0.0000
	1	0.0107	0.0045	0.0017	0.0005	0.0001	0.0000	0.0000	0.0000	0.0000	0.0000
	2	0.0547	0.0274	0.0123	0.0048	0.0016	0.0004	0.0001	0.0000	0.0000	0.0000
	3	0.1719	0.1020	0.0548	0.0260	0.0106	0.0035	0.0009	0.0001	0.0000	0.0000
	4	0.3770	0.2616	0.1662	0.0949	0.0473	0.0197	0.0064	0.0014	0.0001	0.0000
	5	0.6230	0.4956	0.3669	0.2485	0.1503	0.0781	0.0328	0.0099	0.0016	0.0001
	6	0.8281	0.7340	0.6177	0.4862	0.3504	0.2241	0.1209	0.0500	0.0128	0.0010
	7	0.9453	0.9004	0.8327	0.7384	0.6172	0.4474	0.3222	0.1798	0.0702	0.0115
	8	0.9893	0.9767	0.9536	0.9140	0.8507	0.7560	0.6242	0.4557	0.2639	0.0861
	9	0.9990	0.9975	0.9940	0.9865	0.9718	0.9437	0.8926	0.8031	0.6513	0.4013

[표 2] 이항 누적분포함수(계속)

		p								
n	x	0.05	0.10	0.15	0.20	0.25	0.30	0.35	0.40	0.45
15	0	0.4633	0.2059	0.0874	0.0352	0.0134	0.0047	0.0016	0.0005	0.0001
	1	0.8290	0.5490	0.3186	0.1671	0.0802	0.0353	0.0142	0.0052	0.0017
	2	0.9638	0.8159	0.6042	0.3980	0.2361	0.1268	0.0617	0.0271	0.0107
	3	0.9945	0.9444	0.8227	0.6482	0.4613	0.2969	0.1727	0.0905	0.0424
	4	0.9994	0.9873	0.9383	0.8358	0.6865	0.5155	0.3519	0.2173	0.1204
	5	0.9999	0.9978	0.9832	0.9389	0.8516	0.7216	0.5643	0.4032	0.2608
	6	1.0000	0.9997	0.9964	0.9819	0.9434	0.8689	0.7548	0.6098	0.4522
	7	1.0000	1.0000	0.9994	0.9958	0.9827	0.9500	0.8868	0.7869	0.6535
	8	1.0000	1.0000	0.9999	0.9992	0.9958	0.9848	0.9578	0.9050	0.8182
	9	1.0000	1.0000	1.0000	0.9999	0.9992	0.9963	0.9876	0.9662	0.9231
	10	1.0000	1.0000	1.0000	1.0000	0.9999	0.9993	0.9972	0.9907	0.9745
	11	1.0000	1.0000	1.0000	1.0000	1.0000	0.9999	0.9995	0.9981	0.9937
	12	1.0000	1.0000	1.0000	1.0000	1.0000	1.0000	0.9999	0.9997	0.9989
	13	1.0000	1.0000	1.0000	1.0000	1.0000	1.0000	1.0000	1.0000	0.9999
	14	1.0000	1.0000	1.0000	1.0000	1.0000	1.0000	1.0000	1.0000	1.0000
20	0	0.3585	0.1216	0.0388	0.0115	0.0032	0.0008	0.0002	0.0000	0.0000
	1	0.7358	0.3917	0.1756	0.0692	0.0243	0.0076	0.0021	0.0005	0.0001
	2	0.9245	0.6769	0.4049	0.2061	0.0913	0.0355	0.0121	0.0036	0.0009
	3	0.9841	0.8670	0.6477	0.4114	0.2252	0.1071	0.0444	0.0160	0.0049
	4	0.9974	0.9568	0.8298	0.6296	0.4148	0.2375	0.1182	0.0510	0.0189
	5	0.9997	0.9887	0.9327	0.8042	0.6172	0.4164	0.2454	0.1256	0.0553
	6	1.0000	0.9976	0.9781	0.9133	0.7858	0.6080	0.4166	0.2500	0.1299
	7	1.0000	0.9996	0.9941	0.9679	0.8982	0.7723	0.6010	0.4159	0.2520
	8	1.0000	0.9999	0.9987	0.9900	0.9591	0.8867	0.7624	0.5956	0.4143
	9	1.0000	1.0000	0.9998	0.9974	0.9861	0.9520	0.8782	0.7553	0.5914
	10	1.0000	1.0000	1.0000	0.9994	0.9961	0.9829	0.9468	0.8725	0.7507
	11	1.0000	1.0000	1.0000	0.9999	0.9991	0.9949	0.9804	0.9435	0.8692
	12	1.0000	1.0000	1.0000	1.0000	0.9998	0.9987	0.9940	0.9790	0.9420
	13	1.0000	1.0000	1.0000	1.0000	1.0000	0.9997	0.9985	0.9935	0.9786
	14	1.0000	1.0000	1.0000	1.0000	1.0000	1.0000	0.9997	0.9984	0.9936
	15	1.0000	1.0000	1.0000	1.0000	1.0000	1.0000	1.0000	0.9997	0.9985
	16	1.0000	1.0000	1.0000	1.0000	1.0000	1.0000	1.0000	1.0000	0.9997
	17	1.0000	1.0000	1.0000	1.0000	1.0000	1.0000	1.0000	1.0000	1.0000
	18	1.0000	1.0000	1.0000	1.0000	1.0000	1.0000	1.0000	1.0000	1.0000
	19	1.0000	1.0000	1.0000	1.0000	1.0000	1.0000	1.0000	1.0000	1.0000
	20	1.0000	1.0000	1.0000	1.0000	1.0000	1.0000	1.0000	1.0000	1.0000

[표 2] 이항 누적분포함수(계속)

		p									
n	*x*	0.50	0.55	0.60	0.65	0.70	0.75	0.80	0.85	0.90	0.95
15	0	0.0000	0.0000	0.0000	0.0000	0.0000	0.0000	0.0000	0.0000	0.0000	0.0000
	1	0.0005	0.0001	0.0000	0.0000	0.0000	0.0000	0.0000	0.0000	0.0000	0.0000
	2	0.0037	0.0011	0.0003	0.0001	0.0000	0.0000	0.0000	0.0000	0.0000	0.0000
	3	0.0176	0.0063	0.0019	0.0005	0.0001	0.0000	0.0000	0.0000	0.0000	0.0000
	4	0.0592	0.0255	0.0093	0.0028	0.0007	0.0001	0.0000	0.0000	0.0000	0.0000
	5	0.1509	0.0769	0.0338	0.0124	0.0037	0.0008	0.0001	0.0000	0.0000	0.0000
	6	0.3036	0.1818	0.0950	0.0422	0.0152	0.0042	0.0008	0.0001	0.0000	0.0000
	7	0.5000	0.3465	0.2131	0.1132	0.0500	0.0173	0.0042	0.0006	0.0000	0.0000
	8	0.6964	0.5478	0.3902	0.2452	0.1311	0.0566	0.0181	0.0036	0.0003	0.0000
	9	0.8491	0.7392	0.5968	0.4357	0.2784	0.1484	0.0611	0.0168	0.0022	0.0001
	10	0.9408	0.8796	0.7827	0.6481	0.4845	0.3135	0.1642	0.0617	0.0127	0.0006
	11	0.9824	0.9576	0.9095	0.8273	0.7031	0.5387	0.3518	0.1773	0.0556	0.0055
	12	0.9963	0.9893	0.9729	0.9383	0.8732	0.7639	0.6020	0.3958	0.1841	0.0362
	13	0.9995	0.9983	0.9948	0.9858	0.9647	0.9198	0.8329	0.6814	0.4510	0.1710
	14	1.0000	0.9999	0.9995	0.9984	0.9953	0.9866	0.9648	0.9126	0.7941	0.5367
20	0	0.0000	0.0000	0.0000	0.0000	0.0000	0.0000	0.0000	0.0000	0.0000	0.0000
	1	0.0000	0.0000	0.0000	0.0000	0.0000	0.0000	0.0000	0.0000	0.0000	0.0000
	2	0.0002	0.0000	0.0000	0.0000	0.0000	0.0000	0.0000	0.0000	0.0000	0.0000
	3	0.0013	0.0003	0.0000	0.0000	0.0000	0.0000	0.0000	0.0000	0.0000	0.0000
	4	0.0059	0.0015	0.0003	0.0000	0.0000	0.0000	0.0000	0.0000	0.0000	0.0000
	5	0.0207	0.0064	0.0016	0.0003	0.0000	0.0000	0.0000	0.0000	0.0000	0.0000
	6	0.0577	0.0214	0.0065	0.0015	0.0003	0.0000	0.0000	0.0000	0.0000	0.0000
	7	0.1316	0.0580	0.0210	0.0060	0.0013	0.0002	0.0000	0.0000	0.0000	0.0000
	8	0.2517	0.1308	0.0565	0.0196	0.0051	0.0009	0.0001	0.0000	0.0000	0.0000
	9	0.4119	0.2493	0.1275	0.0532	0.0171	0.0039	0.0006	0.0000	0.0000	0.0000
	10	0.5881	0.4086	0.2447	0.1218	0.0480	0.0139	0.0026	0.0002	0.0000	0.0000
	11	0.7483	0.5857	0.4044	0.2376	0.1133	0.0409	0.0100	0.0013	0.0001	0.0000
	12	0.8684	0.7480	0.5841	0.3990	0.2277	0.1018	0.0321	0.0059	0.0004	0.0000
	13	0.9423	0.8701	0.7500	0.5834	0.3920	0.2142	0.0867	0.0219	0.0024	0.0000
	14	0.9793	0.9447	0.8744	0.7546	0.5836	0.3828	0.1958	0.0673	0.0113	0.0003
	15	0.9941	0.9811	0.9490	0.8818	0.7625	0.5852	0.3704	0.1702	0.0432	0.0026
	16	0.9987	0.9951	0.9840	0.9556	0.8929	0.7748	0.5886	0.3523	0.1330	0.0159
	17	0.9998	0.9991	0.9964	0.9879	0.9645	0.9087	0.7939	0.5951	0.3231	0.0755
	18	1.0000	0.9999	0.9995	0.9979	0.9924	0.9757	0.9308	0.8244	0.6083	0.2642
	19	1.0000	1.0000	1.0000	0.9998	0.9992	0.9968	0.9885	0.9612	0.8784	0.6415
	20	1.0000	1.0000	1.0000	1.0000	1.0000	1.0000	1.0000	1.0000	1.0000	1.0000

[표 3] 푸아송 누적분포함수 $F(x\,;\mu)=\sum_{k=0}^{x}\frac{e^{-\mu}\mu^{k}}{k!}$

x	μ									
	0.1	0.2	0.3	0.4	0.5	0.6	0.7	0.8	0.9	1.0
0	0.9048	0.8187	0.7408	0.6730	0.6065	0.5488	0.4966	0.4493	0.4066	0.3679
1	0.9953	0.9825	0.9631	0.9384	0.9098	0.8781	0.8442	0.8088	0.7725	0.7358
2	0.9998	0.9989	0.9964	0.9921	0.9856	0.9769	0.9659	0.9526	0.9371	0.9197
3	1.0000	0.9999	0.9997	0.9992	0.9982	0.9966	0.9942	0.9909	0.9865	0.9810
4		1.0000	1.0000	0.9999	0.9998	0.9996	0.9992	0.9986	0.9977	0.9963
5				1.0000	1.0000	1.0000	0.9999	0.9998	0.0997	0.9994
6							1.0000	1.0000	1.0000	0.9999

x	μ									
	2.0	3.0	4.0	5.0	6.0	7.0	8.0	9.0	10.0	15.0
0	0.1353	0.0498	0.0183	0.0067	0.0025	0.0009	0.0003	0.0001	0.0000	
1	0.4060	0.1991	0.0916	0.0404	0.0174	0.0073	0.0030	0.0012	0.0005	
2	0.6767	0.4232	0.2381	0.1247	0.0620	0.0296	0.0138	0.0062	0.0028	0.0000
3	0.8571	0.6472	0.4335	0.2650	0.1512	0.0818	0.0424	0.0212	0.0103	0.0002
4	0.9473	0.8153	0.6288	0.4405	0.2851	0.1730	0.0996	0.0550	0.0293	0.0009
5	0.9834	0.9161	0.7851	0.6160	0.4457	0.3007	0.1912	0.1157	0.0671	0.0028
6	0.9955	0.9665	0.8893	0.7622	0.6063	0.4497	0.3134	0.2068	0.1301	0.0076
7	0.9989	0.9881	0.9489	0.8666	0.7440	0.5987	0.4530	0.3239	0.2202	0.0180
8	0.9998	0.9962	0.9786	0.9319	0.8472	0.7291	0.5925	0.4557	0.3328	0.0374
9	1.0000	0.9989	0.9919	0.9682	0.9161	0.8305	0.7166	0.5874	0.4579	0.0699
10		0.9997	0.9972	0.9863	0.9574	0.9015	0.8159	0.7060	0.5830	0.1185
11		0.9999	0.9991	0.9945	0.9799	0.9466	0.8881	0.8030	0.6968	0.1848
12		1.0000	0.9997	0.9980	0.9912	0.9730	0.9362	0.8758	0.7916	0.2676
13			0.9999	0.9993	0.9964	0.9872	0.9658	0.9261	0.8645	0.3632
14			1.0000	0.9998	0.9986	0.9943	0.9827	0.9585	0.9165	0.4657
15				0.9999	0.9995	0.9976	0.9918	0.9780	0.9513	0.5681
16				1.0000	0.9998	0.9990	0.9963	0.9889	0.9730	0.6641
17					0.9999	0.9996	0.9984	0.9947	0.9857	0.7489
18					1.0000	0.9999	0.9994	0.9976	0.9928	0.8195
19						1.0000	0.9997	0.9989	0.9965	0.8752
20							0.9999	0.9996	0.9984	0.9170
21							1.0000	0.9998	0.9993	0.9469
22								0.9999	0.9997	0.9673
23								1.0000	0.9999	0.9805
24									1.0000	0.9888
25										0.9938
26										0.9967
27										0.9983
28										0.9991
29										0.9996
30										0.9998
31										0.9999
32										1.0000

[표 4] 정규분포표

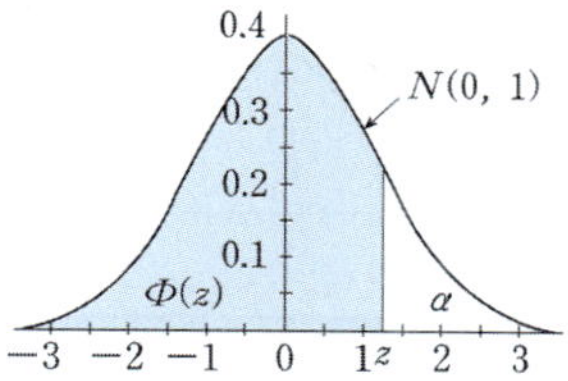

$$P(X \le z) = \Phi(z) = \int_{-\infty}^{z} \frac{1}{\sqrt{2\pi}} e^{-w^2/2} dw$$

$$|\Phi(-z) = 1 - \Phi(z)|$$

z	0.00	0.01	0.02	0.03	0.04	0.05	0.06	0.07	0.08	0.09
0.0	0.5000	0.5040	0.5080	0.5120	0.5160	0.5199	0.5239	0.5279	0.5319	0.5359
0.1	0.5398	0.5438	0.5478	0.5517	0.5557	0.5596	0.5636	0.5675	0.5714	0.5753
0.2	0.5793	0.5832	0.5871	0.5910	0.5948	0.5987	0.6026	0.6064	0.6103	0.6141
0.3	0.6179	0.6217	0.6255	0.6293	0.6331	0.6368	0.6406	0.6443	0.6480	0.6517
0.4	0.6554	0.6591	0.6628	0.6664	0.6700	0.6736	0.6772	0.6808	0.6844	0.6879
0.5	0.6915	0.6950	0.6985	0.7019	0.7054	0.7088	0.7123	0.7157	0.7190	0.7224
0.6	0.7257	0.7291	0.7324	0.7357	0.7389	0.7422	0.7454	0.7486	0.7517	0.7549
0.7	0.7580	0.7611	0.7642	0.7673	0.7703	0.7734	0.7764	0.7794	0.7823	0.7852
0.8	0.7881	0.7910	0.7939	0.7967	0.7995	0.8023	0.8051	0.8078	0.8106	0.8133
0.9	0.8159	0.8186	0.8212	0.8238	0.8264	0.8289	0.8315	0.8340	0.8365	0.8389
1.0	0.8413	0.8438	0.8461	0.8485	0.8508	0.8531	0.8554	0.8577	0.8599	0.8621
1.1	0.8643	0.8665	0.8686	0.8708	0.8729	0.8749	0.8770	0.8790	0.8810	0.8830
1.2	0.8849	0.8869	0.8888	0.8907	0.8925	0.8944	0.8962	0.8980	0.8997	0.9015
1.3	0.9032	0.9049	0.9066	0.9082	0.9099	0.9115	0.9131	0.9147	0.9162	0.9177
1.4	0.9192	0.9207	0.9222	0.9236	0.9251	0.9265	0.9279	0.9292	0.9306	0.9319
1.5	0.9332	0.9345	0.9357	0.9370	0.9382	0.9394	0.9406	0.9418	0.9429	0.9441
1.6	0.9452	0.9463	0.9474	0.9484	0.9495	0.9505	0.9515	0.9525	0.9535	0.9545
1.7	0.9554	0.9564	0.9573	0.9582	0.9591	0.9599	0.9608	0.9616	0.9625	0.9633
1.8	0.9641	0.9649	0.9656	0.9664	0.9671	0.9678	0.9686	0.9693	0.9699	0.9706
1.9	0.9713	0.9719	0.9726	0.9732	0.9738	0.9744	0.9750	0.9756	0.9761	0.9767
2.0	0.9772	0.9778	0.9783	0.9788	0.9793	0.9798	0.9803	0.9808	0.9812	0.9817
2.1	0.9821	0.9826	0.9830	0.9834	0.9838	0.9842	0.9846	0.9850	0.9854	0.9857
2.2	0.9861	0.9864	0.9868	0.9871	0.9875	0.9878	0.9881	0.9884	0.9887	0.9890
2.3	0.9893	0.9896	0.9898	0.9901	0.9904	0.9906	0.9909	0.9911	0.9913	0.9916
2.4	0.9918	0.9920	0.9922	0.9925	0.9927	0.9929	0.9931	0.9932	0.9934	0.9936
2.5	0.9938	0.9940	0.9941	0.9943	0.9945	0.9946	0.9948	0.9949	0.9951	0.9952
2.6	0.9953	0.9955	0.9956	0.9957	0.9959	0.9960	0.9961	0.9962	0.9963	0.9964
2.7	0.9965	0.9966	0.9967	0.9968	0.9969	0.9970	0.9971	0.9972	0.9973	0.9974
2.8	0.9974	0.9975	0.9976	0.9977	0.9977	0.9978	0.9979	0.9979	0.9980	0.9981
2.9	0.9981	0.9982	0.9982	0.9983	0.9984	0.9984	0.9985	0.9985	0.9986	0.9986
3.0	0.9987	0.9987	0.9987	0.9988	0.9988	0.9989	0.9989	0.9989	0.9990	0.9990
α	0.400	0.300	0.200	0.100	0.050	0.025	0.010	0.005	0.001	
z_α	0.253	0.524	0.842	1.282	1.645	1.960	2.326	2.576	3.090	
$z_{\alpha/2}$	0.842	1.036	1.282	1.645	1.960	2.240	2.576	2.807	3.291	

[표 5] 카이제곱분포–오른쪽 꼬리 확률

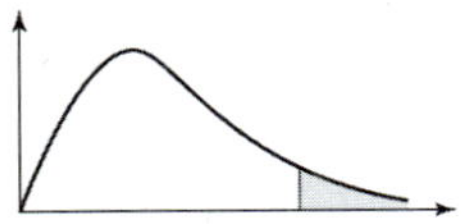

$P(X \geq x)$

자유도	0.9995	0.999	0.9975	0.995	0.990	0.975	0.950	0.900	0.750	0.500
1	0.00	0.00	0.00	0.00	0.00	0.00	0.00	0.02	0.10	0.45
2	0.00	0.00	0.01	0.01	0.02	0.05	0.10	0.21	0.58	1.39
3	0.02	0.02	0.04	0.07	0.11	0.22	0.35	0.58	1.21	2.37
4	0.06	0.09	0.14	0.21	0.30	0.48	0.71	1.06	1.92	3.36
5	0.16	0.21	0.31	0.41	0.55	0.83	1.15	1.61	2.67	4.35
6	0.30	0.38	0.53	0.68	0.87	1.24	1.64	2.20	3.45	5.35
7	0.48	0.60	0.79	0.99	1.24	1.69	2.17	2.83	4.25	6.35
8	0.71	0.86	1.10	1.34	1.65	2.18	2.73	3.49	5.07	7.34
9	0.97	1.15	1.45	1.73	2.09	2.70	3.33	4.17	5.90	8.34
10	1.26	1.48	1.83	2.16	2.56	3.25	3.94	4.87	6.74	9.34
11	1.59	1.83	2.23	2.60	3.05	3.82	4.57	5.58	7.58	10.34
12	1.93	2.21	2.66	3.07	3.57	4.40	5.23	6.30	8.44	11.34
13	2.31	2.62	3.11	3.57	4.11	5.01	5.89	7.04	9.30	12.34
14	2.70	3.04	3.58	4.07	4.66	5.63	6.57	7.79	10.17	13.34
15	3.11	3.48	4.07	4.60	5.23	6.26	7.26	8.55	11.04	14.34
16	3.54	3.94	4.57	5.14	5.81	6.91	7.96	9.31	11.91	15.34
17	3.98	4.42	5.09	5.70	6.41	7.56	8.67	10.09	12.79	16.34
18	4.44	4.90	5.62	6.26	7.01	8.23	9.39	10.86	13.68	17.34
19	4.91	5.41	6.17	6.84	7.63	8.91	10.12	11.65	14.56	18.34
20	5.40	5.92	6.72	7.43	8.26	9.59	10.85	12.44	15.45	19.34
21	5.90	6.45	7.29	8.03	8.90	10.28	11.59	13.24	16.34	20.34
22	6.40	6.98	7.86	8.64	9.54	10.98	12.34	14.04	17.24	21.34
23	6.92	7.53	8.45	9.26	10.20	11.69	13.09	14.85	18.14	22.34
24	7.45	8.08	9.04	9.89	10.86	12.40	13.85	15.66	19.04	23.34
25	7.99	8.65	9.65	10.52	11.52	13.12	14.61	16.47	19.94	24.34
26	8.54	9.22	10.26	11.16	12.20	13.84	15.38	17.29	20.84	25.34
27	9.09	9.80	10.87	11.81	12.88	14.57	16.15	18.11	21.75	26.34
28	9.66	10.39	11.50	12.46	13.56	15.31	16.93	18.94	22.66	27.34
29	10.23	10.99	12.13	13.12	14.26	16.05	17.71	19.77	23.57	28.34
30	10.80	11.59	12.76	13.79	14.95	16.79	18.49	20.60	24.48	29.34
40	16.91	17.92	19.42	20.71	22.16	24.43	26.51	29.05	33.66	39.34
50	23.46	24.67	26.46	27.99	29.71	32.36	34.76	37.69	42.94	49.33
60	30.34	31.74	33.79	35.53	37.48	40.48	43.19	46.46	52.29	59.33
80	44.79	46.52	49.04	51.17	53.54	57.15	60.39	64.28	71.14	79.33
100	59.90	61.92	64.86	67.33	70.06	74.22	77.93	82.36	90.13	99.33

[표 5] 카이제곱분포-오른쪽 꼬리 확률(계속)

df	0.250	0.200	0.150	0.100	0.050	0.025	0.020	0.010	0.005	0.0025	0.001	0.0005
1	1.32	1.64	2.07	2.71	3.84	5.02	5.41	6.63	7.88	9.14	10.83	12.12
2	2.77	3.22	3.79	4.61	5.99	7.38	7.82	9.21	10.60	11.98	13.82	15.20
3	4.11	4.64	5.32	6.25	7.81	9.35	9.84	11.34	12.84	14.32	16.27	17.73
4	5.39	5.99	6.74	7.78	9.49	11.14	11.67	13.28	14.86	16.42	18.47	20.00
5	6.63	7.29	8.12	9.24	11.07	12.83	13.39	15.09	16.75	18.39	20.51	22.11
6	7.84	8.56	9.45	10.64	12.59	14.45	15.03	16.81	18.55	20.25	22.46	24.10
7	9.04	9.80	10.75	12.02	14.07	16.01	16.62	18.48	20.28	22.04	24.32	26.02
8	10.22	11.03	12.03	13.36	15.51	17.53	18.17	20.09	21.95	23.77	26.12	27.87
9	11.39	12.24	13.29	14.68	16.92	19.02	19.68	21.67	23.59	25.46	27.88	29.67
10	12.55	13.44	14.53	15.99	18.31	20.48	21.16	23.21	25.19	27.11	29.59	31.42
11	13.70	14.63	15.77	17.28	19.68	21.92	22.62	24.72	26.76	28.73	31.26	33.14
12	14.85	15.81	16.99	18.55	21.03	23.34	24.05	26.22	28.30	30.32	32.91	34.82
13	15.98	16.98	18.20	19.81	22.36	24.74	25.47	27.69	29.82	31.88	34.53	36.48
14	17.12	18.15	19.41	2.106	23.68	26.12	26.87	29.14	31.32	33.43	36.12	38.11
15	18.25	19.31	20.60	22.31	25.00	27.49	28.26	30.58	32.80	34.95	37.70	39.72
16	19.37	20.47	21.79	23.54	26.30	28.85	29.63	32.00	34.27	36.46	39.25	41.31
17	20.49	21.61	22.98	24.77	27.59	30.19	31.00	33.41	35.72	37.95	40.79	42.88
18	21.60	22.76	24.16	25.99	28.87	31.53	32.35	34.81	37.16	39.42	42.31	44.43
19	22.72	23.90	25.33	27.20	30.14	32.85	33.69	36.19	38.58	40.88	43.82	45.97
20	23.83	25.04	26.50	28.41	31.41	34.17	35.02	37.57	40.00	42.34	45.31	47.50
21	24.93	26.17	27.66	29.62	32.67	35.48	36.34	38.93	41.40	43.78	46.80	49.01
22	26.04	27.30	28.82	30.81	33.92	36.78	37.66	40.29	42.80	45.20	48.27	50.51
23	27.14	28.43	29.98	32.01	35.17	38.08	38.97	41.64	44.18	46.62	49.73	52.00
24	28.24	29.55	31.13	33.20	36.42	39.36	40.27	42.98	45.56	48.03	51.18	53.48
25	29.34	30.68	32.28	34.38	37.65	40.65	41.57	44.31	46.93	49.44	52.62	54.95
26	30.43	31.79	33.43	35.56	38.89	41.92	42.86	45.64	48.29	50.83	54.05	56.41
27	31.53	32.91	34.57	36.74	40.11	43.19	44.14	46.96	49.64	52.22	55.48	57.86
28	32.62	34.03	35.71	37.92	41.34	44.46	45.42	48.28	50.99	53.59	56.89	59.30
29	33.71	35.14	36.85	39.09	42.56	45.72	46.69	49.59	52.34	54.97	58.30	60.73
30	34.80	36.25	37.99	40.26	43.77	46.98	47.96	50.89	53.67	56.33	59.70	62.16
40	45.62	47.27	49.24	51.81	55.76	59.34	60.44	63.69	66.77	69.70	73.40	76.09
50	56.33	58.16	60.35	63.17	67.50	71.42	72.61	76.15	79.49	82.66	86.66	89.56
60	66.98	68.97	71.34	74.40	79.08	83.30	84.58	88.38	91.95	95.34	99.61	102.7
80	88.13	90.41	93.11	96.58	101.9	106.6	108.1	112.3	116.3	120.1	124.8	128.3
100	109.1	111.7	114.7	118.5	124.3	129.6	131.1	135.8	140.2	144.3	149.4	153.2

[표 7] 스튜던트 t 분포-오른쪽 꼬리 확률

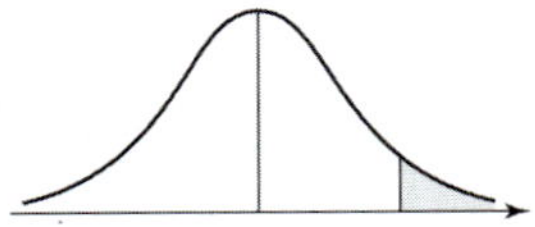

$P(T(n) \geq t)$

자유도	0.25	0.20	0.15	0.10	0.05	0.025	0.02	0.01	0.005	0.0025	0.001	0.0005
1	1.000	1.376	1.963	3.078	6.314	12.71	15.89	31.82	63.66	127.3	318.3	636.6
2	0.816	1.061	1.386	1.886	2.920	4.303	4.849	6.965	9.925	14.09	22.33	31.60
3	0.765	0.978	1.250	1.638	2.353	3.182	3.482	4.541	5.841	7.453	10.21	12.92
4	0.741	0.941	1.190	1.533	2.132	2.776	2.999	3.747	4.604	5.598	7.173	8.610
5	0.727	0.920	1.156	1.476	2.015	2.571	2.757	3.365	4.032	4.773	5.893	6.869
6	0.718	0.906	1.134	1.440	1.943	2.447	2.612	3.143	3.707	4.317	5.208	5.959
7	0.711	0.896	1.119	1.415	1.895	2.365	2.517	2.998	3.499	4.029	4.785	5.408
8	0.706	0.889	1.108	1.397	1.860	2.306	2.449	2.896	3.355	3.833	4.501	5.041
9	0.703	0.883	1.100	1.383	1.833	2.262	2.398	2.821	3.250	3.690	4.297	4.781
10	0.700	0.879	1.093	1.372	1.812	2.228	2.359	2.764	3.169	3.581	4.144	4.587
11	0.697	0.876	1.088	1.363	1.796	2.201	2.328	2.718	3.106	3.497	4.025	4.437
12	0.695	0.873	1.083	1.356	1.782	2.179	2.303	2.681	3.055	3.428	3.930	4.318
13	0.694	0.870	1.079	1.350	1.771	2.160	2.282	2.650	3.012	3.372	3.852	4.221
14	0.692	0.868	1.076	1.345	1.761	2.145	2.264	2.624	2.977	3.326	3.787	4.140
15	0.691	0.866	1.074	1.341	1.753	2.131	2.249	2.602	2.947	3.286	3.733	4.073
16	0.690	0.865	1.071	1.337	1.746	2.120	2.235	2.583	2.921	3.252	3.686	4.015
17	0.689	0.863	1.069	1.333	1.740	2.110	2.224	2.567	2.898	3.222	3.646	3.965
18	0.688	0.862	1.067	1.330	1.734	2.101	2.214	2.552	2.878	3.197	3.611	3.922
19	0.688	0.861	1.066	1.328	1.729	2.093	2.205	2.539	2.861	3.174	3.579	3.883
20	0.687	0.860	1.064	1.325	1.725	2.086	2.197	2.528	2.845	3.153	3.552	3.850
21	0.686	0.859	1.063	1.323	1.721	2.080	2.189	2.518	2.831	3.135	3.527	3.819
22	0.686	0.858	1.061	1.321	1.717	2.074	2.183	2.508	2.819	3.119	3.505	3.792
23	0.685	0.858	1.060	1.319	1.714	2.069	2.177	2.500	2.807	3.104	3.485	3.768
24	0.685	0.857	1.059	1.318	1.711	2.064	2.172	2.492	2.797	3.091	3.467	3.745
25	0.684	0.856	1.058	1.316	1.708	2.060	2.167	2.485	2.787	3.078	3.450	3.725
26	0.684	0.856	1.058	1.315	1.706	2.056	2.162	2.479	2.779	3.067	3.435	3.707
27	0.684	0.855	1.057	1.314	1.703	2.052	2.158	2.473	2.771	3.057	3.421	3.690
28	0.683	0.855	1.056	1.313	1.701	2.048	2.154	2.467	2.763	3.047	3.408	3.674
29	0.683	0.854	1.055	1.311	1.699	2.045	2.150	2.462	2.756	3.038	3.396	3.659
30	0.683	0.854	1.055	1.310	1.697	2.042	2.147	2.457	2.750	3.030	3.385	3.646
40	0.681	0.851	1.050	1.303	1.684	2.021	2.123	2.423	2.704	2.971	3.307	3.551
50	0.679	0.849	1.047	1.299	1.676	2.009	2.109	2.403	2.678	2.937	3.261	3.496
60	0.679	0.848	1.045	1.296	1.671	2.000	2.099	2.390	2.660	2.915	3.232	3.460
80	0.678	0.846	1.043	1.292	1.664	1.990	2.088	2.374	2.639	2.887	3.195	3.416
100	0.677	0.845	1.042	1.290	1.660	1.984	2.081	2.364	2.626	2.871	3.174	3.390
1,000	0.675	0.842	1.037	1.282	1.646	1.962	2.056	2.330	2.581	2.813	3.098	3.300
∞	0.674	0.841	1.036	1.282	1.645	1.960	2.054	2.326	2.576	2.807	3.091	3.291

[표 7] F 분포–오른쪽 꼬리 확률

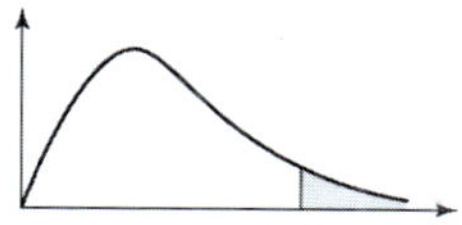

$P(F(m,\ n) \geq$

분모의 자유도 (m)	p	분자의 자유도(n) 1	2	3	4	5	6	7	8	9	10
	0.100	39.86	49.50	53.59	55.83	57.24	58.20	58.91	59.44	59.86	60.19
	0.050	161.45	199.50	215.71	224.58	230.10	233.99	236.77	238.88	240.54	241.88
1	0.025	647.79	799.50	864.16	899.58	921.85	937.11	948.22	956.66	963.28	968.63
	0.010	4052.2	4999.5	5403.4	5624.6	5763.6	5859.0	5928.4	5981.1	6022.5	6055.8
	0.001	405284	500000	540379	562500	576405	585937	592873	598144	602284	605621
	0.100	8.53	9.00	9.16	9.24	9.29	9.33	9.35	9.37	9.38	9.39
	0.050	18.51	19.00	19.16	19.25	19.30	19.33	19.35	19.37	19.38	19.40
2	0.025	38.51	39.00	39.17	39.25	39.30	39.33	39.36	39.37	39.39	39.40
	0.010	98.50	99.00	99.17	99.25	99.30	99.33	99.36	99.37	99.39	99.40
	0.001	998.50	999.00	999.17	999.25	999.30	999.33	999.36	999.37	999.39	999.40
	0.100	5.54	5.46	5.39	5.34	5.31	5.28	5.27	5.25	5.24	5.23
	0.050	10.13	9.55	9.28	9.12	9.01	8.94	8.89	8.85	8.81	8.79
3	0.025	17.44	16.04	15.44	15.10	14.88	14.73	14.62	14.54	14.47	14.42
	0.010	34.12	30.82	29.46	28.71	28.24	27.91	27.67	27.49	27.35	27.23
	0.001	167.03	148.50	141.11	137.10	134.58	132.85	131.58	130.62	129.86	129.25
	0.100	4.54	4.32	4.19	4.11	4.05	4.01	3.98	3.95	3.94	3.92
	0.050	7.71	6.94	6.59	6.39	6.26	6.16	6.09	6.04	6.00	5.96
4	0.025	12.22	10.65	9.98	9.60	9.36	9.20	9.07	8.98	8.90	8.84
	0.010	21.20	18.00	16.69	15.98	15.52	15.21	14.98	14.80	14.66	14.55
	0.001	74.14	61.25	56.18	53.44	51.71	50.53	49.66	49.00	48.47	48.05
	0.100	4.06	3.78	3.62	3.52	3.45	3.40	3.37	3.34	3.32	3.30
	0.050	6.61	5.79	5.41	5.19	5.05	4.95	4.88	4.82	4.77	4.74
5	0.025	10.01	8.43	7.76	7.39	7.15	6.98	6.85	6.76	6.68	6.62
	0.010	16.26	13.27	12.06	11.39	10.97	10.67	10.46	10.29	10.16	10.05
	0.001	47.18	37.12	33.20	31.09	29.75	28.83	28.16	27.65	27.24	26.92
	0.100	3.78	3.46	3.29	3.18	3.11	3.05	3.01	2.98	2.96	2.94
	0.050	5.99	5.14	4.76	4.53	4.39	4.28	4.21	4.15	4.10	4.06
6	0.025	8.81	7.26	6.60	6.23	5.99	5.82	5.70	5.60	5.52	5.46
	0.010	13.75	10.92	9.78	9.15	8.75	8.47	8.26	8.10	7.98	7.87
	0.001	35.51	27.00	23.70	21.92	20.80	20.03	19.46	19.03	18.69	18.41

[표 7] F 분포–오른쪽 꼬리 확률(계속)

분모의 자유도 (m)	p	분자의 자유도(n) 12	15	20	25	30	40	50	60	120	1,000
1	0.100	60.71	61.22	61.74	62.05	62.26	62.53	62.69	62.79	63.06	63.30
	0.050	243.91	245.95	248.01	249.26	250.10	251.14	251.77	252.20	253.25	254.11
	0.025	976.71	984.87	993.10	998.08	1001.4	1005.6	1008.1	1009.8	1014.0	1017.7
	0.010	6106.3	6157.3	6208.7	6239.8	6260.6	6286.8	6302.5	6313.0	6339.4	6362.7
	0.001	610668	615764	620908	624017	626099	628712	630285	631337	633972	636301
2	0.100	9.41	9.42	9.44	9.45	9.46	9.47	9.47	9.47	9.48	9.49
	0.050	19.41	19.43	19.45	19.46	19.46	19.47	19.48	19.48	19.49	19.49
	0.025	39.41	39.43	39.45	39.46	39.46	39.47	39.48	39.48	39.49	39.50
	0.010	99.42	99.43	99.45	99.46	99.47	99.47	99.48	99.48	99.49	99.50
	0.001	999.42	999.43	999.45	999.46	999.47	999.47	999.48	999.48	999.49	999.50
3	0.100	5.22	5.20	5.18	5.17	5.17	5.16	5.15	5.15	5.14	5.13
	0.050	8.74	8.70	8.66	8.63	8.62	8.59	8.58	8.57	8.55	8.53
	0.025	14.34	14.25	14.17	14.12	14.08	14.04	14.01	13.99	13.95	13.91
	0.010	27.05	26.87	26.69	26.58	26.50	26.41	26.35	26.32	26.22	26.14
	0.001	128.32	127.37	126.42	125.84	125.45	124.96	124.66	124.47	123.97	123.53
4	0.100	3.90	3.87	3.84	3.83	3.82	3.80	3.80	3.79	3.78	3.76
	0.050	5.91	5.86	5.80	5.77	5.75	5.72	5.70	5.69	5.66	5.63
	0.025	8.75	8.66	8.56	8.50	8.46	8.41	8.38	8.36	8.31	8.26
	0.010	14.37	14.20	14.02	13.91	13.84	13.75	13.69	13.65	13.56	13.47
	0.001	47.41	46.76	46.10	45.70	45.43	45.09	44.88	44.75	44.40	44.09
5	0.100	3.27	3.24	3.21	3.19	3.17	3.16	3.15	3.14	3.12	3.11
	0.050	4.68	4.62	4.56	4.52	4.50	4.46	4.44	4.43	4.40	4.37
	0.025	6.52	6.43	6.33	6.27	6.23	6.18	6.14	6.12	6.07	6.02
	0.010	9.89	9.72	9.55	9.45	9.38	9.29	9.24	9.20	9.11	9.03
	0.001	26.42	25.91	25.39	25.08	24.87	24.60	24.44	24.33	24.06	23.82
6	0.100	2.90	2.87	2.84	2.81	2.80	2.78	2.77	2.76	2.74	2.72
	0.050	4.00	3.94	3.87	3.83	3.81	3.77	3.75	3.74	3.70	3.67
	0.025	5.37	5.27	5.17	5.11	5.07	5.01	4.98	4.96	4.90	4.86
	0.010	7.72	7.56	7.40	7.30	7.23	7.14	7.09	7.06	6.97	6.89
	0.001	17.99	17.56	17.12	16.85	16.67	16.44	16.31	16.21	15.98	15.77

[표 7] F분포-오른쪽 꼬리 확률(계속)

분모의 자유도 (m)	p	1	2	3	4	5	6	7	8	9	10
		분자의 자유도(n)									
	0.100	3.59	3.26	3.07	2.96	2.88	2.83	2.78	2.75	2.72	2.70
	0.050	5.59	4.74	4.35	4.12	3.97	3.87	3.79	3.73	3.68	3.64
7	0.025	8.07	6.54	5.89	5.52	5.29	5.12	4.99	4.90	4.82	4.76
	0.010	12.25	9.55	8.45	7.85	7.46	7.19	6.99	6.84	6.72	6.62
	0.001	29.25	21.69	18.77	17.20	16.21	15.52	15.02	14.63	14.33	14.08
	0.100	3.46	3.11	2.92	2.81	2.73	2.67	2.62	2.59	2.56	2.54
	0.050	5.32	4.46	4.07	3.84	3.69	3.58	3.50	3.44	3.39	3.35
8	0.025	7.57	6.06	5.42	5.05	4.82	4.65	4.53	4.43	4.36	4.30
	0.010	11.26	8.65	7.59	7.01	6.63	6.37	6.18	6.03	5.91	5.81
	0.001	25.41	18.49	15.83	14.39	13.48	12.86	12.40	12.05	11.77	11.54
	0.100	3.36	3.01	2.81	2.69	2.61	2.55	2.51	2.47	2.44	2.42
	0.050	5.12	4.26	3.86	3.63	3.48	3.37	3.29	3.23	3.18	3.14
9	0.025	7.21	5.71	5.08	4.72	4.48	4.32	4.20	4.10	4.03	3.96
	0.010	10.56	8.02	6.99	6.42	6.06	5.80	5.61	5.47	5.35	5.26
	0.001	22.86	16.39	13.90	12.56	11.71	11.13	10.70	10.37	10.11	9.89
	0.100	3.29	2.92	2.73	2.61	2.52	2.46	2.41	2.38	2.35	2.32
	0.050	4.96	4.10	3.71	3.48	3.33	3.22	3.14	3.07	3.02	2.98
10	0.025	6.94	5.46	4.83	4.47	4.24	4.07	3.95	3.85	3.78	3.72
	0.010	10.04	7.56	6.55	5.99	5.64	5.39	5.20	5.06	4.94	4.85
	0.001	21.04	14.91	12.55	11.28	10.48	9.93	9.52	9.20	8.96	8.75
	0.100	3.23	2.86	2.66	2.54	2.45	2.39	2.34	2.30	2.27	2.25
	0.050	4.84	3.98	3.59	3.36	3.20	3.09	3.01	2.95	2.90	2.85
11	0.025	6.72	5.26	4.63	4.28	4.04	3.88	3.76	3.66	3.59	3.53
	0.010	9.65	7.21	6.22	5.67	5.32	5.07	4.89	4.74	4.63	4.54
	0.001	19.69	13.81	11.56	10.35	9.58	9.05	8.66	8.35	8.12	7.92
	0.100	3.18	2.81	2.61	2.48	2.39	2.33	2.28	2.24	2.21	2.19
	0.050	4.75	3.89	3.49	3.26	3.11	3.00	2.91	2.85	2.80	2.75
12	0.025	6.55	5.10	4.47	4.12	3.89	3.73	3.61	3.51	3.44	3.37
	0.010	9.33	6.93	5.95	5.41	5.06	4.82	4.64	4.50	4.39	4.30
	0.001	18.64	12.97	10.80	9.63	8.89	8.38	8.00	7.71	7.48	7.29
	0.100	3.14	2.76	2.56	2.43	2.35	2.28	2.23	2.20	2.16	2.14
	0.050	4.67	3.81	3.41	3.18	3.03	2.92	2.83	2.77	2.71	2.67
13	0.025	6.41	4.97	4.35	4.00	3.77	3.60	3.48	3.39	3.31	3.25
	0.010	9.07	6.70	5.74	5.21	4.86	4.62	4.44	4.30	4.19	4.10
	0.001	17.82	12.31	10.21	9.07	8.35	7.86	7.49	7.21	6.98	6.80

[표 7] F 분포-오른쪽 꼬리 확률(계속)

분모의 자유도 (m)	p	12	15	20	25	30	40	50	60	120	1,000
		분자의 자유도(n)									
7	0.100	2.67	2.63	2.59	2.57	2.56	2.54	2.52	2.51	2.49	2.47
	0.050	3.57	3.51	3.44	3.40	3.38	3.34	3.32	3.30	3.27	3.23
	0.025	4.67	4.57	4.47	4.40	4.36	4.31	4.28	4.25	4.20	4.15
	0.010	6.47	6.31	6.16	6.06	5.99	5.91	5.86	5.82	5.74	5.66
	0.001	13.71	13.32	12.93	12.69	12.53	12.33	12.20	12.12	11.91	11.72
8	0.100	2.50	2.46	2.42	2.40	2.38	2.36	2.35	2.34	2.32	2.30
	0.050	3.28	3.22	3.15	3.11	3.08	3.04	3.02	3.01	2.97	2.93
	0.025	4.20	4.10	4.00	3.94	3.89	3.84	3.81	3.78	3.73	3.68
	0.010	5.67	5.52	5.36	5.26	5.20	5.12	5.07	5.03	4.95	4.87
	0.001	11.19	10.84	10.48	10.26	10.11	9.92	9.80	9.73	9.53	9.36
9	0.100	2.38	2.34	2.30	2.27	2.25	2.23	2.22	2.21	2.18	2.16
	0.050	3.07	3.01	2.94	2.89	2.86	2.83	2.80	2.79	2.75	2.71
	0.025	3.87	3.77	3.67	3.60	3.56	3.51	3.47	3.45	3.39	3.34
	0.010	5.11	4.96	4.81	4.71	4.65	4.57	4.52	4.48	4.40	4.32
	0.001	9.57	9.24	8.90	8.69	8.55	8.37	8.26	8.19	8.00	7.84
10	0.100	2.28	2.24	2.20	2.17	2.16	2.13	2.12	2.11	2.08	2.06
	0.050	2.91	2.85	2.77	2.73	2.70	2.66	2.64	2.62	2.58	2.54
	0.025	3.62	3.52	3.42	3.35	3.31	3.26	3.22	3.20	3.14	3.09
	0.010	4.71	4.56	4.41	4.31	4.25	4.17	4.12	4.08	4.00	3.92
	0.001	8.45	8.13	7.80	7.60	7.47	7.30	7.19	7.12	6.94	6.78
11	0.100	2.21	2.17	2.12	2.10	2.08	2.05	2.04	2.03	2.00	1.98
	0.050	2.79	2.72	2.65	2.60	2.57	2.53	2.51	2.49	2.45	2.41
	0.025	3.43	3.33	3.23	3.16	3.12	3.06	3.03	3.00	2.94	2.89
	0.010	4.40	4.25	4.10	4.01	3.94	3.86	3.81	3.78	3.69	3.61
	0.001	7.63	7.32	7.01	6.81	6.68	6.52	6.42	6.35	6.18	6.02
12	0.100	2.15	2.10	2.06	2.03	2.01	1.99	1.97	1.96	1.93	1.91
	0.050	2.69	2.62	2.54	2.50	2.47	2.43	2.40	2.38	2.34	2.30
	0.025	3.28	3.18	3.07	3.01	2.96	2.91	2.87	2.85	2.79	2.73
	0.010	4.16	4.01	3.86	3.76	3.70	3.62	3.57	3.54	3.45	3.37
	0.001	7.00	6.71	6.40	6.22	6.09	5.93	5.83	5.76	5.59	5.44
13	0.100	2.10	2.05	2.01	1.98	1.96	1.93	1.92	1.90	1.88	1.85
	0.050	2.60	2.53	2.46	2.41	2.38	2.34	2.31	2.30	2.25	2.21
	0.025	3.15	3.05	2.95	2.88	2.84	2.78	2.74	2.72	2.66	2.60
	0.010	3.96	3.82	3.66	3.57	3.51	3.43	3.38	3.34	3.25	3.18
	0.001	6.52	6.23	5.93	5.75	5.63	5.47	5.37	5.30	5.14	4.99

[표 7] F 분포-오른쪽 꼬리 확률(계속)

분모의 자유도 (m)	p	분자의 자유도(n) 1	2	3	4	5	6	7	8	9	10
14	0.100	3.10	2.73	2.52	2.39	2.31	2.24	2.19	2.15	2.12	2.10
	0.050	4.60	3.74	3.34	3.11	2.96	2.85	2.76	2.70	2.65	2.60
	0.025	6.30	4.86	4.24	3.89	3.66	3.50	3.38	3.29	3.21	3.15
	0.010	8.86	6.51	5.56	5.04	4.69	4.46	4.28	4.14	4.03	3.94
	0.001	17.14	11.78	9.73	8.62	7.92	7.44	7.08	6.80	6.58	6.40
15	0.100	3.07	2.70	2.49	2.36	2.27	2.21	2.16	2.12	2.09	2.06
	0.050	4.54	3.68	3.29	3.06	2.90	2.79	2.71	2.64	2.59	2.54
	0.025	6.20	4.77	4.15	3.80	3.58	3.41	3.29	3.20	3.12	3.06
	0.010	8.68	6.36	5.42	4.89	4.56	4.32	4.14	4.00	3.89	3.80
	0.001	16.59	11.34	9.34	8.25	7.57	7.09	6.74	6.47	6.26	6.08
16	0.100	3.05	2.67	2.46	2.33	2.24	2.18	2.13	2.09	2.06	2.03
	0.050	4.49	3.63	3.24	3.01	2.85	2.74	2.66	2.59	2.54	2.49
	0.025	6.12	4.69	4.08	3.73	3.50	3.34	3.22	3.12	3.05	2.99
	0.010	8.53	6.23	5.29	4.77	4.44	4.20	4.03	3.89	3.78	3.69
	0.001	16.12	10.97	9.01	7.94	7.27	6.80	6.46	6.19	5.98	5.81
17	0.100	3.03	2.64	2.44	2.31	2.22	2.15	2.10	2.06	2.03	2.00
	0.050	4.45	3.59	3.20	2.96	2.81	2.70	2.61	2.55	2.49	2.45
	0.025	6.04	4.62	4.01	3.66	3.44	3.28	3.16	3.06	2.98	2.92
	0.010	8.40	6.11	5.19	4.67	4.34	4.10	3.93	3.79	3.68	3.59
	0.001	15.72	10.66	8.73	7.68	7.02	6.56	6.22	5.96	5.75	5.58
18	0.100	3.01	2.62	2.42	2.29	2.20	2.13	2.08	2.04	2.00	1.98
	0.050	4.41	3.55	3.16	2.93	2.77	2.66	2.58	2.51	2.46	2.41
	0.025	5.98	4.56	3.95	3.61	3.38	3.22	3.10	3.01	2.93	2.87
	0.010	8.29	6.01	5.09	4.58	4.25	4.01	3.84	3.71	3.60	3.51
	0.001	15.38	10.39	8.49	7.46	6.81	6.35	6.02	5.76	5.56	5.39
19	0.100	2.99	2.61	2.40	2.27	2.18	2.11	2.06	2.02	1.98	1.96
	0.050	4.38	3.52	3.13	2.90	2.74	2.63	2.54	2.48	2.42	2.38
	0.025	5.92	4.51	3.90	3.56	3.33	3.17	3.05	2.96	2.88	2.82
	0.010	8.18	5.93	5.01	4.50	4.17	3.94	3.77	3.63	3.52	3.43
	0.001	15.08	10.16	8.28	7.27	6.62	6.18	5.85	5.59	5.39	5.22
20	0.100	2.97	2.59	2.38	2.25	2.16	2.09	2.04	2.00	1.96	1.94
	0.050	4.35	3.49	3.10	2.87	2.71	2.60	2.51	2.45	2.39	2.35
	0.025	5.87	4.46	3.86	3.51	3.29	3.13	3.01	2.91	2.84	2.77
	0.010	8.10	5.85	4.94	4.43	4.10	3.87	3.70	3.56	3.46	3.37
	0.001	14.82	9.95	8.10	7.10	6.46	6.02	5.69	5.44	5.24	5.08

[표 7] F 분포–오른쪽 꼬리 확률(계속)

분모의 자유도 (m)	p	분자의 자유도(n) 12	15	20	25	30	40	50	60	120	1,000
14	0.100	2.05	2.01	1.96	1.93	1.91	1.89	1.87	1.86	1.83	1.80
	0.050	2.53	2.46	2.39	2.34	2.31	2.27	2.24	2.22	2.18	2.14
	0.025	3.05	2.95	2.84	2.78	2.73	2.67	2.64	2.61	2.55	2.50
	0.010	3.80	3.66	3.51	3.41	3.35	3.27	3.22	3.18	3.09	3.02
	0.001	6.13	5.85	5.56	5.38	5.25	5.10	5.00	4.94	4.77	4.62
15	0.100	2.02	1.97	1.92	1.89	1.87	1.85	1.83	1.82	1.79	1.76
	0.050	2.48	2.40	2.33	2.28	2.25	2.20	2.18	2.16	2.11	2.07
	0.025	2.96	2.86	2.76	2.69	2.64	2.59	2.55	2.52	2.46	2.40
	0.010	3.67	3.52	3.37	3.28	3.21	3.13	3.08	3.05	2.96	2.88
	0.001	5.81	5.54	5.25	5.07	4.95	4.80	4.70	4.64	4,47	4.33
16	0.100	1.99	1.94	1.89	1.86	1.84	1.81	1.79	1.78	1.75	1.72
	0.050	2.42	2.35	2.28	2.23	2.19	2.15	2.12	2.11	2.06	2.02
	0.025	2.89	2.79	2.68	2.61	2.57	2.51	2.47	2.45	2.38	2.32
	0.010	3.55	3.41	3.26	3.16	3.10	3.02	2.97	2.93	2.84	2.76
	0.001	5.55	5.27	4.99	4.82	4.70	4.54	4.45	4.39	4.23	4.08
17	0.100	1.96	1.91	1.86	1.83	1.81	1.78	1.76	1.75	1.72	1.69
	0.050	2.38	2.31	2.23	2.18	2.15	2.10	2.08	2.06	2.01	1.97
	0.025	2.82	2.72	2.62	2.55	2.50	2.44	2.41	2.38	2.32	2.26
	0.010	3.46	3.31	3.16	3.07	3.00	2.92	2.87	2.83	2.75	2.66
	0.001	5.32	5.05	4.78	4.60	4.48	4.33	4.24	4.18	4.02	3.87
18	0.100	1.93	1.89	1.84	1.80	1.78	1.75	1.74	1.72	1.69	1.66
	0.050	2.34	2.27	2.19	2.14	2.11	2.06	2.04	2.02	1.97	1.92
	0.025	2.77	2.67	2.56	2.49	2.44	2.38	2.35	2.32	2.26	2.20
	0.010	3.37	3.23	3.08	2.98	2.92	2.84	2.78	2.75	2.66	2.58
	0.001	5.13	4.87	4.59	4.42	4.30	4.15	4.06	4.00	3.84	3.69
19	0.100	1.91	1.86	1.81	1.78	1.76	1.73	1.71	1.70	1.67	1.64
	0.050	2.31	2.23	2.16	2.11	2.07	2.03	2.00	1.98	1.93	1.88
	0.025	2.72	2.62	2.51	2.44	2.39	2.33	2.30	2.27	2.20	2.14
	0.010	3.30	3.15	3.00	2.91	2.84	2.76	2.71	2.67	2.58	2.50
	0.001	4.97	4.70	4.43	4.26	4.14	3.99	3.90	3.84	3.68	3.53
20	0.100	1.89	1.84	1.79	1.76	1.74	1.71	1.69	1.68	1.64	1.61
	0.050	2.28	2.20	2.12	2.07	2.04	1.99	1.97	1.95	1.90	1.85
	0.025	2.68	2.57	2.46	2.40	2.35	2.29	2.25	2.22	2.16	2.09
	0.010	3.23	3.09	2.94	2.84	2.78	2.69	2.64	2.61	2.52	2.43
	0.001	4.82	4.56	4.29	4.12	4.00	3.86	3.77	3.70	3.54	3.40

[표 7] F분포-오른쪽 꼬리 확률(계속)

분모의 자유도 (m)	p	분자의 자유도(n) 1	2	3	4	5	6	7	8	9	10
21	0.100	2.96	2.57	2.36	2.23	2.14	2.08	2.02	1.98	1.95	1.92
	0.050	4.32	3.47	3.07	2.84	2.68	2.57	2.49	2.42	2.37	2.32
	0.025	5.83	4.42	3.82	3.48	3.25	3.09	2.97	2.87	2.80	2.73
	0.010	8.02	5.78	4.87	4.37	4.04	3.81	3.64	3.51	3.40	3.31
	0.001	14.59	9.77	7.94	6.95	6.32	5.88	5.56	5.31	5.11	4.95
22	0.100	2.95	2.56	2.35	2.22	2.13	2.06	2.01	1.97	1.93	1.90
	0.050	4.30	3.44	3.05	2.82	2.66	2.55	2.46	2.40	2.34	2.30
	0.025	5.79	4.38	3.78	3.44	3.22	3.05	2.93	2.84	2.76	2.70
	0.010	7.95	5.72	4.82	4.31	3.99	3.76	3.59	3.45	3.35	3.26
	0.001	14.38	9.61	7.80	6.81	6.19	5.76	5.44	5.19	4.99	4.83
23	0.100	2.94	2.55	2.34	2.21	2.11	2.05	1.99	1.95	1.92	1.89
	0.050	4.28	3.42	3.03	2.80	2.64	2.53	2.44	2.37	2.32	2.27
	0.025	5.75	4.35	3.75	3.41	3.18	3.02	2.90	2.81	2.73	2.67
	0.010	7.88	5.66	4.76	4.26	3.94	3.71	3.54	3.41	3.30	3.21
	0.001	14.20	9.47	7.67	6.70	6.08	5.65	5.33	5.09	4.89	4.73
24	0.100	2.93	2.54	2.33	2.19	2.10	2.04	1.98	1.94	1.91	1.88
	0.050	4.26	3.40	3.01	2.78	2.62	2.51	2.42	2.36	2.30	2.25
	0.025	5.72	4.32	3.72	3.38	3.15	2.99	2.87	2.78	2.70	2.64
	0.010	7.82	5.61	4.72	4.22	3.90	3.67	3.50	3.36	3.26	3.17
	0.001	14.03	9.34	7.55	6.59	5.98	5.55	5.23	4.99	4.80	4.64
25	0.100	2.92	2.53	2.32	2.18	2.09	2.02	1.97	1.93	1.89	1.87
	0.050	4.24	3.39	2.99	2.76	2.60	2.49	2.40	2.34	2.28	2.24
	0.025	5.69	4.29	3.69	3.35	3.13	2.97	2.85	2.75	2.68	2.61
	0.010	7.77	5.57	4.68	4.18	3.85	3.63	3.46	3.32	3.22	3.13
	0.001	13.88	9.22	7.45	6.49	5.89	5.46	5.15	4.91	4.71	4.56
26	0.100	2.91	2.52	2.31	2.17	2.08	2.01	1.96	1.92	1.88	1.86
	0.050	4.23	3.37	2.98	2.74	2.59	2.47	2.39	2.32	2.27	2.22
	0.025	5.66	4.27	3.67	3.33	3.10	2.94	2.82	2.73	2.65	2.59
	0.010	7.72	5.53	4.64	4.14	3.82	3.59	3.42	3.29	3.18	3.09
	0.001	13.74	9.12	7.36	6.41	5.80	5.38	5.07	4.83	4.64	4.48
27	0.100	2.90	2.51	2.30	2.17	2.07	2.00	1.95	1.91	1.87	1.85
	0.050	4.21	3.35	2.96	2.73	2.57	2.46	2.37	2.31	2.25	2.20
	0.025	5.63	4.24	3.65	3.31	3.08	2.92	2.80	2.71	2.63	2.57
	0.010	7.68	5.49	4.60	4.11	3.78	3.56	3.39	3.26	3.15	3.06
	0.001	13.61	9.02	7.27	6.33	5.73	5.31	5.00	4.76	4.57	4.41

[표 7] F 분포–오른쪽 꼬리 확률(계속)

분모의 자유도 (m)	p	분자의 자유도(n)									
		12	15	20	25	30	40	50	60	120	1,000
	0.100	1.87	1.83	1.78	1.74	1.72	1.69	1.67	1.66	1.62	1.59
	0.050	2.25	2.18	2.10	2.05	2.01	1.96	1.94	1.92	1.87	1.82
21	0.025	2.64	2.53	2.42	2.36	2.31	2.25	2.21	2.18	2.11	2.05
	0.010	3.17	3.03	2.88	2.79	2.72	2.64	2.58	2.55	2.46	2.37
	0.001	4.70	4.44	4.17	4.00	3.88	3.74	3.64	3.58	3.42	3.28
	0.100	1.86	1.81	1.76	1.73	1.70	1.67	1.65	1.64	1.60	1.57
	0.050	2.23	2.15	2.07	2.02	1.98	1.94	1.91	1.89	1.84	1.79
22	0.025	2.60	2.50	2.39	2.32	2.27	2.21	2.17	2.14	2.08	2.01
	0.010	3.12	2.98	2.83	2.73	2.67	2.58	2.53	2.50	2.40	2.32
	0.001	4.58	4.33	4.06	3.89	3.78	3.63	3.54	3.48	3.32	3.17
	0.100	1.84	1.80	1.74	1.71	1.69	1.66	1.64	1.62	1.59	1.55
	0.050	2.20	2.13	2.05	2.00	1.96	1.91	1.88	1.86	1.81	1.76
23	0.025	2.57	2.47	2.36	2.29	2.24	2.18	2.14	2.11	2.04	1.98
	0.010	3.07	2.93	2.78	2.69	2.62	2.54	2.48	2.45	2.35	2.27
	0.001	4.48	4.23	3.96	3.79	3.68	3.53	3.44	3.38	3.22	3.08
	0.100	1.83	1.78	1.73	1.70	1.67	1.64	1.62	1.61	1.57	1.54
	0.050	2.18	2.11	2.03	1.97	1.94	1.89	1.86	1.84	1.79	1.74
24	0.025	2.54	2.44	2.33	2.26	2.21	2.15	2.11	2.08	2.01	1.94
	0.010	3.03	2.89	2.74	2.64	2.58	2.49	2.44	2.40	2.31	2.22
	0.001	4.39	4.14	3.87	3.71	3.59	3.45	3.36	3.29	3.14	2.99
	0.100	1.82	1.77	1.72	1.68	1.66	1.63	1.61	1.59	1.56	1.52
	0.050	2.16	2.09	2.01	1.96	1.92	1.87	1.84	1.82	1.77	1.72
25	0.025	2.51	2.41	2.30	2.23	2.18	2.12	2.08	2.05	1.98	1.91
	0.010	2.99	2.85	2.70	2.60	2.54	2.45	2.40	2.36	2.27	2.18
	0.001	4.31	4.06	3.79	3.63	3.52	3.37	3.28	3.22	3.06	2.91
	0.100	1.81	1.76	1.71	1.67	1.65	1.61	1.59	1.58	1.54	1.51
	0.050	2.15	2.07	1.99	1.94	1.90	1.85	1.82	1.80	1.75	1.70
26	0.025	2.49	2.39	2.28	2.21	2.16	2.09	2.05	2.03	1.95	1.89
	0.010	2.96	2.81	2.66	2.57	2.50	2.42	2.36	2.33	2.23	2.14
	0.001	4.24	3.99	3.72	3.56	3.44	3.30	3.21	3.15	2.99	2.84
	0.100	1.80	1.75	1.70	1.66	1.64	1.60	1.58	1.57	1.53	1.50
	0.050	2.13	2.06	1.97	1.92	1.88	1.84	1.81	1.79	1.73	1.68
27	0.025	2.47	2.36	2.25	2.18	2.13	2.07	2.03	2.00	1.93	1.86
	0.010	2.93	2.78	2.63	2.54	2.47	2.38	2.33	2.29	2.20	2.11
	0.001	4.17	3.92	3.66	3.49	3.38	3.23	3.14	3.08	2.92	2.78

[표 7] F 분포-오른쪽 꼬리 확률(계속)

분모의 자유도 (m)	p	분자의 자유도(n)									
		1	2	3	4	5	6	7	8	9	10
	0.100	2.89	2.50	2.29	2.16	2.06	2.00	1.94	1.90	1.87	1.84
	0.050	4.20	3.34	2.95	2.71	2.56	2.45	2.36	2.29	2.24	2.19
28	0.025	5.61	4.22	3.63	3.29	3.06	2.90	2.78	2.69	2.61	2.55
	0.010	7.64	5.45	4.57	4.07	3.75	3.53	3.36	3.23	3.12	3.03
	0.001	13.50	8.93	7.19	6.25	5.66	5.24	4.93	4.69	4.50	4.35
	0.100	2.89	2.50	2.28	2.15	2.06	1.99	1.93	1.89	1.86	1.83
	0.050	4.18	3.33	2.93	2.70	2.55	2.43	2.35	2.28	2.22	2.18
29	0.025	5.59	4.20	3.61	3.27	3.04	2.88	2.76	2.67	2.59	2.53
	0.010	7.60	5.42	4.54	4.04	3.73	3.50	3.33	3.20	3.09	3.00
	0.001	13.39	8.85	7.12	6.19	5.59	5.18	4.87	4.64	4.45	4.29
	0.100	2.88	2.49	2.28	2.14	2.05	1.98	1.93	1.88	1.85	1.82
	0.050	4.17	3.32	2.92	2.69	2.53	2.42	2.33	2.27	2.21	2.16
30	0.025	5.57	4.18	3.59	3.25	3.03	2.87	2.75	2.65	2.57	2.51
	0.010	7.56	5.39	4.51	4.02	3.70	3.47	3.30	3.17	3.07	2.98
	0.001	13.29	8.77	7.05	6.12	5.53	5.12	4.82	4.58	4.39	4.24
	0.100	2.84	2.44	2.23	2.09	2.00	1.93	1.87	1.83	1.79	1.76
	0.050	4.08	3.23	2.84	2.61	2.45	2.34	2.25	2.18	2.12	2.08
40	0.025	5.42	4.05	3.46	3.13	2.90	2.74	2.62	2.53	2.45	2.39
	0.010	7.31	5.18	4.31	3.83	3.51	3.29	3.12	2.99	2.89	2.80
	0.001	12.61	8.25	6.59	5.70	5.13	4.73	4.44	4.21	4.02	3.87
	0.100	2.81	2.41	2.20	2.06	1.97	1.90	1.84	1.80	1.76	1.73
	0.050	4.03	3.18	2.79	2.56	2.40	2.29	2.20	2.13	2.07	2.03
50	0.025	5.34	3.97	3.39	3.05	2.83	2.67	2.55	2.46	2.38	2.32
	0.010	7.17	5.06	4.20	3.72	3.41	3.19	3.02	2.89	2.78	2.70
	0.001	12.22	7.96	6.34	5.46	4.90	4.51	4.22	4.00	3.82	3.67
	0.100	2.79	2.39	2.18	2.04	1.95	1.87	1.82	1.77	1.74	1.71
	0.050	4.00	3.15	2.76	2.53	2.37	2.25	2.17	2.10	2.04	1.99
60	0.025	5.29	3.93	3.34	3.01	2.79	2.63	2.51	2.41	2.33	2.27
	0.010	7.08	4.98	4.13	3.65	3.34	3.12	2.95	2.82	2.72	2.63
	0.001	11.97	7.77	6.17	5.31	4.76	4.37	4.09	3.86	3.69	3.54
	0.100	2.76	2.36	2.14	2.00	1.91	1.83	1.78	1.73	1.69	1.66
	0.050	3.94	3.09	2.70	2.46	2.31	2.19	2.10	2.03	1.97	1.93
100	0.025	5.18	3.83	3.25	2.92	2.70	2.54	2.42	2.32	2.24	2.18
	0.010	6.90	4.82	3.98	3.51	3.21	2.99	2.82	2.69	2.59	2.50
	0.001	11.50	7.41	5.86	5.02	4.48	4.11	3.83	3.61	3.44	3.30

[표 7] F 분포–오른쪽 꼬리 확률(계속)

분모의 자유도 (m)	p	분자의 자유도(n) 12	15	20	25	30	40	50	60	120	1,000
	0.100	1.79	1.74	1.69	1.65	1.63	1.59	1.57	1.56	1.52	1.48
	0.050	2.12	2.04	1.96	1.91	1.87	1.82	1.79	1.77	1.71	1.66
28	0.025	2.45	2.34	2.23	2.16	2.11	2.05	2.01	1.98	1.91	1.84
	0.010	2.90	2.75	2.60	2.51	2.44	2.35	2.30	2.26	2.17	2.08
	0.001	4.11	3.86	3.60	3.43	3.32	3.18	3.09	3.02	2.86	2.72
	0.100	1.78	1.73	1.68	1.64	1.62	1.58	1.56	1.55	1.51	1.47
	0.050	2.10	2.03	1.94	1.89	1.85	1.81	1.77	1.75	1.70	1.65
29	0.025	2.43	2.32	2.21	2.14	2.09	2.03	1.99	1.96	1.89	1.82
	0.010	2.87	2.73	2.57	2.48	2.41	2.33	2.27	2.23	2.14	2.05
	0.001	4.05	3.80	3.54	3.38	3.27	3.12	3.03	2.97	2.81	2.66
	0.100	1.77	1.72	1.67	1.63	1.61	1.57	1.55	1.54	1.50	1.46
	0.050	2.09	2.01	1.93	1.88	1.84	1.79	1.76	1.74	1.68	1.63
30	0.025	2.41	2.31	2.20	2.12	2.07	2.01	1.97	1.94	1.87	1.80
	0.010	2.84	2.70	2.55	2.45	2.39	2.30	2.25	2.21	2.11	2.02
	0.001	4.00	3.75	3.49	3.33	3.22	3.07	2.98	2.92	2.76	2.61
	0.100	1.71	1.66	1.61	1.57	1.54	1.51	1.48	1.47	1.42	1.38
	0.050	2.00	1.92	1.84	1.78	1.74	1.69	1.66	1.64	1.58	1.52
40	0.025	2.29	2.18	2.07	1.99	1.94	1.88	1.83	1.80	1.72	1.65
	0.010	2.66	2.52	2.37	2.27	2.20	2.11	2.06	2.02	1.92	1.82
	0.001	3.64	3.40	3.14	2.98	2.87	2.73	2.64	2.57	2.41	2.25
	0.100	1.68	1.63	1.57	1.53	1.50	1.46	1.44	1.42	1.38	1.33
	0.050	1.95	1.87	1.78	1.73	1.69	1.63	1.60	1.58	1.51	1.45
50	0.025	2.22	2.11	1.99	1.92	1.87	1.80	1.75	1.72	1.64	1.56
	0.010	2.56	2.42	2.27	2.17	2.10	2.01	1.95	1.91	1.80	1.70
	0.001	3.44	3.20	2.95	2.79	2.68	2.53	2.44	2.38	2.21	2.05
	0.100	1.66	1.60	1.54	1.50	1.48	1.44	1.41	1.40	1.35	1.30
	0.050	1.92	1.84	1.75	1.69	1.65	1.59	1.56	1.53	1.47	1.40
60	0.025	2.17	2.06	1.94	1.87	1.82	1.74	1.70	1.67	1.58	1.49
	0.010	2.50	2.35	2.20	2.10	2.03	1.94	1.88	1.84	1.73	1.62
	0.001	3.32	3.08	2.83	2.67	2.55	2.41	2.32	2.25	2.08	1.92
	0.100	1.61	1.56	1.49	1.45	1.42	1.38	1.35	1.34	1.28	1.22
	0.050	1.85	1.77	1.68	1.62	1.57	1.52	1.48	1.45	1.38	1.30
100	0.025	2.08	1.97	1.85	1.77	1.71	1.64	1.59	1.56	1.46	1.36
	0.010	2.37	2.22	2.07	1.97	1.89	1.80	1.74	1.69	1.57	1.45
	0.001	3.07	2.84	2.59	2.43	2.32	2.17	2.08	2.01	1.83	1.64

[표 8] 난수표

줄								
101	19223	95034	05756	28713	96409	12531	42544	82853
102	73676	47150	99400	01927	27754	42648	82425	36290
103	45467	71709	77558	00095	32863	29485	82226	90056
104	52711	38889	93074	60227	40011	85848	48767	52573
105	95592	94007	69971	91481	60779	53791	17297	59335
106	68417	35013	15529	72765	85089	57067	50211	47487
107	82739	57890	20807	47511	81676	55300	94383	14893
108	60940	72024	17868	24943	61790	90656	87964	18883
109	36009	19365	15412	39638	85453	46816	83485	41979
110	38448	48789	18338	24697	39364	42006	76688	08708
111	81486	69487	60513	09297	00412	71238	27649	39950
112	59636	88804	04634	71197	19352	73089	84898	45785
113	62568	70206	40325	03699	71080	22553	11486	11776
114	45159	32992	75730	66280	03819	56202	02938	70915
115	61041	77684	94322	24709	73698	14526	31893	32592
116	14459	26056	31424	80371	65103	62253	50490	61181
117	38167	98532	62183	70632	23417	26185	41448	75532
118	73190	32533	04470	29669	84407	90785	65956	86382
119	95857	07118	87664	92099	58806	66979	98624	84826
120	35476	55972	39421	65850	04266	35435	43742	11937
121	71487	09984	29077	14863	61683	47052	62224	51025
122	13873	81598	95052	90908	73592	75186	87136	95761
123	54580	81507	27102	56027	55892	33063	41842	81868
124	71035	09001	43367	49497	72719	96758	27611	91596
125	96746	12149	37823	71868	18442	35119	62103	39244
126	96927	19931	36089	74192	77567	88741	48409	41903
127	43909	99477	25330	64359	40085	16925	85117	36071
128	15689	14227	06565	14374	13352	49367	81982	87209
129	36759	58984	68288	22913	18638	54303	00795	08727
130	69051	64817	87174	09517	84534	06489	87201	97245
131	05007	16632	81194	14873	04197	85576	45195	96565
132	68732	55259	84292	08796	43165	93739	31685	97150
133	45740	41807	65561	33302	07051	93623	18132	09547
134	27816	78416	18329	21337	35213	37741	04312	68508
135	66925	55658	39100	78458	11206	19876	87151	31260
136	08421	44753	77377	28744	75592	08563	79140	92454
137	53645	66812	61421	47836	12609	15373	98481	14592
138	66831	68908	40772	21558	47781	33586	79177	06928
139	55588	99404	70708	41098	43563	56934	48394	51719
140	12975	13258	13048	45144	72321	81940	00360	02428
141	96767	35964	23822	96012	94591	65194	50842	53372
142	72829	50232	97892	63408	77919	44575	24870	04178
143	88565	42628	17797	49376	61762	16953	88604	12724
144	62964	88145	83083	69453	46109	59505	69680	00900
145	19687	12633	57857	95806	09931	02150	43163	58636
146	37609	59057	66967	83401	60705	02384	90597	93600
147	54973	86278	88737	74351	47500	84552	19909	67181
148	00694	05977	19664	65441	20903	62371	22725	53340
149	71546	05233	53946	68743	72460	27601	45403	88692
150	07511	88915	41267	16853	84569	79367	32337	03316

[표 9] 상관계수 R의 확률분포

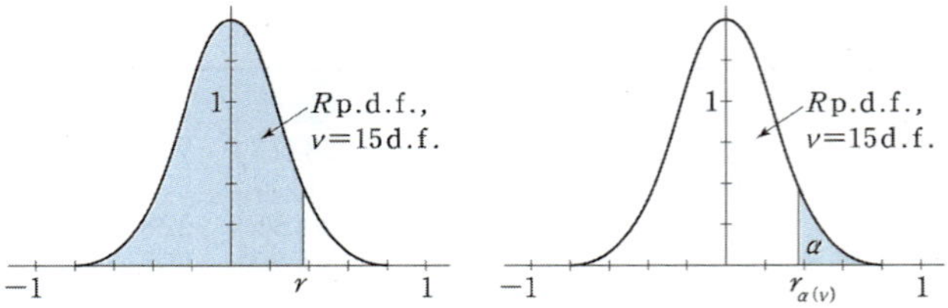

$$P(R \le r) = \int_{-1}^{r} \frac{\Gamma[(n-1)/2]}{\Gamma(1/2)\Gamma[(n-2)/2]}(1-w^2)^{(n-4)/2}dw$$

$\nu = n-2$ degrees of freedom	$P(R \le r)$			
	0.95	0.975	0.99	0.995
	$r_{0.05}(\nu)$	$r_{0.025}(\nu)$	$r_{0.01}(\nu)$	$r_{0.005}(\nu)$
1	0.9877	0.9969	0.9995	0.9999
2	0.9000	0.9500	0.9800	0.9900
3	0.8053	0.8783	0.9343	0.9587
4	0.7292	0.8113	0.8822	0.9172
5	0.6694	0.7544	0.8329	0.8745
6	0.6215	0.7067	0.7887	0.8343
7	0.5822	0.6664	0.7497	0.7977
8	0.5493	0.6319	0.7154	0.7646
9	0.5214	0.6020	0.6850	0.7348
10	0.4972	0.5759	0.6581	0.7079
11	0.4761	0.5529	0.6338	0.6835
12	0.4575	0.5323	0.6120	0.6613
13	0.4408	0.5139	0.5922	0.6411
14	0.4258	0.4973	0.5742	0.6226
15	0.4123	0.4821	0.5577	0.6054
16	0.4000	0.4683	0.5425	0.5897
17	0.3887	0.4555	0.5285	0.5750
18	0.3783	0.4437	0.5154	0.5614
19	0.3687	0.4328	0.5033	0.5487
20	0.3597	0.4226	0.4920	0.5367
25	0.3232	0.3808	0.4450	0.4869
30	0.2959	0.3494	0.4092	0.4487
35	0.2746	0.3246	0.3809	0.4182
40	0.2572	0.3044	0.3578	0.3931
45	0.2428	0.2875	0.3383	0.3721
50	0.2306	0.2732	0.3218	0.3541
60	0.2108	0.2500	0.2948	0.3248
70	0.1954	0.2318	0.2736	0.3017
80	0.1829	0.2172	0.2565	0.2829
90	0.1725	0.2049	0.2422	0.2673
100	0.1638	0.1946	0.2300	0.2540

참고문헌

강기훈, 박진호(2015). 수리통계학: R을 이용한 실습. 서울: 자유아카데미

김진경, 박진호, 박헌진, 이우주, 이재준, 황진수(2016). 기초통계학 : R을 이용한 통계분석. 경기도: 자유아카데미

나종화(2016). R 시각화와 통계자료분석. 2(데이터 과학을 위한 R시리즈2). 파주: 자유아카데미

노규성, 김진화, 박성택, 김병성(2016). (R활용) 빅데이터 분석. 서울: 와우패스

문건웅(2015). (의학논문 작성을 위한) R통계와 그래프. 서울: 한나래

민만식(2017). (R을 이용한) 빅데이터분석 입문. 서울: 한티미디어

박진표(2014). R을 이용한 자료분석. 창원: 경남대학교출판부

송태민, 송주영(2016). (R을 활용한) 소셜 빅데이터 연구방법론. 서울: 한나래아카데미

이긍희, 함유근, 김용대, 이준환, 원중호(2015). 빅데이터의 이해. 서울: 한국방송통신대학교출판문화원

이윤환(2016). (제대로 알고 쓰는) R 통계분석. 서울: 한빛아카데미

임동훈(2015). (R을 이용한) 빅데이터 분석. 파주: 자유아카데미

임태진(2016). R-확률통계. 파주: 생능출판

조민호(2016). (빅데이터 분석을 위한) R 프로그래밍. 서울: 정보문화사

최기헌(2016). (R을 활용한) 확률분포론. 파주: 자유아카데미

최 원(2013) 기초통계학-알기쉬운 통계원리-, 서울: 경문사

허석진(2014). R 통계 프로그래밍 입문 : 기초 통계부터 데이터 분석 실용 예제까지. 의왕: 에이콘

Kerns, G. Jay. (2010). Introduction to probability and statistics using R. Lulu. com.

http://biostat.mc.vanderbilt.edu

http://catalog.data.gov

http://data.baltimorecity.gov

http://data.seoul.go.kr

http://gallery.shinyapps.io/CLT_mean/

http://kels.kedi.re.kr/KelsIntro01.do

http://www.kli.re.kr/klips/index.do

http://kosis.kr/

http://mdis.kostat.go.kr

http://panel.kicce.re.kr/kor/publication/02.jsp

https://statkclee.github.io/r-algorithm

http://sizekorea.kr/

http://www.randomservices.org

www.coursera.org

www.inflationdata.com

www.kats.go.kr

www.worldometers.info/world-population/

Jae Gu Lee, http://blog.naver.com/PostList.nhn?blogId=jindog2929&from=postList&categoryNo=57

찾아보기